Preuß / Bleyer / Preuß

Distributionen und Operatoren

Ihre Anwendung in Naturwissenschaft und Technik

Springer-Verlag Wien New York

Prof. Dr. sc. nat. WOLFGANG PREUSS
Ingenieurhochschule Wismar

Doz. Dr. rer. nat. ANDRÁS BLEYER
Technische Universität Budapest

Prof. Dr. sc. techn. HEINRICH PREUSS
Ingenieurhochschule Wismar

Vertriebsrechte für die sozialistischen Länder:
VEB Fachbuchverlag Leipzig

Vertriebsrechte für alle Staaten mit Ausnahme der sozialistischen Länder:
Springer-Verlag Wien—New York

Mit 151 Abbildungen

CIP-Kurztitelaufnahme der Deutschen Bibliothek

Preuss, Wolfgang:
Distributionen und Operatoren : ihre Anwendung
in Naturwissenschaft u. Technik / W. Preuss ;
A. Bleyer ; H. Preuss. — Wien ; New York :
Springer, 1985.

NE: Bleyer, András:; Preuss, Heinrich:

Gesamtherstellung: VEB Druckhaus „Maxim Gorki", DDR - 7400 Altenburg

ISBN-13: 978-3-7091-7470-8   e-ISBN-13: 978-3-7091-7004-5
DOI: 10.1007/978-3-7091-7004-5

Vorwort

Die SCHWARTZschen Distributionen, mit deren Hilfe eine Legalisierung idealisierter Begriffe wie Punktladung, Punktmasse, Einzelkraft, Linienkraft usw. sowie damit in Verbindung stehender Rechenoperationen erreicht wurde, kann man heute zum mathematischen Allgemeingut rechnen. Für die Theorie und Anwendung der Distributionen und Operatoren gibt es hervorragende Bücher in deutscher Sprache, wie etwa die von BERG [2], GELFAND und SCHILOW [8], MIKUSIŃSKI [16] und WLADIMIROW [26].

Trotzdem wird auch heute noch vielfach empirisch mit den oben genannten physikalischen Größen gearbeitet, und die Kenntnis der exakten mathematischen Theorien ist auf einen relativ kleinen Kreis von Anwendern beschränkt.

Das Anliegen des vorliegenden Buches besteht darin, die genannte Theorie in einer Weise darzubieten, daß ein sehr breiter Leserkreis angesprochen wird. Es entstand auf der Grundlage von Vorlesungen, die die Autoren vor interessierten Mitarbeitern vor allem technischer Wissenschaftsdisziplinen gehalten haben, und stützt sich auf die oben genannten Lehrbücher. Beweise, die tiefere mathematische Kenntnisse voraussetzen, wurden weggelassen. In vielen Fällen kann sich der Leser mit den Kenntnissen aus Fachschullehrbüchern ([1] und [15]) an die dargebotenen Zusammenhänge herantasten. Das Buch ist so aufgebaut, daß er sich mit der einfachsten Einführung der Distributionen als eindimensionale Theorie ausführlich vertraut machen kann. Durch entsprechende Erläuterungen und Bilder wird versucht, den Stoff so anschaulich wie nur möglich zu vermitteln und eine rezeptartige Anwendung zu ermöglichen. Die Beispiele wurden so ausgewählt, daß man direkte Anwendungsmöglichkeiten in der Praxis erkennen kann. Die mehrdimensionale Theorie, die gewiß nur einen kleineren Leserkreis interessiert, ist zur Information im Anhang kurz dargeboten.

Auch wenn das Buch hauptsächlich für Vertreter technischer Wissensgebiete gedacht ist, so kann es Mathematikstudenten, die die exakte Theorie kennen, zur Information über praktische Anwendungsmöglichkeiten dienen.

Wir möchten an dieser Stelle den Herren Prof. Dr. sc. techn. K. GÖLDNER und Prof. Dr. rer. nat. habil. P. H. MÜLLER für die wertvollen Hinweise zur Manuskriptgestaltung danken. Dem VEB Fachbuchverlag Leipzig gebührt ebenfalls unser besonderer Dank.

Die Verfasser

Inhaltsverzeichnis

EINFÜHRUNG IN DIE THEORIE

1. Einleitung

In Naturwissenschaft und Technik rechnet man schon seit langem mit Objekten, die zwar als «Funktionen» bezeichnet werden, aber keine Funktionen im Sinne der klassischen Mathematik sind. Sie dienen der idealisierten Beschreibung gewisser Größen und Vorgänge, wie etwa von mechanischen oder elektrischen *Impulsen, Dipolen* usw., treten aber auch in Zwischenrechnungen auf.

Betrachtet man beispielsweise ein *lineares System* (s. z. B. [11]), etwa einen *RLC*-Stromkreis oder ein Feder-Masse-System, so treten neben einer die innere Struktur des Systems beschreibenden Funktion $q(t)$ (*Gewichtsfunktion, Übertragungsfunktion*) noch eine die äußeren Einwirkungen auf das System charakterisierende Funktion $f(t)$ (*Eingangs-, Störfunktion, Erregung*) sowie eine Funktion $x(t)$ (*Ausgangsfunktion, Antwort*), die die Reaktion des Systems auf die Erregung beschreibt, auf (Bild 1).

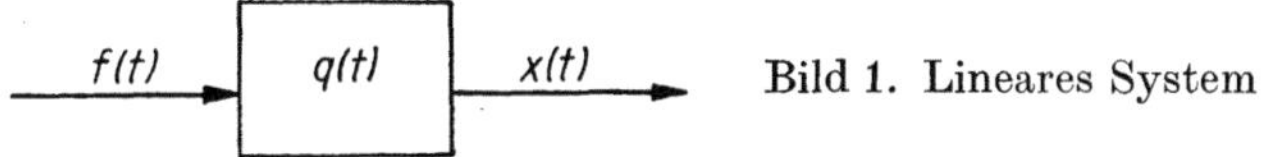

Bild 1. Lineares System

Bei der Systemanalyse sind insbesondere die Antworten des Systems auf verschiedene Erregungen von Interesse. Eine dieser Antworten ist die *Impulsantwort*, die man als *Reaktion* des Systems auf eine spezielle Erregung $f(t)$, nämlich auf den DIRAC-Impuls $\delta(t)$, erhält. Der DIRAC-Impuls ist sicher das bekannteste Objekt der anfangs genannten Art. Er wird in der naturwissenschaftlich-technischen Literatur als eine «Funktion» beschrieben, die überall auf der reellen t-Achse gleich Null ist, für $t = 0$ einen unendlich großen Wert annimmt und deren «bestimmtes Integral» über die

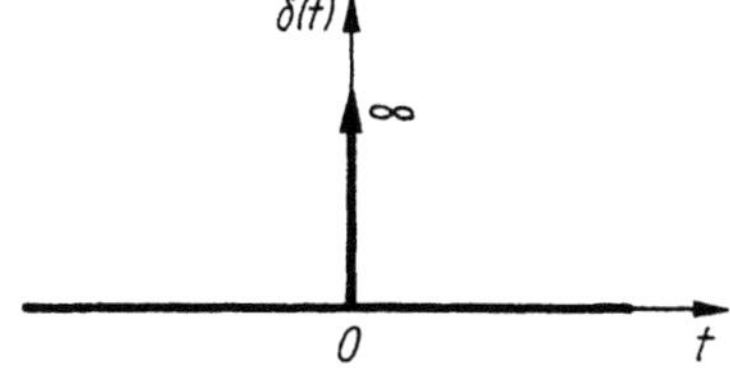

Bild 2. Grafische Darstellung der Delta-«Funktion»

gesamte t-Achse gleich eins ist (Bild 2). In Formelschreibweise heißt das

$$\delta(t) = \begin{cases} 0 & \text{für} \quad t \neq 0 \\ \infty & \text{für} \quad t = 0 \end{cases} \tag{1}$$

und

$$\int\limits_{-\infty}^{\infty} \delta(t)\, \mathrm{d}t = 1. \tag{2}$$

Des weiteren schreibt man der Delta-«Funktion» noch gewisse Eigenschaften zu. Eine davon ordnet gewissen klassischen *Funktionen* $\varphi(t)$ ihre Funktionswerte an einer festen Stelle $t = \lambda$ zu, nämlich die «Eigenschaft»

$$\int\limits_{-\infty}^{\infty} \delta(t - \lambda)\, \varphi(t)\, \mathrm{d}t = \varphi(\lambda). \tag{3}$$

Nun passen aber weder die Definition der Delta-«Funktion» noch deren «Eigenschaften» in das Gebäude der klassischen Mathematik hinein. Daran ändert sich auch nichts, wenn man den folgenden empirischen Weg zu ihrer Begründung einschlägt. In der Praxis treten z. B. impulsförmige Erregungen $f(t)$ auf, die tatsächlich klassische Funktionen sind und oft noch durch die Forderung

$$\int\limits_{-\infty}^{\infty} f(t)\, \mathrm{d}t = 1 \tag{4}$$

normiert werden, d. h., daß die Fläche zwischen t-Achse und Kurve $f(t)$ [$f(t) \geqq 0$ vorausgesetzt] den Inhalt eins besitzen soll.

Beispiel 1. Die Impulsfunktionen

$$f(t, \alpha) = \frac{1}{\pi} \cdot \alpha(1 + \alpha^2 t^2)^{-1} \qquad (-\infty < t < \infty; \quad \alpha > 0) \tag{5}$$

sind für verschiedene Zahlen α in Bild 3 skizziert (α tritt hier als Parameter auf). Wegen

$$\int\limits_{-\infty}^{\infty} f(t, \alpha)\, \mathrm{d}t = \frac{\alpha}{\pi} \int\limits_{-\infty}^{\infty} (1 + \alpha^2 t^2)^{-1}\, \mathrm{d}t = \frac{1}{\pi} \arctan{(\alpha t)}\big|_{-\infty}^{\infty} = 1$$

sind alle diese Impulsfunktionen normiert im Sinne von Gl. (4).

Beispiel 2. Normierte *Rechteckimpulse* sind etwa

$$\left. \begin{aligned} f(t, \alpha) &= \begin{cases} 0 & \text{für} \quad |t| > 1/\alpha \\ \alpha/2 & \text{für} \quad |t| \leq 1/\alpha \end{cases} \qquad (\alpha > 0) \\[2ex] f_1(t, \alpha) &= \begin{cases} 0 & \text{für} \quad t \notin [0, 1/\alpha] \\ \alpha & \text{für} \quad t \in [0, 1/\alpha] \end{cases} \qquad (\alpha > 0) \end{aligned} \right\} \tag{6}$$

(Bild 4). Ohne zu integrieren, erkennt man hier sofort, daß diese Impulsfunktionen ›
normiert sind, denn die zu einem festen Wert von α gehörende Rechteckfläche hat
stets den Inhalt eins.

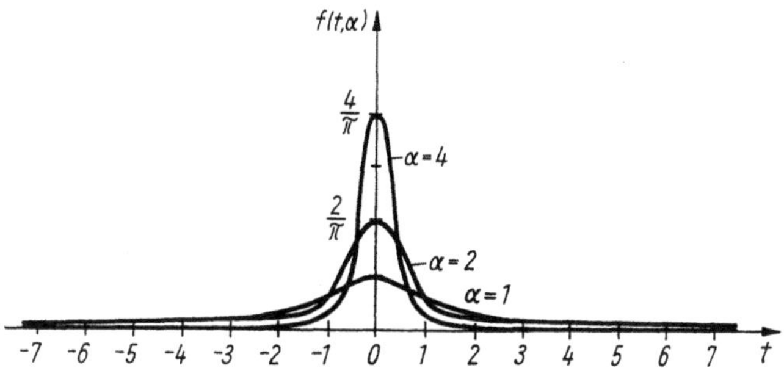

Bild 3. Die Impulsfunktionen (5)

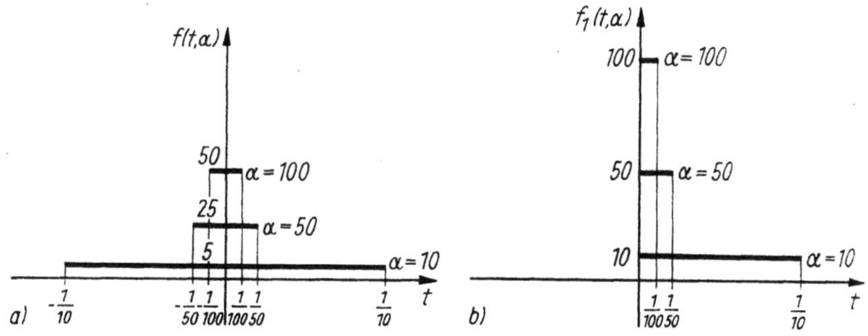

Bild 4. Normierte Rechteckimpulse (6)

Beispiel 3. Impulsförmige Erregungen, die von der Cosinus-Funktion Gebrauch
machen, sind durch

$$f(t,\,\alpha) = \begin{cases} 0 & \text{für} \quad |t| > 1/\alpha \\[2mm] \dfrac{\pi\alpha}{4} \cos\left(\dfrac{\pi\alpha}{2}\,t\right) & \text{für} \quad |t| \leqq 1/\alpha \end{cases} \qquad (\alpha > 0) \tag{7}$$

gegeben (Bild 5). Auch diese Erregungen sind wegen

$$\int\limits_{-\infty}^{\infty} f(t,\,\alpha)\,\mathrm{d}t = \frac{\pi\alpha}{4} \int\limits_{-1/\alpha}^{1/\alpha} \cos\left(\frac{\pi\alpha}{2}\,t\right)\mathrm{d}t = \frac{\pi\alpha}{4}\left(\frac{2}{\pi\alpha}\sin\left(\frac{\pi\alpha}{2}\,t\right)\bigg|_{-1/\alpha}^{1/\alpha}\right) = 1$$

normiert.

Wie aus den Bildern 3 bis 5 zu erkennen ist, werden die Kurven der Erregungen
mit Vergrößerung der α-Werte in der Umgebung von $t = 0$ immer mehr in die Höhe
getrieben, weil der Flächeninhalt zwischen t-Achse und Kurve stets gleich eins
bleibt, die Funktionen $f(t,\,\alpha)$ jedoch außerhalb dieser Umgebung von $t = 0$ entweder identisch Null sind [Impulse (6) und (7)] oder gegen Null streben [Impulse (5)].
Es ist also zu vermuten, daß die Funktionen $f(t,\,\alpha)$ für $\alpha \to \infty$ gegen $\delta(t)$ streben,
obwohl noch nicht klar ist, in welchem Sinne dies zu verstehen ist. Trotzdem wollen

wir diese «Konvergenz» schon hier symbolisch in der Form

$$f(t, \alpha) \to \delta(t) \quad \text{für} \quad \alpha \to \infty \tag{8}$$

schreiben. Nun könnte man weiter schlußfolgern, daß aus (8) (in noch ebenso unklarer Weise)

$$\int_{-\infty}^{\infty} f(t, \alpha)\, dt \to \int_{-\infty}^{\infty} \delta(t)\, dt \quad \text{für} \quad \alpha \to \infty \tag{9}$$

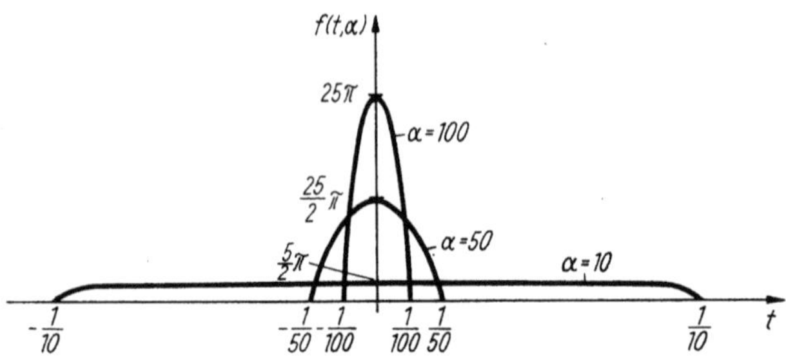

Bild 5. Impulsförmige Erregung (7)

folgt, wobei auch das «Integral» über $\delta(t)$ nicht erklärt ist und symbolisch aufgefaßt werden muß. Andererseits gilt aber völlig exakt im Sinne der Zahlenkonvergenz

$$\int_{-\infty}^{\infty} f(t, \alpha)\, dt \to 1 \quad \text{für} \quad \alpha \to \infty, \tag{10}$$

denn wegen der Normierung (4) ist das Integral in (10) für jeden Wert von α ($\alpha > 0$), gleich eins. Also würde man nun durch Identifizierung der *Grenzwerte* in (9) und (10) die «Eigenschaft» (2) erhalten. Ähnliche Überlegungen ließen sich im Falle der «Eigenschaft» (3) anstellen. Nun ist aber weder der Grenzprozeß (8) noch die Vertauschung von Integration und Grenzwertbildung in (9) mit den Mitteln der klassischen Mathematik erklärbar, d. h. also, auch diese Vorgehensweise führt nicht zu einer exakten Erklärung dessen, was über den Delta-Impuls ausgesagt wird. Die Formeln (2) und (3) können also höchstens symbolischen Charakter besitzen, einen mathematischen Sinn haben sie nicht.

Trotzdem kann man sich $\delta(t)$ physikalisch auf diese Weise vorstellen. Es sei z. B. eine elektrische Ladung der Größe 1 (Einheiten sollen weggelassen werden) in einem *Intervall* $-1/\alpha \leq t \leq 1/\alpha$ ($\alpha > 0$) um den Punkt $t = 0$ (t ist hier Ortsvariable) gleichmäßig verteilt. Weitere Ladungen sollen nicht existieren. Die Ladungs*dichte* auf der t-Achse ist dann offensichtlich durch $f(t, \alpha)$ in (6) gegeben, die Gesamtladung ergibt sich bekanntlich als Integral über die Dichtefunktion zu

$$\int_{-\infty}^{\infty} f(t, \dot\alpha)\, dt = \frac{\alpha}{2} \int_{-1/\alpha}^{1/\alpha} dt = 1\,.$$

Jetzt wird die Gesamtladung 1 auf den Punkt $t = 0$ konzentriert, d. h., das Intervall $[-1/\alpha, 1/\alpha]$ wird mit $\alpha \to \infty$ auf den Punkt $t = 0$ zusammengezogen. Da die Gesamtladung dabei beibehalten wird, nimmt die Dichte für wachsende α-Werte offensichtlich zu. Es ergibt sich schließlich idealisiert die «Dichte» der an der Stelle $t = 0$ befindlichen *Punktladung* zu

$$\delta(t) = \lim_{\alpha \to \infty} f(t, \alpha) = \begin{cases} 0 & \text{für} \quad t \neq 0 \\ \infty & \text{für} \quad t = 0. \end{cases}$$

Eine formale Übertragung der bekannten Darstellung der Gesamtladung als Integral über die Dichtefunktion auf die Dichte $\delta(t)$ würde auf die Formel (2) führen, die aber (wegen des unexakten Vorgehens) nur symbolisch aufgefaßt werden kann.

Als weitere Erklärung der Delta-«Funktion» findet man auch oft, daß $\delta(t)$ die *Ableitung* der HEAVISIDEschen *Einheitssprungfunktion* $h(t)$ (Bild 6) ist. Aber auch dies ist zunächst schwer verständlich, da die in diesem Zusammenhang zitierte «Ableitung» nicht im Sinne der gewöhnlichen *Differentiation* von klassischen Funktionen verstanden werden darf.

Angesichts der Schwierigkeiten kann man natürlich die Frage nach dem Sinn der Einführung solcher Objekte, wie es z. B. $\delta(t)$ ist, stellen, zumal ein Impuls in der Praxis ohnehin immer nur durch eine impulsförmige Erregungsfunktion, wie beispielsweise durch klassische Funktionen der Formen (5) bis (7), realisiert werden kann. Ein Grund ist sicherlich die Vielfalt aller möglichen Impulsfunktionen, die sich bei Rechnungen und theoretischen Erwägungen nur störend auswirken würde. Mit einem idealisierten Impuls $\delta(t)$ hingegen läßt es sich formal viel besser rechnen, vorausgesetzt, daß man weiß, was alles erlaubt ist.

Wir wollen deshalb schon hier an einem einfachen Beispiel die Wirksamkeit der Distributionenmethode gegenüber der klassischen Theorie demonstrieren. Dazu betrachten wir die geradlinige Bewegung eines Massepunktes, bei der der zeitabhängige Weg $x(t)$ bekanntlich einer Differentialgleichung

$$\ddot{x}(t) = \beta f(t) \qquad (\beta > 0, \; \ddot{x} = \mathrm{d}^2x/\mathrm{d}t^2)$$

genügt. Wir erregen das System mit einem praktisch realisierbaren Rechteckimpuls der Form $f(t) = f_1(t, \alpha)$ [s. (6) und Bild 4b)], d. h., beginnend zum Zeitpunkt $t = 0$, wird der Massepunkt mit der konstanten *Beschleunigung* $\beta\alpha$ bis zum Zeitpunkt $t = 1/\alpha$ beschleunigt. Wir nehmen dabei an, daß der gesuchte Weg $x(t)$ und die *Geschwindigkeit* $\dot{x}(t)$ beide für $t < 0$ verschwinden, daß das System also keine *Vergangenheit* besitzt (vgl. 10.4.). Integration der Bewegungsdifferentialgleichung liefert

$$\dot{x}(t) = \beta \int\limits_{-\infty}^{t} f_1(\tau, \alpha) \, \mathrm{d}\tau + c.$$

Da der Rechteckimpuls $f_1(t, \alpha)$ für $t < 0$ verschwindet, würde sich das Integral auf ein Integral von 0 bis t reduzieren. Wir wollen es aber so stehen lassen. Wir lesen aber sofort ab, daß wegen der Annahme $\dot{x}(t) = 0$ für $t < 0$ die Konstante c verschwinden muß. Es bleibt also

$$\dot{x}(t) = \beta \int\limits_{-\infty}^{t} f_1(\tau, \alpha) \, \mathrm{d}\tau.$$

Für $t < 0$ ist $\dot{x}(t) = 0$. Für $0 \leqq t \leqq 1/\alpha$ lautet das Integral, wenn wir $f_1(t, \alpha) = \alpha$ einsetzen,

$$\dot{x}(t) = \beta\alpha \int\limits_{0}^{t} \mathrm{d}\tau = \beta\alpha t.$$

Im Bereich $t > 1/\alpha$ ergibt sich schließlich

$$\dot{x}(t) = \beta\alpha \int\limits_0^{1/\alpha} d\tau = \beta.$$

Zusammengefaßt erhalten wir also

$$\dot{x}(t) = \begin{cases} 0 & \text{für} \quad t < 0 \\ \beta\alpha t & \text{für} \quad 0 \leqq t \leqq 1/\alpha \\ \beta & \text{für} \quad t > 1/\alpha. \end{cases}$$

Nochmalige Integration liefert

$$x(t) = \int\limits_{-\infty}^t \dot{x}(\tau)\, d\tau + c_1 = \int\limits_{-\infty}^t \dot{x}(\tau)\, d\tau$$

[da auch hier wegen $\dot{x}(t) = 0$ und $x(t) = 0$ für $t < 0$ die *Integrationskonstante* c_1 verschwinden muß]. Für $0 \leqq t \leqq 1/\alpha$ ergibt sich

$$x(t) = \beta\alpha \int\limits_0^t \tau\, d\tau = \beta\alpha t^2/2.$$

Im Bereich $t > 1/\alpha$ erhalten wir

$$x(t) = \beta\alpha \int\limits_0^{1/\alpha} \tau\, d\tau + \beta \int\limits_{1/\alpha}^t d\tau = \frac{\beta}{2\alpha} + \beta\left(t - \frac{1}{\alpha}\right) = \beta t - \frac{\beta}{2\alpha}.$$

Auch hier liefert die Zusammenfassung

$$x(t) = \begin{cases} 0 & \text{für} \quad t < 0 \\ \beta\alpha t^2/2 & \text{für} \quad 0 \leqq t \leqq 1/\alpha \\ \beta t - \beta/(2\alpha) & \text{für} \quad t > 1/\alpha. \end{cases}$$

Ersetzt man den Rechteckimpuls jedoch durch den idealisierten DIRAC-Impuls $\delta(t)$, so folgt, wenn man (in zunächst fraglicher Weise) die Formeln (1) und (2) benutzt,

$$\dot{x}(t) = \beta \int\limits_{-\infty}^t \delta(\tau)\, d\tau = \begin{cases} 0 & \text{für} \quad t < 0 \\ \beta \int\limits_{-\infty}^{\infty} \delta(\tau)\, d\tau = \beta & \text{für} \quad t > 0 \end{cases}$$

und

$$x(t) = x_\delta(t) = \int\limits_{-\infty}^t \dot{x}(\tau)\, d\tau = \begin{cases} 0 & \text{für} \quad t < 0 \\ \beta \int\limits_0^t d\tau = \beta t & \text{für} \quad t > 0. \end{cases}$$

Falls man also das eben demonstrierte Vorgehen legalisieren kann, wäre der Rechenaufwand wesentlich geringer als bei der klassischen Methode. Die Frage, wie klein die Impulsdauer $D = 1/\alpha$, d. h., wie groß der Parameter α des Rechteckimpulses $f_1(t, \alpha)$ sein muß, damit die idealisierte Impulsantwort $x_\delta(t)$ von der realen Antwort $x(t)$ für $t > 1/\alpha$ nur um einen vorgegebenen Toleranzbetrag ε abweicht, ist leicht zu beantworten. Aus

$$|x_\delta(t) - x(t)| = \left| \beta t - \beta t + \frac{\beta}{2\alpha} \right| = \frac{\beta}{2\alpha} < \varepsilon$$

im Bereich $t > 1/\alpha$ folgt nämlich $\alpha > \beta/(2\varepsilon)$. Je kleiner der Toleranzbetrag ε ist, desto größer muß α sein, was wiederum zu einer Verkürzung der Stoßdauer (Beschleunigungsdauer) $1/\alpha$ führt.

Bemerkung: Natürlich hätte man im vorliegenden Beispiel die Geschwindigkeit $\dot{x}(t)$ und den *Weg* $x(t)$, die durch den realen Rechteckimpuls zustande kommen, auch ohne Integration ermitteln können. Bei komplizierten *Differentialgleichungen* wird aber der Vorteil der *Distributionenmethode* noch offensichtlicher.

Obwohl die Anwendung von $\delta(t)$ bei der Lösung von praktischen Aufgaben zu sinnvollen Ergebnissen führt, so kann man doch feststellen, daß dies oft — wie etwa im letzten Beispiel demonstriert — auf einer unexakten Grundlage erfolgte. Legalisiert wurde das Rechnen mit solchen Objekten erst durch exakte mathematische Theorien über verallgemeinerte Funktionen. Der Name *verallgemeinerte Funktionen* rührt einfach daher, daß die klassischen Funktionen in geeigneter Weise in die Menge dieser neuen Objekte eingefügt werden können, wie etwa die reellen Zahlen mit konstanten Funktionen identifiziert werden können. Solche Theorien über verallgemeinerte Funktionen sind beispielsweise die von L. SCHWARTZ [25] entwickelten *Distributionen*, aber auch die von J. MIKUSIŃSKI [16] geschaffene *Operatorenrechnung*. Inzwischen ist eine Vielzahl von derartigen Theorien entwickelt worden, auf die aber im Rahmen dieses Buches nicht eingegangen werden soll, weil gerade die am häufigsten verwendeten verallgemeinerten Funktionen, zu denen insbesondere $\delta(t)$ gehört, und entsprechende Rechenregeln in allen diesen Theorien in analoger Weise vorkommen.

2. Einiges über Funktionen

2.1. Funktionen in der Praxis

Bei der Untersuchung linearer Systeme (s. Bild 1), aber auch bei nichtlinearen Systemen, treten einige Funktionen besonders häufig auf. Eine insbesondere bei der Behandlung von Einschwingvorgängen wichtige Erregung ist die HEAVISIDEsche *Einheitssprungfunktion* (O. HEAVISIDE, 1850 bis 1925, englischer Elektrotechniker)

$$h(t) = \begin{cases} 0 & \text{für} \quad t < 0 \\ 1 & \text{für} \quad t \geqq 0 \end{cases} \tag{11}$$

(Bild 6). In der Literatur findet man oft auch andere Definitionen von $h(t)$. Diese unterscheiden sich aber von (11) nur durch eine andere Zuordnung des Funktionswertes an der Stelle $t = 0$. So wird dieser Funktion für $t = 0$ auch der Wert 0 oder der

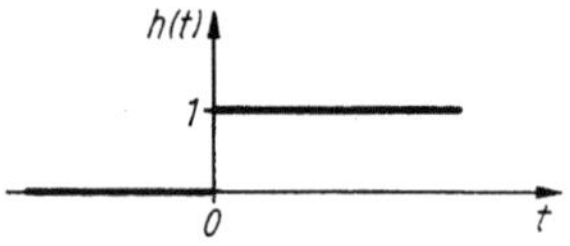

Bild 6. Heavisidesche Einheitssprungfunktion $h(t)$

Wert 1/2 zugeordnet. Diese Abweichungen sind aber nicht wesentlich, wie wir bei der Erörterung des Gleichheitsbegriffes für Funktionen noch sehen werden. Offensichtlich ist die Funktion $h(t)$ an der Stelle $t = 0$ unstetig, sie besitzt dort einen *Sprung* der Höhe eins.

Ebenfalls unstetig sind Rechteckimpulse $f(t, \alpha)$ der Form (6), die jeweils an den Stellen $t = 1/\alpha$ und $t = -1/\alpha$ Sprünge der Höhe $\alpha/2$ aufweisen. Einen solchen Rechteckimpuls kann man mit Hilfe der HEAVISIDEschen Einheitssprungfunktion folgendermaßen beschreiben. Subtrahiert man von der um den Wert $1/\alpha$ nach links verschobenen Sprungfunktion, d. h. von $h(t + 1/\alpha)$, die um $1/\alpha$ nach rechts verschobene Kurve, nämlich $h(t - 1/\alpha)$, und multipliziert die Differenz mit $\alpha/2$, so entsteht offenbar ein Rechteckimpuls (Bilder 7 und 8).

$$f(t, \alpha) = \frac{\alpha}{2}\left[h\left(t + \frac{1}{\alpha}\right) - h\left(t - \frac{1}{\alpha}\right)\right]. \tag{12}$$

Die Rechteckimpulse (6) und (12) weichen im Punkt $t = 1/\alpha$ voneinander ab. Während ersterem für $t = 1/\alpha$ der Wert $\alpha/2$ zugeordnet wird, ist der Funktionswert beim Rechteckimpuls (12) an der Stelle $t = 1/\alpha$ gleich Null. Diese Abweichung ist aber ebenfalls unwesentlich, so daß sie in den Bildern 4 und 8 nicht zum Ausdruck kommt (obwohl dies möglich wäre). Mit Hilfe der Rechteckimpulse wiederum kann man z. B. *periodische Signale* in Form von *Rechteckwellen* (Bild 9) erzeugen, die ebenfalls Sprungstellen aufweisen, also unstetig sind.

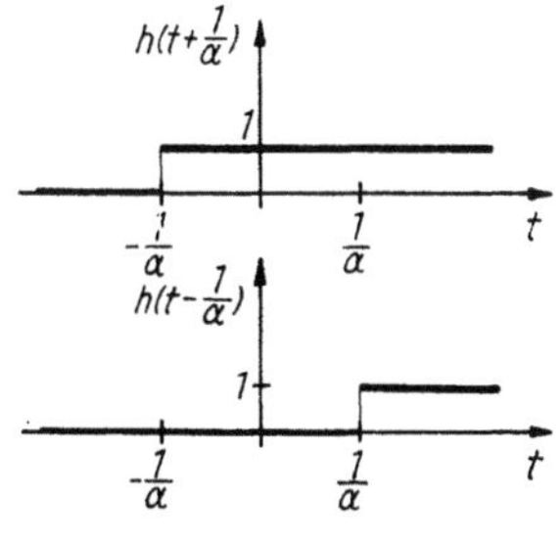

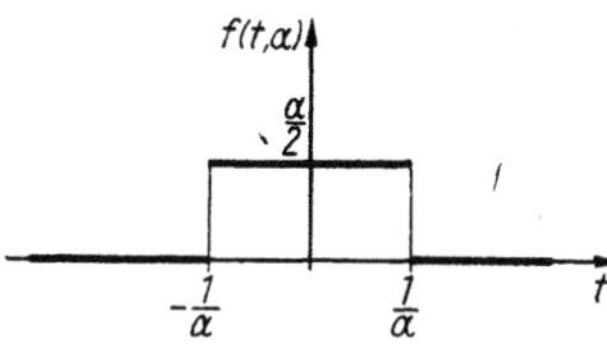

Bild 7. Verschobene Sprungfunktion

Bild 8. Rechteckimpuls

Betrachtet man dagegen die Erregung (7), die man als Halbcosinusstoß oder verschobenen Halbsinusstoß auffassen kann, so stellt man fest, daß dieser Impuls stetig ist, auch wenn er in den Punkten $t = 1/\alpha$ und $t = -1/\alpha$ nicht stetig differenzierbar ist (für die Definition der *Stetigkeit* und der *Differenzierbarkeit* von Funktionen s. z. B. [15]).

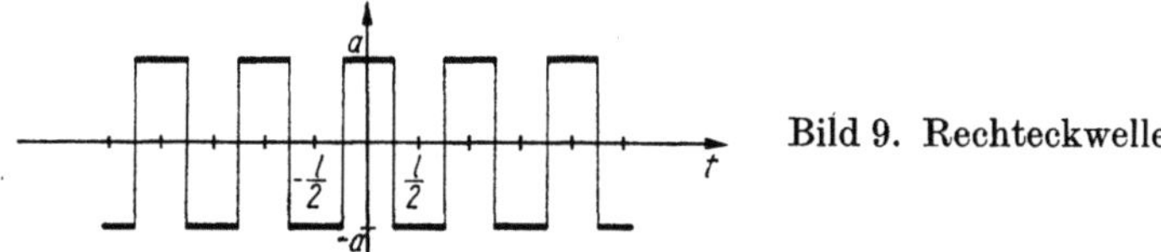

Bild 9. Rechteckwelle

Sogar beliebig oft stetig differenzierbar ist eine Impulsfunktion der Form (5) (s. Bild 3).

Linear bis zu einem konstanten Wert ansteigende Erregungen lassen sich ebenfalls durch stetige — wenn auch an gewissen Stellen nicht differenzierbare — Funktionen beschreiben, wie z. B. durch die stückweise lineare Funktion

$$f(t) = \begin{cases} 0 & \text{für} \quad t < 0 \\ t & \text{für} \quad 0 \leqq t < 1 \\ 1 & \text{für} \quad 1 \leqq t \end{cases} \tag{13}$$

(Bild 10). Man erkennt leicht, daß man die Funktion (13) auch als Integral mit variabler oberer Grenze (s. hierzu [15], II.) eines Rechteckimpulses $g(t)$ erhält, der für $0 \leqq t < 1$ den Wert eins und sonst den Wert Null und damit die Darstellung

$$g(t) = h(t) - h(t - 1)$$

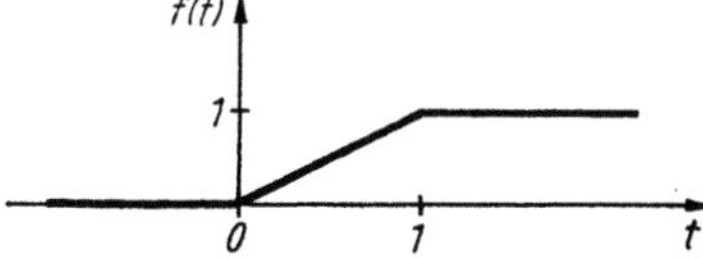

Bild 10. Stückweise linearer Anstieg

besitzt. Es ist nämlich

$$\int\limits_{-\infty}^{t} g(\tau)\, \mathrm{d}\tau = \begin{cases} 0 & \text{für } \ t < 0 \\[2mm] \int\limits_{0}^{t} \mathrm{d}\tau = t & \text{für } \ 0 \leqq t < 1 \\[2mm] \int\limits_{0}^{1} \mathrm{d}\tau = 1 & \text{für } \ t \geqq 1. \end{cases} \tag{14}$$

Insbesondere in der Elektrotechnik werden Störfunktionen der Form

$$f(t) = \mathrm{e}^{\mathrm{j}\omega t} = \cos \omega t + \mathrm{j} \sin \omega t \tag{15}$$

(j ist hier die *imaginäre Einheit*) verwendet. Eine solche Funktion heißt komplexwertige Funktion einer reellen Variablen t und drückt eine periodische Erregung der *Amplitude* 1 und der *Frequenz* ω aus. Der Übergang zu dieser komplexwertigen Funktion geschieht deshalb, weil es sich mit $\mathrm{e}^{\mathrm{j}\omega t}$ einfacher rechnen läßt. Später geht man dann i. allg. wieder auf die reellwertigen Funktionen $\cos \omega t$ und $\sin \omega t$ zurück. Bei linearen Systemen treten in diesem Zusammenhang Antwortfunktionen $x(t)$ auf, die gegenüber der Eingangsfunktion (15) eine Amplitudenänderung (um den sog. Frequenzgang) und eine *Phasen*verschiebung aufweisen. Die periodischen (harmonischen) Schwingungen

$$f(t) = \sin (\omega t + \varphi) \tag{16}$$

und

$$f(t) = \cos (\omega t + \varphi), \tag{17}$$

die ebenfalls für alle reellen t-Werte beliebig oft stetig differenzierbar sind, sind in Bild 11 skizziert. φ ist die Anfangs*phase*.

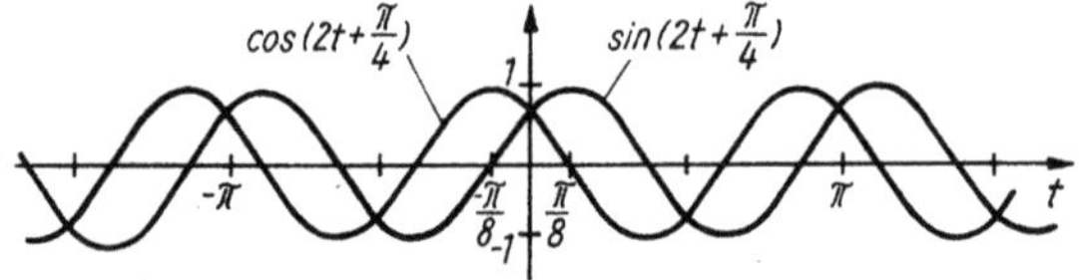

Bild 11. Periodische Schwingungen für $\omega = 2$, $\varphi = \pi/4$

Wir werden uns zukünftig nur mit reellwertigen Funktionen $f(t)$ einer reellen Variablen t befassen und auch die Distributionen und die MikusiŃskischen *Operatoren* nur für diesen Fall betrachten. Für den Fall der komplexwertigen Funktionen ändern sich diese Theorien ohnehin nur an wenigen Stellen. Wenn wir also zukünftig von Funktionen $f(t)$ reden, so meinen wir stets den reellen Fall.
Wir betrachten jetzt die auf der ganzen t-Achse *stetigen* Funktionen $f(t)$. Üblicherweise wird die Menge aller dieser Funktionen mit dem Symbol $C(-\infty, \infty)$ gekennzeichnet [stetig continuous (engl.), continu (franz.)]. Jede dieser Funktionen $f(t)$ ist dann auch in jedem endlichen Intervall $[-T, T]$ $(T > 0)$ der t-Achse stetig und folglich im Riemannschen Sinne in jedem dieser endlichen Intervalle *absolut integrierbar*, d. h., das Integral

$$\boxed{\int\limits_{-T}^{T} |f(t)|\, \mathrm{d}t} \tag{18}$$

besitzt für jedes beliebige $T > 0$ einen endlichen Wert, der gleich dem Inhalt der schraffierten Fläche zwischen der t-Achse und der Kurve von $|f(t)| \geqq 0$ über dem Intervall $[-T, T]$ ist (Bild 12). Da die Integrierbarkeit im RIEMANNschen Sinne (B. RIEMANN, 1826 bis 1866, Göttingen) normalerweise für die Praxis ausreicht, werden wir zukünftig bei Funktionen lediglich mit diesem Integralbegriff arbeiten, obwohl man natürlich auch allgemeinere Begriffe verwenden kann.

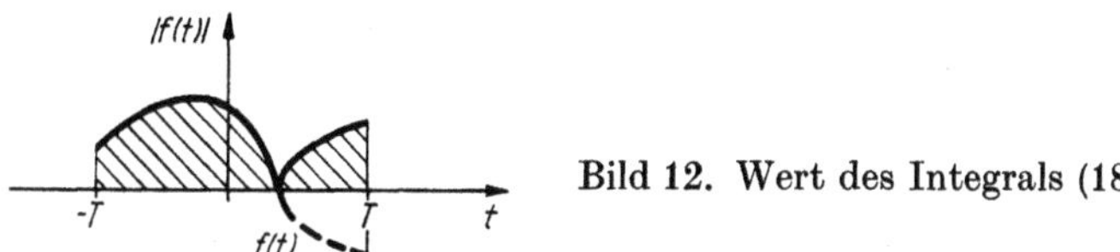

Bild 12. Wert des Integrals (18)

Neben den eben beschriebenen Funktionen gibt es aber auch solche, die nicht auf der ganzen t-Achse stetig sind, für die aber trotzdem das Integral (18) für jeden Wert $T > 0$ existiert. Beispiele hierzu sind die HEAVISIDEsche Einheitssprungfunktion $h(t)$, die Rechteckimpulse, die Rechteckwellen und andere unstetige Funktionen, wie *Sägezahnfunktionen* (Bild 13) usw., die dann natürlich nicht zur Menge $C(-\infty, \infty)$

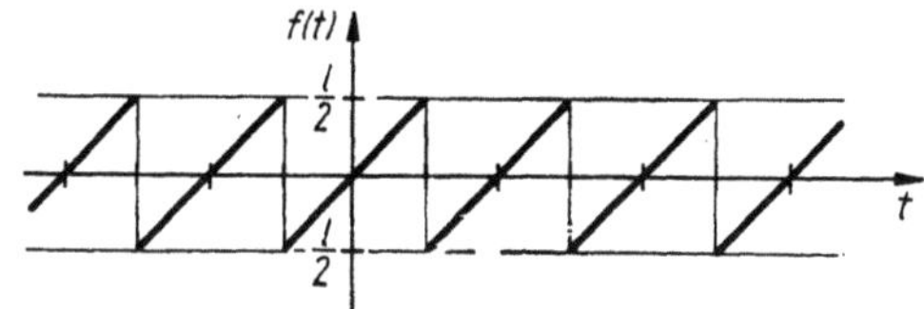

Bild 13. Sägezahnfunktion $(l > 0)$

gehören. Wir wollen die eben ausgesprochenen Behauptungen kurz an einigen Beispielen überprüfen. Für $h(t)$ gilt

$$\int\limits_{-T}^{T} |h(t)| \, \mathrm{d}t = \int\limits_{0}^{T} \mathrm{d}t = T,$$

und dieser Integralwert ist für jeden endlichen Wert $T > 0$ ebenfalls endlich. Für einen Rechteckimpuls der Form (12) gilt

$$\int\limits_{-T}^{T} |f(t, \alpha)| \, \mathrm{d}t = \begin{cases} \dfrac{\alpha}{2} \int\limits_{-T}^{T} \mathrm{d}t = \alpha T, & \text{falls} \quad 0 < T \leqq 1/\alpha \\[2mm] 1, & \text{falls} \quad 1/\alpha < T, \end{cases}$$

d. h., auch diese unstetige Funktion ist in jedem endlichen Intervall $[-T, T]$ absolut integrierbar.

Aufgabe 1. Man berechne für $f(t) = h(t - \lambda)$, λ beliebig reell, die Werte des Integrals (18) für folgende T $(T > 0)$:

a) $0 \leqq T \leqq \lambda$
b) $0 \leqq \lambda \leqq T$ $\Big\}$ $(\lambda \geqq 0$ vorausgesetzt) $\Big|$ c) $\lambda \leqq -T$
d) $-T \leqq \lambda$ $\Big\}$ $(\lambda \leqq 0$ vorausgesetzt)

Ist $h(t - \lambda)$ in jedem endlichen Intervall $[-T, T]$ absolut integrierbar?

2*

Aufgabe 2. Man überlege sich, daß auch jede Rechteckwelle, wie im Bild 9 skizziert, und jede Sägezahnfunktion (Bild 13) in jedem endlichen Intervall der t-Achse absolut integrierbar ist!

Es gibt jedoch Funktionen, die als Unstetigkeiten nicht nur Sprünge endlicher Höhen an isolierten Stellen aufweisen, sondern bei Annäherung an bestimmte t-Werte unendlich große Werte annehmen. Eine solche Funktion ist beispielsweise

$$f(t) = \begin{cases} 0 & \text{für } t < 0 \\ \dfrac{1}{\sqrt{t}} & \text{für } t > 0 \end{cases} \tag{19}$$

(Bild 14), die für $t \to 0$ von rechts gegen einen unendlich großen Wert strebt. Diese Funktion ist ebenfalls in jedem endlichen Intervall $[-T, T]$ absolut integrierbar

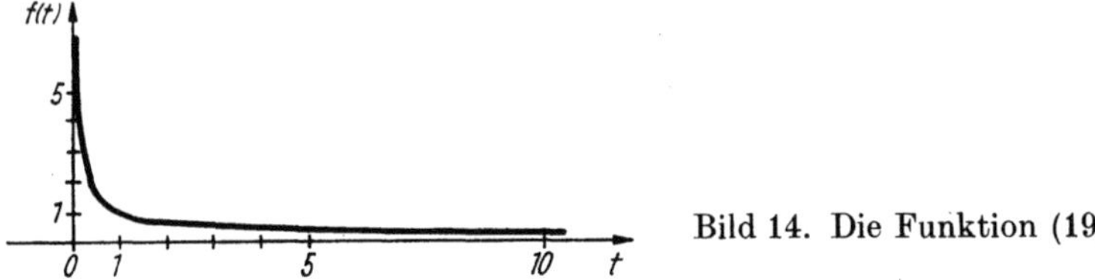

Bild 14. Die Funktion (19)

(hier im Sinne der *uneigentlichen* Integrale, s. z. B. [1]), denn es gilt für jedes $0 < T < \infty$

$$\int\limits_{-T}^{T} |f(t)|\, dt = \int\limits_{0}^{T} \frac{dt}{\sqrt{t}} = \lim_{\substack{\varepsilon \to 0 \\ \varepsilon > 0}} \int\limits_{\varepsilon}^{T} \frac{dt}{\sqrt{t}} = \lim_{\substack{\varepsilon \to 0 \\ \varepsilon > 0}} \left(2\sqrt{t}\,\Big|_{\varepsilon}^{T}\right) = 2\sqrt{T} < \infty.$$

Ganz anders sieht es schon mit den Funktionen

$$f(t, n) = \begin{cases} 0 & \text{für } t < 0 \\ 1/t^n & \text{für } t > 0 \end{cases} \tag{20}$$

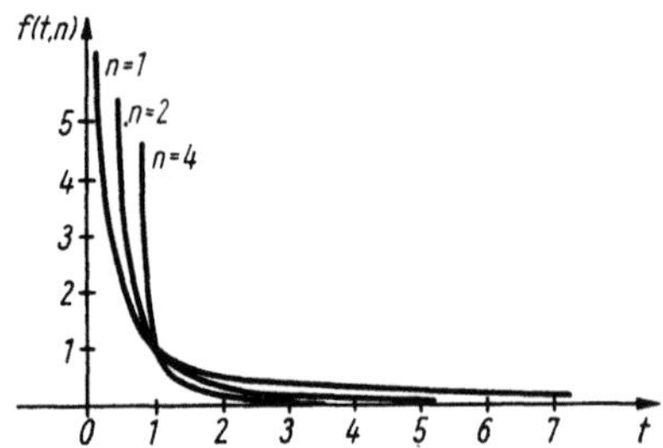

Bild 15. Die Funktionen (20) für $n = 1, 2, 4$

für $n = 1, 2, 3, \ldots$ aus (Bild 15). Diese Funktionen besitzen an der Stelle $t = 0$ jeweils einen Pol n-ter Ordnung, also ebenfalls eine Unendlichkeitsstelle. Im Gegensatz zur Funktion (19) existieren aber hier nicht einmal die Integrale (18) im uneigentlichen Sinne. Für $n = 1$ gilt nämlich

$$\int\limits_{-T}^{T} |f(t, 1)|\, dt = \int\limits_{0}^{T} \frac{dt}{t} = \lim_{\substack{\varepsilon \to 0 \\ \varepsilon > 0}} \int\limits_{\varepsilon}^{T} \frac{dt}{t} = \lim_{\substack{\varepsilon \to 0 \\ \varepsilon > 0}} \left(\ln t\,\Big|_{\varepsilon}^{T}\right) = \infty,$$

und für $n = 2, 3, \ldots$ erhält man

$$\int\limits_{-T}^{T} |f(t, n)| \, dt = \int\limits_{0}^{T} \frac{dt}{t^n} = \lim_{\substack{\varepsilon \to 0 \\ \varepsilon > 0}} \int\limits_{\varepsilon}^{T} \frac{dt}{t^n} = \lim_{\substack{\varepsilon \to 0 \\ \varepsilon > 0}} \left([(1 - n)\, t^{n-1}]^{-1} \Big|_{\varepsilon}^{T} \right) = \infty.$$

Wir lassen zunächst solche Funktionen, die nicht in jedem endlichen Intervall der *t*-Achse absolut integrierbar sind, beiseite, obwohl auch sie in einer Theorie verallgemeinerter Funktionen in geeigneter Weise erfaßt werden können, und beschränken uns auf die zuerst behandelten Funktionen, die man auch lokal integrierbar nennt. Für praktische Zwecke kann man noch fordern, daß diese Funktionen in jedem endlichen Intervall nur endlich viele Unstetigkeiten besitzen.

Definition

> $\mathcal{K}$ bezeichne die Menge aller Funktionen $f(t)$, $-\infty < t < \infty$, für die das Integral (18) für jeden Wert $T > 0$ endlich ist [$f(t)$ heißt dann *lokal integrierbar*] und die in jedem endlichen Intervall nur endlich viele Unstetigkeiten besitzen.

Beispiel 1. Jede stetige Funktion aus der Menge $C(-\infty, \infty)$ gehört auch zur Menge $\mathcal{K}$, insbesondere die Funktionen (5), (7), (13), (16) und (17).

Beispiel 2. Jede beschränkte Funktion $f(t)$ [d. h., es gibt eine positive Konstante K mit $|f(t)| \leq K$], die in jedem endlichen Intervall nur endlich viele Unstetigkeiten besitzt, gehört zur Menge $\mathcal{K}$, insbesondere die HEAVISIDEsche Einheitssprungfunktion (11), die Rechteckimpulse (6) und (12), die Rechteckwellen (Bild 9) und auch die Sägezahnfunktion (Bild 13).

Beispiel 3. Die Funktion (19) ist weder eine auf der ganzen *t*-Achse stetige noch eine beschränkte Funktion, gehört aber ebenfalls zur Menge $\mathcal{K}$.

Es wird wohl kaum jemand geben, dem die Aussage «zwei stetige Funktionen $f(t)$ und $g(t)$ sind gleich», in Zeichen $f(t) = g(t)$, Kopfzerbrechen bereitet. Jeder, der mit solchen Funktionen Umgang hat, weiß, daß zwei stetige Funktionen genau dann gleich sind, wenn sich ihre Kurven völlig decken, d. h., wenn $f(t)$ und $g(t)$ identisch sind, also in jedem Punkt t übereinstimmen.

Beispiel 4. Für $f(t) = \sin t$ und $g(t) = \cos(t - \pi/2)$ gilt $f(t) = g(t)$, denn die um $\pi/2$ nach rechts verschobene Kurve von $\cos t$, also $g(t)$, fällt mit der Kurve von $\sin t$ zusammen (Bild 16).
Anders sieht es im Bereich der *unstetigen* Funktionen aus. Würde man den Gleichheitsbegriff für stetige Funktionen formal auf unstetige Funktionen übertragen, so

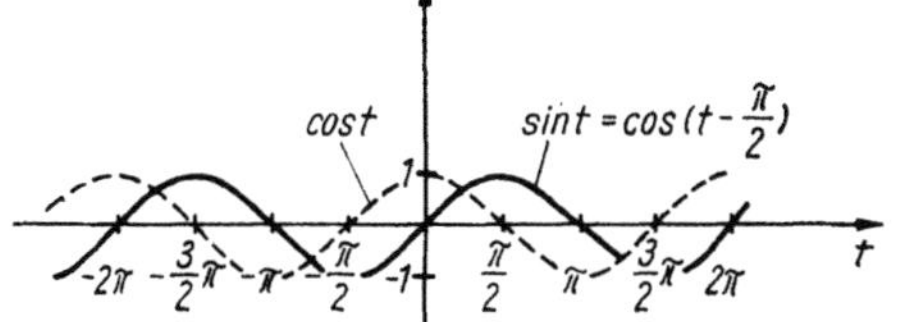

Bild 16. Gleichheit von $\sin t$ und $\cos(t - \pi/2)$

wären beispielsweise die Funktionen

$$
\begin{aligned}
h(t) &= \begin{cases} 0 & \text{für } t < 0 \\ 1 & \text{für } t \geq 0, \end{cases} \\[2mm]
h_1(t) &= \begin{cases} 0 & \text{für } t \leq 0 \\ 1 & \text{für } t > 0, \end{cases} \\[2mm]
h_2(t) &= \begin{cases} 0 & \text{für } t < 0 \\ 1/2 & \text{für } t = 0, \\ 1 & \text{für } t > 0 \end{cases}
\end{aligned}
\tag{21}
$$

die man als Definition der HEAVISIDEschen Einheitssprungfunktion (also ein und derselben Funktion) in der Literatur finden kann, keinesfalls gleich, denn sie stimmen im Punkt $t = 0$ nicht überein, und man könnte nicht so ohne weiteres sagen, daß diese Differenzen belanglos sind, wie wir es bereits anfangs getan haben.

Man führt deshalb für unstetige Funktionen, insbesondere für Funktionen aus der Menge $\mathcal{K}$, einen etwas anderen *Gleichheitsbegriff* ein.

Definition

> Zwei Funktionen $f(t)$ und $g(t)$ aus der Menge $\mathcal{K}$ werden als gleich angesehen, und man schreibt $f(t) = g(t)$, wenn für beliebige positive Zahlen T_1, T_2
>
> $$
> \int_{-T_1}^{T_2} f(t)\,\mathrm{d}t = \int_{-T_1}^{T_2} g(t)\,\mathrm{d}t
> \tag{22}
> $$
>
> gilt.

Weichen zwei Funktionen $f(t)$ und $g(t)$ aus der Menge $\mathcal{K}$ nur an isolierten Stellen der t-Achse voneinander ab, so sind sie im Sinne dieser Definition als gleich anzusehen.

Beispiel 5. Die Funktionen $h(t)$, $h_1(t)$ und $h_2(t)$ in (21) sind gleich, d. h., $h(t) = h_1(t) = h_2(t)$, denn sie haben überall, außer im Punkt $t = 0$ (also fast überall), die gleichen Funktionswerte. Offensichtlich gilt auch

$$
\int_{-T_1}^{T_2} h(t)\,\mathrm{d}t = \int_{-T_1}^{T_2} h_1(t)\,\mathrm{d}t = \int_{-T_1}^{T_2} h_2(t)\,\mathrm{d}t = \int_{0}^{T_2} \mathrm{d}t = T_2
$$

für jedes $T_2 > 0$. Folglich wird durch die drei Definitionen (21) tatsächlich ein und dieselbe Funktion $h(t)$ erklärt, und es ist belanglos, welche man benutzt.

Beispiel 6. Die Rechteckimpulse (6) und (12), die überall, außer im Punkt $t = 1/\alpha$, übereinstimmen, sind ebenfalls gleich, d. h., auch hier ist die Differenz im Punkt $t = 1/\alpha$ belanglos.

Beispiel 7. Die beiden Sägezahnfunktionen

$$
\left.
\begin{aligned}
f(t) &= t - k\lambda \quad \text{für} \quad k\lambda \leq t < (k+1)\lambda \\[1mm]
g(t) &= t - k\lambda \quad \text{für} \quad k\lambda < t \leq (k+1)\lambda
\end{aligned}
\quad (k = 0, \pm 1, \pm 2, \ldots)
\right\}
\tag{23}
$$

weichen zwar in den unendlich vielen isolierten Punkten $t = 0,\ \pm 1\lambda,\ \pm 2\lambda,\ \pm 3\lambda,\ \ldots$ voneinander ab, aber es gilt

$$\int\limits_{-T_1}^{T_2} f(t)\,\mathrm{d}t = \int\limits_{-T_1}^{T_2} g(t)\,\mathrm{d}t \qquad \text{für}\quad T_2, T_1 > 0,$$

d. h., sie stimmen fast überall überein. Also gilt $f(t) = g(t)$, und das Bild 17 repräsentiert beide Funktionen (23).

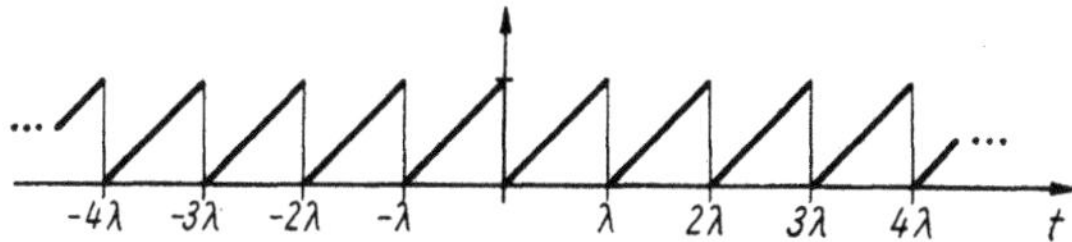

Bild 17. Sägezahnfunktion

Wenn zwei stetige Funktionen gleich sind, dann sind sie identisch, d. h., sie stimmen sogar überall überein, und damit sind sie auch gleich im Sinne der Funktionen aus der Menge $\mathcal{K}$. Es gilt aber sogar die Umkehrung. Wir halten fest:

> Für stetige Funktionen $f(t)$, $g(t) \in \mathcal{K}$ fällt der ursprüngliche Gleichheitsbegriff mit dem Gleichheitsbegriff für Funktionen aus $\mathcal{K}$ zusammen.

Im Sinne der umfassenderen Gleichheitsdefinition kann es aber jetzt vorkommen, daß eine stetige Funktion $f(t)$ gleich ist einer unstetigen Funktion $g(t)$.

Beispiel 8. Ist $f(t) = 1$ für alle t, $-\infty < t < \infty$, und gilt

$$g(t) = \begin{cases} 1 & \text{für}\quad t \neq 0 \\ 0 & \text{für}\quad t = 0, \end{cases}$$

so sind $f(t)$ und $g(t)$ gleich im Sinne von $\mathcal{K}$, weil sie fast überall (mit Ausnahme im Punkt $t = 0$) den gleichen konstanten Wert eins besitzen. Also kann die Funktion $g(t)$ auch gleich durch die einfacher zu schreibende Funktion $f(t) \equiv 1$ repräsentiert werden. Während $f(t)$ aber stetig ist für alle reellen t, ist $g(t)$ in $t = 0$ unstetig.
Wenn also zukünftig von der *Gleichheit* zweier Funktionen die Rede ist, so kann sich der Leser vorstellen, daß die Kurvenbilder entweder völlig (im Falle der stetigen Funktionen) oder wenigstens fast überall (d. h. hier, bis auf Abweichungen an isolierten Stellen, wenn wenigstens eine Funktion unstetig ist) zusammenfallen.

2.2. Funktionenräume

Wie man eine Funktion $f(t)$ mit einer Zahl α multipliziert oder zu einer anderen Funktion $g(t)$ addiert, ist allgemein bekannt. Diese Operationen werden punktweise ausgeführt, d. h. nach den Vorschriften

$$\boxed{\begin{aligned} (\alpha f)\,(t) &= \alpha f(t) \\ (f + g)\,(t) &= f(t) + g(t). \end{aligned}} \tag{24}$$

Der Funktionswert des *Produktes* αf an einer festen Stelle t [an der $f(t)$ erklärt ist] ist gleich dem Produkt aus α und dem Funktionswert von f an dieser Stelle t. Ebenso ist der Funktionswert der *Summe* $f + g$ an einer festen Stelle t gleich der Summe der Funktionswerte von f und g an der gleichen Stelle t (an der beide Funktionen definiert sein müssen). Des weiteren gelten für diese beiden elementaren *Operationen* folgende Regeln:

$$f + g = g + f \tag{25}$$
$$f + (g + g_1) = (f + g) + g_1 \tag{26}$$
$$f + 0 = 0 + f = f \tag{27}$$
$$f + (-f) = f - f = 0 \tag{28}$$
$$\alpha(f + g) = \alpha f + \alpha g \tag{29}$$
$$(\alpha + \beta) f = \alpha f + \beta f \tag{30}$$
$$\alpha(\beta f) = (\alpha \beta) f \tag{31}$$
$$1 \cdot f = f \tag{32}$$

$f = f(t)$, $g = g(t)$, $g_1 = g_1(t)$ sind hierbei beliebige Funktionen einer gewissen Klasse, das Symbol 0 in (27) und (28) bezeichnet die Funktion, die überall den konstanten Wert Null besitzt, α, β und das Symbol 1 in (32) bezeichnen Zahlen. Im Zusammenhang mit den Operationen (24) führt man einen weiteren Begriff ein:

Definition

> Das Symbol X bezeichne eine gewisse Klasse von Funktionen. Ist das Ergebnis der beiden Operationen (24) für beliebige Funktionen dieser Klasse und beliebige reelle Zahlen α stets wieder eine Funktion der Klasse X und gelten die Regeln (25) bis (32), so heißt X ein *linearer Funktionenraum*.

Beispiel 1. Die Menge $\mathcal{K}$ ist ein linearer Funktionenraum, denn das Produkt einer lokal integrierbaren Funktion mit einer Zahl ist stets wieder lokal integrierbar, die Summe zweier solcher Funktionen ebenfalls, und αf sowie $f + g$ besitzen in jedem endlichen Intervall nur endlich viele Unstetigkeiten, wenn dies für f und g gilt.

Beispiel 2. Die Menge $C(-\infty, \infty)$ aller in $-\infty < t < \infty$ stetigen Funktionen ist ein linearer Funktionenraum, denn αf und $f + g$ sind auf der ganzen t-Achse stetig, wenn f und g dort stetig sind. $C(-\infty, \infty)$ ist sogar ein linearer Teilraum von $\mathcal{K}$.

Beispiel 3. Die Menge $C^{(\infty)}(-\infty, \infty)$ aller Funktionen, die auf der gesamten reellen t-Achse *beliebig oft stetig differenzierbar* sind, ist ebenfalls ein linearer Funktionenraum, und zwar ein linearer Teilraum von $C(-\infty, \infty)$ und damit auch von $\mathcal{K}$. Funktionen in $C^{(\infty)}(-\infty, \infty)$ sind beispielsweise $\sin t$, $\cos t$, e^t, e^{-t^2}, t, t^2, t^3, $f(t) = $ konst., sämtliche Polynome in t usw.
Während die Funktionen $f(t) = $ konst., t, t^2, t^3 sowie die Polynome in t nach einer endlichen Anzahl von Differentiationen schließlich gleich der Funktion $f(t) \equiv 0$ und damit beliebig oft weiter differenzierbar sind, führt die Differentiation von $\sin t$, $\cos t$, e^t und e^{-t} stets wieder auf nicht verschwindende beliebig oft differenzierbare

Funktionen, z. B. ist $\dfrac{d^n}{dt^n} e^t = e^t$ für alle $n = 1, 2, 3, \dots$

Werden zwei beliebig oft stetig differenzierbare Funktionen addiert, so ist die Summe stets wieder beliebig oft differenzierbar, und es gilt bekanntlich für alle natürlichen

Zahlen n

$$\frac{\mathrm{d}^n}{\mathrm{d}t^n}[f(t)+g(t)] = \frac{\mathrm{d}^n}{\mathrm{d}t^n}f(t) + \frac{\mathrm{d}^n}{\mathrm{d}t^n}g(t).$$

Ebenso ist $\alpha f(t)$ beliebig oft stetig differenzierbar, wenn dies für $f(t)$ gilt, und man erhält

$$\frac{\mathrm{d}^n}{\mathrm{d}t^n}[\alpha f(t)] = \alpha \frac{\mathrm{d}^n}{\mathrm{d}t^n}f(t).$$

Beispiel 4. Als Ausgangspunkt für die MIKUSIŃSKISche Operatorenrechnung werden wir im vorliegenden Buch den linearen Funktionenraum $\mathcal{K}_{\mathcal{M}}$ verwenden. Der Raum $\mathcal{K}_{\mathcal{M}}$ besteht dabei aus allen Funktionen $f(t) \in \mathcal{K}$, die links von einem [i. allg. von der Funktion $f(t)$ abhängenden] Punkt $t = \sigma_f$ identisch verschwinden, d. h., für die $f(t) = 0$ für $t < \sigma_f$ gilt. Man sagt auch, die Funktionen $f(t) \in \mathcal{K}_{\mathcal{M}}$ besitzen nach

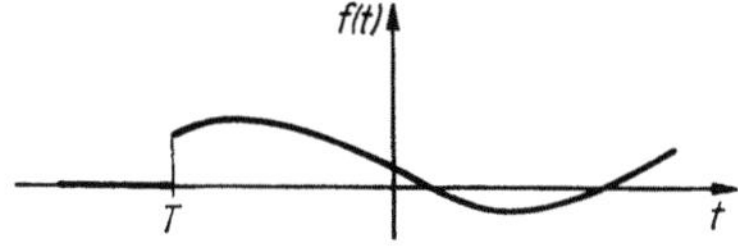

Bild 18. Funktion mit nach links beschränktem Träger

links beschränkte *Träger* (Bild 18). Beispielsweise gehört die Sprungfunktion $h(t)$ zu $\mathcal{K}_{\mathcal{M}}$ (hier ist $\sigma_f = \sigma_h = 0$). Für die Rechteckimpulse (6) bzw. (12), die ebenfalls zu $\mathcal{K}_{\mathcal{M}}$ gehören, ist $\sigma_f = -1/\alpha_1, \sigma_{f_1} = 0$. Nicht zu $\mathcal{K}_{\mathcal{M}}$ gehören $f_1(t) = t$, $f_2(t) = \mathrm{e}^t$, $f_3(t) = \cos t$, während die Funktionen

$$f_4(t) = \begin{cases} t & \text{für } t \geqq 0 \\ 0 & \text{für } t < 0, \end{cases} \qquad f_5(t) = \begin{cases} \mathrm{e}^t & \text{für } t \geqq -3 \\ 0 & \text{für } t < -3, \end{cases}$$

$$f_6(t) = \begin{cases} \cos t & \text{für } t \geqq 2 \\ 0 & \text{für } t < 2 \end{cases} \qquad \text{dem Raum } \mathcal{K}_{\mathcal{M}} \text{ angehören.}$$

Beispiel 5. Die für die (rechtsseitige) LAPLACE-*Transformation* wichtige Menge $\mathcal{K}_{\mathcal{L}}$ aller Funktionen $f(t) \in \mathcal{K}_{\mathcal{M}}$, für die zusätzlich noch das Integral

$$\boxed{\int\limits_{-\infty}^{\infty} \mathrm{e}^{-ct}\,|f(t)|\,\mathrm{d}t} \tag{33}$$

für wenigstens einen [im allgemeinen von der jeweiligen Funktion $f(t)$ abhängenden] reellen Wert $c = c_f$ existiert, ist ebenfalls ein linearer Funktionenraum, und zwar ein Teilraum von $\mathcal{K}_{\mathcal{M}}$ und folglich auch von $\mathcal{K}$. Beispielsweise ist die Sprungfunktion $h(t)$ eine Funktion in $\mathcal{K}_{\mathcal{L}}$. Hier existiert das Integral (33) für alle $c > 0$,

$$\text{denn es ist } \int\limits_{-\infty}^{\infty} \mathrm{e}^{-ct}\,|h(t)|\,\mathrm{d}t = \int\limits_{0}^{\infty} \mathrm{e}^{-ct}\,\mathrm{d}t = \frac{-\mathrm{e}^{-ct}}{c}\Bigg|_0^{\infty} = \frac{1}{c} < \infty \text{ für } c > 0.$$

Aufgabe 1. Man konstruiere zwei einfache Funktionen aus $\mathcal{K}$, die nur an der Stelle $t = 0$ unstetig sind, deren Summe jedoch überall stetig ist!

Aufgabe 2. Welche der folgenden Funktionen gehören zum Raum $\mathcal{K}_{\mathscr{S}}$ und welche nicht?

a) Die Funktionen (6)   d) $\sin t$, $\cos t$, e^t, t, t^2
b) Die Funktion (7)   e) Die Funktion (19)
c) Die Funktion (13)

[Hinweis zu e): Man zerlege das auf das Intervall $[0, \infty)$ reduzierte Integral (33) in eine Summe von Integralen über $[0, 1)$ und $[1, \infty)$.]

2.3.   Gewöhnliches Produkt

Beim Rechnen mit Funktionen benutzt man neben der Multiplikation mit Zahlen und der Addition von Funktionen ebenso häufig das *gewöhnliche Produkt* zweier Funktionen $f(t)$ und $g(t)$, das ebenfalls punktweise entsprechend

$$\boxed{(fg)\,(t) = f(t)\,g(t)} \tag{34}$$

definiert ist. Also auch hier ist der Funktionswert des Produktes fg an einer festen Stelle t gleich dem Produkt der Funktionswerte von f und g an der gleichen Stelle t (an der natürlich beide Funktionen definiert sein müssen). Dieses Produkt tritt überall in den Anwendungen auf und besitzt u. a. folgende Eigenschaften:

$$\boxed{\begin{aligned}
fg &= gf &&\text{(Kommutativgesetz)}\\
f(gg_1) &= (fg)\,g_1 &&\text{(Assoziativgesetz)}\\
f(g + g_1) &= fg + fg_1 &&\text{(Distributivgesetz).}
\end{aligned}}$$

Das Produkt zweier in einem Intervall $[a, b]$ stetiger Funktionen ist in $[a, b]$ wieder eine stetige Funktion.

Das Produkt zweier in einem Intervall $[a, b]$ n-mal stetig differenzierbarer Funktionen ist dort wieder eine n-mal stetig differenzierbare Funktion.

Beispiel 1. Das Produkt $x(t)$ der beiden für alle t, $t \neq 0$, beliebig oft stetig differenzierbaren Funktionen $f(t) = \begin{cases} 0 & \text{für} \quad t < 0 \\ e^{-\sigma t} & \text{für} \quad t \geq 0 \end{cases} = h(t)\,e^{-\sigma t}$ [$h(t)$ ist die durch (11) definierte Sprungfunktion, σ sei positiv] und $g(t) = \sin(\omega t + \varphi)$ (ω, $\varphi > 0$), also

$$x(t) = f(t)\,g(t) = h(t)\,e^{-\sigma t}\sin(\omega t + \varphi) \tag{35}$$

ist wieder für alle t, $t \neq 0$, beliebig oft stetig differenzierbar. $x(t)$ beschreibt eine in $0 \leq t < \infty$ ablaufende gedämpfte Schwingung (Bild 19).

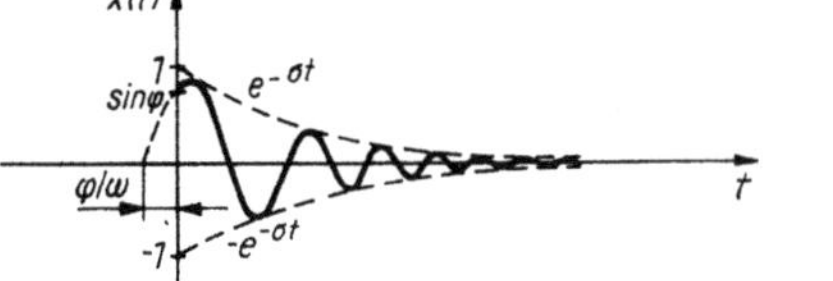

Bild 19. Gedämpfte Schwingung

Beispiel 2. Ist $f(t)$ wie im Beispiel 1 und $g(t) = \alpha t + \beta$ eine Gerade, so hat das Produkt

$$x(t) = f(t)\,g(t) = h(t)\,\mathrm{e}^{-\sigma t}(\alpha t + \beta) \tag{36}$$

einen wie in Bild 20 skizzierten Verlauf und ist für alle t, $t \neq 0$, beliebig oft stetig differenzierbar.

Bild 20. Produkt (36) für
$\alpha > 0,\ \beta > 0,\ \sigma = \alpha/\beta$

Beispiel 3. Wird $f(t)$ aus Beispiel 1 mit $g(t) = \alpha \sinh(\gamma t) + \beta \cosh(\gamma t)$, $\gamma > 0$ und α, β seien konstant, multipliziert, wobei die Hyperbelfunktionen durch

$$\sinh(\gamma t) = \frac{1}{2}\,[\mathrm{e}^{\gamma t} - \mathrm{e}^{-\gamma t}] \quad \text{und} \quad \cosh(\gamma t) = \frac{1}{2}\,[\mathrm{e}^{\gamma t} + \mathrm{e}^{-\gamma t}]$$

definiert sind, so entsteht mit

$$x(t) = f(t)g(t) = h(t)\,\mathrm{e}^{-\sigma t}\,[\alpha \sinh(\gamma t) + \beta \cosh(\gamma t)] \tag{37}$$

ebenfalls wieder eine in $t < 0$ und $t > 0$ beliebig oft stetig differenzierbare Funktion (Bild 21).

Bild 21. Produkt (37) für
$\alpha = -2,\ \beta = 1,\ \gamma < \sigma$

Funktionen der Form (35), (36) und (37) kommen beispielsweise bei *elektrischen Schwingkreisen* oder *Feder-Masse-Systemen* (Bild 22) vor, wenn der Kondensator vor dem Zeitpunkt $t = 0$, an dem der Stromkreis geschlossen wird, bis zur *Spannung u* aufgeladen wurde oder die Masse m nach einmaliger *Auslenkung* aus der Ruhelage

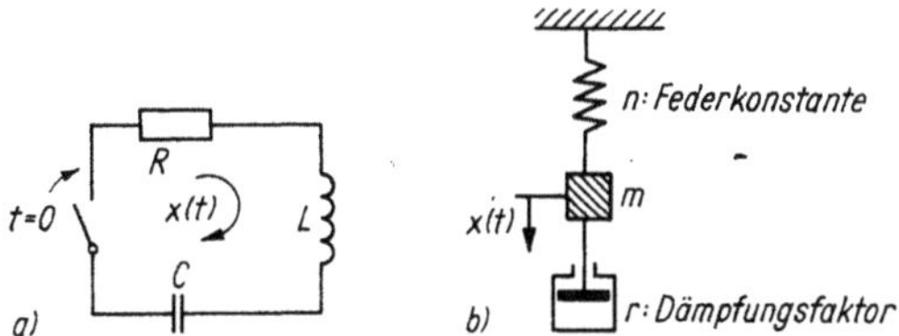

Bild 22. Elektrischer Schwingkreis und gedämpfter Federschwinger

zum Zeitpunkt $t = 0$ losgelassen wird. Im Schwingkreis beschreibt $x(t)$ den *Strom*, im Feder-Masse-System die Auslenkung der Masse aus der Ruhelage. Die Funktionen (35), (36) und (37) beschreiben dann die *gedämpfte Schwingung*, den *aperiodischen Grenzfall* und den *Kriechfall*.

Auf zwei Eigenschaften des gewöhnlichen Produktes sei noch hingewiesen. Während bekanntlich das Produkt $\alpha\beta$ zweier Zahlen nur dann gleich Null sein kann, wenn wenigstens einer der Faktoren α oder β gleich Null ist, folgt aus $f(t)\,g(t) = 0$ für alle t aus dem gemeinsamen Definitionsbereich von $f(t)$ und $g(t)$ keinesfalls, daß wenigstens eine der beiden Funktionen im ganzen Definitionsbereich identisch Null ist. (In der Sprache der Algebra heißt deshalb das Zahlenprodukt «nullteilerfrei», in dieser Terminologie ist das gewöhnliche Funktionenprodukt «nicht nullteilerfrei».)

Beispiel 4. $f(t) = h(t)\,t$ und $g(t) = 1 - h(t)$ (Bild 23) sind beide in $-\infty < t < \infty$ definiert und dort sicher nicht identisch Null. Das Produkt $f(t)\,g(t)$ verschwindet aber identisch.

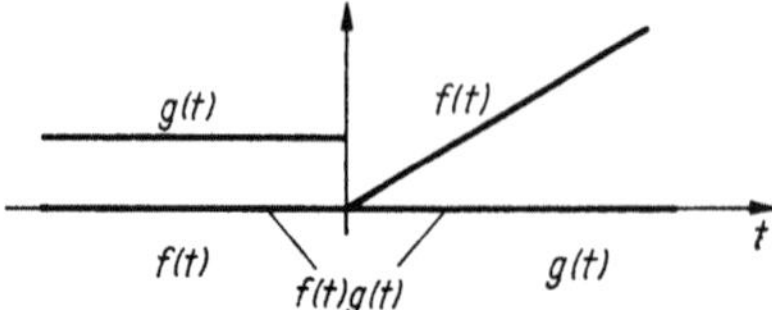

Bild 23. Beispiel für ein verschwindendes Funktionenprodukt

Die zweite Eigenschaft ist:

> Das gewöhnliche Produkt zweier Funktionen aus dem Raum $\mathscr{K}$ kann wieder zu $\mathscr{K}$ gehören, muß aber keine Funktion in $\mathscr{K}$ sein.

Beispiel 5. Die Sprungfunktion $h(t)$ und die Funktion $f(t) = h(t)/\sqrt{t}$ [das ist die Funktion (19) in anderer Schreibweise] gehören beide zum Raum $\mathscr{K}$. Wegen

$$h(t)\,f(t) = h^2(t)\big/\sqrt{t} = h(t)\big/\sqrt{t} = f(t)$$

ist offensichtlich auch das Produkt $h(t)\,f(t)$ wieder eine Funktion in $\mathscr{K}$.

Beispiel 6. Das Produkt der Funktion $f(t) \in \mathscr{K}$ aus Beispiel 5 mit sich selbst liefert

$$f(t)\,f(t) = f^2(t) = h^2(t)/t = h(t)/t.$$

Dies ist aber die Funktion (20) für $n = 1$ (nur in kürzerer Schreibweise!), die — wie wir gezeigt haben — nicht lokal integrierbar ist und folglich nicht zum Raum $\mathscr{K}$ gehört.
Ohne Beweis sei jedoch vermerkt:

> Das Produkt einer beliebigen Funktion $f(t) \in \mathscr{K}$ mit einer Funktion $g(t) \in \mathscr{K}$, die nur Sprünge endlicher Höhe und Lücken als Unstetigkeiten besitzt, gehört stets wieder zu $\mathscr{K}$.

Beispiel 7. Ist $g(t)$ sogar stetig in $-\infty < t < \infty$, also eine Funktion aus dem linearen Funktionenraum $C(-\infty, \infty)$, so ist das Produkt $f(t)\,g(t) \in \mathscr{K}$, falls $f(t)$ zu $\mathscr{K}$ gehört.

Beispiel 8. Ist $g(t) \in \mathscr{K}$ beschränkt, d. h., gilt $|g(t)| \leqq K$ für alle t und eine positive Konstante K, so ist $f(t)\,g(t)$ eine Funktion in $\mathscr{K}$, falls $f(t)$ zu $\mathscr{K}$ gehört. Die Sprungfunktion ist z. B. stückweise stetig und beschränkt.

2.4.   Faltungsprodukt

In der Distributionentheorie, der Mikusińskischen Operatorenrechnung, bei der Laplace-Transformation und auf anderen Gebieten spielt eine Operation zwischen Funktionen eine große Rolle, die zwar ein völlig anderes Aussehen als das gewöhnliche Funktionenprodukt hat, aber analoge Eigenschaften wie dieses besitzt. Diese Operation ist das sogenannte *Faltungsprodukt* [convolution product (engl.)]. Wir wollen es hier nur für Funktionen aufschreiben, die alle links von einem von der jeweiligen Funktion abhängenden Punkt der t-Achse verschwinden, also einen nach links beschränkten Träger besitzen.

Definitionen

> Sind $f(t)$ und $g(t)$ zwei Funktionen aus $\mathcal{K}_{\mathcal{M}}$ (oder $\mathcal{K}_{\mathcal{L}}$), die für $t < 0$ gleich Null sind, so heißt die Funktion
>
> $$f(t) * g(t) = \int\limits_{0}^{t} f(t - \tau)\, g(\tau)\, d\tau \qquad (38)$$
>
> das Faltungsprodukt der Funktionen $f(t)$ und $g(t)$, und es ist $f * g \in \mathcal{K}_{\mathcal{M}}$ (oder $\mathcal{K}_{\mathcal{L}}$) sowie $f * g = 0$ für $t < 0$.

> Verschwinden die Funktionen $f(t)$, $g(t) \in \mathcal{K}_{\mathcal{M}}$ (oder $\mathcal{K}_{\mathcal{L}}$) nicht notwendig für $t < 0$, so schreibt man für das Faltungsprodukt allgemeiner
>
> $$f(t) * g(t) = \int\limits_{-\infty}^{\infty} f(t - \tau)\, g(\tau)\, d\tau, \qquad (39)$$
>
> obwohl es genaugenommen endliche Grenzen besitzt, die allerdings von den gewählten Funktionen abhängen können [die Schreibweise (39) ist deshalb einfacher]. Auch hier besitzt die Funktion $f * g$ wieder einen nach links beschränkten Träger und gehört zu $\mathcal{K}_{\mathcal{M}}$ (oder $\mathcal{K}_{\mathcal{L}}$).

Diese Faltungsprodukte spielen in den Anwendungen eine große Rolle.

Beispiel 1. Eine Komponente (Bauteil) eines technischen Systems hat eine gewisse zufällige Lebensdauer ξ, von der wir annehmen, daß sie die (stetige) Verteilungsfunktion $F_\xi(t) \in \mathcal{K}_{\mathcal{L}}$ und die Dichtefunktion $f_\xi(t) \in \mathcal{K}_{\mathcal{L}}$ besitzt. Die Verteilungsfunktion $F_\xi(t)$ läßt sich aus der Dichtefunktion $f_\xi(t)$ über die Formel $F_\xi(t) = \int\limits_{0}^{t} f_\xi(\tau)\, d\tau$ berechnen und drückt die *Wahrscheinlichkeit* dafür aus, daß die (positive) Lebensdauer ξ kleiner als t ($t > 0$) ist (s. z. B. [15], II.). Fällt die Komponente aus, so soll sie durch eine Ersatzkomponente, deren Lebensdauer ζ die Verteilungsfunktion $F_\zeta(t)$ und die Dichte $f_\zeta(t)$ besitzt, ersetzt werden, was durch sofortiges Umschalten auf die bereits installierte Ersatzkomponente geschehen soll, damit keine Reparaturzeiten anfallen. Interessiert sich der Praktiker nun für die Lebensdauer dieses aus zwei Komponenten bestehenden Systems, so muß er die Verteilungsfunktion $F_{\xi+\zeta}(t)$ bzw. die Dichtefunktion $f_{\xi+\zeta}(t)$ der Summe $\xi + \zeta$ der beiden Zufallsgrößen ξ und ζ (die unabhängig sein sollen, d. h., die Lebensdauern der Komponenten beeinflussen sich nicht gegenseitig) berechnen, falls er sich nicht mit Mittelwerten zufrieden geben will. Mit Hilfe der Faltung läßt sich das aber sofort nach der Formel

$$f_{\xi+\zeta}(t) = f_\xi(t) * f_\zeta(t) = \int\limits_{0}^{t} f_\xi(t - \tau)\, f_\zeta(\tau)\, d\tau \qquad (40)$$

bewerkstelligen. Die Verteilungsfunktion der Summe $\xi + \zeta$ ist dann

$$F_{\xi+\zeta}(t) = \int\limits_{0}^{t} f_{\xi+\zeta}(\tau)\, d\tau.$$

Wir wollen uns das Zustandekommen der Faltung (40) folgendermaßen veranschaulichen. Die Verteilungsfunktion $F_{\xi+\zeta}(t)$ ist laut Definition die Wahrscheinlichkeit dafür, daß die Summe $\xi + \zeta$ Werte kleiner als t annimmt (da $\xi \geqq 0$ und $\zeta \geqq 0$

gilt, ist auch $\xi + \zeta \geqq 0$). Die Wahrscheinlichkeit dafür, daß die Lebensdauer ζ im infinitesimalen Intervall $[\tau - \mathrm{d}\tau, \tau]$ $(0 < \tau < t)$ liegt, sei p_τ. Diese ist aber wegen

$$p_\tau = \int\limits_{\tau - \mathrm{d}\tau}^{\tau} f_\zeta(u)\,\mathrm{d}u \quad \text{(vgl. [15, II. S. 320])}$$ nichts anderes als die in Bild 24 eingezeichnete

schraffierte Fläche. Wenn ζ einen Wert $\approx \tau$ annimmt, so darf ξ nur noch Werte in $0 \leqq \xi < t - \tau$ annehmen (damit $\xi + \zeta < t$ bleibt). Die Wahrscheinlichkeit dafür ist aber $F_\xi(t - \tau)$. Damit ergibt sich wegen der Unabhängigkeit von ξ und ζ die Wahrscheinlichkeit dafür, daß $\zeta \approx \tau$ und $0 \leqq \xi < t - \tau$ ist, als das Produkt der beiden

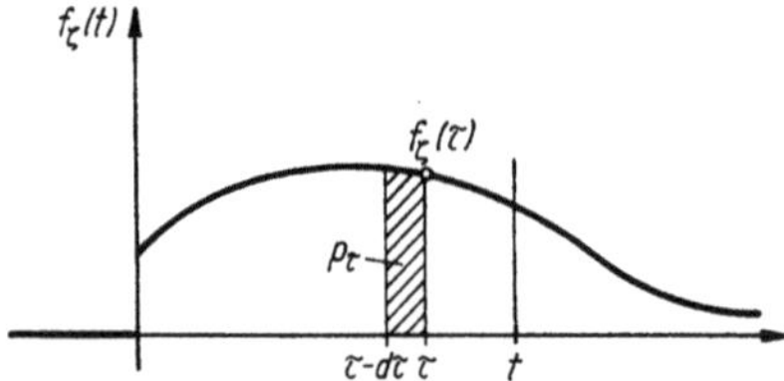

Bild 24. Wahrscheinlichkeitsdichte $f_\zeta(t)$ der Lebensdauer ζ einer Systemkomponente

Wahrscheinlichkeiten zu $F_\xi(t - \tau)\, p_\tau$. Um zur gesuchten Verteilung $F_{\xi+\zeta}(t)$ zu gelangen, hat man nur noch diese Produkte über alle infinitesimalen τ-Intervalle zu summieren, was aber mit $\mathrm{d}\tau \to 0$ zu einer Integration von 0 bis t führt, wobei p_τ durch den Wert $f_\zeta(\tau)\,\mathrm{d}\tau$ zu ersetzen ist, da die schraffierte Fläche in Bild 24 dann den Inhalt $p_\tau = f_\zeta(\tau)\,\mathrm{d}\tau$ besitzt. Also folgt

$$F_{\xi+\zeta}(t) = \int\limits_0^t F_\xi(t - \tau)\, f_\zeta(\tau)\,\mathrm{d}\tau,$$

woraus wir mit (vgl. [7, II, S. 689])

$$f_{\xi+\zeta}(t) = \dot{F}_{\xi+\zeta}(t) = \int\limits_0^t \dot{F}_\xi(t - \tau)\, f_\zeta(\tau)\,\mathrm{d}\tau + F_\xi(0)\, f_\zeta(t)$$

wegen $F_\xi(0) = 0$ und $\dot{F}_\xi(t) = f_\xi(t)$ die Formel (40) erhalten. Um einen konkreten Fall zu berechnen, seien $f_\xi(t) = h(t)\,\lambda\,\mathrm{e}^{-\lambda t}$ und $f_\zeta(t) = h(t)\,\mu\,\mathrm{e}^{-\mu t}$ bzw.

$$F_\xi(t) = h(t)\,(1 - \mathrm{e}^{-\lambda t}) \quad \text{und} \quad F_\zeta(t) = h(t)\,(1 - \mathrm{e}^{-\mu t}), \tag{41}$$

d. h., die Lebensdauern ξ bzw. ζ sind exponentiell verteilt mit den Ausfallraten $\lambda > 0$ bzw. $\mu > 0$ $(\mu \neq \lambda)$. Man erhält für $t \geqq 0$

$$f_{\xi+\zeta}(t) = \int\limits_0^t \lambda\,\mathrm{e}^{-\lambda(t-\tau)}\mu\,\mathrm{e}^{-\mu\tau}\,\mathrm{d}\tau = \lambda\mu\,\mathrm{e}^{-\lambda t} \int\limits_0^t \mathrm{e}^{(\lambda-\mu)\tau}\,\mathrm{d}\tau$$

$$= \lambda\mu\,\mathrm{e}^{-\lambda t}\left(\frac{1}{\lambda - \mu}\,\mathrm{e}^{(\lambda-\mu)\tau}\Big|_{\tau=0}^{t}\right) = \frac{\lambda\mu}{\lambda - \mu}\,(\mathrm{e}^{-\mu t} - \mathrm{e}^{-\lambda t}).$$

Beispiel 2. Für ein wie in Bild 1 (s. Abschnitt 1.) skizziertes lineares System [z. B. ein *RLC*-Stromkreis mit angelegter Spannung $f(t) = u(t)$ oder ein durch eine Kraft $f(t)$ erregter Feder-Masse-Schwinger (Bilder 25 und 26)] kann der Zusammenhang zwischen Erregung $f(t)$ und Antwort $x(t)$ bei bekannter Übertragungsfunktion $q(t)$

durch

$$x(t) = q(t) * f(t) = \int\limits_0^t q(t - \tau)\, f(\tau)\, \mathrm{d}\tau \qquad (42)$$

gegeben werden, falls wir es — wie bei Zeitfunktionen üblich — mit für $t < 0$ verschwindenden Funktionen zu tun haben und das System keine Vergangenheit besitzt (vgl. hierzu Abschnitt 9.2.).

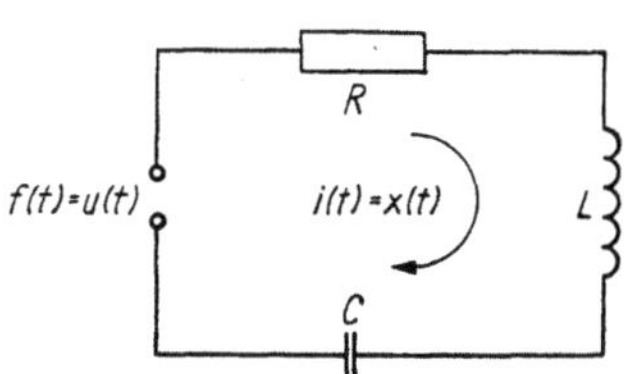

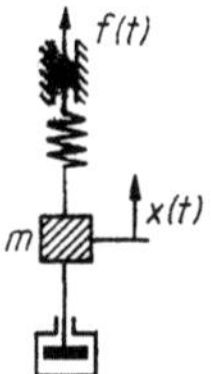

Bild 25. *RLC*-Stromkreis

Bild 26. Gedämpfter Feder-Masse-Schwinger

Man kann sich das Faltungsprodukt folgendermaßen veranschaulichen. Die Funktionen f und g schreibt man in Abhängigkeit von τ (anstelle von t) und trägt sie in ein Koordinatensystem ein. Der Einfachheit halber seien $f(\tau) = h(\tau)\, \mathrm{e}^{-\tau}$ und $g(\tau) = h(\tau)\,(\tau + 2)$ als Beispiele gewählt (Bild 27). Für den Bereich $0 \leq \tau \leq t$ sind die Funktionen $f(\tau) = \mathrm{e}^{-\tau}$ und $f(t - \tau) = \mathrm{e}^{-(t-\tau)}$ (t fest) eingezeichnet. Würde man

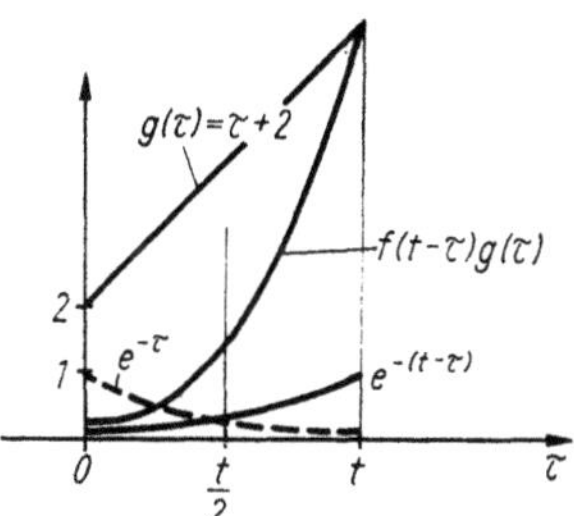

Bild 27. Zur Erläuterung des Faltungsproduktes

die Ebene entlang der vertikalen Linie $\tau = t/2$ falten, so würden sich die Kurven $f(\tau)$ und $f(t - \tau)$ decken. Nun werden die Funktionen $f(t - \tau) = \mathrm{e}^{-(t-\tau)}$ und $g(\tau) = \tau + 2$ im Intervall $0 \leq \tau \leq t$ im Sinne des gewöhnlichen Produktes multipliziert. Im vorliegenden Falle [d. h. $f(t - \tau)\, g(\tau) > 0$] ist dann der Wert des Faltungsproduktes

$$f(t) * g(t) = \int\limits_0^t f(t - \tau)\, g(\tau)\, \mathrm{d}\tau \quad \text{gleich dem Flächeninhalt zwischen } \tau\text{-Achse und}$$

Kurve $f(t - \tau)\, g(\tau)$ im Intervall $0 \leq \tau \leq t$. Diese Überlegungen lassen sich auf jeden Wert von t und auf das Faltungsprodukt (39) übertragen.
Wie schon angedeutet, gelten für das Faltungsprodukt zweier Funktionen in Analogie zum gewöhnlichen Produkt folgende Rechenregeln:

$$f * g = g * f \quad \text{(Kommutativgesetz)} \qquad (43)$$

$$f * (g * g_1) = (f * g) * g_1 \quad \text{(Assoziativgesetz)} \qquad (44)$$

$$f * (g + g_1) = f * g + f * g_1 \quad \text{(Distributivgesetz).} \qquad (45)$$

An Bild 27 erkennt man schon, daß es belanglos ist, ob die Kurve $f(\tau) = \mathrm{e}^{-\tau}$ um $t/2$ umgeklappt, anschließend mit $g(\tau) = \tau + 2$ multipliziert und dann von 0 bis t integriert wird oder ob $f(\tau) = \mathrm{e}^{-\tau}$ unverändert bleibt und dafür $g(\tau) = \tau + 2$ um $\tau = t/2$ umgeklappt wird und die entstehende Kurve $g(t - \tau) = t - \tau + 2$ mit $\mathrm{e}^{-\tau}$ multipliziert und dann von 0 bis t integriert wird. Die Werte der Integrale (im Beispiel die Flächeninhalte zwischen Kurve und τ-Achse) sind gleich, d. h. aber gerade, $f * g = g * f$. Man kann dies auch leicht allgemein über die *Substitution* $t - \tau = \bar{\tau}$ beweisen, was wir hier nicht tun wollen. Das Assoziativgesetz gilt wegen der Vertauschbarkeit der Integrationsreihenfolge, soll aber hier ebenfalls nicht bewiesen werden.

Aufgabe 1. Für die Funktionen des Bildes 27 ist das Faltungsprodukt $f(t) * g(t)$ zu berechnen und als Funktion von t zu skizzieren!

Aufgabe 2. Man beweise das Distributivgesetz (45) für beide Faltungsprodukte (38) und (39)!

Aufgabe 3. Man zeige, daß (38) ein Spezialfall von (39) ist, d. h., daß für Funktionen $f, g \in \mathcal{K}_\mathcal{M}$, die für $t < 0$ verschwinden, (39) die Form (38) annimmt!

Aufgabe 4. Das Faltungsprodukt (39) läßt sich nicht auf alle Funktionen $f, g \in \mathcal{K}$ ausdehnen. Man überprüfe diese Behauptung am Beispiel $f(t) = 1$ für alle reellen t und $g(t) = 1$ für alle t (Nachweis, daß $f * g$ nicht existiert)!

Eine äußerst wichtige Eigenschaft der Faltung von Funktionen, die einen nach links beschränkten Träger besitzen, ist die *Nullteilerfreiheit*, wodurch sich das Faltungsprodukt wesentlich vom gewöhnlichen Produkt unterscheidet:

> Die durch die Faltungsprodukte (38) und (39) definierten Funktionen $f * g$ sind genau dann identisch Null, wenn wenigstens einer der beiden Faktoren f oder g identisch Null ist, d. h., falls $f(t) \equiv 0$ oder $g(t) \equiv 0$ oder $f(t) = g(t) \equiv 0$ ist, so gilt $f(t) * g(t) \equiv 0$ und umgekehrt.

Ohne diese Eigenschaft hätte die Mikusińskische Operatorenrechnung in der vorliegenden Form nicht entwickelt werden können.

Noch eine Bemerkung zur *Differentiation eines Faltungsproduktes*. Für das gewöhnliche Produkt zweier differenzierbarer Funktionen $f(t)$ und $g(t)$ gilt bekanntlich die Produktregel

$$\frac{\mathrm{d}}{\mathrm{d}t}\,[f(t)\,g(t)] = \frac{\mathrm{d}f(t)}{\mathrm{d}t}\,g(t) + f(t)\,\frac{\mathrm{d}g(t)}{\mathrm{d}t}\,.$$

Für das Faltungsprodukt sieht die entsprechende Produktregel anders aus. Auch genügt es in diesem Falle, wenn nur eine der beiden Funktionen differenzierbar ist.

> Ist wenigstens die Funktion $f(t) \in \mathcal{K}_\mathcal{M}$ auf der ganzen t-Achse stetig differenzierbar, so gilt
>
> $$\frac{\mathrm{d}}{\mathrm{d}t}\,[f(t) * g(t)] = \frac{\mathrm{d}f(t)}{\mathrm{d}t} * g(t)\,. \tag{46}$$

Ist wenigstens $g(t) \in \mathcal{K}_{\mathcal{M}}$ für alle t stetig differenzierbar, so gilt analog

$$\frac{\mathrm{d}}{\mathrm{d}t}\,[f(t) * g(t)] = f(t) * \frac{\mathrm{d}g(t)}{\mathrm{d}t}. \tag{47}$$

Bemerkung: Die Voraussetzung über die Differenzierbarkeit der Funktion $f(t)$ [bzw. $g(t)$] auf der ganzen t-Achse bedeutet insbesondere, daß die Funktionskurve von $f(t)$ im Punkt σ_f sich von rechts an die t-Achse «anschmiegt», d. h., daß die Tangente an die Kurve $f(t)$ bei Annäherung an σ_f von rechts schließlich mit der t-Achse zusammenfällt (Bild 28). [Man kann die Formeln (46) und (47) aber auch unter etwas schwächeren Voraussetzungen beweisen.]

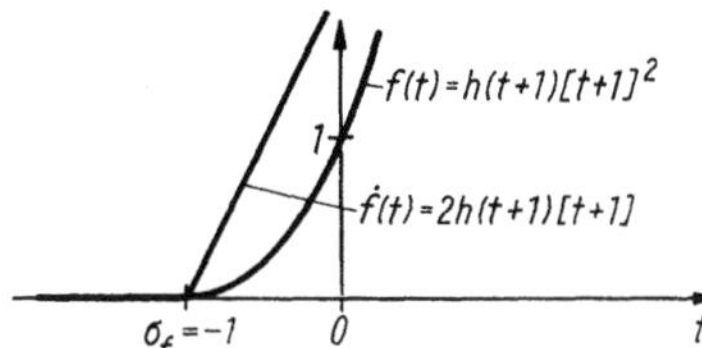

Bild 28. Beispiel für eine Funktion mit nach links beschränktem Träger, die aber für alle t stetig differenzierbar ist

Sind beide Funktionen f und g differenzierbar, so kann man die rechten Seiten in (46) und (47) gleich setzen.

2.5. Funktionenfolgen

Wie bei Zahlenfolgen definiert man:

> Läßt sich jeder natürlichen Zahl n eine Funktion $f_n(t)$ eindeutig zuordnen, so heißt die nach wachsenden Indizes n angeordnete Menge $f_1(t), f_2(t), \ldots,$ $f_n(t), \ldots$ eine *Funktionenfolge*. Zur Vereinfachung wird auch das Symbol $\big(f_n(t)\big)$ verwendet.

Beispiel 1. Schreibt man die Funktionen (5) für $\alpha = n$ auf, so erhält man mit

$$f_n(t) = \frac{1}{\pi} \cdot n(1 + n^2 t^2)^{-1} \qquad (-\infty < t < \infty;\; n = 1, 2, \ldots) \tag{48}$$

eine Folge $\big(f_n(t)\big)$ von Funktionen, die jeweils auf der ganzen t-Achse definiert und sogar beliebig oft stetig differenzierbar sind, d. h. also, $f_n(t) \in C^{(\infty)}(-\infty, \infty)$ für alle natürlichen Zahlen n. Einige Glieder dieser Folge sind bereits in Bild 3 skizziert.

Beispiel 2. Die Funktionen (5) für $\alpha = 1/n$ ergeben ebenfalls eine Funktionenfolge

$$f_n(t) = \frac{1}{\pi} \cdot n(n^2 + t^2)^{-1} \qquad (-\infty < t < \infty;\; n = 1, 2, \ldots) \tag{49}$$

im Raum $C^{(\infty)}(-\infty, \infty)$ (Bild 29).
Wenn man bei Funktionenfolgen von *Konvergenz* spricht, so hat man die Vorstellung, daß sich die Kurven der Funktionen $f_n(t)$ für wachsende n immer mehr der Kurve einer gewissen *Grenzfunktion* $f(t)$ nähern und schließlich für $n \to \infty$ in diese über-

gehen, d. h. also, die «Abstände» zwischen den Kurven $f_n(t)$ und $f(t)$ werden für wachsende n immer kleiner. Bild 30 zeigt den Abstand zwischen dem allgemeinen Folgenglied $f_n(t)$ und der angenommenen Grenzfunktion $f(t)$ an einer festen Stelle t des

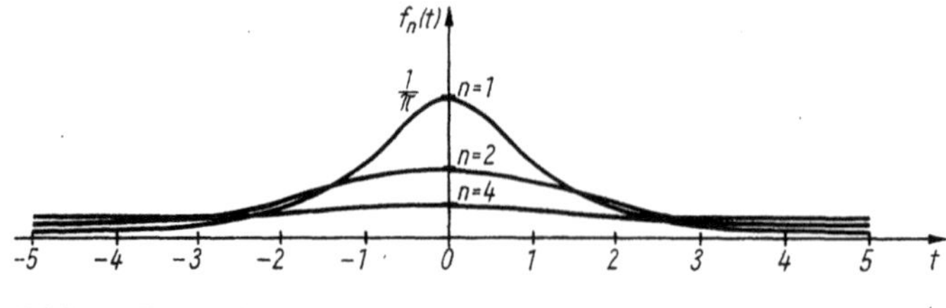

Bild 29. Die Folge (49)

Definitionsbereiches $[a, b]$ der beiden Funktionen. Offensichtlich ist dieser Abstand i. allg. von der gewählten Stelle t abhängig. Man kann diese Vorstellung auch so formulieren, daß die Zahlenfolge $(f_n(t))$ der zu einer festen Stelle t gehörenden Funk-

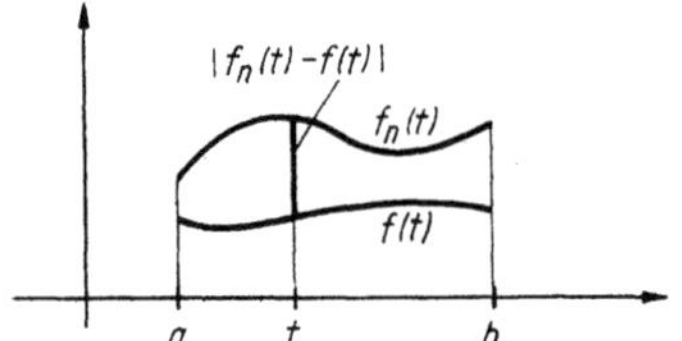

Bild 30. Abstand zwischen Funktionenkurven

tionswerte $f_n(t)$ gegen den zur gleichen Stelle t gehörenden Funktionswert $f(t)$ der Grenzfunktion im Sinne der Zahlenfolgen konvergiert. Das gibt Anlaß zu folgender Konvergenzdefinition.

Definition

> Eine Folge $(f_n(t))$ von Funktionen konvergiert in einem Intervall gegen die Funktion $f(t)$, wenn für jeden festen t-Wert aus dem Intervall
>
> $$|f_n(t) - f(t)| \to 0 \quad \text{für} \quad n \to \infty$$
>
> gilt.

Beispiel 3. Die Folge $(f_n(t))$ mit den Gliedern

$$f_n(t) = nt\, e^{-nt^2} \qquad (-\infty < t < \infty;\ n = 1, 2, \ldots) \tag{50}$$

konvergiert für alle reellen t-Werte gegen $f(t) \equiv 0$ (Bild 31), denn es gilt für jeden festen t-Wert und $n \to \infty$

$$|f_n(t) - f(t)| = n\,|t|\, e^{-nt^2} \to 0,$$

da die auftretende Exponentialfunktion für $n \to \infty$ und festes $t \neq 0$ stärker abnimmt, als n wächst [für $t = 0$ ist $|f_n(t) - f(t)| = 0 \to 0$ offensichtlich erfüllt].

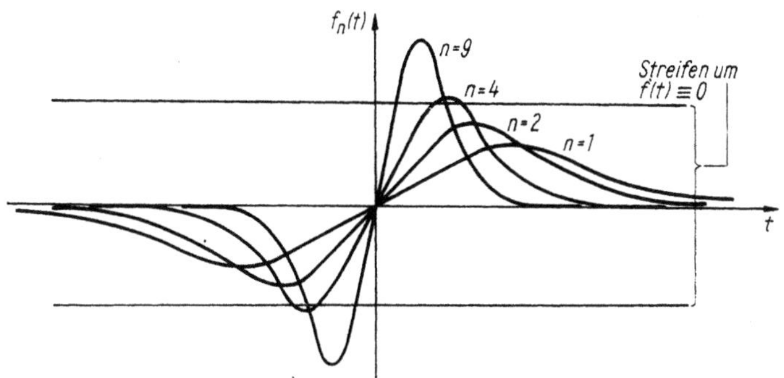

Bild 31. Konvergenz der Folge $f_n(t) = nt\,\mathrm{e}^{-nt^2}$ gegen $f(t) \equiv 0$

Beispiel 4. Die Folge $\big(f_n(t)\big)$ mit den Gliedern

$$f_n(t) = t\,\mathrm{e}^{-nt^2} \qquad (-\infty < t < \infty;\ n = 1, 2, \ldots) \tag{51}$$

konvergiert ebenfalls für jeden reellen t-Wert gegen $f(t) \equiv 0$ (Bild 32), denn es ist für festes t und $n \to \infty$

$$|f_n(t) - f(t)| = |t|\,\mathrm{e}^{-nt^2} \to 0$$

erfüllt.

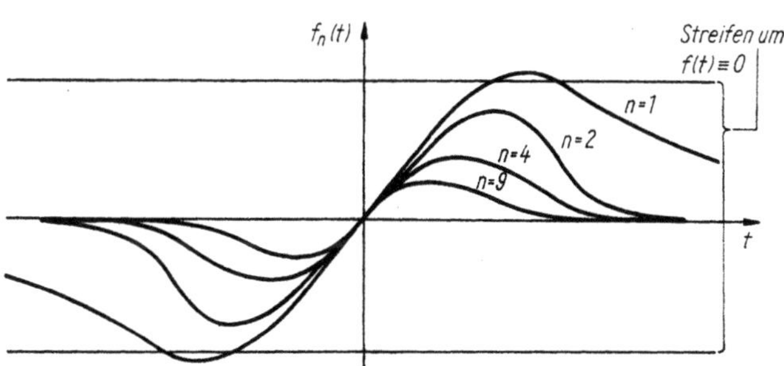

Bild 32. Konvergenz der Folge $f_n(t) = t\,\mathrm{e}^{-nt^2}$ gegen $f(t) \equiv 0$

Beispiel 5. Die Folge (49) (Bild 29) konvergiert ebenfalls für jeden reellen t-Wert gegen $f(t) \equiv 0$, denn auch hier gilt für $n \to \infty$ und festes t

$$|f_n(t) - f(t)| = \frac{1}{\pi} \cdot n(n^2 + t^2)^{-1} = \frac{1}{\pi n}\left[1 + \left(\frac{t}{n}\right)^2\right]^{-1} \to 0.$$

Beispiel 6. Die Folge (48) konvergiert zwar für jedes $t \neq 0$ gegen $f(t) \equiv 0$, das folgt aus

$$|f_n(t) - f(t)| = \frac{1}{\pi n}\left(\frac{1}{n^2} + t^2\right)^{-1} \to 0 \quad \text{für} \quad n \to \infty,$$

für $t = 0$ konvergiert die Folge jedoch nicht, denn $f_n(0) = n/\pi$ strebt offenbar gegen einen unendlich großen Wert, wenn n gegen unendlich strebt (vgl. auch Bild 3).
Bleiben wir zunächst bei den konvergenten Folgen (50) und (51). Man erkennt an den Bildern 31 und 32 ganz deutlich, daß die Annäherung an die Grenzfunktion $f(t) \equiv 0$, also in den vorliegenden Fällen an die t-Achse, mit unterschiedlicher «Güte» erfolgt. Die Annäherung in Bild 31 erfolgt von außen nach innen, indem die Maxima

$f_{n\,\max} = \sqrt{n}/\sqrt{2e}$ an den Stellen $t_{\max} = 1/\sqrt{2n}$ von rechts gegen $t = 0$ und die Minima $f_{n\,\min} = -\sqrt{n}/\sqrt{2e}$ an den Stellen $t_{\min} = -1/\sqrt{2n}$ von links gegen $t = 0$ wandern und die rechten und linken «Enden» der Kurven $f_n(t)$ in die Kurve $f(t) \equiv 0$ übergehen. Obwohl hier Konvergenz vorliegt, kann man sogar an Hand der grafischen Darstellung in Bild 31 den Eindruck gewinnen, daß für wachsende n in einer immer kleiner werdenden Umgebung von $t = 0$ etwas geschieht, was nicht ganz den Vorstellungen von der Annäherung der Funktionenkurven entspricht, denn die Maxima bzw. Minima gehen immer mehr in die Höhe bzw. in die Tiefe. Es liegt also keine «gleichmäßig gute» Annäherung der Kurven $f_n(t)$ an die Kurve $f(t) \equiv 0$ in ganz $(-\infty, \infty)$ oder in einem den Punkt $t = 0$ einschließenden Intervall $[a, b]$ vor, d. h., es läßt sich kein endlich breiter Streifen um $f(t) \equiv 0$ finden, so daß für hinreichend große n alle Kurven $f_n(t)$ völlig innerhalb dieses Streifens verlaufen würden. Ein solcher Streifen ist in Bild 31 angedeutet, und man erkennt, daß bei der gewählten Streifenbreite schon $f_4(t)$ nicht mehr völlig im Streifen verläuft.

Ganz anders verläuft die Annäherung der Kurven $f_n(t)$ an die Kurve $f(t) \equiv 0$ in Bild 32. Hier streben auch die Maxima $f_{n\,\max} = 1/\sqrt{2e}\,n$ an den Stellen $t_{\max} = 1/\sqrt{2n}$ kontinuierlich von oben der t-Achse zu, gleiches tun die Minima $f_{n\,\min} = -1/\sqrt{2e}\,n$ an den Stellen $t_{\min} = -1/\sqrt{2n}$ von unten. Die Kurven $f_n(t)$ nähern sich — mit den Vorstellungen sicher viel besser übereinstimmend — «gleichmäßig gut» der Kurve $f(t) \equiv 0$. Hier kann man sogar einen beliebig schmalen Streifen um die Kurve $f(t) \equiv 0$ (also die t-Achse) legen, von einem gewissen Index n_0 an, der von der Streifenbreite abhängt, werden schließlich sämtliche weiteren Kurven $f_n(t)$ jeweils völlig innerhalb des Streifens verlaufen. Bei der in Bild 32 gewählten Streifenbreite liegt schon $f_2(t)$ völlig innerhalb des Streifens. Wird der Streifen zunehmend schmaler gewählt, so werden die Kurven $f_n(t)$ erst von einem (der jeweiligen Streifenbreite angepaßten) größeren Index an vollständig im Innern des Streifens verlaufen. Man kann das auch so ausdrücken, daß es zu jeder beliebigen Zahl $\varepsilon > 0$ (die dann die Streifenbreite festlegt) einen nur von ε abhängenden Index $n_0(\varepsilon)$ gibt, so daß für alle t-Werte des betrachteten Bereiches (hier ist dieser die gesamte t-Achse oder ein beliebiges anderes Intervall) gleichzeitig die Funktionswerte $f_n(t)$ der unendlich vielen Folgenglieder mit Indizes $n > n_0(\varepsilon)$ betragsmäßig kleiner sind als ε, was sich durch die Ungleichung $|f_n(t)| < \varepsilon$ ausdrücken läßt.

Diese Überlegungen lassen sich auch auf Folgen übertragen, deren Grenzfunktionen $f(t)$ nicht notwendig identisch verschwinden, und führen zu folgender

Definition

> Eine Funktionenfolge $\big(f_n(t)\big)$ konvergiert in einem Intervall I gleichmäßig gegen die Funktion $f(t)$, wenn es zu jeder beliebigen Zahl $\varepsilon > 0$ eine nur von ε abhängende Zahl $n_0(\varepsilon)$ so gibt, daß für alle $n > n_0(\varepsilon)$ und alle $t \in I$ die Ungleichung $|f_n(t) - f(t)| < \varepsilon$ gilt.

Bemerkung: Falls die Differenz $|f_n(t) - f(t)|$ für alle n im betrachteten Bereich I der t-Achse ein Maximum der Form $\max |f_n(t) - f(t)| = \mu_n$ besitzt und diese Zahlenfolge (μ_n) eine Nullfolge (d. h. $\mu_n \to 0$ für $n \to \infty$) ist, so konvergiert die Folge $\big(f_n(t)\big)$ gleichmäßig in I gegen $f(t)$, da dann zu beliebigem $\varepsilon > 0$ sicher ein Index $n_0(\varepsilon)$ existiert, so daß für alle $n > n_0(\varepsilon)$ und alle $t \in I$ die Ungleichung

$$|f_n(t) - f(t)| \leq \max_{t \in I} |f_n(t) - f(t)| = \mu_n < \varepsilon \quad \text{gilt}$$

(Definition der Nullfolge bei der Zahlenkonvergenz).

.Für stetige Funktionen $f_n(t)$ und $f(t)$ in einem abgeschlossenen Intervall $I = [a, b]$ existiert ein derartiges Maximum μ_n stets. In diesem Fall kann man die Definition der gleichmäßigen Konvergenz auch in der folgenden Form formulieren.

Definition

> Eine Folge $\big(f_n(t)\big)$ von Funktionen, die im abgeschlossenen Intervall $[a, b]$ stetig sind, konvergiert in $[a, b]$ gleichmäßig gegen die in $[a, b]$ stetige Funktion $f(t)$, wenn
>
> $$\max_{a \leq t \leq b} |f_n(t) - f(t)| = \mu_n \to 0 \quad \text{für} \quad n \to \infty$$
>
> gilt.

Beispiel 7. Die Folge (49) (Bild 29) konvergiert in $-\infty < t < \infty$ und damit auch in jedem endlichen Intervall $[a, b]$ gleichmäßig gegen $f(t) \equiv 0$, denn es gilt

$$|f_n(t) - f(t)| = |f_n(t)| \leq \max_{-\infty < t < \infty} |f_n(t)| = \max_{-\infty < t < \infty} \left(\frac{n}{\pi} (n^2 + t^2)^{-1} \right)$$

$$= \frac{1}{\pi n} = \mu_n \to 0 \quad \text{für} \quad n \to \infty.$$

Ohne Differentialrechnung erkennt man hier, daß das Maximum von $f_n(t)$ an der Stelle $t = 0$ liegt.

Beispiel 8. Die Folge (50) (Bild 31) konvergiert zwar in jedem Intervall I, das den Punkt $t = 0$ enthält, gegen $f(t) \equiv 0$, diese Konvergenz ist aber nicht gleichmäßig, da für hinreichend kleine Werte $\varepsilon > 0$ von einem gewissen Index n an sämtliche Kurven $f_n(t)$ im Bereich der Maxima und Minima den ε-Streifen um $f(t) \equiv 0$ verlassen. In Bild 31 gilt das schon für $n = 4$.

Beispiel 9. Die Folge (51) konvergiert in $-\infty < t < \infty$ (und in jedem endlichen Teilintervall I) gleichmäßig gegen $f(t) \equiv 0$, denn es gilt

$$\max_{-\infty < t < \infty} |f_n(t) - 0| = \max_{-\infty < t < \infty} \left(|t| \, e^{-nt^2} \right) = \frac{1}{\sqrt{2e\,n}} = \mu_n \to 0$$

für $n \to \infty$.

Aufgabe 1. Die Funktionen

$$f_n(t) = n^2 t^2 \, e^{-nt} \qquad (n = 1, 2, \ldots) \tag{52}$$

sind sicher in $0 \leq t < \infty$ stetig. Man zeige:

a) Die Folge $(f_n(t))$ konvergiert in $[0, \infty)$ gegen $f(t) \equiv 0$.
b) Die Folge konvergiert dort aber nicht gleichmäßig und auch in keinem der Intervalle $[0, b]$, $b > 0$.
c) Man skizziere einige Kurven!
d) Ist die Folge für $t < 0$ konvergent?

Aufgabe 2. Gegeben sei die Folge $(f_n(t))$ mit den Gliedern

$$f_n(t) = \left. \begin{cases} 0 & \text{für} \quad t < 0 \\ t^2\, \mathrm{e}^{-nt} & \text{für} \quad t \geq 0 \end{cases} \right\} = h(t)\, t^2\, \mathrm{e}^{-nt}. \tag{53}$$

a) Man skizziere einige Kurven $f_n(t)$!
b) Gegen welche Grenzfunktion könnte die Folge konvergieren?
c) Konvergiert die Folge gegen diese vermutete Grenzfunktion gleichmäßig?

Aufgabe 3. Die in der Einleitung mit Formel (7) gegebenen Funktionen $f(t, \alpha)$ können für $\alpha = n$ zur Definition einer Folge $(f_n(t))$ mit

$$f_n(t) = \begin{cases} 0 & \text{für} \quad |t| > \dfrac{1}{n} \\[2mm] \dfrac{\pi n}{4} \cos\left(\dfrac{\pi n}{2} \cdot t\right) & \text{für} \quad |t| \leq \dfrac{1}{n} \end{cases} \quad (n = 1, 2, \ldots) \tag{54}$$

verwendet werden, wobei alle $f_n(t)$ sicher in $-\infty < t < \infty$ stetige Funktionen sind. Man zeige:

a) Die Folge (54) konvergiert in keinem der Intervalle $-\infty < t < \infty$ bzw. $[-a, a]$ gegen $f(t) \equiv 0$!
b) In jedem der Intervalle $[a, \infty)$ und $(-\infty, a]$ $(a > 0)$ konvergiert die Folge (54) gleichmäßig gegen $f(t) \equiv 0$!

Wie schon in den Beispielen 7 und 9 angedeutet, ist eine in ganz $-\infty < t < \infty$ gleichmäßig konvergente Folge von Funktionen erst recht in jedem endlichen Teilintervall gleichmäßig konvergent. Dies trifft auch auf beliebige andere Intervalle (a, b) zu. Wenn die Folge $(f_n(t))$ im Intervall I gleichmäßig konvergiert, d. h. also, daß für beliebiges $\varepsilon > 0$ ein $n_0(\varepsilon)$ existiert, so daß für alle $t \in I$ gleichzeitig die Ungleichung $|f_n(t) - f(t)| < \varepsilon$ gilt, wenn nur $n > n_0\,(\varepsilon)$ ist [$f(t)$ ist dabei die Grenzfunktion], so gilt diese Ungleichung erst recht in jedem abgeschlossenen Teilintervall von I. Die Umkehrung braucht aber keinesfalls zu gelten, d. h., eine in jedem endlichen abgeschlossenen Teilintervall von I gleichmäßig konvergente Folge muß nicht in ganz I gleichmäßig konvergieren!

Beispiel 10. Die Folge $(f_n(t))$ stetiger Funktionen

$$f_n(t) = h(t)\, t\, \mathrm{e}^{-t/n} \tag{55}$$

(Bild 33) konvergiert sicher in jedem Intervall $0 \leq t \leq T$ $(T > 0)$ gleichmäßig gegen die Funktion $f(t) = h(t)\, t$, denn es gilt für jedes feste $T > 0$ und $0 \leq t \leq T$

$$|f_n(t) - f(t)| \leq \max_{0 \leq t \leq T} |f_n(t) - f(t)| = \max_{0 \leq t \leq T} \left[t(1 - \mathrm{e}^{-t/n})\right]$$

$$= T(1 - \mathrm{e}^{-T/n}) = \mu_n \to 0 \quad \text{für} \quad n \to \infty.$$

Die Folge (55) konvergiert aber nicht gleichmäßig im ganzen Intervall $0 \leq t < \infty$. Man erkennt nämlich am Bild 33, daß man keinen Streifen endlicher Breite um die Funktion $f(t) = h(t)\, t$ (die Rampenfunktion) finden kann, in dessen Innerem alle Kurven $f_n(t)$ von einem gewissen Index n an vollständig verlaufen würden. Die Kurven nähern sich zwar in dem endlichen Intervall $[0, T]$ gleichmäßig der Geraden t, in einer genügend großen Entfernung von $t = 0$, d. h. für $t \to \infty$, «liegen» die rechten Enden der Kurven jedoch auf der t-Achse, d. h., die Abstände $|f_n(t) - f(t)|$ werden für $t \to \infty$ unendlich groß, lassen sich also nicht durch endliche μ_n beschränken. Im Gegensatz zu Bild 31, wo man wenigstens noch einige der Kurven $f_n(t)$ vollständig innerhalb des Streifens unterbringen konnte, ist es hier so, daß stets sämtliche Kurven für hinreichend große t-Werte den Streifen verlassen, ganz gleich wie breit er gewählt wird. Im vorliegenden Beispiel verschwinden sämtliche Funktionen $f_n(t)$ für $t < 0$, d. h., dort konvergiert die Folge $(f_n(t))$ sicher gleichmäßig gegen die Rampenfunktion $h(t)\,t$, die ja für $t < 0$ ebenfalls verschwindet.

Für die gleichmäßige Konvergenz in jedem abgeschlossenen Teilintervall führt man einen neuen Begriff ein.

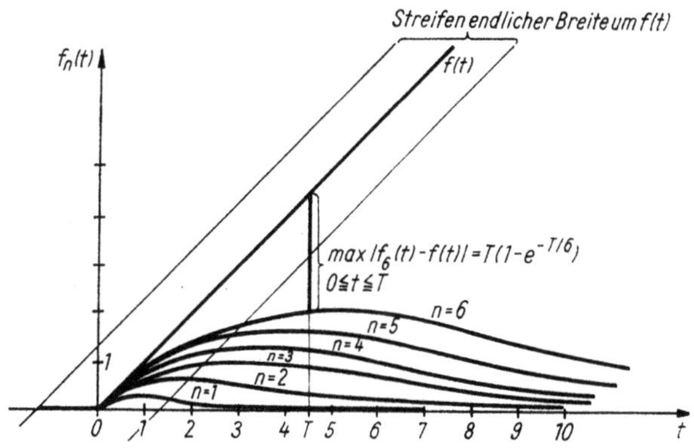

Bild 33. Beispiel einer in jedem Intervall $0 \leq t \leq T$ gleichmäßig konvergenten Folge

Definition

Eine Folge $(f_n(t))$ konvergiert in einem offenen Intervall $a < t < b$ *fast gleichmäßig* gegen eine Funktion $f(t)$, wenn sie in jedem endlichen abgeschlossenen Teilintervall $[T_1, T_2]$ $(a < T_1 < T_2 < b)$ gleichmäßig gegen $f(t)$ konvergiert. Die Intervallgrenzen a bzw. b können dabei auch $-\infty$ bzw. ∞ sein.

Speziell auf den Raum $C(-\infty, \infty)$ zugeschnitten heißt das:

Eine Folge $(f_n(t))$ aus $C(-\infty, \infty)$ konvergiert fast gleichmäßig gegen $f(t)$, wenn für jedes $T > 0$ und $n \to \infty$

$$\max_{-T \leq t \leq T} |f_n(t) - f(t)| = \mu_n \to 0$$

gilt.

Dies trifft insbesondere für die Folge (55) zu. Aus den vorherigen Bemerkungen folgt also:

Eine gleichmäßig konvergente Folge ist auch fast gleichmäßig konvergent. Die Umkehrung braucht nicht zu gelten.

Aufgabe 4. Gegeben ist die Folge $f_n(t) = t^2/n$.

a) Man skizziere einige Kurven!
b) Gegen welche Grenzfunktion könnte die Folge konvergieren?
c) Konvergiert die Folge gleichmäßig oder nur fast gleichmäßig gegen diese Grenzfunktion?

Aufgabe 5. Konvergiert die Folge $(f_n(t))$ der Funktionen $f_n(t) = t^n/(1 - t^2)$ in $-1 < t < 1$ fast gleichmäßig gegen $f(t) \equiv 0$?

Ohne Beweis sei festgehalten:

> Die Grenzfunktion einer konvergenten, gleichmäßig konvergenten oder fast gleichmäßig konvergenten Funktionenfolge ist eindeutig bestimmt.

> Konvergieren die Folgen $(f_n(t))$ und $(g_n(t))$ im Sinne einer der drei behandelten Fälle gegen $f(t)$ und $g(t)$, so konvergiert auch die Folge $(\alpha f_n(t) + \beta g_n(t))$ in gleichem Sinne gegen $\alpha f(t) + \beta g(t)$ für beliebige Zahlen α, β.
> Sind alle Folgenglieder $f_n(t)$ in einem endlichen oder unendlichen Intervall stetige Funktionen und konvergiert die Folge in diesem Intervall gleichmäßig gegen $f(t)$, so ist auch $f(t)$ in diesem Intervall eine stetige Funktion.

Diese Aussagen lassen sich an den Beispielen 7., 9. und 10. überprüfen.

2.6.   Funktionenreihen

Unendliche *Reihen* von Funktionen haben große praktische Bedeutung, insbesondere betrifft das die Potenz- und die FOURIER-Reihen.

Definition

> Eine Reihe $\sum_{k=0}^{\infty} f_k(t)$, deren Glieder $f_k(t)$ Funktionen mit einem gemeinsamen Definitionsbereich sind, heißt Funktionenreihe.

Für jeden festen t-Wert hat man es offensichtlich mit einer gewöhnlichen Zahlenreihe (vgl. [15], II.] zu tun, die konvergieren oder auch divergieren kann. Man definiert:

> Eine Reihe $\sum_{k=0}^{\infty} f_k(t)$ ist auf einem Intervall I der t-Achse konvergent mit der Summe $f(t)$, wenn die Folge $s_n(t) = \sum_{k=0}^{n} f_k(t)$, $n = 1, 2, \ldots$, der *Partialsummen* gegen die Funktion $f(t)$ konvergiert, d. h., wenn für jedes feste $t \in I$ und $n \to \infty$ $|s_n(t) - f(t)| \to 0$ gilt.

Ebenso überträgt man die gleichmäßige (und damit die fast gleichmäßige) Konvergenz von den Funktionenfolgen auf die Funktionenreihen. Man sagt:

> Eine Reihe $\sum_{k=0}^{\infty} f_k(t)$ ist auf einem endlichen oder unendlichen Intervall I gleichmäßig konvergent mit der Summe $f(t)$, wenn die Folge $(s_n(t))$ der Partialsummen auf I gleichmäßig gegen $f(t)$ konvergiert.

Beispiel 1. Beim Rechnen mit transzendenten Funktionen ist es oft zweckmäßig, diese durch Polynome in t zu ersetzen. Läßt sich $f(t)$ beispielsweise als Summe einer *Potenzreihe* darstellen, so gewinnt man durch Abbruch der Reihe nach endlich vielen

Gliedern als Näherung für $f(t)$ ein Polynom. Beispielsweise kann ein Cosinusimpuls der Form (7) durch Polynome approximiert werden. So ist etwa für $\alpha = 1\,[f(t,1) = f(t)$ gesetzt]

$$f(t) = \begin{cases} 0 & \text{für} \quad |t| > 1 \\ \dfrac{\pi}{4}\cos\left(\dfrac{\pi}{2}\,t\right) & \text{für} \quad |t| \leqq 1, \end{cases} \tag{56}$$

und im Intervall $-1 \leqq t \leqq 1$ gilt

$$\frac{\pi}{4}\cos\left(\frac{\pi}{2}\,t\right) = \sum_{k=0}^{\infty}(-1)^k\,\frac{\pi^{2k+1}}{4^{k+1}(2k)!}\,t^{2k},$$

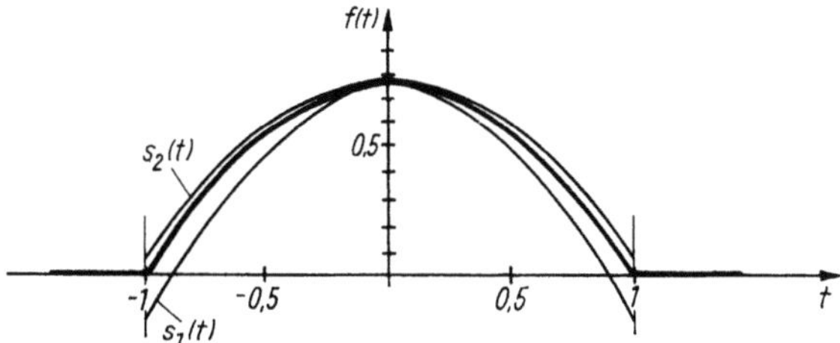

Bild 34. Approximation des Cosinusimpulses durch Polynome

wobei die TAYLOR-*Reihe* (B. TAYLOR, 1685 bis 1731, engl. Math.) dort gleichmäßig konvergiert (vgl. auch [15], II.). In Bild 34 sind $f(t)$ und zwei Polynome, nämlich die Partialsummen

$$s_1(t) = \sum_{k=0}^{1}\ldots = \frac{\pi}{4} - \frac{\pi^3}{32}\,t^2 = 0,79 - 0,97t^2$$

$$s_2(t) = \sum_{k=0}^{2}\ldots = s_1(t) + \frac{\pi^5}{64\cdot 4!}\,t^4 = 0,79 - 0,97t^2 + 0,2t^4,$$

im Intervall $-1 \leqq t \leqq 1$ skizziert.

Beispiel 2. *Periodische* Erregungen $f(t)$, wie etwa die Sägezahnfunktion (Bild 17), stellt man in der Praxis — wenn möglich — als Überlagerung von harmonischen Schwingungen dar, d. h., man drückt $f(t)$ mit Hilfe einer Reihe von Sinus- bzw. Cosinusfunktionen in der Form

$$\frac{a_0}{2} + \sum_{k=1}^{\infty}\left(a_k\cos\frac{2\pi kt}{l} + b_k\sin\frac{2\pi kt}{l}\right) \tag{57}$$

aus, falls $f(t)$ die *Periodenlänge* $l > 0$ besitzt. Eine solche Reihe heißt FOURIER-*Reihe* (J. FOURIER, 1768 bis 1830, Paris), und die Koeffizienten a_k und b_k lassen sich nach den EULER-FOURIERschen Formeln (L. EULER, 1707 bis 1783, Schweizer Mathematiker)

$$\boxed{a_k = \frac{2}{l}\int_{-l/2}^{l/2} f(t)\cos\frac{2\pi kt}{l}\,dt \qquad (k = 0, 1, 2, \ldots)} \tag{58}$$

und

$$b_k = \frac{2}{l} \int_{-l/2}^{l/2} f(t) \sin \frac{2\pi kt}{l}\, dt \qquad (k = 1, 2, \ldots) \tag{59}$$

berechnen. Ist $f(t)$ eine ungerade Funktion, so sind alle a_k gleich Null. Für gerade Funktionen $f(t)$ verschwinden alle b_k. Es gilt:

> Sind die Funktion $f(t)$ (Periodenlänge l) und deren Ableitung $df(t)/dt$ $= \dot{f}(t)$ im Intervall $-l/2 \leq t \leq l/2$ stückweise stetig (d. h. bis auf endlich viele Sprungstellen und Lücken, die einseitigen Grenzwerte an den Intervallgrenzen sollen existieren), so existiert die für alle t konvergente Reihe (57), und es gilt
>
> $$\frac{1}{2}\left[f(t-0) + f(t+0)\right] = \frac{a_0}{2} + \sum_{k=1}^{\infty}\left(a_k \cos \frac{2\pi kt}{l} + b_k \sin \frac{2\pi kt}{l}\right) \tag{60}$$
>
> $f(t-0)$ bzw. $f(t+0)$ sind der links- bzw. rechtsseitige Grenzwert von f an der Stelle t. Beide sind bekanntlich gleich, und es gilt $\frac{1}{2}\left[f(t-0) + f(t+0)\right]$ $= f(t)$, falls $f(t)$ im Punkt t stetig ist.

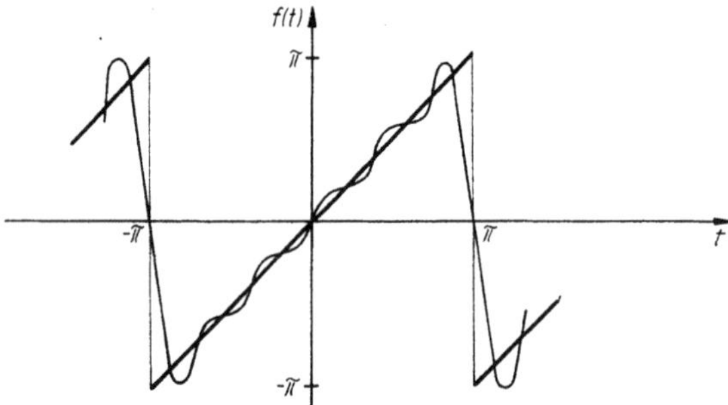

Bild 35. Approximation eines Sägezahnes durch Überlagerung harmonischer Schwingungen

Für die Sägezahnfunktion $f(t)$ des Bildes 13 gilt z. B. für alle Punkte $t \neq \pm\frac{1}{2}\, l, \pm\frac{3}{2}\, l,$ $\pm\frac{5}{2}\, l, \ldots$

$$f(t) = \sum_{k=1}^{\infty} (-1)^{k+1}\, \frac{l}{\pi k} \sin \frac{2\pi kt}{l}. \tag{61}$$

In Bild 35 ist $f(t)$ für $l = 2\pi$ im Bereich $-\pi \leq t \leq \pi$ skizziert und durch die Partialsumme (vgl. [7, III.])

$$s_5(t) = 2\left(\sin t - \frac{1}{2}\sin 2t + \frac{1}{3}\sin 3t - \frac{1}{4}\sin 4t + \frac{1}{5}\sin 5t\right)$$

angenähert.

Aufgabe 1. Zu berechnen sind die FOURIER-Koeffizienten b_k der ungeraden Sägezahnfunktion (Bild 35). Man überzeuge sich von der Richtigkeit durch Vergleich mit Formel (61)!

Aufgabe 2. Die Rechteckwelle des Bildes 9 ist für $l = 2\pi$ in eine FOURIER-Reihe zu entwickeln!

3. Funktionale

3.1.   Lineare Funktionale

Funktionen $f(t)$ ordnen jeder Zahl t aus einem gewissen Bereich der t-Achse wieder eine Zahl, nämlich den jeweiligen Funktionswert $f(t)$, zu. Man hat es also mit *Abbildungen* von Zahlen in Zahlen zu tun. Geht man nun einen Schritt weiter und ordnet jedem *Element* einer gewissen Menge (nicht notwendig Zahlenmenge) eine Zahl zu, so gelangt man zu den *Funktionalen*. Im Hinblick auf die Distributionen wollen wir uns auf lineare Funktionenräume, auf denen wir Funktionale definieren können, beschränken. Als linearen Funktionenraum haben wir hier eine gewisse Klasse X von Funktionen bezeichnet, für die die Formeln (24) bis (32) für (reelle) Zahlen α, β gelten (linearer Funktionenraum mit der Menge $\mathbb{R}$ als Koeffizientenbereich). Wir definieren speziell:

> Eine Abbildung f, die jeder Funktion $\varphi(t)$ des linearen Funktionenraumes X eine (reelle) Zahl, die wir mit dem Symbol $\langle f, \varphi(t) \rangle$ bezeichnen wollen, in eindeutiger Weise zuordnet, heißt Funktional auf X.

Beispiel 1. Es sei der lineare Raum $C(-\infty, \infty)$ aller in $-\infty < t < \infty$ stetigen Funktionen $\varphi(t)$ zugrunde gelegt. Des weiteren sei $g(t) = h(t + 1) - h(t - 1)$ ein Rechteckimpuls, der natürlich nicht zum Raum $C(-\infty, \infty)$ gehört. Mit Hilfe dieses Rechteckimpulses kann nun ein Funktional f_g auf dem Raum $C(-\infty, \infty)$ definiert werden, welches jeder Funktion $\varphi(t) \in C(-\infty, \infty)$ die Zahl

$$\langle f_g, \varphi(t) \rangle = \int\limits_{-1}^{1} \varphi(t) \, \mathrm{d}t \tag{62}$$

zuordnet. Im Falle $\varphi(t) \geqq 0$ im Intervall $-1 \leqq t \leqq 1$ ist die Zahl (62) gerade gleich dem Flächeninhalt zwischen Kurve $\varphi(t)$ und t-Achse über dem Intervall $[-1, 1]$. Beispielsweise gilt für $\varphi(t) = \mathrm{e}^t \in C(-\infty, \infty)$ $\langle f_g, \mathrm{e}^t \rangle = \mathrm{e} - \dfrac{1}{\mathrm{e}} \approx 2{,}3504$, für $\varphi(t) = t \in C(-\infty, \infty)$ ist $\langle f_g, t \rangle = 0$ usw.

Beispiel 2. Ein weiteres Funktional auf dem Raum $C(-\infty, \infty)$, es werde mit dem Symbol δ_λ bezeichnet, wird durch die Zuordnungsvorschrift

$$\langle \delta_\lambda, \varphi(t) \rangle = \varphi(\lambda), \tag{63}$$

wobei λ eine beliebige, aber feste reelle Zahl ist, definiert. Das Funktional δ_λ ordnet also ganz einfach jeder Funktion $\varphi(t) \in C(-\infty, \infty)$ den entsprechenden Funktionswert an der Stelle $t = \lambda$ (also ebenfalls eine Zahl) zu. Auch hier wird dieser Zahlenwert für verschiedene Funktionen $\varphi(t)$ verschieden ausfallen können.

Beispiel 3. Ein weiteres Funktional $\hat{f}$ auf dem Raum $C(-\infty, \infty)$ kann durch die Vorschrift

$$\langle \hat{f}, \varphi(t) \rangle = \max_{-1 \le t \le 1} \varphi(t)$$

definiert werden. Es ordnet jeder Funktion $\varphi(t)$ ihren größten Funktionswert im Intervall $-1 \le t \le 1$ zu. Hier ist beispielsweise $\langle \hat{f}, e^t \rangle = e \approx 2{,}7183$, $\langle \hat{f}, t \rangle = 1$, $\langle \hat{f}, \sin t \rangle = \sin 1 \approx 0{,}8415$.

Um zu den Distributionen zu gelangen, genügt der Begriff des Funktionals allein noch nicht. Die Funktionale, die dazu benötigt werden, müssen sich noch durch zwei Eigenschaften auszeichnen. Die erste dieser Eigenschaften ist die der *Linearität*. Betrachtet man noch einmal die Funktionale f_g, δ_λ und $\hat{f}$, so stellt man folgendes fest. Multipliziert man eine beliebige Funktion $\varphi(t) \in C(-\infty, \infty)$ mit einer beliebigen Zahl α, so gilt offensichtlich

$$\left.\begin{aligned}
\langle f_g, \alpha\varphi(t) \rangle &= \int_{-1}^{1} \alpha\varphi(t)\, \mathrm{d}t = \alpha \int_{-1}^{1} \varphi(t)\, \mathrm{d}t = \alpha\langle f_g, \varphi(t) \rangle \\[2mm]
\langle \delta_\lambda, \alpha\varphi(t) \rangle &= \alpha\varphi(\lambda) = \alpha\langle \delta_\lambda, \varphi(t) \rangle
\end{aligned}\right\} \tag{64}$$

Addiert man zu $\varphi(t)$ noch eine beliebige andere Funktion $\psi(t) \in C(-\infty, \infty)$, so erhält man

$$\left.\begin{aligned}
\langle f_g, \varphi(t) + \psi(t) \rangle &= \int_{-1}^{1} [\varphi(t) + \psi(t)]\, \mathrm{d}t = \int_{-1}^{1} \varphi(t)\, \mathrm{d}t + \int_{-1}^{1} \psi(t)\, \mathrm{d}t \\[2mm]
&= \langle f_g, \varphi(t) \rangle + \langle f_g, \psi(t) \rangle, \\[2mm]
\langle \delta_\lambda, \varphi(t) + \psi(t) \rangle &= \varphi(\lambda) + \psi(\lambda) \\[2mm]
&= \langle \delta_\lambda, \varphi(t) \rangle + \langle \delta_\lambda, \psi(t) \rangle.
\end{aligned}\right\} \tag{65}$$

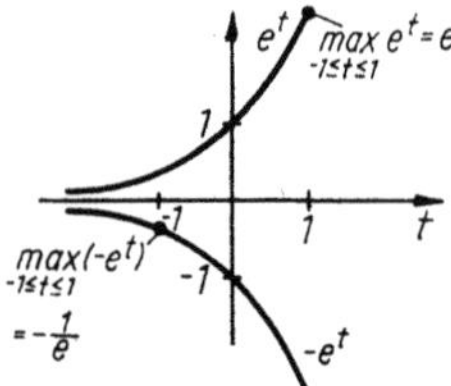

Bild 36. Die Funktionen e^t und $-e^t$

Das Funktional $\hat{f}$ erfüllt diese beiden Eigenschaften jedoch im allgemeinen nicht. Sind etwa $\varphi(t) = e^t$ und $\alpha = -1$, so erhält man (Bild 36) $\langle \hat{f}, -e^t \rangle = \max\limits_{-1 \le t \le 1} (-e^t) \approx -0{,}368$, und das stimmt sicher nicht mit $-\langle \hat{f}, e^t \rangle = -\max\limits_{-1 \le t \le 1} e^t \approx -2{,}718$ überein. Ebenso gilt i. allg. nicht $\langle \hat{f}, \varphi(t) + \psi(t) \rangle = \langle \hat{f}, \varphi(t) \rangle + \langle \hat{f}, \psi(t) \rangle$. Dies erkennt man schon am einfachen Beispiel $\varphi(t) = e^t$ und $\psi(t) = -e^t$ (Bild 36). Während

$$\langle \hat{f}, \varphi(t) + \psi(t) \rangle = \max_{-1 \le t \le 1} \big(\varphi(t) + \psi(t)\big) = 0$$

ist, erhält man

$$\langle \hat{f}, \varphi(t) \rangle + \langle \hat{f}, \psi(t) \rangle = \max_{-1 \le t \le 1} e^t + \max_{-1 \le t \le 1} (-e^t) = e - \frac{1}{e} \approx 2{,}3504 \ne 0.$$

Aus der Menge aller möglichen Funktionale auf einem Funktionenraum läßt sich also eine gewisse Teilmenge von Funktionalen auswählen, die (ebenso wie f_g und δ_λ) Eigenschaften der Form (64) und (65) besitzen. Derartige Funktionale nennt man *linear*.

Definition

> Besitzt ein Funktional f auf einem gewissen linearen Funktionenraum die Eigenschaften
>
> $$\langle f, \alpha\varphi(t)\rangle = \alpha\langle f, \varphi(t)\rangle \qquad \text{(Homogenität)}$$
> $$\langle f, \varphi(t) + \psi(t)\rangle = \langle f, \varphi(t)\rangle + \langle f, \psi(t)\rangle \qquad \text{(Additivität)} \tag{66}$$
>
> für alle Funktionen $\varphi(t)$ und $\psi(t)$ des vorliegenden Funktionenraumes und beliebige Zahlen α, so heißt f ein *lineares Funktional*.

Die Eigenschaften (66) werden in der Literatur auch oft in zusammengefaßter [aber zu (66) äquivalenter] Form gegeben:

$$\boxed{\langle f, \alpha\varphi(t) + \beta\psi(t)\rangle = \alpha\langle f, \varphi(t)\rangle + \beta\langle f, \psi(t)\rangle} \tag{67}$$

(β ist hier ebenfalls eine beliebige Zahl).

Aufgabe 1. Es sei $\langle f, \varphi(t)\rangle := \int\limits_0^1 t\varphi(t)\,dt$ für $\varphi(t) \in C(-\infty, \infty)$.

a) Man zeige, daß durch diese Vorschrift ein lineares Funktional auf dem Raum $C(-\infty, \infty)$ definiert wird!

b) Welche Werte ordnet f den Funktionen $\varphi_1(t) = e^t$, $\varphi_2(t) = t$ und $\varphi_3(t) = t^2 + 1$ zu?

3.2. Stetige lineare Funktionale

Die zweite — bereits angekündigte — Eigenschaft von Funktionalen, die wir im Rahmen der Distributionen-Theorie benötigen, ist die *Stetigkeit*. Was ist darunter zu verstehen?

Obwohl der Stetigkeitsbegriff für Funktionen als ein dem Leser geläufiger Begriff vorausgesetzt wird (vgl. [15], II.), soll er hier zum besseren Verständnis des Stetigkeitsbegriffes bei linearen Funktionalen noch einmal aufgeschrieben werden. Der Zweckmäßigkeit halber wird kurzzeitig die Funktion als von x abhängig betrachtet:

> Eine Funktion $g(x)$, die in einer gewissen Umgebung der Stelle x_0 definiert ist, heißt stetig an der Stelle $x = x_0$, wenn
>
> a) $g(x_0)$ definiert ist,
> b) der Grenzwert $\lim\limits_{x\to x_0} g(x) = g$ existiert,
> c) $g = g(x_0)$ gilt.
>
> $g(x)$ heißt stetig im Intervall $a < x < b$, wenn $g(x)$ in jedem Punkt $x_0 \in (a, b)$ stetig ist.

Man kann dies auch so auffassen:

> Die Funktion $g(x)$ ist an der Stelle x_0 stetig, wenn für jede beliebige gegen x_0 konvergierende Folge von x-Werten aus der Umgebung von x_0 auch die zugehörige Folge der Funktionswerte gegen den (definierten) Funktionswert $g(x_0)$ konvergiert.

Jetzt muß man nur etwas umdenken, um zum Begriff des *stetigen linearen Funktionals* zu kommen. Ein lineares Funktional [welches jetzt die Stelle von $g(x)$ einnimmt] hat als *Definitionsbereich* kein Intervall [wie $g(x)$], sondern einen gewissen Funktionenraum, z. B. $C(-\infty, \infty)$, mit Elementen $\varphi(t)$. Dieser Funktionenraum nimmt jetzt die Stelle des x-Intervalls $[a, b]$ ein, den x-Werten entsprechen jetzt die Funktionen $\varphi(t)$. Setzt man jetzt noch voraus, daß man für Funktionen einen gewissen Konvergenzbegriff (etwa die fast gleichmäßige Konvergenz oder auch andere Konvergenztypen) definiert hat, so entspricht einer beliebigen Folge von x-Werten, die gegen x_0 konvergiert, jetzt eine beliebige Funktionenfolge $\big(\varphi_n(t)\big)$, die gegen eine Funktion $\varphi_0(t)$ im definierten Sinne konvergiert. Überträgt man also den Stetigkeitsbegriff für Funktionen formal auf Funktionale, so bedeutet das:

Definition

> Ein lineares Funktional f heißt stetig an der Stelle $\varphi_0(t)$, wenn für jede gegen $\varphi_0(t)$ im definierten Sinne konvergierende Funktionenfolge $\big(\varphi_n(t)\big)$ auch die Zahlenfolge $\langle f, \varphi_n(t)\rangle := \alpha_n$ (die Folge der Funktionalwerte also) gegen die Zahl $\langle f, \varphi_0(t)\rangle = \alpha_0$ (im Sinne der Zahlenfolgen) konvergiert. f heißt ein stetiges lineares Funktional auf dem betrachteten Funktionenraum [z. B. $C(-\infty, \infty)$], wenn es für jede Funktion $\varphi_0(t)$ des Funktionenraumes stetig ist.

Wegen der vorausgesetzten Linearität der Funktionale f kann diese Definition sogar noch vereinfacht werden, was bei Funktionen $g(x)$ nicht möglich ist.

Definition

> Ein auf einem linearen Funktionenraum mit Konvergenz definiertes lineares Funktional f heißt stetiges lineares Funktional, wenn für jede gegen die Funktion $\varphi(t) \equiv 0$ (im definierten Sinne) konvergierende Funktionenfolge $\big(\varphi_n(t)\big)$ auch die Zahlenfolge $\big(\langle f, \varphi_n(t)\rangle\big)$ gegen die Zahl Null konvergiert.

Von der vorausgesetzten Konvergenz sind natürlich gewisse Eigenschaften zu fordern, die aber in den uns interessierenden Fällen erfüllt sind, so daß wir hier nicht auf die Einzelheiten eingehen wollen (vgl. [5, S. 11]).

Beispiel 1. Im linearen Raum $C(-\infty, \infty)$ sei die fast gleichmäßige Konvergenz eingeführt. Das lineare Funktional f_g [s. Formel (62)] ist sogar stetig, denn konvergiert eine beliebige Folge $\big(\varphi_n(t)\big)$ aus $C(-\infty, \infty)$ fast gleichmäßig gegen die Funktion $\varphi(t) \equiv 0$, so gilt insbesondere im Intervall $[-1, 1]$ $\max\limits_{-1 \leq t \leq 1} |\varphi_n(t) - 0| = \max\limits_{-1 \leq t \leq 1} |\varphi_n(t)| = \mu_n \to 0$ für $n \to \infty$. Also folgt

$$|\langle f_g, \varphi_n(t)\rangle| = \left| \int\limits_{-1}^{1} \varphi_n(t)\,dt \right| \leq \int\limits_{-1}^{1} |\varphi_n(t)|\,dt \leq \max\limits_{-1 \leq t \leq 1} |\varphi_n(t)| \int\limits_{-1}^{1} dt = 2 \cdot \mu_n \to 0,$$

d. h., $\langle f_g, \varphi_n(t)\rangle \to 0$ für $n \to \infty$. Die Abschätzung kann man sich grafisch veranschaulichen (Bild 37), wobei sich in Bild a) die vorzeichenbehafteten Flächenstücke z. T. gegenseitig aufheben.

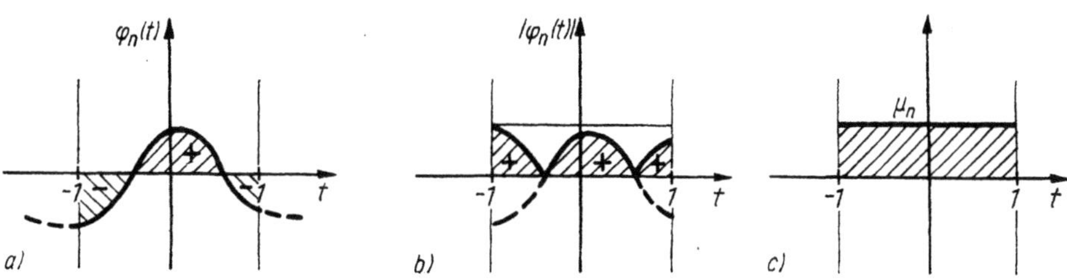

Bild 37. Abschätzung für $\langle f_g, \varphi_n(t)\rangle$

Beispiel 2. Auch das lineare Funktional δ_λ [Formel (63)] ist stetig bezogen auf die in $C(-\infty, \infty)$ eingeführte fast gleichmäßige Konvergenz. Eine fast gleichmäßig konvergente Folge $\big(\varphi_n(t)\big)$ mit dem Grenzwert $\varphi(t) \equiv 0$ konvergiert insbesondere in einem den Punkt $t = \lambda$ enthaltenden abgeschlossenen Intervall $[-T, T]$ gleichmäßig gegen 0, d. h., es gilt dort $\max\limits_{-T \le t \le T} |\varphi_n(t)| \to 0$ für $n \to \infty$. Wegen $-T \le \lambda \le T$ erhalten wir also

$$|\langle \delta_\lambda, \varphi_n(t)\rangle| = |\varphi_n(\lambda)| \le \max_{-T \le t \le T} |\varphi_n(t)| \to 0 \quad \text{für} \quad n \to \infty,$$

d. h., $\langle \delta_\lambda, \varphi_n(t)\rangle \to 0$ für jede beliebige Funktionenfolge $\big(\varphi_n(t)\big)$, die fast gleichmäßig gegen die identisch verschwindende Funktion konvergiert.

Aufgabe 1. Ist das durch $\langle f, \varphi(t)\rangle = \int\limits_0^1 t\varphi(t)\, dt$ definierte lineare Funktional auf $C(-\infty, \infty)$ stetig, wenn dort die fast gleichmäßige Konvergenz eingeführt ist?

4. Testfunktionen

4.0. Allgemeines

Die Distributionen, die in den Abschnitten 5. und 15. definiert werden, sind nichts anderes als stetige lineare Funktionale auf einem geeigneten Funktionenraum, in dem ein passender Konvergenzbegriff definiert ist. Je nachdem, welcher Funktionenraum und welcher Konvergenzbegriff zugrunde gelegt werden, gelangt man zu verschiedenen Distributionen. Für praktische Zwecke schränkt man deshalb diese Möglichkeiten stark ein. Dem Anliegen des Buches entsprechend, wird zunächst ein einfacher Fall behandelt. Für die Funktionen, auf denen die Distributionen definiert werden, verwendet man in der Literatur die Bezeichnungen *Grundfunktionen* oder *Testfunktionen*.

4.1. Definition der Testfunktionen und Beispiele

Im Beispiel 3 des Abschnittes 2.2. wurden bereits einige auf der ganzen t-Achse beliebig oft stetig differenzierbare Funktionen genannt. Würde man nun den Raum $C^{(\infty)}(-\infty, \infty)$ als Testfunktionenraum zugrunde legen und darauf lineare Funktionale definieren (ohne hier schon von stetigen Funktionalen zu reden), so wäre es nicht einmal möglich, jeder in $-\infty < t < \infty$ stetigen oder lokal integrierbaren Funktion $g(t)$ ein lineares Funktional f_g durch die Vorschrift

$$\langle f_g, \varphi(t) \rangle = \int\limits_{-\infty}^{\infty} g(t)\, \varphi(t)\, \mathrm{d}t, \qquad \varphi \in C^{(\infty)}(-\infty, \infty), \tag{68}$$

zuzuordnen, da das Integral (68) nicht immer existieren muß.

Beispiel 1. Für die Funktion $g(t) = h(t)\, t$, also die auf der ganzen reellen Achse stetige *Rampenfunktion*, existiert das Integral (68) schon für die Funktion $\varphi(t) = \mathrm{e}^t \in C^{(\infty)}(-\infty, \infty)$ nicht, denn es ist

$$\int\limits_{-\infty}^{\infty} g(t)\, \varphi(t)\, \mathrm{d}t = \int\limits_{0}^{\infty} t\, \mathrm{e}^t\, \mathrm{d}t = (t-1)\, \mathrm{e}^t \big|_{0}^{\infty} = \infty + 1 = \infty.$$

Beispiel 2. Für die nicht auf der ganzen Achse stetige, aber zum Raum $\mathcal{K}$ gehörende Sprungfunktion $g(t) = h(t)$ trifft das ebenfalls zu, wenn man das Integral (68) für die Funktion $\varphi(t) = \mathrm{e}^t$ betrachtet:

$$\int\limits_{-\infty}^{\infty} g(t)\, \varphi(t)\, \mathrm{d}t = \int\limits_{0}^{\infty} \mathrm{e}^t\, \mathrm{d}t = \mathrm{e}^t \big|_{0}^{\infty} = \infty - 1 = \infty.$$

Da man aber wenigstens allen stetigen und allen lokal integrierbaren Funktionen (insbesondere also den Funktionen des Raumes $\mathcal{K}$) nach der Vorschrift (68) Distributionen zuordnen und damit die praktisch wichtigen Funktionen in die Distributionen einbetten will, muß man den Raum $C^{(\infty)}(-\infty, \infty)$ noch etwas einschränken. Soll das Integral (68) für die genannten Funktionen existieren, genügt es, nur diejenigen beliebig oft differenzierbaren Funktionen $\varphi(t)$ als Testfunktionen zu benutzen, die außerhalb gewisser endlicher Intervalle identisch verschwinden. Dadurch erhält das Integral (68) endliche Grenzen und existiert wenigstens für die lokal integrierbaren Funktionen $g(t)$.

Definition

> Eine Testfunktion $\varphi(t)$ ist eine auf der ganzen t-Achse beliebig oft stetig differenzierbare Funktion, die außerhalb eines i. allg. von $\varphi(t)$ abhängenden Intervalls $a < t < b$ identisch Null ist. Die Menge aller Testfunktionen wird mit dem Symbol $\mathcal{D}$ bezeichnet.

Während für auf der ganzen t-Achse beliebig oft stetig differenzierbare Funktionen, die nicht außerhalb eines endlichen Intervalls verschwinden, leicht einfache Beispiele gefunden werden können, wie etwa e^t, e^{t^2}, t, $\sin t$ usw., haben die Testfunktionen $\varphi(t) \in \mathcal{D}$ generell eine etwas kompliziertere Gestalt, und man muß sich überzeugen, ob es überhaupt solche Testfunktionen gibt. Schneidet man von den genannten beliebig oft stetig differenzierbaren Funktionen e^t usw. die linken und rechten Enden ab, so entsteht zwar eine außerhalb eines endlichen Intervalls verschwindende Funktion, wie etwa

$$\varphi(t) = \begin{cases} 0 & \text{für} \quad t \leqq a \quad \text{und} \quad t \geqq b \\ e^t & \text{für} \quad a < t < b \end{cases},$$

diese ist aber sicher nicht mehr beliebig oft stetig differenzierbar auf der gesamten t-Achse, sie ist sogar unstetig (vgl. Bild 38). Auf diese Weise erhält man also keine

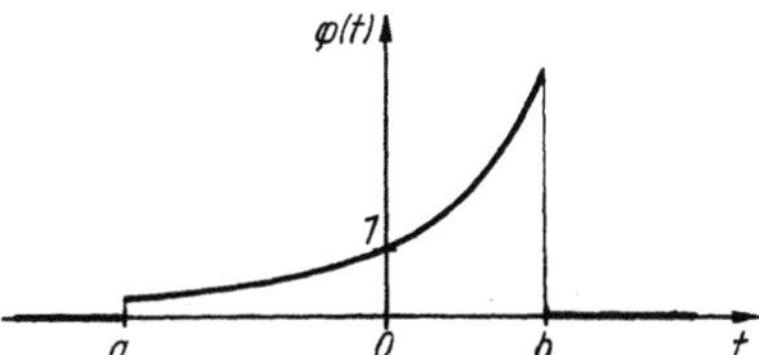

Bild 38. Abgeschnittene Funktion e^t

Testfunktionen. Eine Testfunktion sowie deren sämtliche Ableitungen müssen nämlich an den Intervallgrenzen a und b stetig in die t-Achse übergehen, d. h., sie müssen sich an die t-Achse anschmiegen (Bild 40). Und das ist eine sehr einschneidende Forderung.

Es gibt aber tatsächlich genügend viele Testfunktionen. Die in der Literatur am häufigsten zu findenden Beispiele sind die unendlich vielen jeweils außerhalb eines Intervalls $(-\alpha, \alpha)$, $\alpha > 0$ beliebig, verschwindenden Testfunktionen

$$\xi_\alpha(t) = \begin{cases} 0 & \text{für} \quad |t| \geqq \alpha \\ \exp\left(-\alpha^2/(\alpha^2 - t^2)\right) & \text{für} \quad |t| < \alpha \end{cases} \tag{69}$$

In Bild 39 sind einige dieser Funktionen skizziert. Bei der späteren Anwendung der Distributionen kommt es aber auf die konkrete Gestalt der Testfunktionen gar nicht an. Deshalb ist es auch nicht nötig, weitere Beispiele zu konstruieren. [Ein triviales Beispiel einer Testfunktion ist offensichtlich die Funktion $\varphi(t) \equiv 0$.] Wichtiger sind die Eigenschaften der Testfunktionen.

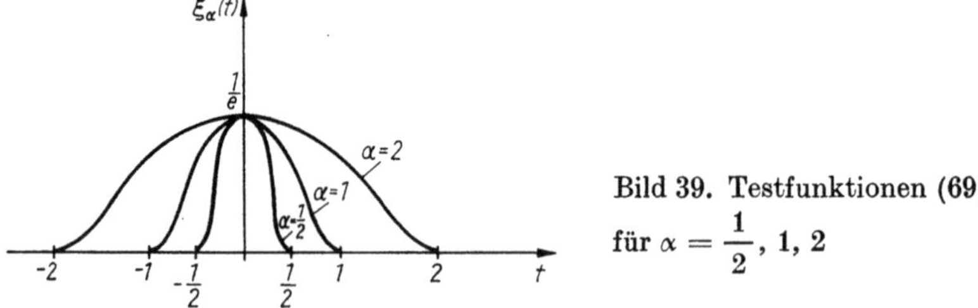

Bild 39. Testfunktionen (69)

für $\alpha = \dfrac{1}{2},\ 1,\ 2$

Zunächst wird vereinbart, daß zukünftig die Symbole $\varphi(t)$, $\xi(t)$, $\zeta(t)$, $\psi(t)$ ausschließlich für Testfunktionen verwendet werden, δ wird für die *Delta-Distribution* reserviert, und die Buchstaben x, f, g, g_1, ... stehen für Funktionen aus $\mathscr{K}$ und Distributionen.

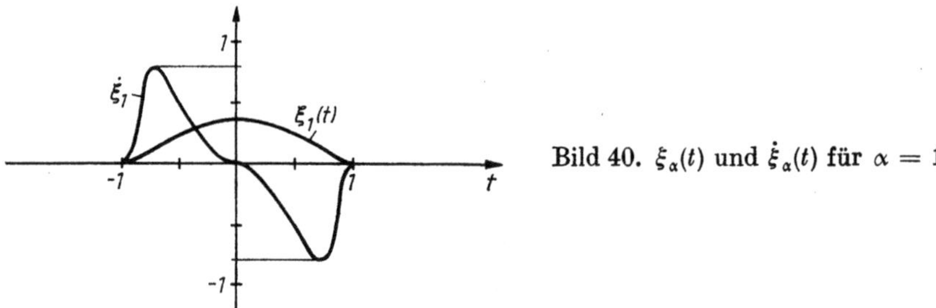

Bild 40. $\xi_\alpha(t)$ und $\dot{\xi}_\alpha(t)$ für $\alpha = 1$

4.2.   Eigenschaften

Addiert man zwei Testfunktionen $\varphi(t)$ und $\xi(t)$, so ist die Summe

$$\zeta(t) = \varphi(t) + \xi(t)$$

wieder eine Testfunktion. Die Summe zweier beliebig oft stetig differenzierbarer Funktionen ist — wie wir schon feststellten — wieder beliebig oft stetig differenzierbar, verschwinden $\varphi(t)$ außerhalb von (a, b) und $\xi(t)$ außerhalb von (c, d), so ist die

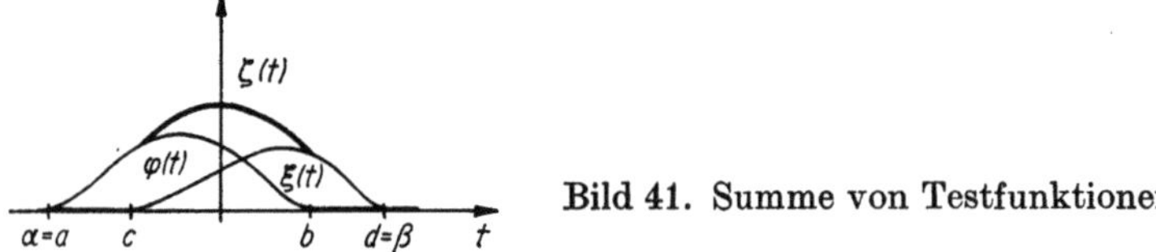

Bild 41. Summe von Testfunktionen

Summe $\zeta(t)$ sicher außerhalb des Intervalls (α, β) identisch Null, wenn α der kleinere der beiden Werte a, c und β der größere der beiden Werte b, d sind. Dabei sind mehrere Fälle möglich, wovon einer in Bild 41 skizziert ist.

Auch das Produkt $\xi(t) = \alpha\varphi(t)$ einer beliebigen Testfunktion $\varphi(t)$ mit einer beliebigen reellen Zahl α ist wieder eine Testfunktion, die sogar außerhalb des gleichen Intervalls verschwindet wie $\varphi(t)$ selbst. Da eine Testfunktion beliebig oft differenzierbar ist, sind auch sämtliche Ableitungen

$$\mathrm{d}\varphi/\mathrm{d}t,\ \mathrm{d}^2\varphi/\mathrm{d}t^2,\ \ldots,\ \mathrm{d}^k\varphi/\mathrm{d}t^k,\ \ldots$$

jeweils wieder beliebig oft stetig differenzierbar, und auch diese verschwinden außerhalb des gleichen Intervalls wie $\varphi(t)$ selbst (vgl. Bild 40). Also ist jede Ableitung einer Testfunktion wieder eine Testfunktion. Wird die Kurve einer Testfunktion $\varphi(t)$ um einen beliebigen, aber festen endlichen Betrag $|\lambda|$, $\lambda \neq 0$, auf der t-Achse nach links oder rechts verschoben (Bild 42), ausgedrückt wird dies bekanntlich durch $\varphi(t - \lambda)$, wobei für $\lambda > 0$ eine Verschiebung nach rechts erfolgt, dann ist die so verschobene Funktion wieder eine Testfunktion, denn durch diese *Verschiebung* ändert sich an Stetigkeit und Differenzierbarkeit nichts, und das Intervall, außerhalb dessen $\varphi(t)$ verschwindet, wird lediglich um den Betrag $|\lambda|$ verschoben. Auch die Form der Kurve bleibt erhalten.

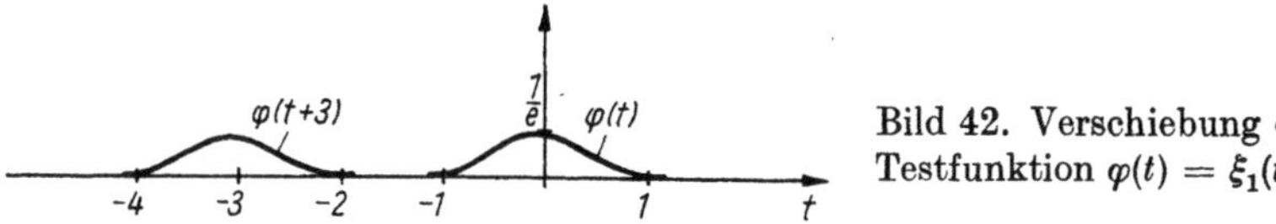

Bild 42. Verschiebung der Testfunktion $\varphi(t) = \xi_1(t)$

Beispiel 1. Die um drei Einheiten nach links verschobene Testfunktion

$$\varphi(t) = [h(t + 1) - h(t - 1)]\, \exp \frac{-1}{1 - t^2},$$

das ist die Funktion (69) für $\alpha = 1$ (nur mit Hilfe der Sprungfunktion in anderer Form geschrieben), wird mit $\lambda = -3$ durch

$$\varphi(t - \lambda) = \varphi(t + 3) = [h(t + 4) - h(t + 2)]\, \exp \frac{-1}{1 - (t + 3)^2}$$

ausgedrückt (Bild 42).

Addiert man eine beliebige Testfunktion $\varphi(t)$ und eine Funktion $a(t) \in C^{(\infty)}(-\infty, \infty)$, die keine Testfunktion ist, so ist das Ergebnis

$$\varphi(t) + a(t) \in C^{(\infty)}(-\infty, \infty)$$

sicher keine Testfunktion. Bild 43 zeigt das am Beispiel $a(t) = \mathrm{e}^t$ und der Funktion $\varphi(t)$ aus Beispiel 1.

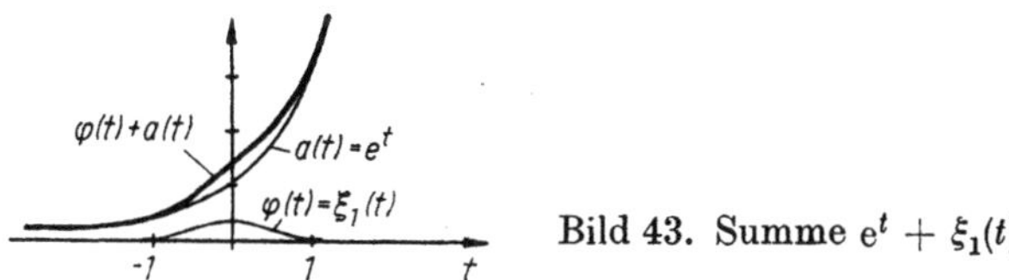

Bild 43. Summe $\mathrm{e}^t + \xi_1(t)$

Anders sieht es mit dem gewöhnlichen Produkt $a(t)\, \varphi(t)$ einer beliebigen Funktion $a(t) \in C^{(\infty)}(-\infty, \infty)$ und einer beliebigen Testfunktion $\varphi(t) \in \mathcal{D}$ aus. Dieses Produkt ist in jedem Falle eine Testfunktion, da dort, wo $\varphi(t)$ verschwindet, sicher auch das gewöhnliche Produkt $a(t)\, \varphi(t)$ verschwindet. Daß das gewöhnliche Produkt zweier beliebig oft stetig differenzierbarer Funktionen wieder beliebig oft stetig differenzierbar ist, wurde schon im Abschnitt 2.3. gesagt. Bild 44 zeigt die Kurve des Produktes $e^t\varphi(t)$; $\varphi(t)$ ist so wie im Beispiel 1 gewählt, welches außerhalb von $-1 < t < 1$ verschwindet.

Wird eine beliebige Testfunktion $\varphi(t)$ am Koordinatenursprung *gespiegelt* (Bild 45), beschrieben wird diese *Spiegelung* durch die Funktion $\xi(t) = \varphi(-t)$, so ist auch dies wieder eine Testfunktion. Weiter entsteht aus einer Testfunktion $\varphi(t)$ durch eine *Ähnlichkeitstransformation* $t \rightsquigarrow \alpha t$ ($\alpha > 0$ ist eine beliebige reelle Zahl) ebenfalls

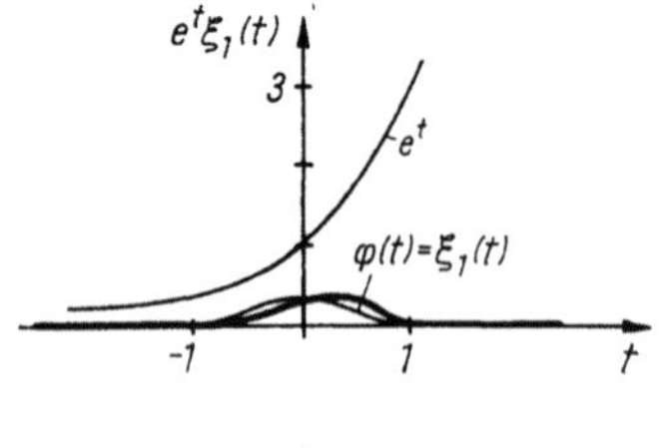

Bild 44. Gewöhnliches Produkt $e^t\xi_1(t)$

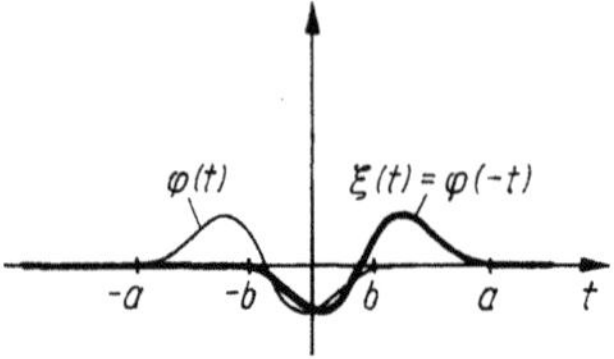

Bild 45. Spiegelung einer Testfunktion $\varphi(t)$ am Koordinatenursprung

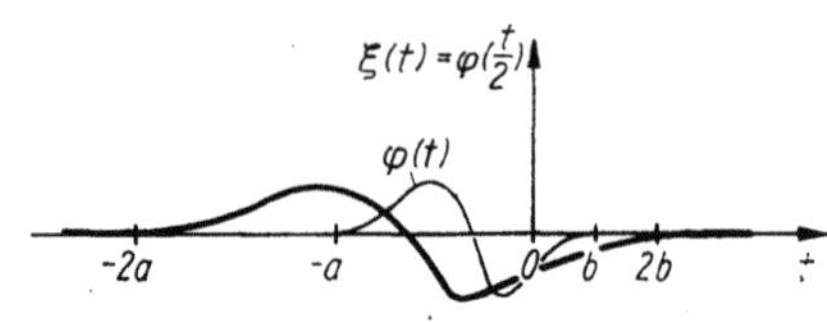

Bild 46. Ähnlichkeitstransformation $\xi(t) = \varphi(\alpha t)$ für $\alpha = 1/2$

wieder eine Testfunktion $\xi(t) = \varphi(\alpha t)$. Bild 46 zeigt eine solche Transformation für $\alpha = 1/2$. (Man kann natürlich auch negative α in $\varphi(\alpha t)$ zulassen. Das wäre aber lediglich eine Ähnlichkeitstransformation mit $|\alpha| > 0$ und eine anschließende Spiegelung am Koordinatenursprung.)
Zusammengefaßt gilt also:

> Die Menge $\mathcal{D}$ der Testfunktionen ist ein linearer Funktionenraum, d. h., die Summe von beliebigen Testfunktionen und das Produkt einer solchen mit einer beliebigen reellen Zahl sind wieder Testfunktionen, und es gelten die Regeln (25) bis (32).

> Jede beliebige Ableitung $\mathrm{d}^k\varphi(t)/\mathrm{d}t^k$ ($k = 1, 2, \ldots$) einer Testfunktion $\varphi(t)$ ist wieder eine Testfunktion.

> Ist $\varphi(t)$ eine Testfunktion, so sind auch $\varphi(t - \lambda)$ für beliebige reelle λ, $\varphi(\alpha t)$ für $\alpha \neq 0$ oder allgemein $\varphi(\alpha t - \lambda)$ wieder Testfunktionen.

> Das Produkt $a(t)\,\varphi(t)$ einer Testfunktion $\varphi(t)$ mit einer auf der ganzen t-Achse beliebig oft stetig differenzierbaren Funktion $a(t)$ ist ebenfalls eine Testfunktion.

Aufgabe 1. Gehören die durch Formel (5) (s. Abschnitt 1.) definierten Funktionen
a) zu $C^{(\infty)}(-\infty, \infty)$
b) zu $\mathcal{D}$?

Aufgabe 2. Sind die außerhalb des Intervalls $(-\alpha, \alpha)$ verschwindenden Funktionen (7) (Bild 5) Testfunktionen?

Aufgabe 3. Man überlege sich, daß $\varphi(t) \equiv 0$ tatsächlich eine Testfunktion ist!

4.3. Konvergenzbegriff für Testfunktionen

Um die Distributionen als stetige lineare Funktionale auf dem Raum $\mathcal{D}$ der Testfunktionen definieren zu können, benötigt man einen geeigneten Konvergenzbegriff für Testfunktionenfolgen.

Definition

Eine Folge $\big(\varphi_n(t)\big)$ von Testfunktionen konvergiert im Raum $\mathcal{D}$ gegen die Testfunktion $\varphi(t) \equiv 0$, wenn sämtliche Funktionen $\varphi_n(t)$ $(n = 1, 2, \ldots)$ außerhalb ein und desselben endlichen Intervalls (a, b) identisch Null sind und die Folge $\big(\varphi_n(t)\big)$ sowie die Folgen $\left(\dfrac{\mathrm{d}^k}{\mathrm{d}t^k}\,\varphi_n(t)\right)$ sämtlicher Ableitungen $(k = 1, 2, \ldots)$ gleichmäßig gegen $\varphi(t) \equiv 0$ konvergieren für $n \to \infty$, d. h. hier, wenn für jedes feste k $(k = 0, 1, 2, \ldots)$

$$\max_{a \leq t \leq b} \left| \frac{\mathrm{d}^k \varphi_n(t)}{\mathrm{d}t^k} \right| = \frac{k}{\mu_n} \to 0 \quad \text{für} \quad n \to \infty \quad \text{gilt}$$

[für $k = 0$ gilt $\dfrac{\mathrm{d}^0 \varphi_n(t)}{\mathrm{d}t^0} = \varphi_n(t)$].

Es ist sicher notwendig, diesen Konvergenzbegriff etwas näher zu erläutern, da hier die gleichmäßige Konvergenz der Folge $\big(\varphi_n(t)\big)$ sowie der Folgen ihrer sämtlichen Ableitungen noch nicht ausreicht. Es muß nämlich noch die Zusatzforderung, daß sämtliche Folgenglieder außerhalb ein und desselben endlichen Intervalls verschwinden sollen, erfüllt sein. Existiert trotz gleichmäßiger Konvergenz aller genannten Folgen kein solches gemeinsames Intervall, so konvergiert die Folge $\big(\varphi_n(t)\big)$ nicht im Raum $\mathcal{D}$.

Beispiel 1. Der letztgenannte Fall liegt vor, wenn man die Folge $\big(\varphi_n(t)\big)$ mit den Gliedern

$$\varphi_n(t) = \frac{\xi_n(t)}{n} = \frac{1}{n} \left[h(t + n) - h(t - n) \right] \exp \frac{-n^2}{n^2 - t^2} \tag{70}$$

betrachtet, die man aus den Funktionen (69) für $\alpha = n$ erhält, wenn diese noch mit $1/n$ multipliziert werden. In Bild 47 sind einige Folgenglieder grafisch dargestellt. Man erkennt schon am Bild, daß die Folge (70) gleichmäßig gegen $\varphi(t) \equiv 0$ konvergiert, für die Folgen der Ableitungen wollen wir die gleichmäßige Konvergenz gar nicht erst nachweisen, denn die Folge (70) konvergiert nicht im Raum $\mathcal{D}$, weil sich kein gemeinsames Intervall (a, b) finden läßt, außerhalb dessen alle $\varphi_n(t)$ ver-

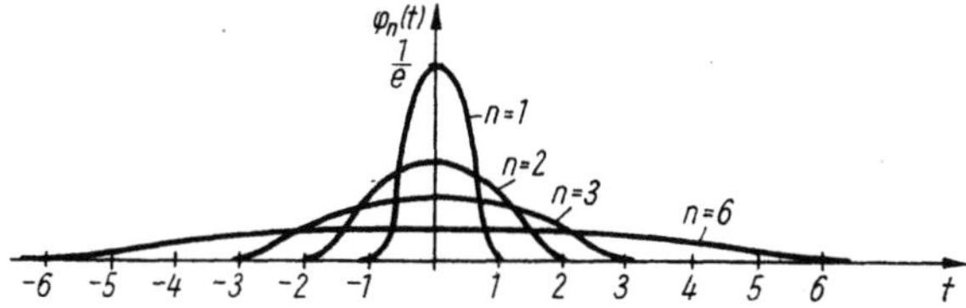

Bild 47. Beispiel einer nicht im Raum $\mathcal{D}$ konvergierenden Folge von Testfunktionen $\varphi_n(t)$

schwinden. An Bild 47 erkennt man nämlich, daß das Intervall $(-n, n)$, in dessen Innern die Funktionen $\varphi_n(t)$ nicht verschwinden, immer größer wird, wenn n wächst

Beispiel 2. Wird die Funktion (69) für $\alpha = 1$ mit $1/n$ multipliziert, so entsteht mit

$$\varphi_n(t) = \frac{\xi_1(t)}{n} = \frac{1}{n}\,[h(t+1) - h(t-1)]\,\exp\frac{-1}{1-t^2} \qquad (71)$$

eine Folge, deren Glieder alle außerhalb ein und desselben Intervalls $(a, b) = (-1, 1)$ identisch Null sind (Bild 48). Es ist auch nicht schwierig, die gleichmäßige Konvergenz der Folgen

$$\big(\varphi_n(t)\big), \qquad \big(\mathrm{d}\varphi_n(t)/\mathrm{d}t\big), \ldots$$

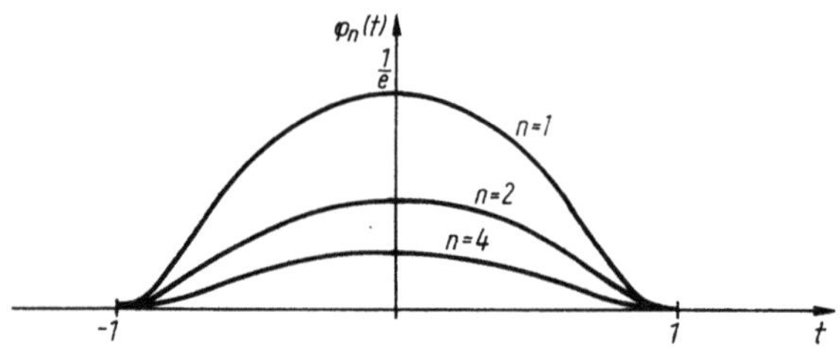

Bild 48. Beispiel einer im Raum $\mathcal{D}$ konvergierenden Folge $\varphi_n(t)$

nachzuweisen. Es ist ja

$$\varphi_n(t) = \frac{\xi_1(t)}{n}, \quad \frac{\mathrm{d}\varphi_n(t)}{\mathrm{d}t} = \frac{1}{n}\,\frac{\mathrm{d}\xi_1(t)}{\mathrm{d}t}, \quad \ldots, \quad \frac{\mathrm{d}^k\varphi_n(t)}{\mathrm{d}t^k} = \frac{1}{n}\,\frac{\mathrm{d}^k\xi_1(t)}{\mathrm{d}t^k}, \ldots$$

und die Kurven der Funktionen $\dfrac{\mathrm{d}^k\xi_1(t)}{\mathrm{d}t^k}$, die nicht von n abhängen, besitzen — da sie stetig sind und außerhalb des Intervalls $(-1, 1)$ verschwinden — ihren größten Abstand von der t-Achse im Intervall $(-1, 1)$, d. h., jede Ableitung von $\xi_1(t)$ besitzt ein von n unabhängiges endliches Betragsmaximum

$$\max_{-1 \leq t \leq 1}\left|\frac{\mathrm{d}^k\xi_1(t)}{\mathrm{d}t^k}\right| = M_k < \infty$$

(insbesondere ist für $k = 0$

$$\max_{-1 \leq t \leq 1}|\xi_1(t)| = M_0 = \frac{1}{e}).$$

Also gilt für jedes feste k $(k = 0, 1, 2, \ldots)$

$$\max_{-1 \leq t \leq 1}\left|\frac{\mathrm{d}^k\varphi_n(t)}{\mathrm{d}t^k}\right| = \max_{-1 \leq t \leq 1}\left|\frac{1}{n}\,\frac{\mathrm{d}^k\xi_1(t)}{\mathrm{d}t^k}\right| = \frac{M_k}{n} = \frac{k}{\mu_n} \to 0$$

für $n \to \infty$. Demnach konvergiert die Folge (71) im Sinne des für den Raum $\mathcal{D}$ definierten Konvergenzbegriffes.

Es gibt natürlich auch Folgen von Testfunktionen, die zwar außerhalb ein und desselben endlichen Intervalls verschwinden, aber deshalb nicht im Raum $\mathcal{D}$ konvergieren, weil keine gleichmäßige Konvergenz vorliegt.

Aufgabe 1. Man überzeuge sich an Hand einer Skizze, daß die Folge

$$\varphi_n(t) = n\xi_{1/n}(t) = n\left[h\left(t + \frac{1}{n}\right) - h\left(t - \frac{1}{n}\right)\right] \exp\left(\frac{-1}{1 - n^2 t^2}\right) \tag{72}$$

[vgl. Formel (69) für $\alpha = 1/n$], deren Glieder außerhalb des Intervalls $(-1, 1)$ verschwinden, nicht im Sinne von $\mathfrak{D}$ gegen $\varphi(t) \equiv 0$ konvergiert.

Aufgabe 2. Man überlege sich, daß die Konvergenz für Testfunktionen die gleichen Eigenschaften besitzt wie die gleichmäßige Konvergenz (s. Abschn. 2.5.).

5. Distributionen

5.1.   Definition und wichtige Beispiele

Definition

> Eine Distribution ist ein stetiges lineares Funktional auf dem Raum der
> Testfunktionen. Die Gesamtheit aller Distributionen wird mit dem
> Symbol $\mathcal{D}'$ bezeichnet. Ist $\varphi(t) \in \mathcal{D}$ eine beliebige Testfunktion und
> $f \in \mathcal{D}'$ eine beliebige Distribution, so bezeichnet $\langle f, \varphi(t) \rangle$ die Zahl, die der
> Testfunktion $\varphi(t)$ durch die Distribution f zugeordnet wird.

Bemerkung: In der Literatur werden für Distributionen auch oft die Bezeichnung $f(t)$
und damit die Symbole $\langle f, \varphi(t) \rangle$ oder $\langle f(t), \varphi(t) \rangle$ verwendet. Die Schreibweise $f(t)$ darf
aber nicht zur Schlußfolgerung führen, daß die Distribution f eine Funktion von t ist,
sondern sie bedeutet, daß $f = f(t)$ auf einer Menge von Testfunktionen $\varphi(t)$ definiert
ist, die von t abhängen.
Jede auf der reellen Achse stetige und, allgemeiner, jede lokal integrierbare Funktion $f(t)$ aus dem Raum $\mathcal{K}$ kann mit einer Distribution identifiziert werden, für die
wir gar nicht erst ein anderes Symbol einführen.

> Die der Funktion $f(t) \in \mathcal{K}$ zugeordnete Distribution $f(t) \in \mathcal{D}'$ wird durch
> die Vorschrift
>
> $$\langle f(t), \varphi(t) \rangle = \int_{-\infty}^{\infty} f(t)\, \varphi(t)\, \mathrm{d}t, \qquad \varphi(t) \in \mathcal{D}, \tag{73}$$
>
> definiert.

Daß durch (73) ein lineares Funktional auf $\mathcal{D}$ definiert wird, hatten wir schon im
Zusammenhang mit Formel (68) erörtert. Auch wenn das Integral in (73), genau
betrachtet, nur endliche Grenzen enthält, da die Funktionen $\varphi(t)$ außerhalb gewisser
endlicher Intervalle verschwinden, wird die Schreibweise (73) beibehalten. Die
Stetigkeit des Funktionals $f(t)$ ist auch klar, denn konvergiert eine beliebige Folge
$(\varphi_n(t))$ von Testfunktionen im Raum $\mathcal{D}$ gegen $\varphi(t) \equiv 0$, so verschwinden alle Folgenglieder $\varphi_n(t)$ außerhalb ein und desselben endlichen Intervalls (a, b), und die Folge

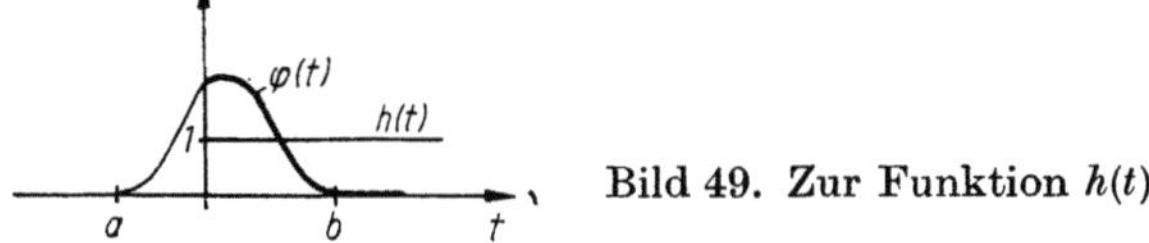

Bild 49. Zur Funktion $h(t)$

sowie die Folgen ihrer Ableitungen konvergieren gleichmäßig gegen $\varphi(t) \equiv 0$. Also hat man insbesondere $\max\limits_{-\infty<t<\infty} |\varphi_n(t)| \to 0$ für $n \to \infty$, woraus sofort

$$|\langle f, \varphi_n(t)\rangle| = \left| \int\limits_a^b f(t)\, \varphi_n(t)\, \mathrm{d}t \right| \leq \int\limits_a^b |f(t)|\, |\varphi_n(t)|\, \mathrm{d}t$$

$$\leq \left(\max\limits_{-\infty<t<\infty} |\varphi_n(t)| \right) \int\limits_a^b |f(t)|\, \mathrm{d}t \to 0 \quad \text{für} \quad n \to \infty$$

folgt, da das letzte Integral stets einen festen endlichen Wert annimmt [vgl. Formel (18)]. Also gilt $\langle f, \varphi_n(t)\rangle \to 0$ für $n \to \infty$.

Beispiel 1. Das *Nullelement* in $\mathscr{D}'$ ist diejenige Distribution, die jeder Testfunktion $\varphi(t)$ die Zahl Null zuordnet. Man erkennt leicht, daß dieses Nullelement durch die Funktion $f(t) \equiv 0$ definiert werden kann, da dann das Integral (73) für jede Testfunktion $\varphi(t)$ verschwindet.

Beispiel 2. Die Sprungfunktion $h(t)$ [Formel (11), Bild 6] definiert eine Distribution $h = h(t)$, die jeder Testfunktion $\varphi(t)$ die Zahl

$$\langle h(t), \varphi(t)\rangle = \int\limits_{-\infty}^{\infty} h(t)\, \varphi(t)\, \mathrm{d}t = \int\limits_0^{\infty} \varphi(t)\, \mathrm{d}t$$

zuordnet. Für die im Bild 49 skizzierte Funktion $\varphi(t)$ ist

$$\int\limits_0^{\infty} \varphi(t)\, \mathrm{d}t = \int\limits_0^b \varphi(t)\, \mathrm{d}t .$$

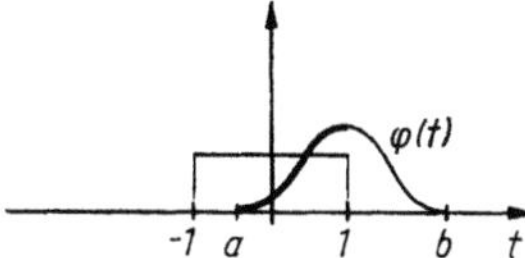

Bild 50. Zum Rechteckimpuls

Beispiel 3. Ein Rechteckimpuls $f(t) = h(t+1) - h(t-1)$ erzeugt eine Distribution $f(t)$, die jeder Testfunktion $\varphi(t)$ die Zahl

$$\langle f(t), \varphi(t)\rangle = \int\limits_{-1}^{1} \varphi(t)\, \mathrm{d}t$$

zuordnet. Für die in Bild 50 gezeichnete Testfunktion $\varphi(t)$ reduziert sich sogar die untere Grenze des Integrals auf a, also

$$\int\limits_{-1}^{1} \varphi(t)\, \mathrm{d}t = \int\limits_a^1 \varphi(t)\, \mathrm{d}t .$$

Für die durch lokal integrierbare Funktionen (insbesondere aus $\mathscr{K}$) erzeugten Distributionen hat man in der Literatur einen besonderen Begriff eingeführt.

Definition

Eine Distribution $f(t)$, die sich in der Form (73) definieren läßt, heißt eine *reguläre Distribution*.
Alle nicht in der Form (73) darstellbaren Distributionen heißen *singuläre Distributionen*.

Eine solche singuläre Distribution ist die *Delta-Distribution* $\delta = \delta(t)$, die der «Eigenschaft» (3) für $\lambda = 0$ entsprechend durch

$$\boxed{\langle \delta(t), \varphi(t) \rangle = \varphi(0), \qquad \varphi(t) \in \mathscr{D},} \tag{74}$$

definiert wird. Überträgt man den Begriff der *Verschiebung* formal von Funktionen auf die Delta-Distribution, so hätte die um einen Wert $\lambda \neq 0$ nach links oder rechts verschobene δ-Distribution $\delta(t - \lambda)$ die in Bild 51 skizzierte grafische Darstellung. Der

Bild 51. Verschobene Delta-Distribution für $\lambda > 0$

Formel (3) entsprechend definiert man diese singulären Distributionen $\delta_\lambda = \delta(t - \lambda)$, $\lambda \neq 0$, durch

$$\boxed{\langle \delta_\lambda, \varphi(t) \rangle = \langle \delta(t - \lambda), \varphi(t) \rangle = \varphi(\lambda), \qquad \varphi(t) \in \mathscr{D}.} \tag{75}$$

Die Formel (3), die — wie schon gesagt wurde — nur symbolischen Charakter hat, darf nun nicht etwa mit (73) verwechselt werden und zu dem Schluß führen, $\delta(t)$ und $\delta(t - \lambda)$ seien *reguläre* Distributionen. Denn dann ließen sich diese Distributionen mit lokal integrierbaren Funktionen identifizieren, was aber nicht möglich ist, denn

es gibt keine lokal integrierbare Funktion $f(t) = \delta(t)$ mit der Eigenschaft

$$\int_{-\infty}^{\infty} f(t)\, \varphi(t)\, \mathrm{d}t = \varphi(0), \qquad \varphi(t) \in \mathscr{D}. \tag{76}$$

Gäbe es nämlich eine solche Funktion $f(t)$, die jeder Testfunktion nach (76) den Wert $\varphi(0)$ zuordnet, so müßte dies insbesondere für die unendlich vielen Testfunktionen (69) für $\alpha = 1/n$, also für

$$\varphi_n(t) = \xi_{1/n}(t) = \left[h\left(t + \frac{1}{n} \right) - h\left(t - \frac{1}{n} \right) \right] \exp\left(\frac{-1}{1 - n^2 t^2} \right) \tag{77}$$

($n = 1, 2, \ldots$), gelten (Bild 52). Allen diesen Testfunktionen $\varphi_n(t)$ würde also ein und derselbe Wert $\varphi_n(0) = 1/e \approx 0{,}3679$ zugeordnet. Andererseits gilt aber für jede lokal integrierbare Funktion $f(t)$ und die Testfunktion (77)

$$\int_{-\infty}^{\infty} f(t)\, \varphi_n(t)\, \mathrm{d}t \to 0 \quad \text{für} \quad n \to \infty,$$

da das eigentliche Integrationsintervall $[-1/n,\ 1/n]$ auf den Punkt $t = 0$ zusammen-
schrumpft. Das ist natürlich nicht mit $\varphi_n(0) \approx 0{,}3679$ vereinbar.
Die exakte Definition der Delta-Distribution erfolgt also durch die Formeln (74)
und (75).
Für interessierte Leser sollen als Beispiele für singuläre Distributionen, die sich
durch gewisse nicht lokal integrierbare Funktionen definieren lassen [allerdings nicht

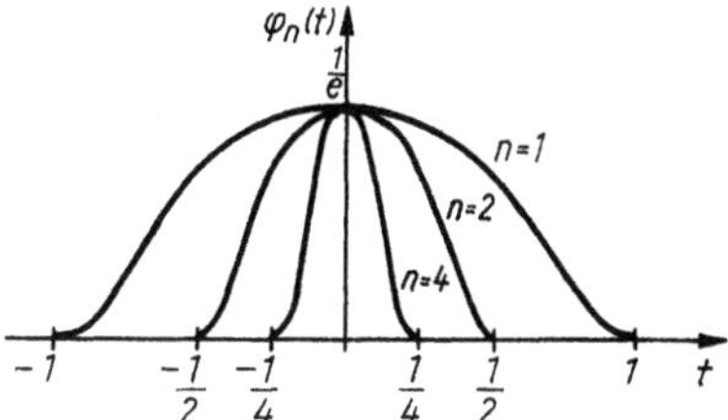

Bild 52. Die Testfunktionen (77)

in der Form (73), da das Integral in diesen Fällen nicht existiert], nur die folgenden
aufgeschrieben werden, da solche Distributionen in den im Buch behandelten Aufgaben keine Rolle spielen. Die Überlegungen, die zur Definition dieser singulären
Distributionen, auch *Pseudofunktionen* genannt, führen, sollen hier nicht nach-
empfunden werden (vgl. hierzu [8], [28]).

Beispiel 4. Die Funktionen

$$f(t) = \frac{h(t)}{t^\alpha} = \begin{cases} 0 & \text{für}\quad t < 0 \\ 1/t^\alpha & \text{für}\quad t > 0 \end{cases} \tag{78}$$

sind insbesondere für $1 < \alpha < 2$ nicht lokal integrierbar, gehören also nicht zum
Raum $\mathcal{K}$, da im Punkt $t = 0$ eine nicht integrierbare Unstetigkeit vorliegt. Ein
Integral der Form (73)

$$\int\limits_{-\infty}^{\infty} h(t)\, t^{-\alpha}\varphi(t)\ \mathrm{d}t = \int\limits_{0}^{\infty} t^{-\alpha}\varphi(t)\ \mathrm{d}t$$

kann zwar für gewisse $\varphi(t)$ existieren, es gibt aber sicher Testfunktionen, für die das
Integral einen unendlich großen Wert annimmt, also nicht existiert. Also kann man
den Funktionen (78) auch keine regulären Distributionen zuordnen. Die der Funktion (78) zugeordnete Pseudofunktion, die man mit $g(t) = Pf\big(h(t)\, t^{-\alpha}\big)$ bezeichnet,
wird definiert durch

$$\big\langle Pf\big(h(t)\, t^{-\alpha}\big), \varphi(t)\big\rangle = \int\limits_{0}^{\infty} \frac{\varphi(t) - \varphi(0)}{t^\alpha}\ \mathrm{d}t. \tag{79}$$

Dieses Integral existiert tatsächlich für jede Testfunktion $\varphi(t)$.

Beispiel 5. Der Funktion (Bild 53)

$$f(t) = 1/t \qquad (-\infty < t < \infty,\ t \neq 0) \tag{80}$$

kann ebenfalls keine reguläre Distribution zugeordnet werden, da die uneigentlichen
Integrale (73) (vgl. [1, S. 265]) nicht für alle $\varphi(t)$ existieren. Man kann aber zeigen,

daß der CAUCHY*sche Hauptwert* (vgl. [7, II.]) (A. CAUCHY, 1789 bis 1857, Paris)

$$\text{V. p.} \int\limits_{-\infty}^{\infty} \frac{\varphi(t)}{t}\, \mathrm{d}t := \lim_{\eta \to 0}\left[\int\limits_{-\infty}^{-\eta} \frac{\varphi(t)}{t}\, \mathrm{d}t + \int\limits_{\eta}^{\infty} \frac{\varphi(t)}{t}\, \mathrm{d}t \right]$$

für jede Testfunktion $\varphi(t)$ existiert [V. p. ist die Abkürzung für valeur prinzipale (franz.) Hauptwert]. Man kann also der Funktion $f(t) = 1/t$ wenigstens ein Funktional V. p. $\left(\dfrac{1}{t}\right)$ zuordnen, wenn man definiert:

$$\left\langle \text{V. p.}\left(\frac{1}{t}\right), \varphi(t) \right\rangle = \text{V. p.} \int\limits_{-\infty}^{\infty} \frac{\varphi(t)}{t}\, \mathrm{d}t. \tag{81}$$

Dieses Funktional ist ebenfalls eine singuläre Distribution. V. p. $\left(\dfrac{1}{t}\right)$ spielt — mit der Delta-Distribution $\delta(t)$ kombiniert — in der Quantenmechanik eine große Rolle (vgl. [24]).

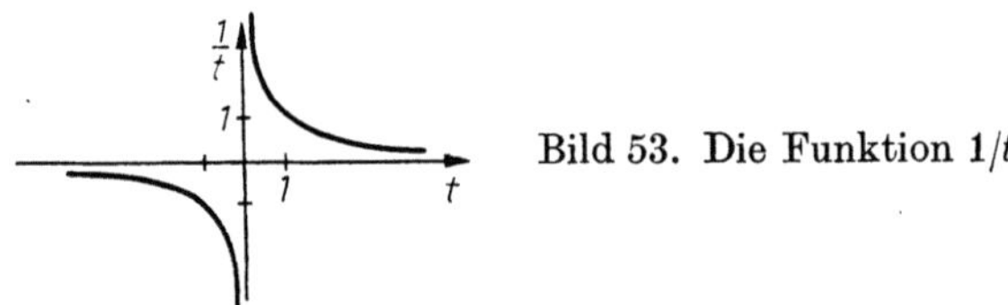

Bild 53. Die Funktion $1/t$

Aufgabe 1. Man zeige, daß die Funktionale $\delta(t)$ und $\delta(t - \lambda)$ (Formeln (74) und (75)) tatsächlich lineare stetige Funktionale, d. h. Distributionen, auf $\mathscr{D}$ sind!

Aufgabe 2. Wird durch die folgenden Gleichungen jeweils eine Distribution definiert?

a) $\langle f, \varphi(t) \rangle = [\varphi(\lambda)]^2$ (λ fest)

b) $\langle f, \varphi(t) \rangle = -\dot{\varphi}(0)$ $\left[\dot{\varphi}(t) = \dfrac{\mathrm{d}\varphi(t)}{\mathrm{d}t} \right]$

c) $\langle f, \varphi(t) \rangle = \max\, [\varphi(t)]$.

Weitere Beispiele für Distributionen werden im Zusammenhang mit den verschiedenen Operationen im Bereich der Distributionen behandelt.

5.2.   Gleichheitsbegriff

Um mit Distributionen rechnen zu können, muß man erst einmal gewisse Rechenoperationen einführen. Bevor man diese jedoch definiert, ist es zunächst notwendig zu erklären, wann man zwei Distributionen als gleich ansehen will. Es bietet sich hierbei an, die Gleichheit so zu definieren, daß man die für unstetige und stetige Funktionen erklärten Gleichheitsbegriffe (s. Anschnitt 2.1.) in der Distributionentheorie beibehalten kann. Mit anderen Worten heißt das, daß zwei im Distributionensinne als gleich anzusehende reguläre Distributionen (also Funktionen aus $\mathscr{K}$) auch im Funktionensinne gleich sein sollen und umgekehrt. Man kann sich nun leicht überlegen, wie man den *Gleichheitsbegriff* einführen muß, um das zu erreichen. Sind nämlich zwei Funktionen aus $\mathcal{K}$ gleich, etwa $f(t) = g(t)$, so sind auch die Produkte $f(t)\,\varphi(t)$ und $g(t)\,\varphi(t)$ mit einer beliebigen Testfunktion $\varphi(t)$ im Funktionensinne gleich, was wiederum genau dann der Fall ist, wenn für beliebige positive T_1, T_2

$$\int\limits_{-T_1}^{T_2} f(t)\,\varphi(t)\,\mathrm{d}t = \int\limits_{-T_1}^{T_2} g(t)\,\varphi(t)\,\mathrm{d}t$$

gilt [Formel (22)]. Also folgt

$$\int\limits_{a}^{b} f(t)\,\varphi(t)\,\mathrm{d}t = \int\limits_{a}^{b} g(t)\,\varphi(t)\,\mathrm{d}t,$$

wenn (a, b) das Intervall ist, außerhalb dessen $\varphi(t)$ identisch verschwindet.
Die letzte Gleichung gilt auch für beliebige andere Testfunktionen mit anderen Intervallgrenzen a und b. Also kann man definieren, daß diese regulären Distributionen f, $g \in \mathcal{K}$ genau dann gleich sind, wenn

$$\langle f(t),\,\varphi(t)\rangle = \int\limits_{-\infty}^{\infty} f(t)\,\varphi(t)\,\mathrm{d}t = \int\limits_{-\infty}^{\infty} g(t)\,\varphi(t)\,\mathrm{d}t = \langle g(t),\,\varphi(t)\rangle$$

für jede Testfunktion $\varphi(t)$ gilt. Und dies überträgt man nun auf sämtliche Distributionen.

Definition

> Zwei beliebige Distributionen $f(t)$, $g(t) \in \mathcal{D}'$ sind genau dann gleich, in Zeichen $f(t) = g(t)$, wenn für alle Testfunktionen $\varphi(t) \in \mathcal{D}$ die Beziehung
>
> $$\langle f(t),\,\varphi(t)\rangle = \langle g(t),\,\varphi(t)\rangle \tag{82}$$
>
> gilt.

Den Überlegungen, die zu dieser Definition führten, entsprechend, kann man festhalten:

> Zwei lokal integrierbare oder sogar stetige Funktionen sind genau dann gleich im Sinne der Distributionen, wenn sie im Sinne der Funktionen gleich sind.

Beispielsweise wird durch die verschiedenen Varianten der Sprungfunktion $h(t)$ [Formel (21)], die ja im Sinne der lokal integrierbaren Funktionen gleich sind, auch ein und dieselbe reguläre Distribution $h = h(t)$ definiert.
Neben der Aussage, daß eine Distribution $f \in \mathcal{D}'$ gleich Null (d. h. gleich dem Nullelement der Distributionen) ist, wenn für alle Testfunktionen $\varphi(t)$ die Beziehung $\langle f(t),\,\varphi(t)\rangle = 0$ gilt [das folgt aus (82) und der Tatsache, daß das Nullelement in $\mathcal{D}'$ die Funktion ist, die überall verschwindet], gibt es noch eine weitere Möglichkeit zu sagen, wo eine Distribution verschwindet. Zunächst sei festgehalten, daß eine Distribution $f = f(t)$ jeder Testfunktion $\varphi(t)$ eine Zahl zuordnet, nämlich $\langle f,\,\varphi\rangle$. Während man bei Funktionen vom Wert einer Funktion an der Stelle $t = t_0$ sprechen kann und genau weiß, was das bedeutet, ist dies bei Distributionen nicht möglich. Es hat keinen Sinn, nach dem *Wert* einer Distribution an der Stelle $t = t_0$ zu fragen,

auch wenn eine Distribution formal ebenfalls mit $f(t)$ bezeichnet wird. Man kann aber exakt definieren, was unter der Aussage «die Distribution $f(t)$ verschwindet in einem Intervall $a < t < b$» verstanden werden soll.

Definition

> Die Distribution $f(t) \in \mathscr{D}'$ verschwindet (d. h. ist gleich Null) im Intervall $a < t < b$, wenn für jede Testfunktion $\varphi(t) \in \mathscr{D}$, die außerhalb von $a < t < b$ verschwindet, die Gleichung $\langle f(t), \varphi(t) \rangle = 0$ gilt.

Beispiel 1. Die Sprungfunktion $h(t)$ verschwindet für $-\infty < t < 0$ im Sinne der Funktionen. Sie verschwindet aber dort auch im eben definierten Sinne, denn für jede Testfunktion $\varphi(t)$ mit $\varphi(t) = 0$ für $t \geqq 0$ [sie verschwindet also außerhalb von $(-\infty, 0)$] ist das gewöhnliche Funktionenprodukt $h(t)\,\varphi(t)$ identisch Null, und folglich gilt

$$\langle h, \varphi \rangle = \int\limits_{-\infty}^{\infty} h(t)\,\varphi(t)\,\mathrm{d}t = 0\,.$$

Beispiel 2. Ein Rechteckimpuls $f_1(t, \alpha) = \alpha \left[h(t) - h\left(t - \dfrac{1}{\alpha} \right) \right]$ [vgl. (6) und Bild 4] verschwindet im Sinne der Funktionen in den Intervallen $-\infty < t < 0$ und $1/\alpha < t < \infty$. Aber auch im Sinne der Distributionen trifft dies zu. Für jede Testfunktion $\varphi(t)$ mit $\varphi(t) = 0$ für $0 \leqq t \leqq 1/\alpha$ ist nämlich das Produkt $f_1(t, \alpha)\,\varphi(t)$ identisch Null, so daß

$$\langle f_1(t, \alpha), \varphi(t) \rangle = \int\limits_{-\infty}^{\infty} f_1(t, \alpha)\,\varphi(t)\,\mathrm{d}t = 0 \quad \text{gilt.}$$

Beispiel 3. Die Delta-Distribution $\delta(t - \lambda)$ verschwindet für $-\infty < t < \lambda$ und $\lambda < t < \infty$ (d. h., sie ist im Punkt $t = \lambda$ konzentriert, was auch mit den aus Bild 2 und Bild 51 resultierenden Vorstellungen übereinstimmt). Ist nämlich $\varphi(t) = 0$ für $\lambda \leqq t < \infty$ (also außerhalb von $-\infty < t < \lambda$), so gilt $\langle \delta(t - \lambda), \varphi(t) \rangle = \varphi(\lambda) = 0$. Ist $\varphi(t) = 0$ für $-\infty < t \leqq \lambda$ (d. h. außerhalb von $\lambda < t < \infty$), so gilt analog $\langle \delta(t - \lambda), \varphi(t) \rangle = \varphi(\lambda) = 0$.

Die in den Beispielen 1 und 2 getroffenen Feststellungen lassen sich verallgemeinern:

> Verschwindet eine Funktion $f(t) \in \mathscr{K}$ im Intervall $a < t < b$, so verschwindet sie auch im Sinne der Distributionen in diesem Intervall.

Schließlich kann noch gesagt werden, wann zwei Distributionen in einem Intervall übereinstimmen.

Definition

> Zwei Distributionen $f(t)$ und $g(t)$ stimmen im Intervall $a < t < b$ überein, wenn $\langle f(t) - g(t), \varphi(t) \rangle = 0$ gilt für alle außerhalb von $a < t < b$ verschwindenden Testfunktionen $\varphi(t)$.

Aufgabe 1. Eine Distribution $f(t)$ werde definiert durch

$$\langle f(t), \varphi(t) \rangle = -\int\limits_{0}^{\infty} \dot\varphi(t)\,\mathrm{d}t, \qquad \varphi(t) \in \mathscr{D}, \tag{83}$$

wobei $\dot\varphi(t)$ wieder die Ableitung von $\varphi(t)$ nach t bezeichnet. Man zeige, daß $f(t) = \delta(t)$ gilt!

Aufgabe 2. Gleich welcher schon bekannten Distribution ist die durch die Gleichung

$$\langle g(t), \varphi(t)\rangle = - \int\limits_{\lambda}^{\infty} \dot{\varphi}(t)\,\mathrm{d}t, \qquad \varphi(t) \in \mathscr{D},$$
(84)

definierte Distribution $g(t)$, wenn λ eine beliebige, aber feste reelle Zahl ist?

Aufgabe 3. Zu beweisen ist die obige Aussage, daß eine im Intervall $a < t < b$ verschwindende Funktion $f(t)$ dort auch im Sinne der Distributionen verschwindet!

5.3. Addition und Multiplikation mit Zahlen

Will man nun zwei beliebige Distributionen addieren oder eine Distribution mit einer Zahl multiplizieren, so müssen diese Operationen so definiert sein, daß das Ergebnis in jedem Falle wieder eine Distribution ist. Andernfalls wären diese Operationen nicht sinnvoll. Des weiteren versucht man — wie schon beim Gleichheitsbegriff — die analogen Operationen für Funktionen im Bereich der Distributionen beizubehalten. Sind also $f(t)$ und $g(t)$ zwei reguläre Distributionen, die durch lokal integrierbare Funktionen definiert werden, so soll $f + g$ diejenige Distribution sein, die der Funktionensumme $f(t) + g(t)$ entspricht, d. h., man definiert

$$\boxed{\langle f + g, \varphi(t)\rangle = \int\limits_{-\infty}^{\infty} [f(t) + g(t)]\,\varphi(t)\,\mathrm{d}t.}$$
(85)

Formt man die rechte Seite dieser Gleichung weiter um zu

$$\int\limits_{-\infty}^{\infty} f(t)\,\varphi(t)\,\mathrm{d}t + \int\limits_{-\infty}^{\infty} g(t)\,\varphi(t)\,\mathrm{d}t,$$

so gelangt man mit Formel (73) zur Gleichung

$$\langle f + g, \varphi(t)\rangle = \langle f, \varphi(t)\rangle + \langle g, \varphi(t)\rangle.$$

Diese — zunächst für reguläre Distributionen hergeleitete — Gleichung kann nun wieder dazu benutzt werden, die *Addition* für alle Distributionen zu erklären.

Definition

Die *Summe* $f + g$ zweier beliebiger Distributionen f und g ist die Distribution, die durch die Formel

$$\langle f + g, \varphi(t)\rangle = \langle f, \varphi(t)\rangle + \langle g, \varphi(t)\rangle$$
(86)

für beliebige Testfunktionen $\varphi(t)$ erklärt ist.

Die zu dieser Definition führenden Überlegungen lassen auch hier die folgende Aussage zu:

Die Distributionensumme $f + g$ zweier regulärer Distributionen entspricht genau der Funktionensumme $f(t) + g(t)$ der beiden die regulären Distributionen definierenden Funktionen und kann in der Form (85) dargestellt werden.

Daß die entsprechend (86) definierte Distributionensumme im Falle regulärer Distributionen wieder eine Distribution ist, ist wegen (85) offensichtlich. Man muß sich aber exakterweise auch im allgemeinen Falle davon überzeugen, daß $f + g$ stets wieder eine Distribution ist.

Sicherlich ist $f + g$ ein Funktional auf $\mathcal{D}$, denn die rechte Seite von Formel (86) ist als Summe zweier wohldefinierter Zahlen $\langle f, \varphi(t)\rangle$ und $\langle g, \varphi(t)\rangle$ stets wieder eine Zahl. Dieses Funktional ist auch linear, denn für beliebige Zahlen α, β und beliebige Testfunktionen $\varphi(t)$ und $\psi(t)$ gilt nach Definition (86)

$$\langle f + g, \alpha\varphi(t) + \beta\psi(t)\rangle = \langle f, \alpha\varphi(t) + \beta\psi(t)\rangle + \langle g, \alpha\varphi(t) + \beta\psi(t)\rangle.$$

f und g sind aber als Distributionen linear, d. h., nach Formel (67) kann die rechte Seite der letzten Gleichung umgeformt werden zu

$$\alpha\langle f, \varphi(t)\rangle + \beta\langle f, \psi(t)\rangle + \alpha\langle g, \varphi(t)\rangle + \beta\langle g, \psi(t)\rangle$$
$$= \alpha\big(\langle f, \varphi(t)\rangle + \langle g, \varphi(t)\rangle\big) + \beta\big(\langle f, \psi(t)\rangle + \langle g, \psi(t)\rangle\big),$$

woraus wegen Definition (86) — von rechts nach links gelesen —

$$\langle f + g, \alpha\varphi(t) + \beta\psi(t)\rangle = \alpha\langle f + g, \varphi(t)\rangle + \beta\langle f + g, \psi(t)\rangle,$$

also die Formel (67) für das Funktional $f + g$, folgt. Die Stetigkeit des linearen Funktionals $f + g$ ergibt sich wie folgt: Für jede Folge $\big(\varphi_n(t)\big)$ von Testfunktionen, die im Sinne der in $\mathcal{D}$ eingeführten Konvergenz gegen $\varphi(t) \equiv 0$ konvergiert, gilt $\langle f, \varphi_n(t)\rangle \to 0$ und $\langle g, \varphi_n(t)\rangle \to 0$ für $n \to \infty$ im Sinne der Zahlenkonvergenz, da f und g als Distributionen stetige lineare Funktionale auf $\mathcal{D}$ sind. Also gilt auch

$$\langle f + g, \varphi_n(t)\rangle = \langle f, \varphi_n(t)\rangle + \langle g, \varphi_n(t)\rangle \to 0 \quad \text{für} \quad n \to \infty,$$

d. h., auch $f + g$ ist ein stetiges lineares Funktional auf $\mathcal{D}$, also eine Distribution. Völlig analoge Überlegungen führen zur Definition des *Produktes* einer *Distribution* mit einer *Zahl*.

Definition

> Das Produkt αf einer beliebigen Distribution f mit einer beliebigen reellen Zahl α ist diejenige Distribution, die durch die Formel
>
> $$\langle \alpha f, \varphi(t)\rangle = \alpha\langle f, \varphi(t)\rangle \tag{87}$$
>
> erklärt ist, wobei $\varphi(t)$ jede mögliche Testfunktion sein kann.

Auch hier gilt im Falle der regulären Distributionen:

> Ist die Distribution $f(t)$ eine Funktion aus $\mathcal{K}$, so entspricht das durch (87) definierte Produkt αf dem Produkt $\alpha f(t)$ im Sinne der Funktionen, d. h., es gilt in diesem Falle
>
> $$\langle \alpha f, \varphi(t)\rangle = \int_{-\infty}^{\infty} [\alpha f(t)]\, \varphi(t)\, \mathrm{d}t \tag{88}$$
>
> für jede Testfunktion $\varphi(t)$.

Aufgabe 1. Zu zeigen ist, daß das Produkt αf einer beliebigen Distribution f mit einer reellen Zahl tatsächlich stets wieder eine Distribution ist!

Aufgabe 2. Zu beweisen ist die Formel (88), indem in (87) f als reguläre Distribution (Funktion) angenommen wird!

Zum Rechnen mit Distributionen benötigt man auch gewisse Regeln, wie sie mit (25) bis (32) für Funktionen und damit für reguläre Distributionen gelten. Diese *Rechenregeln* lassen sich tatsächlich auch für beliebige Distributionen f, g, g_1, ... und beliebige Zahlen α, β nachweisen. Formel (25) gilt auch für Distributionen, da

$$\langle f + g, \varphi(t)\rangle = \langle f, \varphi(t)\rangle + \langle g, \varphi(t)\rangle = \langle g, \varphi(t)\rangle + \langle f, \varphi(t)\rangle = \langle g + f, \varphi(t)\rangle$$

zur Gleichung $f + g = g + f$ führt.

Aufgabe 3. Zu beweisen sind die Regeln (26) bis (32)! (Man beachte, daß das Nullelement 0 in $\mathscr{D}'$ durch die Funktion $f(t) \equiv 0$ definiert wird und die Eigenschaft $\langle 0, \varphi(t)\rangle = 0$ besitzt.

Auf Grund der für die Addition von Distributionen und die Multiplikation mit Zahlen gültigen Regeln (25) bis (32) ist die Menge $\mathscr{D}'$ ein *linearer Raum,* und der lineare Funktionenraum $\mathscr{K}$ ist ein *linearer Teilraum* von $\mathscr{D}'$.

5.4. Gewöhnliches Produkt

Das Problem, ein Produkt zu finden, das für sämtliche Distributionen definiert werden kann, ist bis heute nicht gelöst. Auf einigermaßen natürliche Weise — wie etwa durch ein gewöhnliches Produkt oder ein Faltungsprodukt (s. Abschnitt 5.7.) — ist das sicher nicht für alle Distributionen möglich, sondern nur für gewisse Teilmengen aus $\mathscr{D}'$.
Ein *gewöhnliches Produkt* läßt sich auf folgende Weise erklären:

Definition

> Das *gewöhnliche Produkt* $a(t)\,f(t)$ einer beliebigen Distribution $f(t) \in \mathscr{D}'$ mit einer *beliebig oft stetig differenzierbaren Funktion* $a(t) \in C^{(\infty)}(-\infty, \infty)$, die ja als reguläre Distribution aufgefaßt werden kann, ist die Distribution, die durch die Formel
>
> $$\langle a(t)\,f(t), \varphi(t)\rangle = \langle f, a(t)\,\varphi(t)\rangle \tag{89}$$
>
> für alle Testfunktionen $\varphi(t) \in \mathscr{D}$ definiert wird.

Diese Definition ist möglich, weil $a(t)\,\varphi(t)$ für beliebige Funktionen $a(t) \in C^{(\infty)}(-\infty, \infty)$ wieder eine Testfunktion ist (s. Abschnitt 4.2.).

Beispiel 1. Für $f = \delta(t)$ und eine beliebige Funktion $a(t)$, die auf der ganzen t-Achse beliebig oft stetig differenzierbar ist, gilt $a(t)\,\delta(t) = a(0)\,\delta(t)$, denn es ist

$$\langle a(t)\,\delta(t), \varphi(t)\rangle = \langle \delta(t), a(t)\,\varphi(t)\rangle = a(0)\,\varphi(0) = a(0)\,\langle \delta(t), \varphi(t)\rangle$$
$$= \langle a(0)\,\delta(t), \varphi(t)\rangle.$$

Also ist das Produkt einer beliebigen Funktion $a(t) \in C^{(\infty)}(-\infty, \infty)$ mit der Delta-Distribution $\delta(t)$ gleich dem $a(0)$-fachen von $\delta(t)$.
Insbesondere ist für $a(t) = \sin t$ leicht die Beziehung $(\sin t)\,\delta(t) = 0$ (0 ist hier die Nulldistribution) nachzuweisen. Für die Funktion $a(t) = e^t$ gilt

$$e^t\delta(t) = e^0\delta(t) = \delta(t).$$

Beispiel 2. Für die mit Formel (81) definierte singuläre Distribution $f = \text{V. p.}\left(\dfrac{1}{t}\right)$ und $a(t) = \sin t$ gilt $a(t)\,f = (\sin t)\,\text{V. p.}\left(\dfrac{1}{t}\right) = \dfrac{\sin t}{t}$ (Bild 54), denn für jede Testfunktion $\varphi(t)$ ist mit Formel (81)

$$\left\langle (\sin t)\,\text{V. p.}\left(\frac{1}{t}\right),\ \varphi(t) \right\rangle = \left\langle \text{V. p.}\left(\frac{1}{t}\right),\ (\sin t)\,\varphi(t) \right\rangle = \text{V. p.}\int_{-\infty}^{\infty} \frac{(\sin t)\,\varphi(t)}{t}\,\mathrm{d}t$$

$$= \int_{-\infty}^{\infty} \frac{\sin t}{t}\,\varphi(t)\,\mathrm{d}t = \left\langle \frac{\sin t}{t},\ \varphi(t) \right\rangle,$$

da die Funktion $\dfrac{\sin t}{t}$ wegen $\lim\limits_{t\to 0}\left(\dfrac{\sin t}{t}\right) = 1$ (vgl. [15], II., S. 29) sogar lokal integrierbar ist.

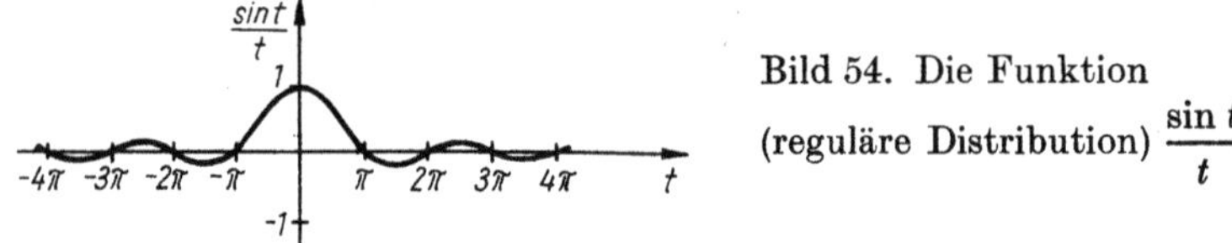

Bild 54. Die Funktion (reguläre Distribution) $\dfrac{\sin t}{t}$

Für reguläre Distributionen gilt:

> Wird die reguläre Distribution f durch die lokal integrierbare Funktion $f(t) \in \mathcal{K}$ definiert, so entspricht das Produkt $a(t)\,f(t)$ der Distribution $f = f(t)$ mit einer beliebig oft stetig differenzierbaren Funktion $a(t)$ dem gewöhnlichen Funktionenprodukt $a(t)\,f(t)$, d. h., es gilt
>
> $$\langle a(t)\,f,\ \varphi(t)\rangle = \int_{-\infty}^{\infty} a(t)\,f(t)\,\varphi(t)\,\mathrm{d}t. \tag{90}$$

Aufgabe 1. Mit Hilfe der Definitionen (89) und (75) beweise man die folgende Formel

$$\boxed{a(t)\,\delta(t - \lambda) = a(\lambda)\,\delta(t - \lambda)} \tag{91}$$

Aufgabe 2. Die Formel (90) ist über die Definition (89) zu beweisen!

Aufgabe 3. Zu berechnen sind die folgenden gewöhnlichen Produkte $a(t)\,f$:

a) $(\cos t)\,\delta(t)$
b) $e^{t-1}\delta(t - 1)$
c) $(\sin t^2)\,\delta(t)$
d) $t\,\text{V. p.}\left(\dfrac{1}{t}\right)$
e) $tPf(h(t)\,t^{-\alpha})\quad (1 < \alpha < 2)$
f) $(\sin t)\,\delta(t - \pi)$

Aufgabe 4. Welche der in Aufgabe 3. berechneten Produkte sind reguläre und welche sind singuläre Distributionen?

5.5. Differentiation und Integration von Distributionen

Zunächst vereinbaren wir, daß wir die Ableitungssymbole

$$\dot{f}(t) = \frac{\mathrm{d}f(t)}{\mathrm{d}t}, \qquad \ddot{f}(t) = \frac{\mathrm{d}^2 f(t)}{\mathrm{d}t^2}, \dots, \qquad \frac{\mathrm{d}^k f(t)}{\mathrm{d}t^k}, \dots$$

stets nur für die Differentiation im Funktionensinne verwenden. Die Symbole $f', f'', \dots, f^{(k)}, \dots$ werden für die *Ableitung im Distributionensinne* reserviert.

Eine stetige Funktion muß bekanntlich nicht immer eine stetige Ableitung $\dot{f}(t)$ im Funktionensinne besitzen. (Es gibt sogar stetige Funktionen, die an keiner Stelle t differenzierbar sind.)

Beispiel 1. Die einen stückweise linearen Anstieg repräsentierende Funktion (13) (Bild 10) ist für alle reellen t-Werte stetig. Die Ableitung

$$\dot{f}(t) = \begin{cases} 0 & \text{für} \quad t < 0 \quad \text{und} \quad t > 1, \\ 1 & \text{für} \quad 0 < t < 1, \end{cases}$$

das ist ein Rechteckimpuls, ist aber in den Punkten $t = 0$ und $t = 1$ unstetig, sie besitzt dort Sprünge der Höhe 1.

Beispiel 2. Die Rampenfunktion $f(t) = h(t)\, t$ (Bild 55) ist ebenfalls stetig auf der ganzen t-Achse. Man erkennt aber schon am Bild 55, daß sie im Punkt $t = 0$ sicher nicht stetig differenzierbar ist, da sie dort einen Knick besitzt. Es ergibt sich $\dot{f}(t) = h(t)$

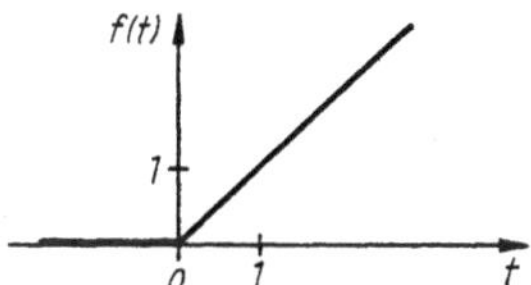

Bild 55. Die Rampenfunktion

(im Sinne der Gleichheit für unstetige Funktionen). Auch die zweite Ableitung $\ddot{f}(t) = \dot{h}(t)$ ist im Punkt $t = 0$ unstetig, da sie dort nicht definiert ist. Für $t \neq 0$ gilt aber $\ddot{f}(t) = \dot{h}(t) = 0$.

Am Beispiel 2 $[\dot{h}(t) = 0]$ erkennt man aber, daß die in der Praxis schon immer benutzte Beziehung $h'(t) = \delta(t)$ nicht im Sinne der Differentiation für Funktionen gelten kann. Um u. a. die Aussage, daß die *Delta-Distribution* $\delta(t)$ *die Ableitung der Heavisideschen Einheitssprungfunktion* $h(t)$ ist, zu legalisieren, führt man eine *verallgemeinerte Differentiation* für Distributionen ein. Dabei kann man wieder von folgender Überlegung ausgehen. Besitzt eine auf der ganzen reellen t-Achse stetige Funktion $f(t)$ eine ebenfalls stetige oder wenigstens zu $\mathcal{K}$ gehörende Funktionenableitung $\dot{f}(t)$, so kann dieser Ableitung eine reguläre Distribution, die wir mit f' bezeichnen wollen, entsprechend

$$\langle f', \varphi(t) \rangle = \int\limits_{-\infty}^{\infty} \dot{f}(t)\, \varphi(t)\, \mathrm{d}t, \qquad \varphi(t) \in \mathscr{D},$$

zugeordnet werden. Partielle Integration (vgl. [15], II.) führt, da $\varphi(t)$ außerhalb eines endlichen Intervalls verschwindet, zu

$$\langle f', \varphi(t) \rangle = f(t)\, \varphi(t)\big|_{-\infty}^{\infty} - \int\limits_{-\infty}^{\infty} f(t)\, \dot{\varphi}(t)\, \mathrm{d}t = \int\limits_{-\infty}^{\infty} f(t)\, \big(-\dot{\varphi}(t)\big)\, \mathrm{d}t,$$

d. h.,

$$\langle f', \varphi(t)\rangle = \langle f, -\dot{\varphi}(t)\rangle = -\langle f, \dot{\varphi}(t)\rangle.$$

Diese letzte Beziehung überträgt man wieder auf sämtliche Distributionen.

Definition

> Die (verallgemeinerte) Ableitung f' einer beliebigen Distribution $f \in \mathcal{D}'$ ist diejenige Distribution, die durch die Formel
>
> $$\langle f', \varphi(t)\rangle = -\langle f, \dot{\varphi}(t)\rangle \tag{92}$$
>
> für alle Testfunktionen $\varphi(t)$ definiert wird.

f' ist offensichtlich ein Funktional auf $\mathcal{D}$, denn mit $\varphi(t)$ ist auch $\dot{\varphi}(t)$ eine Testfunktion (s. Abschnitt 4.2.), so daß die rechte Seite von (92) eine wohldefinierte Zahl ist. Wegen

$$\langle f', \alpha\varphi(t) + \beta\psi(t)\rangle = -\langle f, \big(\alpha\varphi(t) + \beta\psi(t)\big)'\rangle = -\langle f, \alpha\dot{\varphi}(t) + \beta\dot{\psi}(t)\rangle$$

$$= -\alpha\langle f, \dot{\varphi}(t)\rangle - \beta\langle f, \dot{\psi}(t)\rangle = \alpha\langle f', \varphi(t)\rangle + \beta\langle f', \psi(t)\rangle$$

ist f' auch linear. Konvergiert eine Folge $\big(\varphi_n(t)\big)$ im Raum $\mathcal{D}$ gegen $\varphi(t) \equiv 0$, so auch die Folge $\big(\dot{\varphi}_n(t)\big)$. Also gilt

$$\langle f', \varphi_n(t)\rangle = -\langle f, \dot{\varphi}_n(t)\rangle \to 0 \quad \text{für} \quad n \to \infty,$$

denn f ist als Distribution ein stetiges lineares Funktional.

Da f' als Distribution wieder eine Ableitung $(f')'$ im Sinne der Definition (92) besitzt usw., kann jede Distribution beliebig oft im Distributionensinne differenziert werden. Für die k-te Ableitung gilt dann

$$\boxed{\langle f^{(k)}, \varphi(t)\rangle = (-1)^k \left\langle f, \frac{\mathrm{d}^k\varphi(t)}{\mathrm{d}t^k}\right\rangle} \tag{93}$$

für alle Testfunktionen $\varphi(t) \in \mathcal{D}$.

Beispiel 3. Im Sinne der Distributionen-Differentiation gilt jetzt tatsächlich

$$\boxed{h'(t) = \delta(t).} \tag{94}$$

Für jede Testfunktion $\varphi(t)$ ist nämlich

$$\langle h'(t), \varphi(t)\rangle = -\langle h(t), \dot{\varphi}(t)\rangle = -\int_{-\infty}^{\infty} h(t)\,\dot{\varphi}(t)\,\mathrm{d}t = -\int_{0}^{\infty} \dot{\varphi}(t)\,\mathrm{d}t$$

$$= -\varphi(t)\big|_0^\infty = \varphi(0) = \langle \delta(t), \varphi(t)\rangle,$$

denn $\varphi(t)$ verschwindet außerhalb eines endlichen Intervalls, d. h., es ist $\varphi(\infty) = 0$.

Beispiel 4. Die verschobene Sprungfunktion $h(t - \lambda)$ liefert allgemeiner für beliebiges reelles λ

$$\boxed{h'(t - \lambda) = \delta(t - \lambda).} \tag{95}$$

Beispiel 5. Die Funktion (19) $f(t) = h(t)/\sqrt{t} \in \mathcal{K}$ (Bild 14) besitzt die verallgemeinerte Ableitung

$$f' = -\frac{1}{2} \, Pf\!\left(h(t) \, t^{-3/2}\right), \tag{96}$$

wobei die Pseudofunktion $Pf\!\left(h(t) \, t^{-3/2}\right)$ durch die Formel (79) für $\alpha = 3/2$ gegeben ist. Um (96) nachzuweisen, betrachtet man zunächst

$$\langle f', \varphi \rangle = -\langle f, \dot\varphi \rangle = -\int\limits_{-\infty}^{\infty} h(t) \, t^{-1/2} \dot\varphi(t) \, \mathrm{d}t = -\int\limits_{0}^{\infty} t^{-1/2} \dot\varphi(t) \, \mathrm{d}t.$$

Partielle Integration mit $u = t^{-1/2}$, $\dot u = -t^{-3/2}/2$, $\dot v = \dot\varphi(t)$, $v = \varphi(t) - \varphi(0)$ liefert

$$\langle f', \varphi \rangle = -\left(t^{-1/2}[\varphi(t) - \varphi(0)]\big|_0^\infty + \frac{1}{2} \int\limits_{0}^{\infty} t^{-3/2}[\varphi(t) - \varphi(0)] \, \mathrm{d}t \right)$$

$$= -\frac{1}{2} \int\limits_{0}^{\infty} t^{-3/2}[\varphi(t) - \varphi(0)] \, \mathrm{d}t = \left\langle -\frac{1}{2} \, Pf\!\left(h(t) \, t^{-3/2}\right), \varphi(t) \right\rangle,$$

da der Ausdruck $t^{-1/2}[\varphi(t) - \varphi(0)]\big|_0^\infty$ verschwindet. Für $t \to \infty$ ist das offensichtlich, da $\varphi(t) - \varphi(0)$ für alle t-Werte beschränkt ist und der Ausdruck folglich gegen Null strebt. Für $t \to 0$ schreiben wir zunächst

$$t^{-1/2}[\varphi(t) - \varphi(0)] = \sqrt{t} \left(\frac{\varphi(t) - \varphi(0)}{t} \right),$$

und wir erkennen, daß der Quotient $\dfrac{\varphi(t) - \varphi(0)}{t}$ für $t \to 0$ gegen die Ableitung der Testfunktion $\varphi(t)$ an der Stelle $t = 0$ strebt (vgl. [15], II, S. 36), während $\sqrt{t}$ verschwindet. Also strebt $t^{-1/2}[\varphi(t) - \varphi(0)]$ gegen Null für $t \to 0$.

Bemerkung: Hätte man die Funktion $f(t) = h(t)/\sqrt{t}$ im Sinne der Funktionen differenziert, so wäre $\dot f(t) = -\dfrac{1}{2} \, h(t) \, t^{-3/2}$ eine nicht lokal integrierbare Funktion, der keine reguläre Distribution zugeordnet werden kann. Man sieht also, daß hier die gewöhnliche Funktionenableitung von $f(t)$ nicht mit der Distributionenableitung übereinstimmt.

Beispiel 6. Die lokal integrierbare Funktion $f(t) = \ln |t|$ besitzt die verallgemeinerte Ableitung (s. [5], [8])

$$(\ln |t|)' = \mathrm{V. \, p.} \left(\frac{1}{t} \right), \tag{97}$$

die gleich ist der singulären Distribution von Formel (81). Auch hier stimmt die Distributionenableitung von $\ln |t|$ nicht mit der Funktionenableitung $(\ln |t|)^{\boldsymbol{\cdot}} = \dfrac{1}{t}$ überein, die keine lokal integrierbare Funktion ist.

Beispiel 7. Für die Ableitung der Delta-Distribution erhält man

$$\langle \delta'(t - \lambda), \varphi(t) \rangle = -\langle \delta(t - \lambda), \dot\varphi(t) \rangle = -\dot\varphi(\lambda)$$

[vgl. Abschnitt 5.1., Aufgabe 2. b)] bzw. allgemein für $k = 1, 2, \ldots$

$$\langle \delta^{(k)}(t - \lambda), \varphi(t) \rangle = (-1)^k \left. \frac{\mathrm{d}^k \varphi(t)}{\mathrm{d}t^k} \right|_{t=\lambda}. \tag{98}$$

Die zur Definition der verallgemeinerten Ableitung führenden Überlegungen erlauben folgende wichtige Aussage (in etwas allgemeinerer Form):

> Besitzt eine auf der ganzen t-Achse stetige Funktion $f(t)$ eine ebenfalls für alle t-Werte stetige oder stückweise stetige Ableitung $\dot{f}(t)$ im Funktionensinne, so stimmt diese mit der Ableitung f' im Distributionensinne überein, d. h., es gilt für alle Testfunktionen $\varphi(t)$
>
> $$\langle f', \varphi(t) \rangle = \int\limits_{-\infty}^{\infty} \dot{f}(t)\, \varphi(t)\, \mathrm{d}t, \tag{99}$$
>
> und man kann schreiben $f'(t) = \dot{f}(t)$.

Beispiel 8. $f(t) = h(t) \sin t$ ist für alle reellen t-Werte stetig und besitzt eine Funktionenableitung (Bild 56) $\dot{f}(t) = h(t) \cos t$, die stückweise stetig ist, da sie lediglich in $t = 0$ einen Sprung der Höhe eins besitzt. Also stimmt $\dot{f}(t)$ mit der Ableitung $f'(t)$ im Distributionensinne überein.

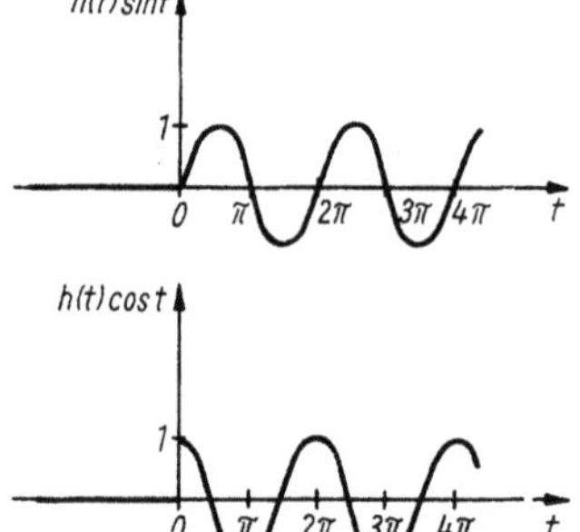

Bild 56. Die Funktion $h(t) \sin t$ und deren Ableitung $h(t) \cos t$

Beispiel 9. Die Ableitung des stückweise linearen Anstieges (s. Beispiel 1) im Funktionensinne ist ebenfalls stückweise stetig (weil ein Rechteckimpuls) und stimmt deshalb mit der entsprechenden Distributionenableitung überein.

Beispiel 10. Die Rampenfunktion (s. Beispiel 2, Bild 55) ist ebenfalls auf der ganzen t-Achse stetig und besitzt die Funktionen- und Distributionenableitung $h(t)$.
Die Beispiele 3 bis 6 geben jedoch Anlaß zu folgender Feststellung:

> Ist die Funktion $f(t) \in \mathcal{K}$ nicht auf der ganzen t-Achse stetig, so stimmt eine eventuell existierende Funktionenableitung $\dot{f}(t)$ i. allg. nicht mit der Distributionenableitung $f'(t)$ überein.

Etwas genauer läßt sich diese Aussage für Funktionen — wie in Bild 57 skizziert — formulieren (vgl. [8]):

> Die Funktion $f(t) \in \mathcal{K}$ besitze an den Stellen $t = \lambda_1, \lambda_2, \ldots, \lambda_n$ Sprünge der Höhen $\alpha_1, \alpha_2, \ldots, \alpha_n$ [d. h., $\alpha_k = f(\lambda_k + 0) - f(\lambda_k - 0)$], sonst sei sie stetig.

Existiert eine Funktionenableitung $\dot{f}(t) \in \mathcal{K}$, die ebenfalls nur endlich viele Sprünge oder Lücken besitzt, sonst aber stetig ist, so gilt

$$f'(t) = \dot{f}(t) + \sum_{k=1}^{n} \alpha_k \delta(t - \lambda_k), \tag{100}$$

d. h., jedem Sprung der Höhe α_k, den die Funktion $f(t)$ an der Stelle $t = \lambda_k$ besitzt, entspricht in der Distributionenableitung ein DIRAC-Impuls $\alpha_k \delta(t - \lambda_k)$, der zur Funktionenableitung addiert wird.

Bemerkung: Man beachte, daß die α_k vorzeichenbehaftet sind, d. h., ein Abwärtssprung erhält ein negatives Vorzeichen. In Bild 57 sind α_2 und α_n derartige Abwärtssprünge.

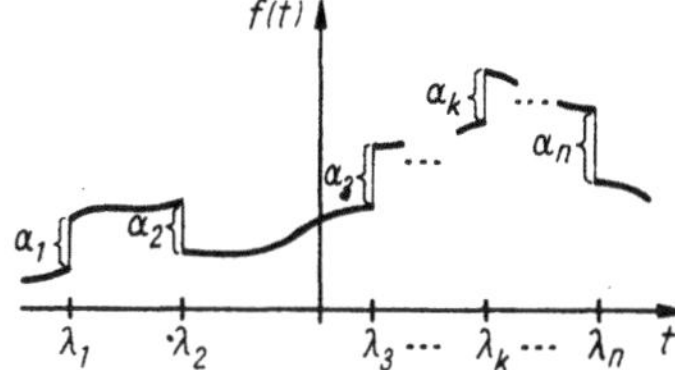

Bild 57. Funktion mit Sprüngen

Beispiel 11. Die Funktion

$$f(t) = h(t + 1) - h(t) + 1{,}5[h(t) - h(t - 3)] = \begin{cases} 0 & \text{für} & t < -1 \\ 1 & \text{für} & -1 \leqq t < 0 \\ 1{,}5 & \text{für} & 0 \leqq t < 3 \\ 0 & \text{für} & 3 \leqq t \end{cases}$$

(Bild 58) besitzt die Funktionenableitung $\dot{f}(t) = 0$ (im Sinne der Gleichheitsdefinition für unstetige Funktionen). Folglich gilt mit Formel (100) für die Distributionenableitung

$$f'(t) = \delta(t + 1) + 0{,}5\delta(t) - 1{,}5\delta(t - 3),$$

was man sofort aus Bild 58 ablesen kann.

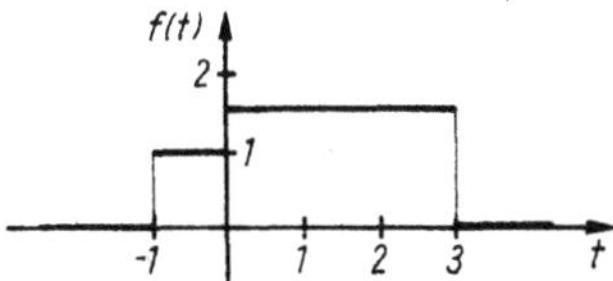

Bild 58. Stückweise konstante Funktion

Für die Funktionen $f(t) \in C[0, \infty)$, das sind die Funktionen, die für $t \geqq 0$ stetig und für $t < 0$ identisch Null sind (Dabei ist an der Stelle $t = 0$ die einseitige Stetigkeit gemeint, d. h., an dieser Stelle kann eine solche Funktion einen Sprung endlicher Höhe aufweisen!), gilt als Spezialfall von Formel (100):

Existiert die Ableitung $\dot{f}(t) \in \mathcal{K}$ der Funktion $f(t) \in C[0, \infty)$ und besitzt sie ebenfalls nur Sprünge oder Lücken als Unstetigkeiten, so gilt

$$f'(t) = \dot{f}(t) + f(0)\,\delta(t) = \dot{f}(t) + f_0\delta(t)$$

$$[f_0 := f(0)]. \tag{101}$$

Beispiel 12. Die HEAVISIDEsche Einheitssprungfunktion $f(t) = h(t)$ (Bild 6) gehört zum Funktionenraum $C[0, \infty)$ und besitzt die Funktionenableitung $\dot{f}(t) = 0$ (entsprechend der Gleichheit in $\mathcal{K}$). Nach Formel (101) gilt dann mit $f_0 = h(0) = 1$ die Formel $h'(t) = \delta(t)$, was natürlich mit (94) übereinstimmt.

Beispiel 13. Die Funktion $f(t) = h(t) \cos t \in C[0, \infty)$ besitzt in $t = 0$ einen Sprung der Höhe $f_0 = f(0) = 1$ [Bild 59a)]. Ihre Funktionenableitung $\dot{f}(t) = -h(t) \sin t$ ist sogar überall stetig, so daß für die Distributionenableitung [Bild 59b)]

$$f'(t) = -h(t) \sin t + \delta(t)$$

gilt.

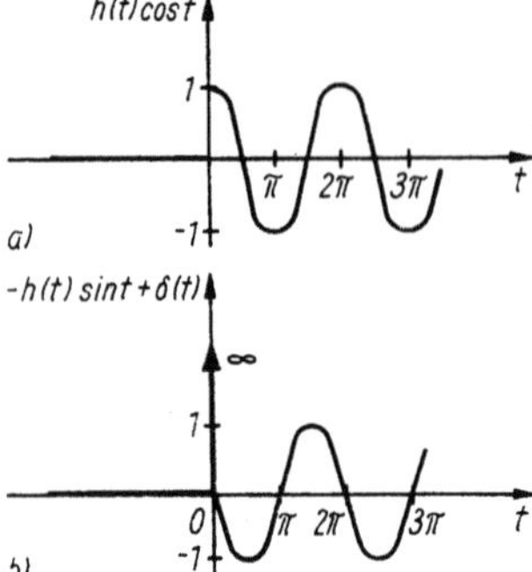

Bild 59. Die Funktion $h(t) \cos t$ und deren Distributionenableitung

Die verallgemeinerte Ableitung besitzt — wie die gewöhnliche Ableitung — folgende Eigenschaften:

> Sind f und g zwei beliebige Distributionen und α eine Zahl, so gilt
>
> $$(\alpha f)' = \alpha f' \quad \text{und} \quad (f + g)' = f' + g'. \tag{102}$$
>
> Für das gewöhnliche Produkt $a(t) f(t)$ einer Distribution $f(t)$ mit einer beliebig oft stetig (im Funktionensinne) differenzierbaren Funktion $a(t) \in C^{(\infty)}(-\infty, \infty)$ (s. Abschnitt 5.4.) gilt
>
> $$[a(t) f(t)]' = \dot{a}(t) f(t) + a(t) f'(t). \tag{103}$$

Nimmt man in (101) an, daß auch $\dot{f}(t)$ zu $C[0, \infty)$ gehört und $\ddot{f}(t) \in \mathcal{K}$ existiert, so kann man mit (102) die zweite Distributionenableitung bilden:

$$f''(t) = [\dot{f}(t) + f(0) \delta(t)]' = [\dot{f}(t)]' + f(0) \delta'(t)$$
$$= \ddot{f}(t) + \dot{f}(0) \delta(t) + f(0) \delta'(t)$$

oder mit $f_0 := f(0)$ und $f_1 := \dot{f}(0)$

$$f''(t) = \ddot{f}(t) + f_0 \delta'(t) + f_1 \delta(t).$$

Führt man das so fort, so erhält man schließlich als Verallgemeinerung von (101):

> Gehören die Funktion $f(t)$ und deren Funktionenableitungen $\dot{f}(t), \ddot{f}(t), \ldots,$ $\dfrac{d^{k-1} f(t)}{dt^{k-1}}$ alle zum Raum $C[0, \infty)$ und besitzt die k-te Funktionenableitung $\dfrac{d^k f(t)}{dt^k}$ höchstens Sprünge oder Lücken als Unstetigkeiten, so gilt für die k-te Distributionenableitung die Formel
>
> $$f^{(k)}(t) = \frac{d^k f(t)}{dt^k} + f_0 \delta^{(k-1)}(t) + f_1 \delta^{(k-2)}(t) + \cdots + f_{k-2} \delta'(t) + f_{k-1} \delta(t), \tag{104}$$
>
> worin die f_i $(i = 0, 1, \ldots, k - 1)$ die Funktionswerte von $\dfrac{d^i f(t)}{dt^i}$ an der Stelle $t = 0$ sind.

Beispiel 14. Die Funktion [Bild 60a)]

$$f(t) = \begin{cases} 0 & \text{für} \quad t < 0 \\ \sin t + 1 & \text{für} \quad 0 \leqq t < \dfrac{\pi}{2} \\ \left(t - \dfrac{\pi}{2}\right)^2 + 2 & \text{für} \quad t \geqq \dfrac{\pi}{2} \end{cases}$$

$$= \left[h(t) - h\left(t - \frac{\pi}{2}\right)\right] [\sin t + 1] + h\left(t - \frac{\pi}{2}\right)\left[\left(t - \frac{\pi}{2}\right)^2 + 2\right]$$

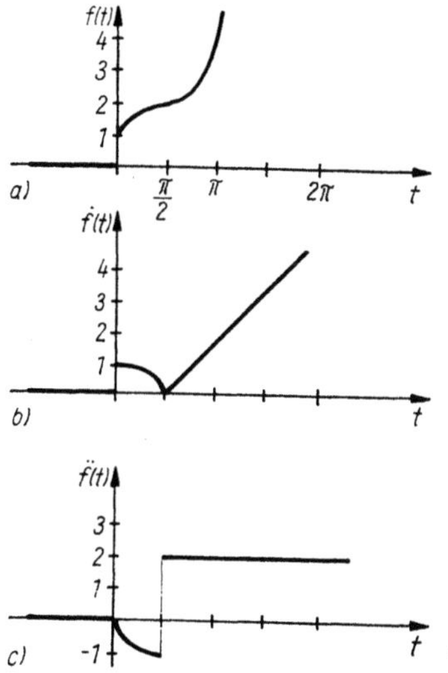

Bild 60. Die Funktion $f(t)$ aus Beispiel 14 und deren Funktionenableitungen

ist sicher für $t \geqq 0$ stetig (in $t = 0$ rechtsseitig) und besitzt den Funktionswert $f_0 = f(0) = 1$. Ihre erste Funktionenableitung [Bild 60b)]

$$\dot{f}(t) = \begin{cases} 0 & \text{für} \quad t < 0 \\ \cos t & \text{für} \quad 0 \leqq t < \dfrac{\pi}{2} \\ 2\left(t - \dfrac{\pi}{2}\right) & \text{für} \quad t \geqq \dfrac{\pi}{2} \end{cases}$$

$$= \left[h(t) - h\left(t - \frac{\pi}{2}\right)\right] \cos t + 2h\left(t - \frac{\pi}{2}\right)\left[t - \frac{\pi}{2}\right]$$

ist ebenfalls stetig für alle $t \geqq 0$ [d. h., $\dot{f}(t) \in C[0, \infty)$], und es ist $f_1 = \dot{f}(0) = 1$. Die zweite Funktionenableitung [Bild 60c)]

$$\ddot{f}(t) = \begin{cases} 0 & \text{für} \quad t < 0 \\ -\sin t & \text{für} \quad 0 \leqq t < \dfrac{\pi}{2} \\ 2 & \text{für} \quad t > \dfrac{\pi}{2} \end{cases}$$

$$= -\left[h(t) - h\left(t - \frac{\pi}{2}\right)\right] \sin t + 2h\left(t - \frac{\pi}{2}\right)$$

ist nicht in ganz $t \geqq 0$ stetig, da sie in $t = \pi/2$ einen Sprung besitzt, welcher die einzige Unstetigkeit von $\ddot{f}(t)$ darstellt. Die entsprechenden Distributionenableitungen lauten nach (104)

$$f'(t) = \dot{f}(t) + \delta(t); \qquad f''(t) = \ddot{f}(t) + \delta'(t) + \delta(t).$$

Falls man noch die dritte Distributionenableitung bilden will, so kann man die Formel (104) nicht verwenden, da die zugehörige Voraussetzung, nämlich $\ddot{f}(t) \in C[0, \infty)$, nicht erfüllt ist. Man muß dann mit Formel (100) arbeiten, und den (einzigen) Sprung der Höhe $\alpha = 3$ in $t = \lambda = \pi/2$ berücksichtigen:
Zunächst erhalten wir durch nochmalige Ableitung von $f''(t)$

$$f'''(t) = [\ddot{f}(t)]' + \delta''(t) + \delta'(t),$$

und nach Formel (100) gilt

$$[\ddot{f}(t)]' = [\ddot{f}(t)]^{\cdot} + 3\delta\left(t - \frac{\pi}{2}\right),$$

worin

$$[\ddot{f}(t)]^{\cdot} = \dddot{f}(t) = -\left[h(t) - h\left(t - \frac{\pi}{2}\right)\right]\cos t$$

zu setzen ist. Es ergibt sich dann

$$f'''(t) = -\left[h(t) - h\left(t - \frac{\pi}{2}\right)\right]\cos t + 3\delta\left(t - \frac{\pi}{2}\right) + \delta''(t) + \delta'(t).$$

Aufgabe 1. Die Distributionenableitungen der Funktionen aus den Beispielen 1. und 2. sind mit Hilfe der Definition (92) zu berechnen, und die schon erwähnte Übereinstimmung mit den Funktionenableitungen ist nachzuprüfen.

Aufgabe 2. Man bilde die Funktionenableitung und die Distributionenableitung [über die Definition (92)] der folgenden Funktionen:
a) Rechteckimpuls der Form (12) (Bild 8)
b) $f(t) = [h(t) - h(t - \lambda)]\, t, \qquad \lambda > 0 \quad$ (Bild 61),

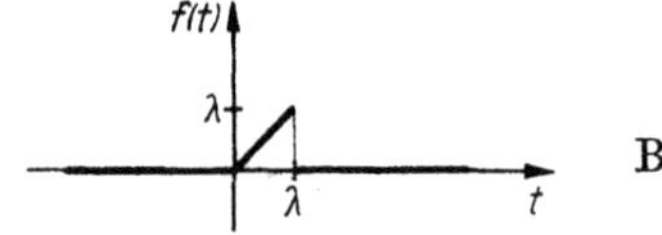

Bild 61. Ein Sägezahn

überzeuge sich davon, daß Funktionen- und Distributionenableitung nicht übereinstimmen, und zeige, daß die Berechnung der Distributionenableitung über die Definition (92) das gleiche Ergebnis liefert wie Formel (100)!

Aufgabe 3. Die Formel (93) ist durch wiederholte Anwendung der Definition (92) zu beweisen!

Aufgabe 4. Die Formel (95) ist nachzuweisen mit
a) der Definition (92)   b) der Formel (100)!

Bekanntlich heißt eine Funktion $f(t)$ ein *unbestimmtes Integral (Stammfunktion)* der Funktion $g(t)$, in Zeichen $f(t) = \int g(t)\, \mathrm{d}t$, wenn $\dot{f}(t) = g(t)$ gilt. Das läßt sich nun formal auf die verallgemeinerte Ableitung von Distributionen übertragen und führt zur folgenden

Definition

> Eine Distribution f heißt ein *unbestimmtes Integral der Distribution* g, in Zeichen $f = \int g$, wenn im Sinne der Distributionenableitung $f' = g$ gilt.

Beispiel 15. Die Funktionen $f(t) = c = $ konstant sind stetig und besitzen alle die im Funktionensinne stetigen Ableitungen $f(t) \equiv 0$, d. h., ihre Distributionenableitung ist mit (99) oder (100) das Nullelement $f'(t) = 0$ im Raum der Distributionen. Also sind die regulären Distributionen $f(t) = c$ unbestimmte Integrale des Nullelementes $g = 0$. Man kann sogar zeigen (s. [8]), daß — wie bei der Funktionenableitung — die durch konstante Funktionen $f(t) = c$ erzeugten regulären Distributionen die einzigen Distributionen sind, deren Distributionenableitung mit dem Nullelement in $\mathscr{D}'$ übereinstimmt, d. h., für die $f'(t) = 0$ gilt.

Beispiel 16. Wegen Formel (94) ist $h(t)$ ein unbestimmtes Integral von $\delta(t)$, aber auch jede reguläre Distribution der Form

$$g(t) = h(t) + c \tag{105}$$

(c ist eine beliebige reelle Konstante) (Bild 62) ist ein solches, denn mit Beispiel 15 und Formel (102) gilt $g'(t) = h'(t) + 0 = \delta(t)$.

5.6. Substitutionen

In Abschnitt 4.2. wurden schon Substitutionen bei Testfunktionen, also der Übergang von $\varphi(t)$ zu $\varphi(t - \lambda)$, $\varphi(\alpha t)$ bzw. allgemein zu $\varphi(\alpha t - \lambda)$, behandelt. Diese Substitutionen lassen sich natürlich auch auf lokal integrierbare und andere Funktionen ausdehnen, wie dies etwa schon mit der Verschiebung bei der Sprungfunktion erfolgt ist.

Auch bei der Delta-Distribution wurde schon im Zusammenhang mit $\delta(t - \lambda)$ von einer Verschiebung gesprochen. Man kann bei beliebigen Distributionen $f(t)$ die obigen *Substitutionen* ebenfalls formal durchführen, auch wenn das Ergebnis einer Substitution nicht grafisch dargestellt werden kann, wie das bei Funktionen oder noch bei $\delta(t - \lambda)$ möglich ist.

Geht man wieder von einer beliebigen lokal integrierbaren Funktion $f(t)$ aus, so ist die verschobene Funktion $f(t - \lambda)$ wieder lokal integrierbar. Die zugeordnete reguläre Distribution wird dann durch $\langle f(t - \lambda), \varphi(t) \rangle = \int\limits_{-\infty}^{\infty} f(t - \lambda)\, \varphi(t)\, \mathrm{d}t$ definiert.

Ersetzt man im Integral $t - \lambda$ durch τ, so erhält man mit $\mathrm{d}t = \mathrm{d}\tau$

$$\int\limits_{-\infty}^{\infty} f(t - \lambda)\, \varphi(t)\, \mathrm{d}t = \int\limits_{-\infty}^{\infty} f(\tau)\, \varphi(\tau + \lambda)\, \mathrm{d}\tau.$$

Im letzten Integral kann für τ wieder t gesetzt werden, da sich dadurch am Wert des Integrals nichts ändert, und man erhält

$$\int\limits_{-\infty}^{\infty} f(t)\, \varphi(t + \lambda)\, \mathrm{d}t = \langle f(t), \varphi(t + \lambda) \rangle.$$

Die Verschiebung der Funktion $f(t)$ nach links bzw. rechts wird also auf eine Verschiebung der Testfunktion $\varphi(t)$ nach rechts bzw. links übertragen. Da die verschobenen Funktionen $\varphi(t + \lambda)$ stets wieder Testfunktionen sind (s. Abschnitt 4.2.), können die bisherigen Überlegungen zur Definition der *Verschiebung* einer beliebigen Distribution benutzt werden.

Definition

> Ist $f(t)$ eine beliebige Distribution, so wird deren *Verschiebung* um den Wert λ, also $f(t - \lambda)$, durch die für alle Testfunktionen $\varphi(t)$ gültige Formel
>
> $$\langle f(t - \lambda), \varphi(t) \rangle = \langle f(t), \varphi(t + \lambda) \rangle \tag{106}$$
>
> definiert.

Auch hier gilt:

> Bei lokal integrierbaren Funktionen stimmt die Verschiebung im Sinne von (106) mit der Verschiebung im Funktionensinne überein, d. h., es gilt
>
> $$\langle f(t - \lambda), \varphi(t) \rangle = \int\limits_{-\infty}^{\infty} f(t - \lambda)\, \varphi(t)\, \mathrm{d}t. \tag{107}$$

Die analogen Überlegungen für die Transformation $t \rightsquigarrow \alpha t\ (\alpha \neq 0)$ führen zu folgender

Definition

> Ist $f(t)$ eine beliebige Distribution, so wird die Distribution $f(\alpha t)$ für $\alpha \neq 0$ durch die Formel
>
> $$\langle f(\alpha t), \varphi(t) \rangle = \frac{1}{|\alpha|} \left\langle f(t), \varphi\left(\frac{t}{\alpha}\right) \right\rangle \tag{108}$$
>
> definiert, wobei hier $\varphi(t)$ jede beliebige Testfunktion sein kann.

Analog zur Verschiebung gilt:

> Bei lokal integrierbaren Funktionen $f(t)$ stimmt die durch (108) definierte Transformation mit der entsprechenden Transformation im Funktionensinne überein, d. h., es ist
>
> $$\langle f(\alpha t), \varphi(t) \rangle = \int\limits_{-\infty}^{\infty} f(\alpha t)\, \varphi(t)\, \mathrm{d}t. \tag{109}$$

Beispiel 1. Verschiebt man $\delta(t)$ entsprechend der Definition (106), so erhält man mit Formel (74) für beliebiges festes λ

$$\langle \delta(t - \lambda), \varphi(t) \rangle = \langle \delta(t), \varphi(t + \lambda) \rangle = \varphi(\lambda),$$

das ist aber gerade die Definition (75).

Beispiel 2. Für beliebige reelle $\alpha \neq 0$ gilt

$$\boxed{\delta(\alpha t) = \frac{1}{|\alpha|}\, \delta(t).} \tag{110}$$

Nach (108) ist nämlich für sämtliche Testfunktionen $\varphi(t)$

$$\langle \delta(\alpha t), \varphi(t)\rangle = \frac{1}{|\alpha|}\left\langle \delta(t), \varphi\left(\frac{t}{\alpha}\right)\right\rangle = \frac{1}{|\alpha|}\,\varphi(0) = \frac{1}{|\alpha|}\langle \delta(t), \varphi(t)\rangle$$
$$= \left\langle \frac{1}{|\alpha|}\,\delta(t), \varphi(t)\right\rangle.$$

Aufgabe 1. Man zeige, daß in Verallgemeinerung von (110) sogar

$$\boxed{\delta^{(k)}(\alpha t - \lambda) = \frac{1}{\alpha^k\,|\alpha|}\,\delta^{(k)}\left(t - \frac{\lambda}{\alpha}\right), \qquad \alpha \neq 0,}\qquad (111)$$

gilt.

Aufgabe 2. Man überzeuge sich, daß für lokal integrierbare Funktionen aus (106) die Formel (107) und aus (108) die Beziehung (109) folgen.

Aufgabe 3. Es ist zu beweisen, daß — wie bei der Differentiation von Funktionen — die Regeln

$$\boxed{[f(t - \lambda)]' = f'(t - \lambda) \quad \text{und} \quad [f(\alpha t)]' = \alpha f'(\alpha t)}\qquad (112)$$

gelten!

5.7. Faltungsprodukt

In Abschnitt 2.4. wurde für lokal integrierbare Funktionen $f(t)$ mit nach links beschränkten Trägern, also für Funktionen aus dem Funktionenraum $\mathcal{K}_{\mathcal{M}}$, das Faltungsprodukt (39)

$$(f * g)\,(t) = \int\limits_{-\infty}^{\infty} f(t - \tau)\,g(\tau)\,\mathrm{d}\tau$$

definiert. Die Funktion $(f * g)\,(t)$ ist wieder eine lokal integrierbare Funktion aus dem Raum $\mathcal{K}_{\mathcal{M}}$ und definiert folglich eine reguläre Distribution $f * g$ durch die Formel

$$\langle (f * g)\,(t), \varphi(t)\rangle = \int\limits_{-\infty}^{\infty} (f * g)\,(t)\,\varphi(t)\,\mathrm{d}t.$$

Die reguläre Distribution $f * g$ kann als Faltungsprodukt der beiden regulären Distributionen f und g aufgefaßt werden. Davon ausgehend definiert man in der Distributionen-Theorie eine *Faltung für Distributionen*, die nicht notwendig regulär sind. Dieses Faltungsprodukt läßt sich aber — wie schon im Abschnitt 5.4. erwähnt — nicht für beliebige Distributionen erklären. Die Überlegungen, die zur Definition des Faltungsproduktes führen, und auch die Besonderheiten, die man beachten muß, wenn man ein Faltungsprodukt mit Hilfe der in der Literatur gegebenen Definition berechnen will, sind relativ umfangreich (vgl. [8], [28]) und nicht für jeden Leser sofort verständlich. Im vorliegenden Buch wird deshalb ein Kompromiß eingegangen. Im Anhang (Abschnitt 15.5.) wird die übliche Definition der Faltung angegeben. Hier aber soll die Distributionenfaltung nur für solche Distributionen erklärt werden, die für die Praxis i. allg. ausreichen, und ihre Definition wird — abweichend von der üblichen — mit Hilfe der für die Distributionenfaltung gültigen Differentiationsregel gegeben.

Die Menge der Distributionen, für die hier die Faltung definiert werden soll, bezeichnen wir mit dem Symbol $\mathscr{D}'_{\mathscr{M}}$ und legen sie folgendermaßen fest:

Definition

> Eine Distribution g gehört genau dann zur Menge $\mathscr{D}'_{\mathscr{M}}$, wenn sie sich als Distributionenableitung endlicher Ordnung einer Funktion $f(t) \in \mathscr{K}_{\mathscr{M}}$, also in der Form $g = f^{(j)}(t)$ für irgendein ganzzahliges $j \geqq 0$, darstellen läßt.

Offensichtlich verschwinden alle Distributionen $g \in \mathscr{D}'_{\mathscr{M}}$ links von einem von der jeweiligen Distribution abhängenden Punkt $t = \sigma_g$, der mit dem Punkt übereinstimmt, von dem an die Funktion $f(t)$, deren Distributionenableitung g sein soll, nach links verschwindet.

Insbesondere gilt:

> Alle lokal integrierbaren Funktionen aus dem Raum $\mathscr{K}_{\mathscr{M}}$ gehören zur Menge $\mathscr{D}'_{\mathscr{M}}$.
>
> Jede Distributionenableitung einer Distribution $g \in \mathscr{D}'_{\mathscr{M}}$ ist wieder eine Distribution in $\mathscr{D}'_{\mathscr{M}}$.

Beispiel 1. Die HEAVISIDEsche Einheitssprungfunktion $h(t)$ verschwindet für $t < 0$. Offensichtlich gehören dann die Delta-Distribution $\delta(t) = h'(t)$ und deren sämtliche Ableitungen $\delta^{(k)}(t) = h^{(k+1)}(t)$, $k = 1, 2, \ldots$, ebenfalls zu $\mathscr{D}'_{\mathscr{M}}$ und verschwinden für $t < 0$.

Beispiel 2. Die Distribution $g(t) = h(t) - h(t - \lambda) - \lambda\delta(t - \lambda)$ ist die erste Distributionenableitung des Sägezahns (Bild 61) $f(t) = [h(t) - h(t - \lambda)]\,t$, was man sofort durch Anwendung der Formel (100) nachprüfen kann. Folglich gehört auch $g(t)$ zu $\mathscr{D}'_{\mathscr{M}}$.

Beispiel 3. Die Funktion (105) $g(t) = h(t) + c$ $(c \neq 0)$ (Bild 62) besitzt selbst keinen nach links beschränkten Träger, gehört folglich nicht zum Raum $\mathscr{K}_{\mathscr{M}}$, denn sie

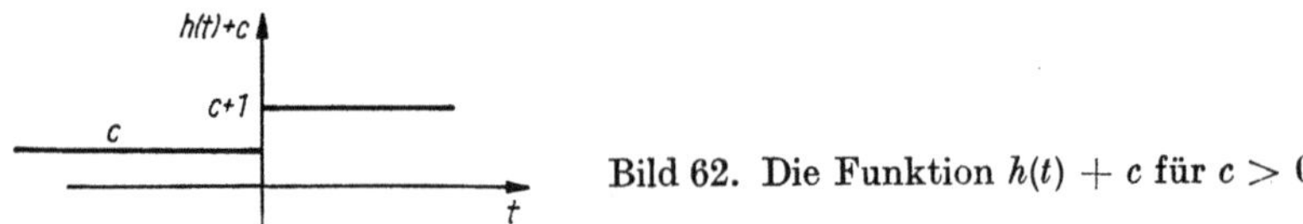

Bild 62. Die Funktion $h(t) + c$ für $c > 0$

verschwindet nicht links von irgendeinem Punkt der t-Achse. Sie läßt sich auch nicht als Distributionenableitung endlicher Ordnung einer anderen Funktion aus dem Raum $\mathscr{K}_{\mathscr{M}}$ schreiben. Folglich gehört $g(t) = h(t) + c$ für $c \neq 0$ nicht zu $\mathscr{D}'_{\mathscr{M}}$.

Beispiel 4. Die Pseudofunktion (96) $g(t) = -\dfrac{1}{2}\,Pf\big(h(t)\,t^{-3/2}\big)$ ist ebenfalls eine (singuläre) Distribution in der Menge $\mathscr{D}'_{\mathscr{M}}$, denn sie ist gerade die erste Distributionenableitung der Funktion $f(t) = h(t)/\sqrt{t} \in \mathscr{K}_{\mathscr{M}}$ (Bild 14) (vgl. Abschnitt 5.5., Beispiel 5). Die *Faltung für Distributionen in* $\mathscr{D}'_{\mathscr{M}}$ wird nun folgendermaßen erklärt:

Definition

> Sind $g_1(t) = f_1^{(i)}(t)$ und $g_2(t) = f_2^{(j)}(t)$ zwei Distributionen in $\mathcal{D}'_{\mathcal{M}}$ [d. h., $f_1(t)$ und $f_2(t)$ sind Funktionen in $\mathcal{K}_{\mathcal{M}}$], so ist das Faltungsprodukt $g_1 * g_2$ diejenige Distribution, die sich in der Form
>
> $$g_1 * g_2 = (f_1 * f_2)^{(i+j)} \tag{113}$$
>
> darstellen läßt, wobei $f_1 * f_2$ das Faltungsprodukt (39) der beiden Funktionen $f_1, f_2 \in \mathcal{K}_{\mathcal{M}}$ ist.

Da $(f_1 * f_2)\,(t)$ wieder eine Funktion in $\mathcal{K}_{\mathcal{M}}$ ist, können wir folgendes notieren:

> Das Faltungsprodukt $g_1 * g_2$ zweier Distributionen g_1, g_2 aus $\mathcal{D}'_{\mathcal{M}}$ ist wieder eine Distribution, die zu $\mathcal{D}'_{\mathcal{M}}$ gehört.

Des weiteren erkennt man aus (113) sofort:

> Sind g_1 und g_2 zwei reguläre Distributionen, die sich mit Funktionen $g_1(t)$ und $g_2(t)$ aus dem Raum $\mathcal{K}_{\mathcal{M}}$ identifizieren lassen, so stimmt das Faltungsprodukt im Distributionensinne (113) mit dem Faltungsprodukt (39) im Funktionensinne überein, d. h., es gilt
>
> $$(g_1 * g_2)\,(t) = \int_{-\infty}^{\infty} g_1(t - \tau)\, g_2(\tau)\, \mathrm{d}\tau. \tag{114}$$

Wie schon die Faltung von Funktionen ist auch das Faltungsprodukt für Distributionen in $\mathcal{D}'_{\mathcal{M}}$ *kommutativ*, *assoziativ* und *distributiv*, d. h.,

> für beliebige Distributionen $g_1, g_2, g_3 \in \mathcal{D}'_{\mathcal{M}}$ gilt
>
> $$\left.\begin{aligned} g_1 * g_2 &= g_2 * g_1, \\ g_1 * (g_2 * g_3) &= (g_1 * g_2) * g_3, \\ g_1 * (g_2 + g_3) &= g_1 * g_2 + g_1 * g_3. \end{aligned}\right\} \tag{115}$$

Geht man von der Definition (113) der Faltung aus, so folgt offensichtlich $(g_1 * g_2)' = (f_1 * f_2)^{(i+j+1)}$. Andererseits ist aber $g_1' = f_1^{(i+1)}$ und folglich ebenfalls $g_1' * g_2 = (f_1 * f_2)^{(i+j+1)}$. Das gleiche Resultat folgt für $g_1 * g_2'$. Also gilt

> Sind g_1 und g_2 zwei beliebige Distributionen in $\mathcal{D}'_{\mathcal{M}}$, so gelten für die *Ableitung eines Faltungsproduktes* die Formeln
>
> $$(g_1 * g_2)' = g_1' * g_2 = g_1 * g_2' \tag{116}$$
>
> bzw. allgemein für $k = 1, 2, \ldots$
>
> $$(g_1 * g_2)^{(k)} = g_1^{(m)} * g_2^{(k-m)}, \qquad m = 0, 1, \ldots, k. \tag{117}$$

Bemerkung: Die Formel (117) kann auch so geschrieben werden:

$$(g_1 * g_2)^{(k)} = g_1 * g_2^{(k)} = g_1' * g_2^{(k-1)} = g_1'' * g_2^{(k-2)} = \cdots = g_1^{(k-1)} * g_2' = g_1^{(k)} * g_2.$$

Beispiel 5. Bei einem linearen System (Bild 1) kann der Zusammenhang zwischen Antwort $x(t)$ und Erregung $f(t)$ durch die Formel

$$x(t) = q(t) * f(t) \tag{118}$$

gegeben werden, wobei $q(t)$ die Übertragungsfunktion des Systems bezeichnet. Betrachtet man die vorkommenden Funktionen nur für $t \geq 0$ und setzt sie für $t < 0$ gleich Null, so läßt sich (118) in der Integralform (42) aufschreiben, falls die Funktionen $f(t)$ und $q(t)$ stetig oder wenigstens lokal integrierbar sind. Nun interessiert aber oft die Impulsantwort auf die Erregung $f(t) = \delta(t)$. In diesem Falle bleibt der Zusammenhang (118) bestehen, wenn man die Faltung $x_\delta(t) = q(t) * \delta(t)$ im Distributionensinne versteht. Ist $q(t)$ eine für $t \geq 0$ stetige und für $t < 0$ verschwindende Funktion [also $q(t) \in C[0, \infty)]$, so gilt mit Definition (113) wegen $h'(t) = \delta(t)$ die Gleichung

$$\delta(t) * q(t) = [h(t) * q(t)]'.$$

Die Funktion

$$h(t) * q(t) = \int\limits_0^t h(t - \tau)\, q(\tau)\, \mathrm{d}\tau = \int\limits_0^t q(\tau)\, \mathrm{d}\tau$$

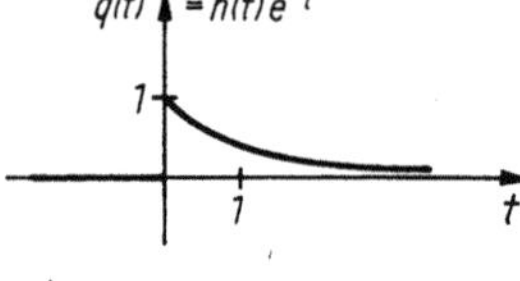

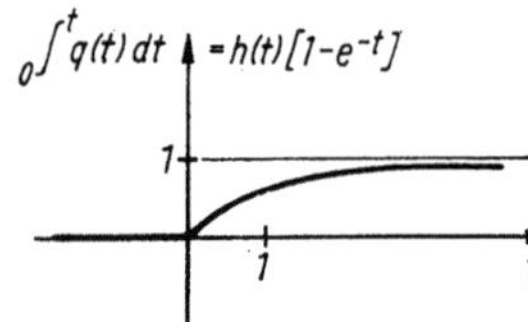

Bild 63. Ausgleich des Sprunges in $t = 0$ für $q(t) = h(t)\,\mathrm{e}^{-t}$ durch Integration

ist aber auf der ganzen t-Achse stetig, weil ein eventueller Sprung von $q(t)$ in $t = 0$ durch die Integration beseitigt wird (Bild 63). Da die Funktionenableitung

$$\frac{\mathrm{d}}{\mathrm{d}t}\,[h(t) * q(t)] = \frac{\mathrm{d}}{\mathrm{d}t} \int\limits_0^t q(\tau)\, \mathrm{d}\tau = q(t)$$

höchstens für $t = 0$ einen Sprung besitzen kann, also mindestens stückweise stetig ist, stimmt diese Funktionenableitung mit der Distributionenableitung $[h(t) * q(t)]'$ [entsprechend (99)] überein, und es gilt $\delta(t) * q(t) = q(t)$, d. h., die Impulsantwort $x_\delta(t)$ ist gleich der Übertragungsfunktion $q(t)$.

Beispiel 6. Für die im Bild 64 skizzierte lokal integrierbare Funktion $f(t) = h(t + 1)$ $\times \ln(t + 1) \in \mathcal{K}_\mathcal{M}$ gilt ebenfalls

$$\delta(t) * f(t) = [h(t) * f(t)]'.$$

Die Funktionenfaltung von $h(t)$ und $f(t)$ ergibt (Bild 65)

$$h(t) * f(t) = \int\limits_{-\infty}^{\infty} h(t - \tau)\, f(\tau)\, \mathrm{d}\tau = \int\limits_{-\infty}^{t} f(\tau)\, \mathrm{d}\tau = \begin{cases} 0 & \text{für } t < -1 \\ \int\limits_{-1}^{t} \ln(\tau + 1)\, \mathrm{d}\tau & \text{für } t > -1 \end{cases}$$

$$= h(t + 1)\, [(\ln(\tau + 1) - 1)\, (\tau + 1)|_{-1}^{t}] = h(t + 1)\, [\ln(t + 1) - 1]\, (t + 1).$$

Also gilt

$$\langle (h * f)', \varphi(t) \rangle = -\langle h * f, \dot\varphi(t) \rangle = -\int\limits_{-\infty}^{\infty} (h * f)(t)\, \dot\varphi(t)\, \mathrm{d}t$$

$$= -\int\limits_{-1}^{\infty} [\ln (t + 1) - 1]\, (t + 1)\, \dot\varphi(t)\, \mathrm{d}t.$$

Partielle Integration mit $u = [\ln (t + 1) - 1]\, (t + 1)$, $\dot u = \ln (t + 1)$, $\dot v = \dot\varphi(t)$, $v = \varphi(t)$ liefert

$$\langle (h * f)', \varphi(t) \rangle = -\left[\left(\ln (t + 1) - 1\right)(t + 1)\, \varphi(t)\big|_{-1}^{\infty} - \int\limits_{-1}^{\infty} \ln (t + 1)\, \varphi(t)\, \mathrm{d}t \right]$$

$$= \int\limits_{-1}^{\infty} \ln (t + 1)\, \varphi(t)\, \mathrm{d}t = \int\limits_{-\infty}^{\infty} f(t)\, \varphi(t)\, \mathrm{d}t,$$

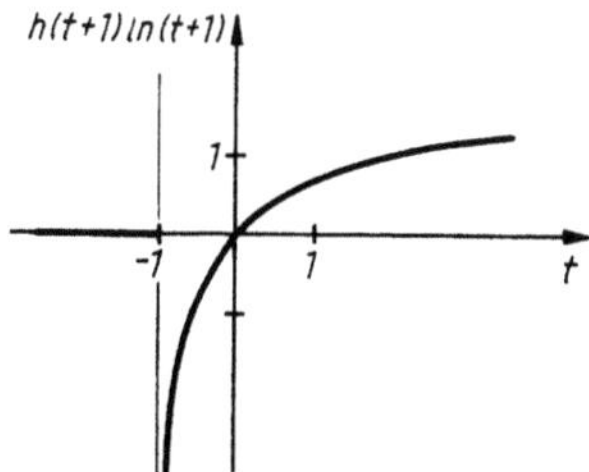

Bild 64. Die Funktion
$h(t + 1) \ln (t + 1)$

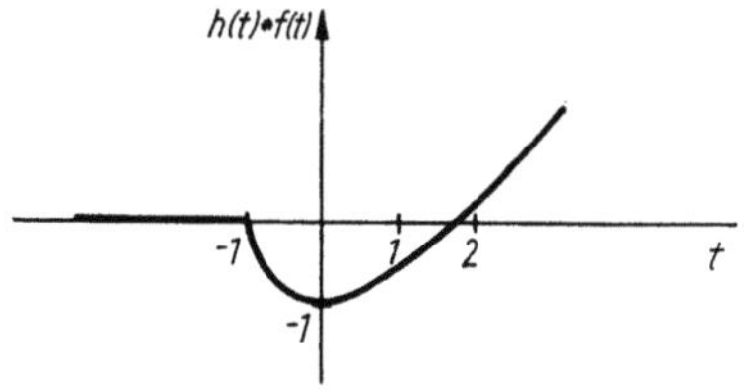

Bild 65. Die Funktion
$h(t) * f(t) = h(t + 1)\, [\ln (t + 1) - 1]\, (t + 1)$

woraus auch hier $\delta(t) * f(t) = f(t)$ folgt. Der Ausdruck

$$[\ln (t + 1) - 1]\, (t + 1)\, \varphi(t)\big|_{-1}^{\infty}$$

verschwindet nämlich, da einmal $\varphi(t)$ für hinreichend große t-Werte identisch Null ist, zum anderen aber für $t \to -1$ der Grenzwert $\lim\limits_{t \to -1} [\ln (t + 1) - 1]\, (t + 1) = 0$ diesen Ausdruck gleich Null werden läßt (vgl. Bild 65).

Wesentlich allgemeiner, als in den Beispielen gezeigt, erhält man (vgl. Abschnitt 15.5.):

Ist $g(t)$ eine beliebige Distribution in $\mathcal{D}'_{\mathcal{M}}$, so gilt

$$\delta(t) * g(t) = g(t). \tag{119}$$

Mit Formel (117) gewinnt man zwei weitere wichtige Aussagen:

Ist $g(t)$ eine beliebige Distribution in $\mathcal{D}'_{\mathcal{M}}$, so gilt für jede natürliche **Zahl k die Gleichung**

$$\delta^{(k)}(t) * g(t) = g^{(k)}(t). \tag{120}$$

Das Faltungsprodukt $g * f$ einer beliebigen Distribution g aus $\mathcal{D}'_{\mathcal{M}}$ und einer beliebigen Funktion $f(t)$, die auf der gesamten t-Achse beliebig oft stetig differenzierbar ist und links von einem gewissen Punkt $t = \sigma_f$ identisch verschwindet, ist wieder eine beliebig oft im Funktionensinne stetig differenzierbare Funktion mit nach links beschränktem Träger.

(120) folgt sofort aus (117) und (119): $\delta^{(k)}(t) * g(t) = \delta(t) * g^{(k)}(t) = g^{(k)}(t)$. Auch die letzte Aussage ist leicht einzusehen. Besitzt nämlich g die Darstellung $g = f_1^{(i)}(t)$ mit einer Funktion $f_1(t) \in \mathcal{K}_\mathcal{M}$, so gilt nach Definition (113) und Differentiationsregel (117)

$$g * f = (f_1 * f)^{(i)} = f_1 * f^{(i)}.$$

Die Distributionenableitung $f^{(i)}$ stimmt aber — da $f(t)$ im Funktionensinne auf der ganzen t-Achse beliebig oft stetig differenzierbar ist — mit der i-ten Funktionenableitung von f überein. Folglich ist $f_1 * f^{(i)}$ eine Funktion, die ebenfalls links von einem gewissen Punkt der t-Achse verschwindet und wegen $\dfrac{\mathrm{d}^k}{\mathrm{d}t^k}(f_1 * f^{(i)}) = f_1 * f^{(i+k)}$ $(k = 1, 2, \ldots)$ beliebig oft im Sinne der Funktionen differenzierbar ist, da auch $f^{(i+k)}$ mit der Funktionenableitung $(i + k)$-ter Ordnung übereinstimmt.

Aufgabe. 1 Zu zeigen ist, daß für jede Distribution $g \in \mathcal{D}'_\mathcal{M}$ und die Sprungfunktion $h(t)$ die Gleichung $[h(t) * g(t)]' = g(t)$ gilt!

Aufgabe 2. Man überzeuge sich von der Gültigkeit der Formeln (115)!

Das Faltungsprodukt für Funktionen besitzt folgende Verschiebungseigenschaft. Bildet man die Faltung zweier Funktionen aus $\mathcal{K}_\mathcal{M}$ und verschiebt die entstehende Funktion um einen Wert λ, so entsteht eine Funktion, die man auch dann erhält, wenn man erst eine der beiden Funktionen um den Wert λ verschiebt und dann das Faltungsprodukt bildet. Diese Eigenschaft läßt sich auch auf die Distributionen übertragen.

Für beliebige Distributionen $g_1(t)$ und $g_2(t)$ aus $\mathcal{D}'_\mathcal{M}$ und jede reelle Zahl $\lambda \neq 0$ gilt

$$(g_1 * g_2)(t - \lambda) = g_1(t - \lambda) * g_2(t) = g_1(t) * g_2(t - \lambda). \tag{121}$$

Beispiel 7. Die Antwort eines linearen Systems auf einen zur Zeit $t = \lambda > 0$ eingegebenen Impuls, also auf $f(t) = \delta(t - \lambda)$, ist $x_{\delta_\lambda}(t) = q(t - \lambda)$, denn nach (121) und (119) gilt

$$\delta(t - \lambda) * q(t) = \delta(t) * q(t - \lambda) = q(t - \lambda).$$

Beispiel 8. Aus (120) erhält man allgemeiner

$$\boxed{\delta^{(k)}(t - \lambda) * g(t) = g^{(k)}(t - \lambda)} \tag{122}$$

für beliebige Distributionen $g \in \mathcal{D}'_\mathcal{M}$.

5.8.   Konvergenz im Distributionensinne

Die Funktionenfolge

$$f_n(t) = \begin{cases} 0 & \text{für} \quad |t| > 1/n \\ n/2 & \text{für} \quad |t| \leq 1/n \end{cases}, \quad n = 1, 2, \ldots, \tag{123}$$

die aus den Impulsfunktionen (6) [Bild 4a)] entsteht, wenn dort $\alpha = n$ gesetzt wird, konvergiert in keinem der in Abschnitt 2.5. behandelten Konvergenzbegriffe. Vielmehr wurde schon mit dem Grenzprozeß (8) angedeutet, daß u. a. auch diese

Folge gegen die Delta-Distribution $\delta(t)$ konvergiert, wobei allerdings noch nicht klar war, in welchem Sinne dies geschieht. Man kann dem Grenzprozeß (8) jedoch einen Sinn verleihen, wenn man von folgenden Überlegungen ausgeht. Ist $\varphi(t) \in \mathscr{D}$ eine beliebige Testfunktion, so gilt für die Folge (123) — als reguläre Distributionen aufgefaßt —

$$\langle f_n, \varphi \rangle = \int\limits_{-\infty}^{\infty} f_n(t)\, \varphi(t)\, \mathrm{d}t = \frac{n}{2} \int\limits_{-1/n}^{1/n} \varphi(t)\, \mathrm{d}t.$$

Der *Mittelwertsatz der Integralrechnung* besagt aber (vgl. [15, II, S. 96])

> Wenn eine Funktion $\varphi(t)$ in einem Intervall $[a, b]$ stetig ist, so gibt es stets mindestens eine Stelle $\tau \in [a, b]$ derart, daß $\int\limits_a^b \varphi(t)\, \mathrm{d}t = (b - a)\, \varphi(\tau)$ gilt.

Grafisch (Bild 66) heißt das, der (u. U. vorzeichenbehaftete) Flächeninhalt zwischen t-Achse und Kurve $\varphi(t)$ über dem Intervall $[a, b]$ ist gleich dem (u. U. ebenfalls vorzeichenbehafteten) Flächeninhalt des Rechtecks mit den Seitenlängen $b - a$ und $\varphi(\tau)$.

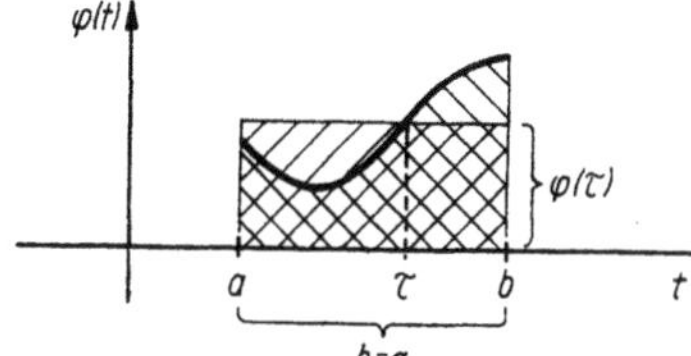

Bild 66. Zum Mittelwertsatz der Integralrechnung (für $\varphi(t) \geqq 0$)

Da eine Testfunktion $\varphi(t)$ überall (also auch in jedem Intervall $[a, b] = [-1/n, 1/n]$) stetig ist, kann man den Mittelwertsatz der Integralrechnung anwenden, und es gilt für jedes $n = 1, 2, \ldots$

$$\int\limits_{-1/n}^{1/n} \varphi(t)\, \mathrm{d}t = \frac{2}{n}\, \varphi(\tau), \qquad -\frac{1}{n} < \tau < \frac{1}{n}.$$

Demzufolge erhält man $\langle f_n, \varphi \rangle = \varphi(\tau)$ mit einem zwischen $-1/n$ und $1/n$ liegenden festen τ, und für $n \to \infty$ konvergiert diese Zahlenfolge gegen $\varphi(0)$, da $\varphi(t)$ stetig ist und τ offensichtlich gegen Null strebt für $n \to \infty$. Völlig legal im Sinne der Zahlenkonvergenz gilt also für $n \to \infty$

$$\langle f_n(t), \varphi(t) \rangle \to \varphi(0) = \langle \delta(t), \varphi(t) \rangle.$$

Bezeichnet man also eine Folge von Impulsfunktionen $f_n(t)$ als konvergent gegen $\delta(t)$ genau dann, wenn die Zahlenfolge $\langle f_n(t), \varphi(t) \rangle$ gegen die Zahl $\langle \delta(t), \varphi(t) \rangle$ für beliebige Testfunktionen $\varphi(t)$ konvergiert, so erhält (8) einen Sinn. Diese Überlegungen überträgt man nun auf beliebige *Distributionenfolgen*.

Definition

> Eine *Folge* $\big(f_n(t)\big)$ von *Distributionen konvergiert* gegen die Distribution f, in Zeichen $f_n \overset{\mathscr{D}'}{\longrightarrow} f$ für $n \to \infty$, wenn für jede beliebige Testfunktion $\varphi(t) \in \mathscr{D}$ die Beziehung $\langle f_n, \varphi \rangle \to \langle f, \varphi \rangle$ für $n \to \infty$ im Sinne der Zahlenfolgen gilt.

6*

Man kann also im Sinne dieser Konvergenzdefinition die Delta-Distribution recht anschaulich durch Folgen stetiger Funktionen beschreiben, was vorher zwar auch schon gemacht wurde, aber eben auf unexakter Grundlage.

Beispiel 1. Die Folge der auf der ganzen t-Achse stetigen Funktionen

$$f_n(t) = \frac{1}{\pi}\, n(1 + n^2 t^2)^{-1}, \qquad n = 1, 2, \ldots, \tag{124}$$

[das sind die Funktionen (5) für $\alpha = n$, Bild 3] konvergiert ebenfalls im Distributionensinne gegen $\delta(t)$.

Beispiel 2. Die Impulsfunktionen (7) (Bild 5) für $\alpha = n$ ergeben ebenfalls eine Folge stetiger Funktionen

$$f_n(t) = \begin{cases} 0 & \text{für} \quad |t| > \dfrac{1}{n} \\[2mm] \dfrac{\pi n}{4} \cos\left(\dfrac{\pi n}{2}\, t\right) & \text{für} \quad |t| \leqq \dfrac{1}{n}, \end{cases} \tag{125}$$

die für $n \to \infty$ gegen $\delta(t)$ im Sinne der Distributionen konvergiert.
Ebenso anschaulich kann man mit Hilfe der Distributionenkonvergenz unstetige Funktionen durch stetige Funktionen approximieren.

Beispiel 3. Die HEAVISIDEsche Einheitssprungfunktion $h(t)$ läßt sich als Grenzwert im Distributionensinne der Folge

$$f_n(t) = \frac{1}{1 + e^{-nt}} \qquad (-\infty < t < \infty;\ n = 1, 2, \ldots) \tag{126}$$

von stetigen Funktionen darstellen (Bild 67).

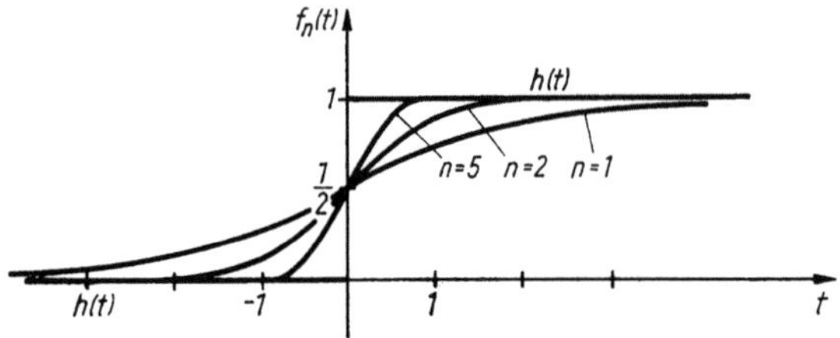

Bild 67. Approximation der Sprungfunktion $h(t)$ durch stetige Funktionen

Analog zu den Zahlen- und Funktionenreihen (vgl. [2], II. und Abschnitt 2.6.) erklärt man die Konvergenz von *Distributionenreihen*.

Definition

Eine Reihe $\sum\limits_{k=0}^{\infty} f_k = f_0 + f_1 + f_2 + \cdots + f_k + \cdots$ von Distributionen f_k heißt konvergent gegen die Distribution f (die Summe), in Zeichen $\sum\limits_{k=0}^{\infty} f_k = f$, wenn die Folge (s_n) der Partialsummen $s_n = f_0 + f_1 + \cdots + f_n$, $n = 0, 1, 2, \ldots$, für $n \to \infty$ im Sinne der Distributionenkonvergenz gegen f konvergiert.

Beispiel 4. Bei *Abtastsystemen* (vgl. [10, 11]) treten diskontinuierliche Signale $u^*(t)$ auf, die aus einem kontinuierlichen Signal $u(t)$ durch Zwischenschaltung eines Abtastgliedes entstehen (Bild 68). Die Abtastung soll in gleichen Zeitabständen mit der Abtastperiode T_a erfolgen. In den Zeitpunkten kT_a, $k = 0, 1, 2, \ldots$, gilt $u^*(kT_a) = u(kT_a)$. Das getastete Signal $u^*(t)$ läßt sich mit Hilfe von Impulsen mit den Intensitäten $u(kT_a)$ beschreiben und als Distributionenreihe in der Form (vgl. [11], II.)

$$u^*(t) = \sum_{k=0}^{\infty} u(kT_a)\, \delta(t - kT_a) \tag{127}$$

darstellen. Eine solche Reihe konvergiert im Distributionensinne.

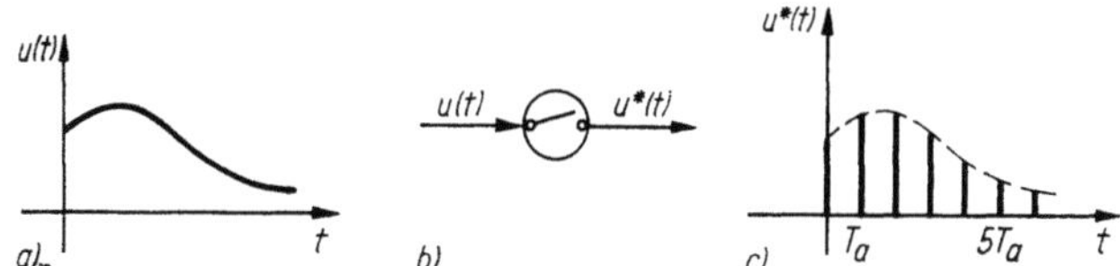

Bild 68. Abtastung eines Signals a) Signal vor der Abtastung; b) Abtastglied; c) Signal nach der Abtastung

Die Distributionenkonvergenz besitzt wichtige Eigenschaften, die in den Anwendungen oft benötigt werden.

Jede im Distributionensinne konvergente Folge oder Reihe besitzt einen eindeutig bestimmten Grenzwert im Raum der Distributionen.

Konvergieren zwei Folgen (f_n) bzw. (g_n) von Distributionen gegen die Distributionen f bzw. g, so konvergiert auch die Folge $(\alpha f_n + \beta g_n)$ gegen $\alpha f + \beta g$ für beliebige Zahlen α, β. Analoges gilt für Reihen.

Konvergiert eine Folge $\big(f_n(t)\big)$ von Funktionen aus $\mathcal{K}$ gleichmäßig oder fast gleichmäßig gegen die Funktion $f(t)$ aus $\mathcal{K}$, so konvergiert sie auch im Sinne der Distributionen gegen $f(t)$ (die Umkehrung muß allerdings nicht gelten!). Analoges gilt für Reihen.

Konvergiert eine Folge oder Reihe von Distributionen gegen die Distribution f, so darf die Folge oder Reihe gliedweise im Distributionensinne differenziert werden, und die so entstehende Folge oder Reihe konvergiert wieder im Sinne der Distributionen.

Konvergiert eine Folge (g_n) aus $\mathcal{D}'_M$ gegen $g \in \mathcal{D}'_M$ und ist $f \in \mathcal{D}'_M$ eine beliebige aber feste Distribution, so konvergiert auch die Folge $(g_n * f)$ gegen $g * f$, falls die Distributionen g_n alle links von einem festen (d. h. nicht vom Index n abhängenden) Punkt $t = \sigma$ verschwinden (im Sinne von Abschnitt 5.2.).

Beispiel 5. Eine Rechteckwelle $f(t)$, wie im Bild 69 dargestellt, läßt sich auch in Form einer fast gleichmäßig konvergenten Reihe von Funktionen aus $\mathcal{K}$ darstellen, nämlich durch

$$f(t) = h(t) + 2 \sum_{k=1}^{\infty} (-1)^k\, h(t - k\lambda). \tag{128}$$

Diese Reihe konvergiert wegen der oben genannten Eigenschaft auch im Distributionensinne und darf gliedweise im Sinne der Distributionen differenziert werden was zur ebenfalls im Distributionensinne konvergenten Reihe

$$f'(t) = \delta(t) + 2 \sum_{k=1}^{\infty} (-1)^k \, \delta(t - k\lambda) \tag{129}$$

(Bild 70) führt. Vergleicht man das Ergebnis mit der Formel (100), so erkennt man die Analogie. Die Rechteckwelle besitzt eine stückweise stetige Ableitung $\dot{f}(t)$ im Funktionensinne, die der Funktion Null gleichgesetzt werden kann, und die Sprünge liefern jeweils einen DIRAC-Impuls, wobei Abwärtssprünge von $f(t)$ zu nach unten gerichteten Impulsen gehören.

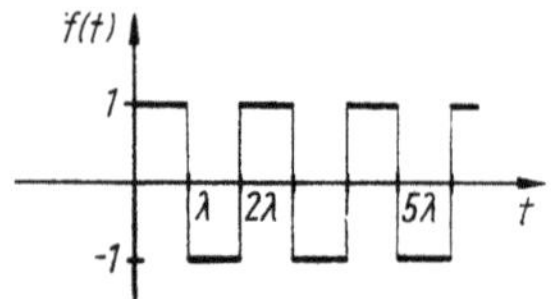
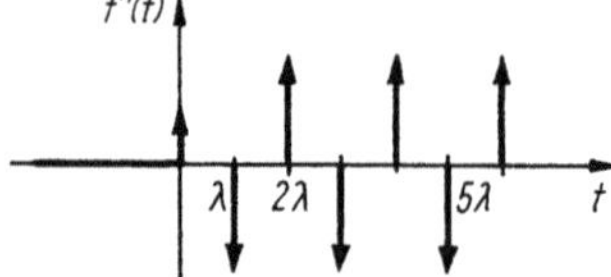

Bild 69. Rechteckwelle   Bild 70. Die differenzierte Rechteckwelle (128)

Aufgabe 1. Man zeige, daß gilt:

a) $f_n = \delta(t - n) \xrightarrow{\mathcal{D}'} f = 0$ für $n \to \infty$;

b) $f_n = \delta \left(t - \dfrac{1}{n} \right) \xrightarrow{\mathcal{D}'} \delta(t)$ für $n \to \infty$!

Aufgabe 2. Mit Hilfe der Definition (106) für die Verschiebung ist nachzuweisen: Gilt $f_n(t) \xrightarrow{\mathcal{D}'} f(t)$, so auch $f_n(t - \lambda) \xrightarrow{\mathcal{D}'} f(t - \lambda)$ für $n \to \infty$ und jedes feste reelle λ!

Aufgabe 3. Mit Hilfe der Folge $(f_n(t))$ nach Formel (126), s. Bild 67, kann eine Folge $(g_n(t))$ mit $g_n(t) = f_n(t) - f_n(t - \lambda)$ $(n = 1, 2, \ldots; \lambda \neq 0)$ definiert werden.
a) Es sind einige Folgenglieder zu skizzieren!
b) Konvergiert die Folge (g_n) im Sinne der Distributionen?
c) Wenn ja, wie lautet der Grenzwert?

Aufgabe 4. Man überlege sich, daß der *Grenzwert* einer konvergenten Distributionenfolge (f_n) tatsächlich *eindeutig* bestimmt ist! (Hinweis: Aus der Annahme $f_n \xrightarrow{\mathcal{D}'} f$ und $f_n \xrightarrow{\mathcal{D}'} g$ ist $f = g$ durch Benutzung der Konvergenzdefinition nachzuweisen.)

5.9.   Von einem Parameter abhängende Distributionen

Es kann vorkommen, daß eine Distribution von einem reellen *Parameter* λ abhängt, der in einem gewissen Bereich der reellen λ-Achse variiert. Anders ausgedrückt heißt das, diesen λ-Werten sind Distributionen $f_\lambda(t) \in \mathcal{D}'$ zugeordnet, die für verschiedene λ i. allg. verschieden sind.

Beispiel 1. Jedem reellen λ kann eine Distribution

$$f_\lambda(t) = \delta_\lambda(t) = \delta(t - \lambda) \tag{130}$$

zugeordnet werden. Für verschiedene λ sind diese Distributionen, nämlich die um einen gewissen Betrag $|\lambda|$ nach links oder rechts verschobenen Delta-Distributionen, offensichtlich verschieden.

Beispiel 2. Generell kann man die in Abschnitt 5.6. behandelten Substitutionen für beliebige Distributionen $f(t)$ auch im Sinne der von einem Parameter abhängenden Distributionen interpretieren:

$$f_\lambda(t) = f(t - \lambda), \qquad -\infty < \lambda < \infty, \tag{131}$$

$$g_\lambda(t) = g(\lambda t), \qquad -\infty < \lambda < \infty, \qquad \lambda \neq 0. \tag{132}$$

Beispiel 3. Eine Funktion $f(t, \lambda)$, die für $-\infty < t < \infty$ und $a \leq \lambda \leq b$ stetig ist, also eine Funktion von zwei reellen Variablen t und λ, kann als eine (auf t bezogene) Distribution $f_\lambda(t)$ aufgefaßt werden, die noch von einem Parameter λ abhängt. Für $f_\lambda(t) = \mathrm{e}^{\lambda t}$ (t und λ beliebig reell) ist eine grafische Darstellung in Bild 71 zu finden, obwohl natürlich hier auch ein dreidimensionales rechtwinkliges (t, λ, z)-Koordinatensystem zur Darstellung der Funktion $\mathrm{e}^{\lambda t}$ verwendet werden könnte.

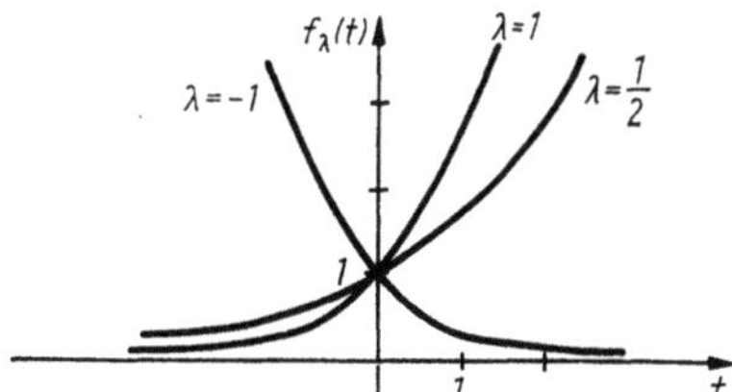

Bild 71. $f_\lambda(t) = \mathrm{e}^{\lambda t}$ für einige Parameter λ

Wendet man eine solche parameterabhängige Distribution $f_\lambda(t)$, $a \leq \lambda \leq b$ auf eine beliebige Testfunktion $\varphi(t) \in \mathcal{D}$ an, so ist

$$\boxed{\alpha_\varphi(\lambda) := \langle f_\lambda(t), \varphi(t) \rangle} \tag{133}$$

ein Zahlenwert, der i. allg. für verschiedene λ ebenfalls verschieden ausfällt, d. h. aber, $\alpha_\varphi(\lambda)$ ist eine gewöhnliche Funktion von λ, die im Intervall $a \leq \lambda \leq b$ definiert ist. Der Index φ besagt, daß die Funktionen $\alpha_\varphi(\lambda)$ außerdem für verschiedene Testfunktionen $\varphi(t)$ unterschiedlich ausfallen.

Beispiel 4. Für die von λ abhängende Distribution (130) gilt

$$\alpha_\varphi(\lambda) = \langle f_\lambda(t), \varphi(t) \rangle = \langle \delta(t - \lambda), \varphi(t) \rangle = \varphi(\lambda), \tag{134}$$

d. h., $\alpha_\varphi(\lambda)$ ist gleich der jeweils gewählten Testfunktion $\varphi(\lambda)$, die jetzt als Funktion von λ geschrieben wird.

Beispiel 5. Für die reguläre von λ abhängende Distribution $f_\lambda(t) = \mathrm{e}^{\lambda t}$ gilt

$$\alpha_\varphi(\lambda) = \langle \mathrm{e}^{\lambda t}, \varphi(t) \rangle = \int\limits_{-\infty}^{\infty} \mathrm{e}^{\lambda t} \varphi(t)\, \mathrm{d}t, \tag{135}$$

d. h., $\alpha_\varphi(\lambda)$ läßt sich als *Parameterintegral* darstellen.

In beiden Fällen (134) und (135) sind die Funktionen $\alpha_\varphi(\lambda)$ für alle Testfunktionen $\varphi(t)$ stetige Funktionen von λ, und man sagt dann auch, die von λ abhängende Distribution $f_\lambda(t)$ sei stetig bezüglich λ, was der folgenden Definition entspricht.

Definition

> Eine vom Parameter λ abhängende Distribution $f_\lambda(t)$ heißt *stetig* im Intervall $a \underset{(\leqq)}{} \lambda \underset{(\leqq)}{} b$ ($a = -\infty$ und $b = \infty$ sind zugelassen), wenn die Funktion (133) für jede Testfunktion $\varphi(t)$ eine in $a \underset{(\leqq)}{} \lambda \underset{(\leqq)}{} b$ stetige Funktion von λ ist. (Für abgeschlossene Intervalle $a \leqq \lambda \leqq b$ ist die einseitige Stetigkeit in den Intervallendpunkten gemeint.)

Insbesondere gilt:

> Ist $f_\lambda(t) = f(t, \lambda)$ eine in $-\infty < t < \infty$, $a \underset{(\leqq)}{} \lambda \underset{(\leqq)}{} b$ stetige Funktion der beiden Variablen t und λ, so ist die bezüglich t definierte reguläre vom Parameter λ abhängende Distribution $f_\lambda(t)$ ebenfalls stetig in $a \underset{(\leqq)}{} \lambda \underset{(\leqq)}{} b$ im eben definierten Sinne.

Aufgabe 1. Wie lauten die Funktionen $\alpha_\varphi(\lambda)$ für die von einem Parameter abhängenden Distributionen

a) $f_\lambda(t) = h(t - \lambda)$; b) $f_\lambda(t) = \delta'(t - \lambda)$; c) $f_\lambda(t) = \lambda \delta^{(k)}(t)$;

d) $f_\lambda(t) = h(\lambda)\,h(t)$; e) $f_\lambda(t) = [h(\lambda) - h(\lambda - 1)]\,\delta(t)$

(für alle Distributionen sei λ beliebig reell)?

Aufgabe 2. Welche der Distributionen $f_\lambda(t)$ aus Aufgabe 1 sind stetig in $-\infty < \lambda < \infty$, welche besitzen Unstetigkeitsstellen bezüglich λ?

5.10.   Differentiation und Integration bezüglich eines Parameters

Die verallgemeinerte Differentiation für Distributionen, wie sie in Abschnitt 5.5. definiert wurde, bezieht sich auf t. Nun läßt sich aber zusätzlich zu dieser Distributionenableitung noch eine *Ableitung nach dem Parameter* λ definieren, wenn man parameterabhängige Distributionen betrachtet. Dies ist auf folgende Weise möglich:

Definition

> $f_\lambda(t)$ sei eine im Intervall $a \underset{(\leqq)}{} \lambda \underset{(\leqq)}{} b$ definierte vom Parameter λ abhängende Distribution. Eine (i. allg. wieder von λ abhängende) Distribution $g_\lambda(t)$ heißt Ableitung von $f_\lambda(t)$ nach dem Parameter λ im Intervall $a \underset{(\leqq)}{} \lambda \underset{(\leqq)}{} b$, in Zeichen $g_\lambda(t) = \dfrac{\partial f_\lambda(t)}{\partial \lambda}$, wenn die Funktionen (133) für sämtliche Testfunktionen $\varphi(t)$ im Intervall $a \underset{(\leqq)}{} \lambda \underset{(\leqq)}{} b$ im Funktionensinne nach λ differenzierbar sind und wenn für alle diese $\varphi(t) \in \mathscr{D}$ die Gleichungen
>
> $$\frac{\mathrm{d}\alpha_\varphi(\lambda)}{\mathrm{d}\lambda} = \frac{\mathrm{d}}{\mathrm{d}\lambda}\langle f_\lambda(t), \varphi(t)\rangle = \langle g_\lambda(t), \varphi(t)\rangle \tag{136}$$
>
> gelten (die höheren Ableitungen nach λ werden analog definiert).

Beispiel 1. Die Distribution $f_\lambda(t) = \delta(t - \alpha\lambda - \beta)$, $-\infty < \lambda < \infty$, $\alpha, \beta = \text{konstant}$, besitzt Ableitungen nach λ sämtlicher Ordnungen, und es gilt für $k = 1, 2, \ldots$

$$\frac{\partial^k \delta(t - \alpha\lambda - \beta)}{\partial \lambda^k} = (-\alpha)^k\,\delta^{(k)}(t - \alpha\lambda - \beta). \tag{137}$$

Die Funktionen $\alpha_\varphi(\lambda) = \langle \delta(t - \alpha\lambda - \beta), \varphi(t)\rangle = \varphi(\alpha\lambda + \beta)$ sind nämlich für alle reellen λ beliebig oft im Funktionensinne nach λ differenzierbar, da φ eine Testfunktion ist, und es gilt

$$\frac{\mathrm{d}^k \alpha_\varphi(\lambda)}{\mathrm{d}\lambda^k} = \frac{\mathrm{d}^k \varphi(\alpha\lambda + \beta)}{\mathrm{d}\lambda^k} = \alpha^k \varphi^{(k)}(\alpha\lambda + \beta). \tag{138}$$

Andererseits gilt mit Formel (98) für alle Testfunktionen $\varphi(t)$

$$\langle \delta^{(k)}(t - \alpha\lambda - \beta), \varphi(t)\rangle = (-1)^k \left.\frac{\mathrm{d}^k \varphi(t)}{\mathrm{d}t^k}\right|_{t=\alpha\lambda+\beta} = (-1)^k \varphi^{(k)}(\alpha\lambda + \beta).$$

Vergleicht man dies mit (138), so erkennt man die Gültigkeit von Formel (137).

Beispiel 2. Die reguläre von λ abhängende Distribution $f_\lambda(t) = \mathrm{e}^{\lambda t}$, $-\infty < \lambda < \infty$, besitzt ebenfalls Ableitungen nach λ beliebiger Ordnung mit

$$\frac{\partial^k}{\partial\lambda^k} \mathrm{e}^{\lambda t} = t^k \mathrm{e}^{\lambda t} \qquad (k = 1, 2, \ldots). \tag{139}$$

Sämtliche Ableitungen nach λ sind wieder reguläre von λ abhängende Distributionen. Zum Beweis der Formel (139) betrachtet man die Funktionen

$$\alpha_\varphi(\lambda) = \langle \mathrm{e}^{\lambda t}, \varphi(t)\rangle = \int\limits_{-\infty}^{\infty} \mathrm{e}^{\lambda t}\varphi(t)\,\mathrm{d}t.$$

Das Parameterintegral [mit endlichen Grenzen, da alle Funktionen $\varphi(t)$ außerhalb eines endlichen Intervalls verschwinden] ist beliebig oft nach λ differenzierbar, es ist

$$\frac{\mathrm{d}^k}{\mathrm{d}\lambda^k} \langle \mathrm{e}^{\lambda t}, \varphi(t)\rangle = \int\limits_{-\infty}^{\infty} t^k \mathrm{e}^{\lambda t}\varphi(t)\,\mathrm{d}t = \langle t^k \mathrm{e}^{\lambda t}, \varphi(t)\rangle$$

für alle Testfunktionen $\varphi(t)$, woraus (139) folgt.

Aufgabe 1. Man weise die folgenden Formeln nach:

a) $\dfrac{\partial h(t - \lambda)}{\partial\lambda} = -\delta(t - \lambda)$

b) $\dfrac{\partial \delta'(t - \lambda)}{\partial\lambda} = -\delta''(t - \lambda)$

c) $\dfrac{\partial(\lambda\delta(t))}{\partial\lambda} = \delta(t), \qquad \dfrac{\partial^k(\lambda\delta(t))}{\partial\lambda^k} = 0 \qquad$ für $k = 2, 3, \ldots$

(in allen Fällen sei λ beliebig reell).

Aufgabe 2. Man überlege sich, daß eine nicht von λ abhängende Distribution $f(t)$ stets die Ableitung $\dfrac{\partial f(t)}{\partial\lambda} = 0$ besitzt!

Man kann leicht nachweisen, daß für die Ableitung nach einem Parameter die folgende Aussage gilt:

> Sind $f_\lambda(t)$ und $g_\lambda(t)$ vom Parameter λ abhängende Distributionen, die beide in ein und demselben Bereich der λ-Achse nach λ differenzierbar

sind, des weiteren $a(\lambda)$ eine dort im Funktionensinne stetig differenzierbare Funktion von λ und α, β beliebige Zahlen, so gelten die beiden Formeln

$$\left.\begin{aligned}
\frac{\partial}{\partial\lambda}\left(\alpha f_\lambda(t) + \beta g_\lambda(t)\right) &= \frac{\alpha\,\partial f_\lambda(t)}{\partial\lambda} + \beta\,\frac{\partial g_\lambda(t)}{\partial\lambda} \\
\frac{\partial}{\partial\lambda}\left(a(\lambda)\,f_\lambda(t)\right) &= \dot{a}(\lambda)\,f_\lambda(t) + a(\lambda)\,\frac{\partial f_\lambda(t)}{\partial\lambda}
\end{aligned}\right\} \tag{140}$$

Ebenso einfach wie die Ableitung nach einem Parameter läßt sich auch ein auf einen *Parameter* bezogenes *bestimmtes Integral* definieren, wenn man z. B. voraussetzt, daß $f_\lambda(t)$ stetig von λ abhängt.

Definition

$f_\lambda(t)$ sei eine vom Parameter λ abhängende Distribution, die im Intervall $a \leqq \lambda \leqq b$ stetig ist. Eine Distribution $g(t)$ heißt bestimmtes Integral von $f_\lambda(t)$ über dem λ-Intervall $[a, b]$, in Zeichen $g(t) = \int\limits_a^b f_\lambda(t)\,\mathrm{d}\lambda$, wenn für jede Testfunktion $\varphi(t)$ die Gleichung

$$\langle g(t), \varphi(t)\rangle = \int\limits_a^b \langle f_\lambda(t), \varphi(t)\rangle\,\mathrm{d}\lambda = \int\limits_a^b \alpha_\varphi(\lambda)\,\mathrm{d}\lambda \tag{141}$$

gilt, wobei $\alpha_\varphi(\lambda)$ durch Formel (133) definiert ist.

Beispiel 3. Ist $f_\lambda(t) = \delta(t - \lambda)$, so gilt in jedem endlichen Intervall $a \leqq \lambda \leqq b$ für jede Testfunktion $\varphi(t)$

$$\int\limits_a^b \langle\delta(t - \lambda), \varphi(t)\rangle\,\mathrm{d}\lambda = \int\limits_a^b \varphi(\lambda)\,\mathrm{d}\lambda = \int\limits_a^b \varphi(t)\,\mathrm{d}t = \int\limits_{-\infty}^\infty [h(t - a) - h(t - b)]\,\varphi(t)\,\mathrm{d}t$$

$$= \langle h(t - a) - h(t - b), \varphi(t)\rangle = \langle g(t), \varphi(t)\rangle.$$

Also gilt

$$\boxed{g(t) = \int\limits_a^b \delta(t - \lambda)\,\mathrm{d}\lambda = h(t - a) - h(t - b).} \tag{142}$$

Beispiel 4. Für $f_\lambda(t) = \lambda\delta(t - \lambda)$ und jedes endliche Intervall $a \leqq \lambda \leqq b$ gilt

$$\boxed{\int\limits_a^b \lambda\delta(t - \lambda)\,\mathrm{d}\lambda = t[h(t - a) - h(t - b)],} \tag{143}$$

denn für jede Testfunktion $\varphi(t)$ ist

$$\int\limits_a^b \langle\lambda\delta(t - \lambda), \varphi(t)\rangle\,\mathrm{d}\lambda = \int\limits_a^b \lambda\varphi(\lambda)\,\mathrm{d}\lambda = \int\limits_a^b t\varphi(t)\,\mathrm{d}t = \int\limits_{-\infty}^\infty t[h(t - a) - h(t - b)]\,\varphi(t)\,\mathrm{d}t$$

$$= \langle t[h(t - a) - h(t - b)], \varphi(t)\rangle.$$

Aufgabe 3. Es sind folgende Integrale zu berechnen:

a) $\int\limits_0^1 \delta'(t - \lambda)\, \mathrm{d}\lambda;$ b) $\int\limits_{-1}^1 e^{\lambda t}\delta(t - \lambda)\, \mathrm{d}\lambda$

(Hinweis zu b): Das gewöhnliche Produkt $e^{\lambda t}\delta(t - \lambda)$ ist entsprechend Abschnitt 5.4. zu berechnen.)

Aufgabe 4. Man überlege sich, daß in Analogie zu (140) für beliebige Zahlen α, β und in $a \leqq \lambda \leqq b$ stetige Distributionen $f_\lambda(t)$ und $g_\lambda(t)$ die Formel

$$\int\limits_a^b [\alpha f_\lambda(t) + \beta g_\lambda(t)]\, \mathrm{d}\lambda = \alpha \int\limits_a^b f_\lambda(t)\, \mathrm{d}\lambda + \beta \int\limits_a^b g_\lambda(t)\, \mathrm{d}\lambda \tag{144}$$

gilt.

6. Laplace-Transformation

6.1.   Laplace-Transformation für Funktionen

Eine in der Praxis häufig genutzte Integraltransformation ist die LAPLACE-*Transformation* (P. S. LAPLACE, franz. Mathematiker, 1749 bis 1827)

$$\mathscr{L}[f(t)] = \int\limits_{-\infty}^{\infty} \mathrm{e}^{-pt} f(t)\, \mathrm{d}t = \bar{f}(p). \tag{145}$$

$p = \gamma + \mathrm{j}\eta$ ist dabei eine *komplexe Variable* (j bezeichnet die imaginäre Einheit), $f(t)$ ist die *Originalfunktion* und $\bar{f}(p)$ die *Bildfunktion* [die LAPLACE-Transformierte von $f(t)$]. Bekanntlich müssen an die Funktionen $f(t)$ gewisse Forderungen gestellt werden, damit das Integral in Formel (145) überhaupt existiert und man der Funktion $f(t)$ eine LAPLACE-*Transformierte* $\bar{f}(p)$ zuordnen kann. Hinsichtlich der in der Praxis auftretenden Funktionen soll hier nur eine bestimmte Klasse von Funktionen $f(t)$ charakterisiert werden, die aber völlig ausreichend ist und von der man weiß, daß alle zur Klasse gehörenden Funktionen LAPLACE-transformierbar sind. Diese Klasse ist der bereits in Beispiel 5 des Abschnittes 2.2. definierte lineare Raum $\mathscr{K}_{\mathscr{L}}$ aller lokal integrierbaren Funktionen mit nach links beschränkten Trägern, für die das Integral (33)

$$\int\limits_{-\infty}^{\infty} \mathrm{e}^{-ct}\, |f(t)|\, \mathrm{d}t$$

für wenigstens einen i. allg. von $f(t)$ abhängenden Wert $c = c_f$ existiert.

Beispiel 1. Die Funktionen $h(t - \lambda)$ gehören für beliebige reelle λ zum Raum $\mathscr{K}_{\mathscr{L}}$.

Beispiel 2. $f(t) = h(t)\, \mathrm{e}^{\alpha t}$ gehört zu $\mathscr{K}_{\mathscr{L}}$.

Beispiel 3. $f(t) = h(t)\, \mathrm{e}^{t^2}$ verschwindet zwar für $t < 0$, besitzt also einen nach links beschränkten Träger, und ist auch lokal integrierbar, es läßt sich jedoch keine reelle Zahl c finden, so daß

$$\int\limits_{-\infty}^{\infty} \mathrm{e}^{-ct}\, |f(t)|\, \mathrm{d}t = \int\limits_{0}^{\infty} \mathrm{e}^{-ct}\, \mathrm{e}^{t^2}\, \mathrm{d}t$$

existieren würde. Also gehört $h(t)\, \mathrm{e}^{t^2}$ nicht zu $\mathscr{K}_{\mathscr{L}}$.

Beispiel 4. Die Funktionen (6), (7), (13), $h(t) \sin(\omega t + \varphi)$, $h(t) \cos(\omega t + \varphi)$, (19), (35), (36), (37) und (55) gehören zu $\mathscr{K}_{\mathscr{L}}$.

Für den linearen Raum $\mathcal{K}_{\mathscr{L}}$ kann man folgendes notieren:

Jede Funktion $f(t) \in \mathcal{K}_{\mathscr{L}}$ ist LAPLACE-transformierbar. Verschwindet $f(t)$ für $t < \sigma_f$ und existiert das Integral (146) für $c = c_f$, so existiert (konvergiert) das LAPLACE-Integral (145) für alle komplexen Zahlen $p = \gamma + \mathrm{j}\eta$ mit einem Realteil Re $(p) = \gamma \geqq c_f$, d. h. in einer ganzen rechten *Halbebene* (Konvergenzhalbebene) der komplexen Ebene (Bild 72), und es gilt

$$\bar{f}(p) = \int\limits_{\sigma_f}^{\infty} \mathrm{e}^{-pt} f(t)\, \mathrm{d}t. \tag{146}$$

Die Bildfunktion $\bar{f}(p)$ kann sogar in einem größeren Bereich der komplexen Ebene definiert sein.

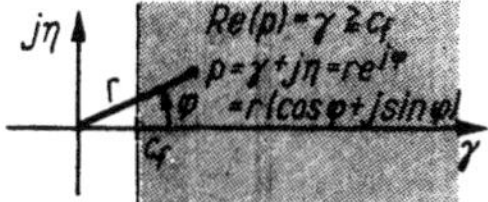

Bild 72. Konvergenzhalbebene des LAPLACE-Integrals

Verschwindet eine Funktion $f(t) \in \mathcal{K}_{\mathscr{L}}$ sogar außerhalb eines gewissen endlichen Intervalls $[a, b]$, wie z. B. alle Testfunktionen aus $\mathcal{D}$, so reduziert sich (145) auf ein endliches LAPLACE-Integral

$$\bar{f}(p) = \int\limits_{a}^{b} \mathrm{e}^{-pt} f(t)\, \mathrm{d}t, \tag{147}$$

welches für alle komplexen Zahlen p existiert.

Das in der Praxis am häufigsten verwendete LAPLACE-Integral ist das einseitige Integral

$$\mathscr{L}[h(t)\, f(t)] = \int\limits_{0}^{\infty} \mathrm{e}^{-pt} f(t)\, \mathrm{d}t, \tag{148}$$

welches sich aus (146) für Funktionen ergibt, die für $t < 0$ verschwinden.

Im folgenden werden die für die Anwendungen wichtigsten Eigenschaften der *klassischen* LAPLACE-*Transformation* ohne Beweis angegeben (Interessenten können diese z. B. in [2, II.] nachlesen).

Für zwei beliebige Funktionen $f(t)$ und $g(t)$ aus dem Raum $\mathcal{K}_{\mathscr{L}}$ ist das *Faltungsprodukt* (39) wieder eine Funktion in $\mathcal{K}_{\mathscr{L}}$, und es gilt der *Faltungssatz* der LAPLACE-Transformation

$$\mathscr{L}[(f * g)\,(t)] = \mathscr{L}[f(t)]\, \mathscr{L}[g(t)] = \bar{f}(p)\, \bar{g}(p). \tag{149}$$

Sind $f(t)$, $g(t) \in \mathcal{K}_{\mathscr{L}}$ und α, β beliebige Zahlen, so gilt der *Additionssatz*

$$\mathscr{L}[\alpha f(t) + \beta g(t)] = \alpha \mathscr{L}[f(t)] + \beta \mathscr{L}[g(t)]. \tag{150}$$

Die Formeln (149) und (150) gelten jeweils im Durchschnitt der beiden Konvergenzhalbebenen von $\mathscr{L}[f(t)]$ und $\mathscr{L}[g(t)]$.

Schon allein am Faltungssatz (149) erkennt man, daß sich gewisse Probleme durch Anwendung der LAPLACE-Transformation im Bildbereich einfacher darstellen lassen, als dies im Originalbereich der Fall ist.

Beispiel 5. Ein lineares System kann im Originalbereich und im Bildbereich durch analoge Darstellungen beschrieben werden (Bild 73), wenn vorausgesetzt wird, daß die Erregung $f(t)$, die Gewichtsfunktion $q(t)$ und die Antwort $x(t)$ zum Raum $\mathcal{K}_{\mathcal{L}}$ ge-

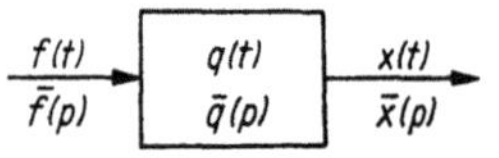

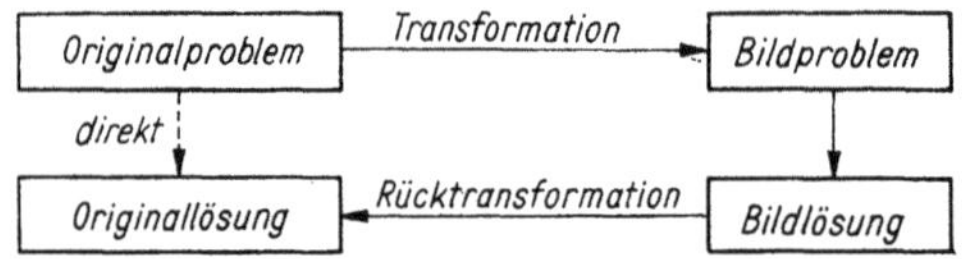

Bild 73. Lineares System

hören, wobei aus praktischer Sicht angenommen werden kann, daß alle diese Funktionen für $t < 0$ verschwinden. Während im Originalbereich der Zusammenhang zwischen Erregung und Antwort nach (42) als Faltungsprodukt

$$x(t) = q(t) * f(t)$$

gegeben ist, welches keine elementare Rechenoperation darstellt, lautet die analoge Gleichung im Bildbereich wegen (149)

$$\bar{x}(p) = \bar{q}(p)\,\bar{f}(p), \tag{151}$$

deren rechte Seite die gewöhnliche Multiplikation zweier (allerdings komplexer) Funktionen — also eine elementare Operation — ist.

Das Prinzip bei der Anwendung von Transformationen — einschließlich der LAPLACE-Transformation und der Logarithmenrechnung — ist in Bild 74 dargestellt.

Bild 74. Prinzip bei der Anwendung der LAPLACE-Transformation

Es dürfte aber klar sein, daß ein solcher Umweg nur dann sinnvoll ist, wenn sich das Bildproblem leichter beschreiben und vor allem lösen läßt, als dies auf direktem Wege möglich wäre. Jedoch kann die *Rücktransformation,* die i. allg. mit zur Transformation gehörenden Umkehrformeln zu bewerkstelligen ist, gewisse Schwierigkeiten bereiten. Auch für die LAPLACE-Transformation existiert eine allgemeine Umkehrformel, deren analytische oder numerische Auswertung allerdings einige Kenntnisse auf dem Gebiet der Funktionentheorie voraussetzt. Im vorliegenden Buch soll deshalb nicht weiter darauf eingegangen werden. Interessierte Leser können sich in entsprechenden Werken informieren (vgl. z. B. [2, II.]). Bei der Behandlung linearer Systeme, aber auch auf anderen Gebieten, hat sich das Rechnen mit der (einseitigen) LAPLACE-Transformation (148) durchgesetzt. Die Rücktransformation läßt sich in den meisten Fällen mit Hilfe von Tabellen (s. Anhang, Abschnitt 17.) und Anwendung entsprechender Regeln bewerkstelligen. Für spätere Zwecke seien einige dieser Regeln für das Rechnen mit der LAPLACE-Transformation genannt. Es gelte stets $\mathcal{L}[f(t)] = \bar{f}(p)$ in der Halbebene $\mathrm{Re}\,(p) \geqq c_f$.

Dämpfungssatz

Für beliebige reelle Zahlen α gilt [in $\mathrm{Re}\,(p) \geqq c_f - \alpha$]

$$\mathcal{L}[e^{-\alpha t}f(t)] = \bar{f}(p + \alpha). \tag{152}$$

Beispiel 6. Für die Sprungfunktion $h(t)$ gilt

$$\bar{h}(p) = \mathscr{L}[h(t)] = \int\limits_{0}^{\infty} \mathrm{e}^{-pt}\,\mathrm{d}t = -\frac{1}{p}\,\mathrm{e}^{-pt}\Big|_{t=0}^{\infty} = \frac{1}{p} \tag{153}$$

für alle komplexen Zahlen p mit $\mathrm{Re}\,(p) = \gamma > 0$, denn wegen

$$|\mathrm{e}^{-pt}| = |\mathrm{e}^{-(\gamma+\mathrm{j}\eta)t}| = \mathrm{e}^{-\gamma t}\,|\mathrm{e}^{-\mathrm{j}\eta t}| = \mathrm{e}^{-\gamma t} \to 0 \quad \text{für} \quad t \to \infty$$

(falls $\gamma > 0$) verschwindet die Funktion e^{-pt} in (153) an der oberen Grenze ∞. Andererseits gilt

$$\left.\begin{aligned}
\mathscr{L}[\mathrm{e}^{-\alpha t}h(t)] &= \int\limits_{0}^{\infty} \mathrm{e}^{-pt}\,\mathrm{e}^{-\alpha t}\,\mathrm{d}t = \int\limits_{0}^{\infty} \mathrm{e}^{-(p+\alpha)t}\,\mathrm{d}t \\
&= -\frac{1}{p+\alpha}\,\mathrm{e}^{-(p+\alpha)t}\Big|_{t=0}^{\infty} = \frac{1}{p+\alpha}
\end{aligned}\right\} \tag{154}$$

für $\mathrm{Re}\,(p+\alpha) > 0$, d. h., $\mathrm{Re}\,(p) > -\alpha$, und es ist $1/(p+\alpha) = \bar{h}(p+\alpha)$.

Verschiebungssatz

> Für beliebige reelle Zahlen λ gilt $[\mathrm{Re}\,(p) \geqq c_f]$
>
> $$\mathscr{L}[f(t-\lambda)] = \mathrm{e}^{-\lambda p}\bar{f}(p). \tag{155}$$

Bemerkung: Da $\bar{f}(p)$ als LAPLACE-Transformierte im Sinne von (145) aufgefaßt wird, ist eine Unterscheidung zwischen 1. und 2. Verschiebungssatz (je nachdem, ob $\lambda > 0$ oder $\lambda < 0$ ist), wie sie bei der LAPLACE-Transformation (148) erfolgt, nicht notwendig.

Beispiel 7. $\mathscr{L}[h(t-\lambda)] = \int\limits_{\lambda}^{\infty} \mathrm{e}^{-pt}\,\mathrm{d}t = -\frac{1}{p}\,\mathrm{e}^{-pt}\Big|_{t=\lambda}^{\infty} = \frac{1}{p}\,\mathrm{e}^{-p\lambda} = \mathrm{e}^{-\lambda p}\bar{h}(p)$

[vgl. (153)] gilt für alle komplexen p mit $\mathrm{Re}\,(p) > 0$ (Begründung wie im Beispiel 6), was mit dem Verschiebungssatz (155) übereinstimmt.

Ähnlichkeitssatz

> Für beliebige reelle Zahlen $\alpha > 0$ gilt $[\mathrm{Re}\,(p) \geqq \alpha c_f]$
>
> $$\mathscr{L}[f(\alpha t)] = \frac{1}{\alpha}\,\bar{f}\left(\frac{p}{\alpha}\right) \tag{156}$$

Beispiel 8. $f(t) = h(t)\,\mathrm{e}^{-\beta t}$, β beliebig reell, besitzt nach (154) die LAPLACE-Transformierte $\bar{f}(p) = 1/(p+\beta)$.
Andererseits ist für $\alpha > 0$ und $\mathrm{Re}\,(p) > -\beta\alpha$

$$\mathscr{L}[f(\alpha t)] = \int\limits_{0}^{\infty} \mathrm{e}^{-pt}\,\mathrm{e}^{-\beta\alpha t}\,\mathrm{d}t = \int\limits_{0}^{\infty} \mathrm{e}^{-(p+\beta\alpha)t}\,\mathrm{d}t$$

$$= -\frac{1}{p+\beta\alpha}\,\mathrm{e}^{-(p+\beta\alpha)t}\Big|_{t=0}^{\infty} = \frac{1}{p+\beta\alpha} = \frac{1}{\alpha}\cdot\frac{1}{p/\alpha+\beta} = \frac{1}{\alpha}\,\bar{f}\left(\frac{p}{\alpha}\right).$$

Differentiationssatz

> Ist $f(t) \in \mathscr{K}_{\mathscr{L}}$ auf der ganzen t-Achse stetig und gehört die gewöhnliche Ableitung $\dot{f}(t)$ ebenfalls zum Raum $\mathscr{K}_{\mathscr{L}}$, so gilt
>
> $$\mathscr{L}[\dot{f}(t)] = p\mathscr{L}[f(t)] = p\bar{f}(p). \tag{157}$$

Verallgemeinerter Differentiationssatz

> Sind $f(t), \dot{f}(t), \ldots, \dfrac{\mathrm{d}^{k-1}f(t)}{\mathrm{d}t^{k-1}} \in \mathscr{K}_{\mathscr{L}}$ auf der ganzen t-Achse stetig und gehört $\dfrac{\mathrm{d}^{k}f(t)}{\mathrm{d}t^{k}}$ ebenfalls zum Raum $\mathscr{K}_{\mathscr{L}}$, so gilt
>
> $$\mathscr{L}\left[\frac{\mathrm{d}^{k}f(t)}{\mathrm{d}t^{k}}\right] = p^{k}\mathscr{L}[f(t)] = p^{k}\bar{f}(p). \tag{158}$$

Hierzu muß man folgendes bemerken:
Verschwindet $f(t) \in \mathscr{K}_{\mathscr{L}}$ für alle t aus dem Intervall $(-\infty, \sigma_f)$, so sind auch sämtliche Ableitungen in diesem Intervall gleich Null. Im allgemeinen können alle diese Funktionen u. a. auch an der Stelle $t = \sigma_f$ unstetig sein, z. B. können sie Sprungstellen besitzen, wie das in Bild 18 für eine Funktion $f(t)$ angedeutet ist. Durch die Forderung, daß alle Ableitungen bis zur $(k-1)$-ten auf der ganzen t-Achse stetig sein sollen, existieren nirgends Unstetigkeiten, insbesondere auch nicht an der Stelle

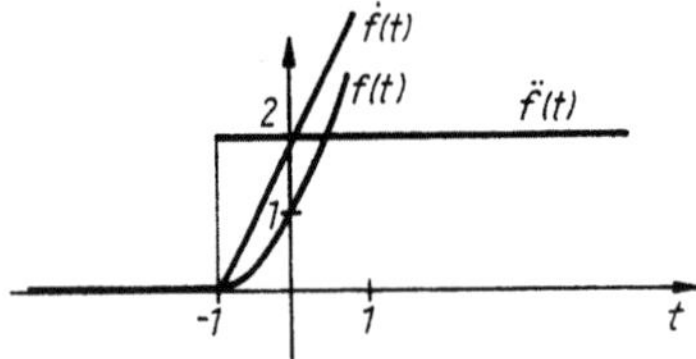

Bild 75. Beispiel einer stetigen Funktion aus dem Raum $\mathscr{K}_{\mathscr{L}}$ mit stetiger erster und unstetiger zweiter Ableitung

$t = \sigma_f$, d. h., der Übergang der zugehörigen Funktionenkurven von $t > \sigma_f$ nach $t < \sigma_f$ erfolgt im Punkt $t = \sigma_f$ stetig. Die Ableitung $\dfrac{\mathrm{d}^{k}f(t)}{\mathrm{d}t} \in \mathscr{K}_{\mathscr{L}}$ kann allerdings u. a. im Punkt $t = \sigma_f$ eine Unstetigkeit besitzen. Wegen des stetigen Übergangs der Ableitungen bis zur $(k-1)$-ten tauchen deshalb in den Formeln (157) und (158) gewisse Anfangswerte an der Stelle $t = \sigma_f$ nicht auf, weil diese gleich Null sind. Bild 75 zeigt die eben beschriebenen Verhältnisse am folgenden

Beispiel 9. $f(t) = h(t + 1)\,[t + 1]^{2}$, $\dot{f}(t) = 2h(t + 1)\,[t + 1]$, $\ddot{f}(t) = 2h(t + 1)$. Während $f(t)$ und $\dot{f}(t)$ überall stetig sind, besitzt $\ddot{f}(t)$ an der Stelle $t = \sigma_f = -1$ einen Sprung.

Beim Rechnen mit der LAPLACE-Transformation, insbesondere beim Lösen von *Anfangswertproblemen*, wie sie etwa bei der Behandlung linearer Systeme vorkommen, spielt allerdings der folgende Differentiationssatz für Funktionen, die für $t < 0$ verschwinden, eine größere Rolle.

Differentiationssatz

> Gehört die k-te Ableitung $\dfrac{\mathrm{d}^{k}f(t)}{\mathrm{d}t^{k}}$ einer für $t < 0$ verschwindenden Funktion $f(t)$ zum Raum $\mathscr{K}_{\mathscr{L}}$ und sind die Ableitungen von $f(t)$ bis zur

$(k-1)$-ten für $t \geqq 0$ stetig (in $t = 0$ ist die rechtsseitige Stetigkeit gemeint), so gilt mit den Abkürzungen

$$f(0) := f_0, \quad \dot{f}(0) := f_1, \ldots, \quad \frac{\mathrm{d}^{k-1}f(t)}{\mathrm{d}t^{k-1}}\bigg|_{t=0} := f_{k-1}$$

$$\left.\begin{aligned}
\mathscr{L}[\dot{f}(t)] &= p\bar{f}(p) - f_0 \\
\mathscr{L}[\ddot{f}(t)] &= p^2\bar{f}(p) - pf_0 - f_1 \\
&\cdots \\
\mathscr{L}\left[\frac{\mathrm{d}^k f(t)}{\mathrm{d}t^k}\right] &= p^k\bar{f}(p) - p^{k-1}f_0 - p^{k-2}f_1 - \cdots - pf_{k-2} - f_{k-1}
\end{aligned}\right\} \tag{159}$$

Die Zahlenwerte (*Anfangswerte*) f_i repräsentieren jetzt die im Punkt $t = 0$ beim Übergang $t < 0$ nach $t \geqq 0$ zugelassenen Sprungstellen der Funktion $f(t)$ und ihrer Ableitungen.

Beispiel 10. Die Bewegung der Gesamtmasse des in Bild 22 skizzierten *Federschwingers* (Dämpfung durch STOKESsche Reibung) nach einmaliger Auslenkung aus der Ruhelage läßt sich durch eine lineare Differentialgleichung mit konstanten Koeffizienten

$$m\ddot{x}(t) + r\dot{x}(t) + nx(t) = 0 \tag{160}$$

beschreiben. Die Anfangsbedingungen zum Zeitpunkt $t = 0$ lauten $x_0 = x(0)$ und $x_1 = \dot{x}(0)$, das sind die Anfangsauslenkung und die Anfangsgeschwindigkeit. Im Bildraum läßt sich diese Bewegung mit den ersten beiden Formeln in (159) durch eine einfache algebraische Gleichung beschreiben, in der die genannten Anfangswerte bereits berücksichtigt sind:

$$m[p^2\bar{x}(p) - px_0 - x_1] + r[p\bar{x}(p) - x_0] + n\bar{x}(p) = 0. \tag{161}$$

Diese Gleichung läßt sich leicht nach der Bildlösung $\bar{x}(p)$ auflösen (Man beachte hierzu aber die Ausführungen in Abschnitt 10.4.).

Bemerkung: Sind die Funktion $f(t)$ und deren Ableitungen bis zur $(k-1)$-ten in (159) sogar auf der ganzen t-Achse stetig, so gilt offensichtlich $f_0 = f_1 = \cdots = f_{k-1} = 0$, und die Formeln (159) reduzieren sich auf (157) bzw. (158).

Integrationssatz

$$\mathscr{L}\left[\int_{-\infty}^{t} f(\tau)\,\mathrm{d}\tau\right] = \frac{1}{p}\,\bar{f}(p) \qquad [\mathrm{Re}\,(p) > \max(0, c_f)] \tag{162}$$

Beispiel 11. Der Spannungsabfall am Kondensator eines *RLC*-Stromkreises (Bild 25) lautet mit dem Strom $i(t) := x(t)$ $[i(t) = x(t) = 0$ für $t < 0]$

$$u_C(t) = \frac{\displaystyle\int_{-\infty}^{t} i(\tau)\,\mathrm{d}\tau}{C},$$

was mit Formel (162) im Bildbereich zum Ausdruck $\bar{u}_C(p) = \dfrac{1}{Cp}\,\bar{i}(p)$ führt.

Multiplikationssatz

$$\mathscr{L}[t^k f(t)] = (-1)^k \frac{\mathrm{d}^k \bar{f}(p)}{\mathrm{d}p^k}, \qquad k = 1, 2, \ldots \tag{163}$$

Bemerkung: Die rechte Seite von (163) enthält das Symbol $\dfrac{\mathrm{d}^k \bar{f}(p)}{\mathrm{d}p^k}$ für die k-te Ableitung der Bildfunktion $\bar{f}(p)$ nach p. Da die Differentiation *komplexer Funktionen* (vgl. [22]) ähnlich wie bei reellen Funktionen definiert ist, die hier vorkommenden Bildfunktionen formal den bekannten reellen Funktionen entsprechen, wenn dort einfach t durch p ersetzt wird (auch wenn die Eigenschaften der sich formal entsprechenden Funktionen von p und t voneinander abweichen), und die aus dem Reellen bekannten Differentiationsformeln ebenfalls formal übertragen werden können, soll hier auch nicht näher auf die Ableitung komplexer Funktionen eingegangen werden. Wichtig ist, daß man weiß, daß eine Bildfunktion $\bar{f}(p)$ immer nach p differenzierbar ist und die differenzierte Funktion stets wieder eine Bildfunktion darstellt. Der obige Multiplikationssatz kann in vielen Fällen rezeptmäßig angewendet werden.

Beispiel 12. Ein *Polynom* in p wird ebenso differenziert wie ein entsprechendes Polynom im Reellen. Ist nämlich

$$\bar{f}(p) = a_0 + a_1 p + a_2 p^2$$

(das ist allerdings keine klassische Bildfunktion, d. h. keine LAPLACE-Transformierte einer gewöhnlichen Funktion, sondern eine später noch zu behandelnde verallgemeinerte LAPLACE-Transformierte), so gilt

$$\frac{\mathrm{d}\bar{f}(p)}{\mathrm{d}p} = a_1 + 2a_2 p, \quad \frac{\mathrm{d}^2\bar{f}(p)}{\mathrm{d}p^2} = 2a_2 \quad \text{und} \quad \frac{\mathrm{d}^k\bar{f}(p)}{\mathrm{d}p^k} = 0 \quad \text{für } k = 3, 4, \ldots$$

Beispiel 13. Für eine *rationale Funktion* (z. B.) $\bar{f}(p) = \dfrac{p}{p^2 + 1}$ wird nach der Quotientenregel (vgl. [15, II., S. 51])

$$\frac{\mathrm{d}\bar{f}(p)}{\mathrm{d}p} = \frac{(p^2 + 1) - p(2p)}{(p^2 + 1)^2} = \frac{1 - p^2}{(p^2 + 1)^2}.$$

Beispiel 14. Für $e^{-\lambda p}$ (das ist ebenfalls keine klassische Bildfunktion!) gilt $\mathrm{d}\,e^{-\lambda p}/\mathrm{d}p = -\lambda\,e^{-\lambda p}$ und allgemein

$$\frac{\mathrm{d}^k e^{-\lambda p}}{\mathrm{d}p^k} = (-\lambda)^k e^{-\lambda p}.$$

Beispiel 15. Für die Sprungfunktion $f(t) = h(t)$, deren Bildfunktion $\bar{f}(p) = \bar{h}(p) = 1/p$ ist, folgt nach dem Multiplikationssatz

$$\mathscr{L}[t^k f(t)] = \mathscr{L}[h(t)\,t^k] = (-1)^k \frac{\mathrm{d}^k}{\mathrm{d}p^k}\left(\frac{1}{p}\right).$$

$$k = 1: \qquad \mathscr{L}[h(t)\,t] = (-1)\left(-\frac{1}{p^2}\right) = \frac{1}{p^2};$$

$$k = 2: \qquad \mathscr{L}[h(t)\,t^2] = -\frac{\mathrm{d}}{\mathrm{d}p}\,\mathscr{L}[h(t)\,t] = \frac{2}{p^3};$$

$$k = 3: \qquad \mathscr{L}[h(t)\,t^3] = -\frac{\mathrm{d}}{\mathrm{d}p}\,\mathscr{L}[h(t)\,t^2] = \frac{6}{p^4}$$

usw.   ···

$$\mathscr{L}[h(t)\,t^k] = \frac{k!}{p^{k+1}}.$$

Da insbesondere bei der Behandlung linearer Systeme *gebrochene rationale Bildfunktionen*

$$\boxed{\bar f(p) = \frac{a_n p^n + a_{n-1} p^{n-1} + \cdots + a_1 p + a_0}{b_m p^m + b_{m-1} p^{m-1} + \cdots + b_1 p + b_0}\quad (a_n,\,b_m \neq 0)} \tag{164}$$

mit reellen Koeffizienten a_i, b_k eine große Rolle spielen, sollen hierzu noch einige Bemerkungen gemacht werden. An dieser Stelle betrachten wir nur echt gebrochene rationale Bildfunktionen (d. h., $n < m$), da nur diesen klassische Originalfunktionen entsprechen. Einfache rationale Bildfunktionen findet man schon in der Tabelle (s. Anhang, Abschnitt 17.).

Beispiel 16. Die Funktionen Nr. 4 bis 21 der Tabelle 2 sind echt gebrochen rational in p.

Beispiel 17. Die Funktion

$$\bar f(p) = \bar x(p) = \frac{x_0 p + \left(x_1 + \dfrac{r x_0}{m}\right)}{p^2 + \dfrac{r}{m}\, p + \dfrac{n}{m}} \tag{165}$$

[das ist die Auslenkung des Federschwingers im Bildbereich, die sich durch Auflösung der Gleichung (161) ergibt] ist echt gebrochen rational.
Generell läßt sich jede rationale Funktion der Form (164) in *Partialbrüche* zerlegen, die man in Tabellen findet und deren Originalfunktionen sofort abgelesen werden können. Da allerdings im vorliegenden Buch alle Originalfunktionen reellwertig vorausgesetzt sind, erfolgt die *Partialbruchzerlegung* der Bildfunktionen (abweichend vom sonst bei der LAPLACE-Transformation üblichen Vorgehen) wie im Falle der reellen Funktionen ([1]; S. 306 ff.).

Beispiel 18. Der Einfachheit wegen sei für die Anfangsgeschwindigkeit beim Federschwinger (Bild 22) $x_1 = 0$ gesetzt, die Anfangsauslenkung sei $x_0 = 1$. Mit den Abkürzungen $r/m := 2\alpha$ und $n/m := \beta$ lautet die Formel (165) jetzt

$$\bar f(p) = \bar x(p) = \frac{p + 2\alpha}{p^2 + 2\alpha p + \beta}.$$

Im Falle $\alpha^2 < \beta$ (d. h., $r^2 < 4mn$) besitzt das Nennerpolynom ein Paar konjugiert komplexe einfache Nullstellen. Ein solcher Bruch läßt sich in folgender Weise umformen. Wegen $\beta - \alpha^2 > 0$ ist

$$\bar x(p) = \frac{(p + \alpha) + \alpha}{(p + \alpha)^2 + (\beta - \alpha^2)}$$

$$= \frac{p + \alpha}{(p + \alpha)^2 + \sqrt{\beta - \alpha^2}^{\,2}} + \frac{\alpha}{\sqrt{\beta - \alpha^2}}\,\frac{\sqrt{\beta - \alpha^2}}{(p + \alpha)^2 + \sqrt{\beta - \alpha^2}^{\,2}}.$$

7*

Dem ersten Bruch entspricht wegen $\beta - \alpha^2 > 0$ die Originalfunktion $h(t)\,\mathrm{e}^{-\alpha t}$ $\times \cos\left(\sqrt{\beta - \alpha^2}\,t\right)$ (s. Tabelle 2, Nr. 11), dem zweiten die Originalfunktion $\dfrac{\alpha}{\sqrt{\beta - \alpha^2}}$ $\times h(t)\,\mathrm{e}^{-\alpha t}\sin\left(\sqrt{\beta - \alpha^2}\,t\right)$ (s. Tabelle 2, Nr. 10). Also ist

$$x(t) = h(t)\,\mathrm{e}^{-\alpha t}\left[\cos\left(\sqrt{\beta - \alpha^2}\,t\right) + \frac{\alpha}{\sqrt{\beta - \alpha^2}}\sin\left(\sqrt{\beta - \alpha^2}\,t\right)\right],$$

d. h., das System führt eine gedämpfte Schwingung aus (vgl. Bild 19).

Im Falle $\beta = \alpha^2$ (d. h., $r^2 = 4mn$) besitzt der Nenner eine reelle Doppelnullstelle in $p = -\alpha$. $\bar{x}(p)$ kann jetzt in der Form

$$\bar{x}(p) = \frac{p + 2\alpha}{(p + \alpha)^2} = \frac{(p + \alpha) + \alpha}{(p + \alpha)^2} = \frac{1}{p + \alpha} + \frac{\alpha}{(p + \alpha)^2}$$

geschrieben werden. Aus der Tabelle 2, Nr. 6 und Nr. 7 (für $k = 1$) liest man ab:

$$x(t) = h(t)\,\mathrm{e}^{-\alpha t} + \alpha h(t)\,t\,\mathrm{e}^{-\alpha t} = h(t)\,\mathrm{e}^{-\alpha t}(1 + \alpha t).$$

Dies ist der aperiodische Grenzfall [vgl. (36) und Bild 20]. Schließlich besitzt das Nennerpolynom im Falle $\beta < \alpha^2$ (d. h., $r^2 > 4mn$) zwei einfache reelle Nullstellen $p_1 = -\alpha + \sqrt{\alpha^2 - \beta}$ und $p_2 = -\alpha - \sqrt{\alpha^2 - \beta}$. Die Auslenkung im Bildbereich lautet jetzt

$$\bar{x}(p) = \frac{p + 2\alpha}{(p - p_1)\,(p - p_2)}. \tag{166}$$

Der Ansatz für die Partialbruchzerlegung ist

$$\frac{p + 2\alpha}{(p - p_1)\,(p - p_2)} = \frac{A}{p - p_1} + \frac{B}{p - p_2},$$

woraus

$$p + 2\alpha = A(p - p_2) + B(p - p_1) = (A + B)\,p - (Ap_2 + Bp_1)$$

folgt. Koeffizientenvergleich liefert das Gleichungssystem

$$1 = A + B$$
$$2\alpha = -Ap_2 - Bp_1.$$

Die Lösung lautet

$$A = -\frac{2\alpha + p_1}{p_2 - p_1}, \qquad B = \frac{2\alpha + p_2}{p_2 - p_1},$$

d. h., es ist nach Tabelle 2, Nr. 6,

$$x(t) = Ah(t)\,\mathrm{e}^{p_1 t} + Bh(t)\,\mathrm{e}^{p_2 t},$$

oder — wenn man p_1, p_2, A und B einsetzt, umformt und die Definition der Hyperbelfunktionen beachtet (s. Abschnitt 2.3., Beispiel 3) —

$$x(t) = h(t)\,\mathrm{e}^{-\alpha t}\left[\frac{\alpha}{\sqrt{\alpha^2 - \beta}}\sin h\left(\sqrt{\alpha^2 - \beta}\,t\right) + \cos h\left(\sqrt{\alpha^2 - \beta}\,t\right)\right].$$

Das ist der mit Formel (37) und Bild 21 beschriebene Kriechfall bei starker Dämpfung.

Natürlich hätte man diese Lösung auch erhalten, wenn (166) in die Form

$$\bar{x}(p) = \frac{p}{(p - p_1)(p - p_2)} + \frac{2\alpha}{(p - p_1)(p - p_2)}$$

gebracht und die Formeln Nr. 14 und Nr. 15 der Tabelle 2 verwendet worden wären.

Beispiel 19. Die klassische Bildfunktion $\bar{f}(p) = \dfrac{p^3 + p^2 + 1}{p^4 + p^2}$ ist in Partialbrüche zu zerlegen, so daß $f(t)$ aus der Tabelle abgelesen werden kann. Der Nenner besitzt die reelle Doppelnullstelle $p_1 = 0$ und ein Paar konjugiert komplexe einfache Nullstellen $p_2 = \mathrm{j}$, $p_3 = -\mathrm{j}$. Das Nennerpolynom kann also in der Form $p^4 + p^2 = p^2(p^2 + 1)$ geschrieben werden. Ansatz für die Partialbruchzerlegung ist jetzt

$$\frac{p^3 + p^2 + 1}{p^2(p^2 + 1)} = \frac{A}{p} + \frac{B}{p^2} + \frac{Cp + D}{p^2 + 1}.$$

Multiplikation mit $p^2(p^2 + 1)$ liefert

$$p^3 + p^2 + 1 = Ap(p^2 + 1) + B(p^2 + 1) + (Cp + D)\,p^2. \tag{167}$$

Durch Koeffizientenvergleich (wie im letzten Beispiel) oder mit Hilfe der Grenzwertmethode bestimmt man die Koeffizienten A, B, C und D. Bei der Grenzwertmethode setzt man in die Gleichung (167) für p nacheinander die Nullstellen p_1, p_2 und p_3 ein und erhält das Gleichungssystem

$$
\begin{aligned}
p_1 = 0: \quad & 1 = B \\
p_2 = \mathrm{j}: \quad & -\mathrm{j} = -C\mathrm{j} - D \\
p_3 = -\mathrm{j}: \quad & \mathrm{j} = C\mathrm{j} - D.
\end{aligned}
$$

Setzt man dessen Lösung $B = 1$, $C = 1$, $D = 0$ in die Gleichung (167) ein, so läßt sich $A = 0$ sofort ablesen. Aus der Zerlegung

$$\bar{f}(p) = \frac{1}{p^2} + \frac{p}{p^2 + 1}$$

ergibt sich mit Tabelle 2, Nr. 5 und 9 (s. Anhang) sofort die zugehörige Originalfunktion

$$f(t) = h(t)\,[t + \cos t].$$

Aufgabe 1. Für die folgenden Funktionen $f(t) \in \mathscr{K}_{\mathscr{L}}$ sind die Bildfunktionen mittels (145) oder geeigneter Regeln zu berechnen:

a) $f(t) = h(t + 1) - h(t - 1)$;

b) $f(t) = [h(t + 1) - h(t - 1)]\,\mathrm{e}^{-\alpha t}$ \quad (α reell)

c) $f(t) = [h(t) - h(t - 1)]\,t\,!$

Aufgabe 2. Die folgenden rationalen Bildfunktionen $\bar{f}(p)$ sind in Partialbrüche zu zerlegen:

a) $\bar{f}(p) = \dfrac{1}{p(p - 1)}$; \quad b) $\bar{f}(p) = \dfrac{p - 1}{p(p + 1)^2}$; \quad c) $\bar{f}(p) = \dfrac{3p^3 + p}{p^4 - 1}$

Wie lauten die zugehörigen Originalfunktionen?

Aufgabe 3. Man leite die folgenden Formeln der Tabelle 2 (s. Anhang) durch Anwendung des Multiplikationssatzes (163) her:

a) Nr. 12 aus Nr. 8.   b) Nr. 13 aus Nr. 9.

c) Nr. 20 aus Nr. 16.   d) Nr. 21 aus Nr. 17.!

6.2.   Laplace-Transformation für Distributionen

Die LAPLACE-Transformation ist ein außerordentlich wichtiges und gern benutztes Hilfsmittel bei Systemuntersuchungen, ja manche technische Teildisziplin lebt förmlich davon. Betrachtet man beispielsweise ein lineares System, wie in Bild 73 skizziert, so gilt im Bildbereich der LAPLACE-Transformation die zur Originalgleichung $x(t) = q(t) * f(t)$ analoge Gleichung (151) $\bar{x}(p) = \bar{q}(p)\,\bar{f}(p)$, die in wesentlich einfacherer Weise den Zusammenhang zwischen Erregung $f(t)$ und Antwort $x(t)$ beschreibt als die Originalgleichung. Wir haben das schon in Abschnitt 6.1. angedeutet. Nun reicht aber die dort entwickelte Theorie für gewöhnliche Funktionen in der Praxis nicht aus. Dazu braucht $f(t)$ nur ein DIRAC-Impuls oder die Gewichtsfunktion $q(t)$ eine Summe einer Funktion und eines DIRAC-Impulses $\delta(t)$ zu sein, wie das etwa bei *Übertragungsgliedern* in der *Regelungstechnik* der Fall sein kann. Um trotzdem den Apparat der LAPLACE-Transformation mit seinen leicht handhabbaren Formeln und Tabellen nutzen zu können, muß das zugehörige theoretische Gebäude etwas erweitert werden.

Um die Erklärung der LAPLACE-*Transformation für Distributionen* nicht unnötig zu erschweren, soll diese — wie schon vorher die Faltung von Distributionen — in etwas anderer Weise als in der mathematischen Literatur üblich definiert werden. Aus praktischer Sicht genügt es, die verallgemeinerte LAPLACE-Transformation nur für die folgende Teilmenge $\mathscr{D}'_{\mathscr{L}}$ aus $\mathscr{D}'_{\mathscr{M}}$ zu definieren. Diese Teilmenge sei folgendermaßen festgelegt:

Definition

> Eine Distribution g gehört genau dann zur Menge $\mathscr{D}'_{\mathscr{L}}$, wenn sie sich als Ableitung endlicher Ordnung (im Distributionensinne) einer Funktion $f(t) \in \mathscr{K}_{\mathscr{L}}$, also in der Form $g(t) = f^{(j)}(t) = \delta^{(j)}(t) * f(t)$ für eine gewisse ganze Zahl $j \geq 0$, darstellen läßt.

Die in den Beispielen 1, 2 und 4 des Abschnittes 5.7. angegebenen Distributionen gehören sogar zu $\mathscr{D}'_{\mathscr{L}}$.

Es gilt:

> Das Produkt einer Distribution aus $\mathscr{D}'_{\mathscr{L}}$ mit einer Zahl, die Summe und die Faltung zweier Distributionen aus $\mathscr{D}'_{\mathscr{L}}$ gehören wieder zum Raum $\mathscr{D}'_{\mathscr{L}}$, der ein Teilraum von $\mathscr{D}'_{\mathscr{M}}$ ist.
>
> Der Raum $\mathscr{K}_{\mathscr{L}}$ ist ein Teilraum von $\mathscr{D}'_{\mathscr{L}}$.

Ist $\varphi(t) \in \mathscr{D}$ eine beliebige Testfunktion, so folgt mit (115) und (120) für eine Distribution

$$g(t) = \delta^{(j)}(t) * f(t)$$

$$g(t) * \varphi(t) = \delta^{(j)}(t) * f(t) * \varphi(t) = f(t) * \delta^{(j)}(t) * \varphi(t)$$

$$= f(t) * \varphi^{(j)}(t) = f(t) * \frac{\mathrm{d}^{j}\varphi(t)}{\mathrm{d}t^{j}}.$$

Da andererseits jede Ableitung einer Testfunktion $\varphi(t)$ stets LAPLACE-transformierbar ist, ist mit $f(t) \in \mathcal{K}_{\mathcal{L}}$ auch das Faltungsprodukt $f(t) * \dfrac{\mathrm{d}^j \varphi(t)}{\mathrm{d} t^j}$ und damit $g(t) * \varphi(t)$ eine LAPLACE-transformierbare Funktion. Also kann die gewöhnliche LAPLACE-Transformierte entsprechend Formel (145) gebildet werden:

$$\mathcal{L}[g * \varphi] = \mathcal{L}\left[f(t) * \frac{\mathrm{d}^j \varphi(t)}{\mathrm{d} t^j}\right].$$

Auf die rechte Seite dieser Gleichung lassen sich aber der Faltungssatz (149) und der Differentiationssatz (158) (Formeln Nr. 3 und 8 der Tabelle 1) anwenden, woraus

$$\mathcal{L}[g * \varphi] = \mathcal{L}[f]\,\mathcal{L}\left[\frac{\mathrm{d}^j \varphi(t)}{\mathrm{d} t^j}\right] = \bar{f}(p)\, p^j \bar{\varphi}(p) = p^j \bar{f}(p)\, \bar{\varphi}(p)$$

folgt. Die (komplexe) Funktion $p^j \bar{f}(p)$ kann man nun als verallgemeinerte LAPLACE-Transformierte der Distribution g aus $\mathcal{D}'_{\mathcal{L}}$ auffassen.

Definition

> Ist $g(t) = f^{(j)}(t)$ eine beliebige Distribution in $\mathcal{D}'_{\mathcal{L}}$, die sich als Distributionenableitung j-ter Ordnung der Funktion $f(t) \in \mathcal{K}_{\mathcal{L}}$ darstellen läßt, so heißt die Funktion
>
> $$\mathcal{L}[g(t)] \equiv \bar{g}(p) := p^j \bar{f}(p) \tag{168}$$
>
> der komplexen Variablen p die LAPLACE-Transformierte der Distribution $g(t)$.

Die Bezeichnung *Laplace-Transformierte* ist sinnvoll, denn es gilt offensichtlich:

> Ist die Distribution $g(t)$ sogar eine Funktion aus $\mathcal{K}_{\mathcal{L}}$, d. h. eine reguläre Distribution, so stimmen deren verallgemeinerte und gewöhnliche LAPLACE-Transformierte überein.

Ohne Beweis sei hier vermerkt, daß auch die verallgemeinerte LAPLACE-Transformation — wie die gewöhnliche — eine umkehrbar eindeutige Zuordnung zwischen den Distributionen aus $\mathcal{D}'_{\mathcal{L}}$ und ihren Bildfunktionen bewirkt. Wichtig ist weiterhin:

> Die Formeln (149), (150), (152), (155), (156), (157), (158) und (163) gelten auch dann noch, wenn man dort für f und g Distributionen aus dem Raum $\mathcal{D}'_{\mathcal{L}}$ einsetzt und die vorkommenden Operationen im Distributionensinne versteht.

Beispiel 1. $\delta(t)$ besitzt wegen $\delta(t) = h'(t)$ die LAPLACE-Transformierte $p\bar{h}(p) = p \cdot \dfrac{1}{p}$, also

$$\boxed{\mathcal{L}[\delta(t)] = \bar{\delta}(p) = 1.} \tag{169}$$

Beispiel 2. Für beliebiges reelles λ gilt

$$\boxed{\mathcal{L}[\delta(t - \lambda)] = \mathrm{e}^{-\lambda p}.} \tag{170}$$

Beispiel 3. Für beliebiges k ($k = 1, 2, \ldots$) und reelles λ ist

$$\boxed{\mathscr{L}[\delta^{(k)}(t - \lambda)] = p^k \, \mathrm{e}^{-\lambda p}.} \tag{171}$$

Beispiel 4. Wegen $Pf\big(h(t)\, t^{-3/2}\big) = \big[-2h(t)/\sqrt{t}\big]'$ [vgl. (96)] und $\mathscr{L}\big[-2h(t)/\sqrt{t}\big] = -2\sqrt{\pi/p}$ (s. Tabelle 2, Nr. 35) gilt

$$\boxed{\mathscr{L}[Pf\big(h(t)\, t^{-3/2}\big)] = p\big(-2\sqrt{\pi/p}\big) = -2\sqrt{\pi p}.} \tag{172}$$

Aufgabe 1. Die Formeln (170) und (171) sind nachzuweisen!

Aufgabe 2. Welche der folgenden Distributionen gehören zum Raum $\mathscr{D}'_{\mathscr{L}}$, und wie lauten ihre Bildfunktionen?

a) $g(t) = c + \delta(t)$ ($c = $ konst.); b) $g(t) = c\delta(t)$ ($c = $ konst.); c) $g(t) = \mathrm{e}^{-t} + \delta(t)$;

d) $g(t) = h(t)\, \mathrm{e}^{-t} + \delta(t)$; e) $g(t) = \sum_{k=0}^{n} \alpha_k \delta^{(k)}(t)$; f) $g(t) = \sum_{k=0}^{n} \alpha_k \delta(t - \lambda_k)$.

Wie schon in Abschnitt 6.1. angedeutet, spielt der Differentiationssatz für Funktionen, die für $t < 0$ verschwinden, eine wichtige Rolle. Wie ordnet sich dieser nun in die allgemeineren Verhältnisse ein?
Besitzt die auf der gesamten t-Achse stetige Funktion $f(t)$ aus $\mathscr{K}_{\mathscr{L}}$ mit $f(t) = 0$ für $t < 0$ [d. h., $f_0 = f(0) = 0$] eine wenigstens stückweise stetige Funktionenableitung $\dot{f}(t) \in \mathscr{K}_{\mathscr{L}}$, so gilt hier $f'(t) = \dot{f}(t)$, und es ist mit Formel (157)

$$\mathscr{L}[f'] = \mathscr{L}[\dot{f}] = p\bar{f}(p).$$

Dies stimmt offensichtlich auch mit der ersten Formel in (159) überein.
Besitzt die für $t \geqq 0$ stetige und für $t < 0$ verschwindende Funktion $f(t) \in \mathscr{K}_{\mathscr{L}}$ in $t = 0$ jedoch einen Sprung der Höhe $f_0 = f(0)$, so gilt die Formel (159), also

$$\mathscr{L}[\dot{f}(t)] = p\bar{f}(p) - f_0.$$

Wendet man nun Formel (157) im Distributionensinne an, so muß man dort die Distributionenableitung f' anstelle der Funktionenableitung einsetzen, und es gilt

$$\mathscr{L}[f'(t)] = p\bar{f}(p). \tag{173}$$

Jetzt stimmt aber die Funktionenableitung $\dot{f}(t)$ nicht mit der Distributionenableitung $f'(t)$ überein, sondern es gilt vielmehr nach Formel (100) $f'(t) = \dot{f}(t) + f_0\delta(t)$. Setzt man dies in die Beziehung (173) ein, so folgt mit dem Additionssatz (150) und Formel (169)

$$p\bar{f}(p) = \mathscr{L}[\dot{f}(t) + f_0\delta(t)] = \mathscr{L}[\dot{f}(t)] + f_0\mathscr{L}[\delta(t)] = \mathscr{L}[\dot{f}(t)] + f_0.$$

Dies liefert aber sofort die gewünschte Beziehung (159) (erste Formel). Entsprechend lassen sich auch die anderen Formeln (159) einordnen.
Wenn also gesagt wurde, daß der Differentiationssatz [Formeln (157) und (158)] auch für Distributionen $f(t)$ aus $\mathscr{D}'_{\mathscr{L}}$ gilt, so heißt das, der Differentiationssatz (159) im Funktionensinne bleibt erhalten. Zu beachten ist dabei lediglich, daß in den Fällen, in denen Funktionen- und Distributionenableitung nicht übereinstimmen, deren Unterscheidung auch wirklich vorgenommen wird.
Analog wie bei der klassischen LAPLACE-Transformation wird auch im Bereich der

hier behandelten *verallgemeinerten* LAPLACE-Transformation die Rücktransformation vom Bildbereich in den Originalbereich mit Hilfe von Tabellen vorgenommen (s. Anhang).

Beispiel 5. Einem Polynom im Bildbereich entspricht stets eine Distribution. Ist etwa $\bar{g}(p) = \alpha_0 + \alpha_1 p + \alpha_2 p^2 + \cdots + \alpha_n p^n$, so liefert der Additionssatz (Tabelle 1, Nr. 2), wenn man diesen auf eine Summe von n Gliedern ausdehnt, zusammen mit $p^k = \mathscr{L}[\delta^{(k)}(t)]$ (Tabelle 2, Nr. 1) die zugehörige Originaldistribution $g(t) = \alpha_0 \delta(t) + \alpha_1 \delta'(t) + \alpha_2 \delta''(t) + \cdots + \alpha_n \delta^{(n)}(t)$.

Beispiel 6. Die unecht gebrochene rationale Funktion in p $\bar{g}(p) = \dfrac{p^2}{p+1}$ kann in der Form $\bar{g}(p) = p^2 \mathscr{L}[h(t)\, e^{-t}]$ geschrieben werden. Der Differentiationssatz (158) — jetzt für Distributionen betrachtet — (s. auch Tabelle 1, Nr. 8) liefert $g(t) = [h(t)\, e^{-t}]''$. Bildet man diese zweite Distributionenableitung, so ergibt sich folgendes: Die Funktion $f(t) = h(t)\, e^{-t}$ besitzt eine stückweise stetige Funktionenableitung $\dot{f}(t) = -h(t)\, e^{-t}$, die mit der Distributionenableitung $f'(t)$ nach der Formel (100) (s. auch Tabelle 1, Nr. 12) verknüpft ist, d. h., es gilt mit $f_0 = f(0) = 1$ [$f(t)$ besitzt Sprung der Höhe 1]

$$f'(t) = \dot{f}(t) + \delta(t) = -h(t)\, e^{-t} + \delta(t).$$

Also gilt für die zweite Distributionenableitung

$$
\begin{aligned}
[h(t)\, e^{-t}]'' &= [f'(t)]' = [-h(t)\, e^{-t} + \delta(t)]'\\
&= -[h(t)\, e^{-t}]' + \delta'(t) = -f'(t) + \delta'(t)\\
&= -[-h(t)\, e^{-t} + \delta(t)] + \delta'(t) = h(t)\, e^{-t} - \delta(t) + \delta'(t).
\end{aligned}
$$

Man sieht also, daß die Distributionenableitung $[h(t)\, e^{-t}]''$ keine Funktion, sondern eine Distribution in $\mathscr{D}'_{\mathscr{L}}$ ist, und sie stimmt tatsächlich nicht mit der zweiten Funktionenableitung $\ddot{f}(t) = h(t)\, e^{-t}$ überein.

Zur gleichen Bildfunktion kann man natürlich einfacher die Originaldistribution bestimmen. Division liefert nämlich

$$\bar{g}(p) = \frac{p^2}{p+1} = p - 1 + \frac{1}{p+1},$$

woraus mit den Formeln Nr. 1, 2 und 6 (Tab. 2) sofort $g(t) = \delta'(t) - \delta(t) + h(t)\, e^{-t}$ folgt. Für *rationale Bildfunktionen* der Form (164) kann man folgendes festhalten:

Ist $\bar{f}(p)$ *echt* gebrochen, d. h., $n < m$, so ist $f(t)$ im Originalraum eine für $t < 0$ verschwindende Funktion (also stets eine reguläre Distribution). Ist $\bar{f}(p)$ ein Polynom, d. h., $m = 0$ und $n > 0$, so ist

$$f(t) = \frac{1}{b_0}\left[a_n \delta^{(n)}(t) + \cdots + a_1 \delta'(t) + a_0 \delta(t) \right]$$

die zugehörige Originaldistribution.
Ist die rationale Funktion $\bar{f}(p)$ *unecht* gebrochen, d. h., $n \geqq m$, so läßt sie sich durch Division in die Summe eines Polynoms und einer echt gebrochenen rationalen Funktion zerlegen, und die zugehörige Originaldistribution ist eine Kombination der beiden erstgenannten Fälle.

Aufgabe 3. Die zu den folgenden Bildfunktionen gehörenden Originaldistributionen sind zu bestimmen!

a) $\bar{f}(p) = 5 + 3p + p^4$;   b) $\bar{f}(p) = 1 + e^{-p}$;   c) $\bar{f}(p) = \dfrac{e^{2p}}{p-1}$;

d) $\bar{f}(p) = \dfrac{e^{-2p}}{p-1}$;   e) $\bar{f}(p) = \dfrac{e^{p}}{p}$;   f) $\bar{f}(p) = e^{-3p}p$.

Welche der zugehörigen Originaldistributionen $f(t)$ sind keine klassischen Funktionen, welche gehören zum Raum $\mathcal{K}_{\mathscr{L}}$, und welche verschwinden für $t < 0$?

Aufgabe 4. Die folgenden rationalen Bildfunktionen sind zurückzutransformieren! (Tabellen benutzen)

a) $\bar{f}(p) = \dfrac{p^2 + p + 1}{p + 1}$;   b) $\bar{f}(p) = \dfrac{p^4 - 2p^3 + 2p^2 - 2p + 2}{p^2 - 2p + 1}$;

c) $\bar{f}(p) = \dfrac{p^2}{p^2 + 1}$;   d) $\bar{f}(p) = \dfrac{p^3}{p^2 - 1}$.

Aufgabe 5. Mit Hilfe des Multiplikationssatzes (163) (s. auch Tabelle 1, Nr. 5) weise man folgende Formeln nach:

a) $t^k \delta(t) = 0$, $k = 1, 2, \ldots$;   b) $t \delta''(t) = -2\delta'(t)$;

c) $t^2 \delta''(t) = 2\delta(t)$;   d) $t^k \delta''(t) = 0$, $k = 3, 4, \ldots$

7. Operatoren und Distributionen

7.1.　　　Heaviside-Kalkül und Laplace-Transformation

Die MIKUSIŃSKIsche *Operatorenrechnung* stellte keinesfalls einen krönenden Abschluß in der Entwicklung der Operatorenrechnung dar, sondern führte in der Folgezeit eher zu einer stürmischen Weiterentwicklung dieser mathematischen Disziplin. Andererseits hat die Operatorenrechnung, die wegen des algebraischen Aufbaus einfacher ist als vergleichbare analytische Methoden, wie etwa die LAPLACE-Transformation, nicht zu einer Verdrängung dieser eigentlich komplizierteren Methoden aus der technischen Literatur geführt.

Verfolgt man die Entwicklung der Operatorenrechnung bis in die Anfänge zurück, so erkennt man ihr ursprüngliches Anliegen in der Suche nach Methoden, die die Lösung gewisser Gleichungen, in denen kompliziertere Operationen auftreten (z. B. Differentialgleichungen), auf einfacherem Wege (mit algebraischen Operationen) bewerkstelligen.

Der englische Elektrotechniker O. HEAVISIDE baute als erster die Operatorenrechnung zu einer Methode aus, die insbesondere in der Elektrotechnik große Verbreitung fand. Dieser HEAVISIDE-Kalkül, dessen Anwendung zu richtigen, aber auch falschen Ergebnissen führte (weil er auf keinem exakten mathematischen Fundament beruhte), schrieb vor, die transzendente Operation des Differenzierens formal durch einen Differentiationsoperator $s = \dfrac{\mathrm{d}}{\mathrm{d}t}$ zu ersetzen und mit diesem wie mit einem Faktor zu rechnen. Für diesen so definierten Operator s gilt dann naturgemäß

$$sf(t) = \dot{f}(t), \tag{174}$$

falls $f(t)$ differenzierbar ist. Würde man mit dieser Methode die zum Federschwinger (Bild 22) gehörende Differentialgleichung (160)

$$m\ddot{x}(t) + r\dot{x}(t) + nx(t) = 0$$

(alle Funktionen sollen für $t < 0$ gleich Null sein) lösen, so ergäbe sich

$$ms^2x(t) + rsx(t) + nx(t) = 0$$

mit der formalen Lösung

$$x(t) = \frac{0}{ms^2 + rs + n} = 0.$$

Das ist sicher eine Lösung der Differentialgleichung (160), aber eben nur für den Fall *verschwindender* Anfangsbedingungen $x(0) = \dot{x}(0) = 0$, d. h., wenn zum Zeitpunkt $t = 0$ weder eine Anfangsauslenkung noch eine Anfangsgeschwindigkeit vorhanden waren. Dann befindet sich das System zu allen Zeiten $t > 0$ im Ruhezustand. Man erhält also keine Lösung für nichtverschwindende Anfangswerte.

Eine mathematisch exakte Methode der Operatorenrechnung wurde durch G. DOETSCH mit der LAPLACE-Transformation geliefert. Allerdings sind hier die Verhältnisse etwas komplizierter, da die algebraischen Operationen zur Lösung z. B. einer Differentialgleichung im Bildraum auszuführen sind, nachdem mit der LAPLACE-Transformation zunächst ein gewisser analytischer «Aufwand» getrieben wurde (vgl. Abschnitt 6.1.).

Hier lautet die zu $\dfrac{\mathrm{d}}{\mathrm{d}t}$ gehörende Operation im Bildraum [s. Formel (159)]

$$\mathcal{L}[\dot{f}(t)] = p\mathcal{L}[f(t)] - f_0$$

oder

$$p\mathcal{L}[f(t)] = \mathcal{L}[\dot{f}(t)] + f_0. \tag{175}$$

Diese Bildgleichung würde einer Gleichung

$$sf(t) = \dot{f}(t) + f_0 \tag{176}$$

entsprechen, die nur für $f_0 = 0$ mit der Formel (174) übereinstimmt. Eine solche Formel gilt aber z. B. in der MIKUSIŃSKISchen Operatorenrechnung.

7.2.   Mikusińskische Operatorenrechnung und Laplace-Transformation

Die MIKUSIŃSKISche Operatorenrechnung (MIKUSIŃSKI, J., polnischer Mathematiker) besitzt eine algebraische Grundlage, die mit der Nullteilerfreiheit der Faltungsprodukte (38) und (39) zusammenhängt. Wir wollen hier die MIKUSIŃSKISchen Operatoren definieren, ohne erst die in der höheren Algebra übliche Begriffe *Ring* und *Quotientenkörper* zu diskutieren. Auch wollen wir hier — abweichend von [16] — nicht vom Raum $C[0, \infty)$ aller für $t \geqq 0$ stetigen und für $t < 0$ verschwindenden Funktionen $f(t)$ ausgehen, sondern gleich den Raum $\mathcal{K}_\mathcal{M}$ und das Faltungsprodukt (39) als Ausgangspunkt benutzen, wie das in ([16], S. 114) angedeutet ist. Aus diesem Grund haben wir auch eingangs schon das Symbol $\mathcal{K}_\mathcal{M}$ gewählt.

Wir erinnern uns zunächst an die Menge der ganzen Zahlen $m, n, m_1, n_1, \ldots$ Addition $m + n$ und Multiplikation mn führen stets wieder zu ganzen Zahlen. Auch gibt es keinerlei Schwierigkeiten, eine Differenz zweier beliebiger ganzer Zahlen zu bilden. Das Ergebnis ist stets wieder eine ganze Zahl. Auch eine Gleichung der Form $m = m_1 n$ läßt sich ohne Schwierigkeiten nach m_1 auflösen, wobei man allerdings mit

$$m_1 = \frac{m}{n} \quad (n \neq 0)$$

zu einem neuen Begriff, dem Bruch, gelangt. Ein solcher Bruch, in dem die im Zähler stehende ganze Zahl m ein ganzzahliges Vielfaches (genauer ein m_1-faches) der im Nenner stehenden ganzen Zahl n ist, ist natürlich wieder eine ganze Zahl, nämlich m_1. Bildet man jedoch ganz beliebige Brüche $\dfrac{m}{n}$ ganzer Zahlen m, n $(n \neq 0)$, so ist das Ergebnis i. allg. keine ganze Zahl, sondern ein zunächst neues Objekt $a = \dfrac{m}{n}$, nämlich eine rationale Zahl a. Die ganzen Zahlen sind wegen $m = \dfrac{nm}{n}$ $(n \neq 0)$ in der Menge aller rationalen Zahlen enthalten. In der Menge der rationalen Zahlen werden dann unter Bezugnahme auf die schon bekannten *Relationen* und *Operationen* für ganze Zahlen entsprechende Relationen und Operationen so definiert, daß sie in der Teilmenge der ganzen Zahlen mit den dortigen Operationen zusammenfallen. Dies geschieht wie folgt:

Definition

Für zwei rationale Zahlen $a = \dfrac{m}{n}$, $a_1 = \dfrac{m_1}{n_1}$ $(n \neq 0,\, n_1 \neq 0)$ gelte

$a = a_1$, d. h., $\dfrac{m}{n} = \dfrac{m_1}{n_1}$, genau dann, wenn $mn_1 = nm_1$;

$$a + a_1 = \frac{m}{n} + \frac{m_1}{n_1} = \frac{mn_1 + nm_1}{nn_1};$$

$$aa_1 = \frac{m}{n} \cdot \frac{m_1}{n_1} = \frac{mm_1}{nn_1};$$

$$\frac{1}{a} = \frac{n}{m},\ \text{falls}\ m \neq 0\ (\text{d. h.},\ a \neq 0),\ \text{und}\ \frac{a_1}{a} = a_1 \cdot \frac{1}{a}.$$

Für diese Rechenoperationen gelten natürlich die aus der Zahlenrechnung wohlbekannten Rechenregeln.

Der Zweck dieser elementaren Erörterungen soll nicht etwa der Auffrischung der Kenntnisse über Bruchrechnung dienen. Worauf es uns ankommt, ist, daß der Leser sich noch einmal den Weg ins Gedächtnis ruft, der von den ganzen Zahlen zu den rationalen Zahlen geführt hat. Denn dieser Weg ist formal der gleiche, der uns die Mikusińskische Operatorenrechnung liefert.

An die Stelle der ganzen Zahlen m, n, m_1, n_1, ... treten jetzt die Funktionen $f(t)$, $g(t)$, $f_1(t)$, $g_1(t)$, ... aus $\mathcal{K}_\mathcal{M}$. Addition $f + g$ und Faltungsmultiplikation $f * g$ (39) liefern als Ergebnis stets wieder Funktionen in $\mathcal{K}_\mathcal{M}$. Die Differenz solcher Funktionen ist ebenfalls eine Funktion in $\mathcal{K}_\mathcal{M}$. Eine Gleichung der Form $f = f_1 * g$ kann ebenfalls formal nach f_1 aufgelöst werden, und man erhält [falls $g(t)$ nicht identisch verschwindet] $f_1 = \dfrac{f(t)}{g(t)}$, wobei der doppelte Bruchstrich andeutet, daß es sich hier nicht um eine gewöhnliche Division, sondern um die zur Faltungsmultiplikation inverse Operation handelt, mit der wir im Moment noch nicht viel anfangen können.

Wir bezeichnen diese neuen Objekte $\dfrac{f(t)}{g(t)}$ in Analogie zu den Zahlen als *Faltungsquotienten* oder *Faltungsbrüche*. Einen solchen Faltungsbruch kann man folgendermaßen auffassen:

Ist der Zähler $f(t)$ des obigen Faltungsbruches in der Form $f(t) = f_1(t) * g(t)$ darstellbar mit einer Funktion $f_1(t)$ aus $\mathcal{K}_\mathcal{M}$ (das entspricht der Aussage: ist der Zähler m ein ganzzahliges Vielfaches des Nenners n), so ist $\dfrac{f(t)}{g(t)}$ eine Funktion aus $\mathcal{K}_\mathcal{M}$, nämlich $f_1(t)$.

Oder anders gesagt: $\dfrac{f(t)}{g(t)}$ ist dann diejenige Funktion $f_1(t)$, für die $f_1(t) * g(t) = f(t)$ gilt. Bildet man jedoch formal alle möglichen Faltungsbrüche der Form $a = \dfrac{f}{g}$ $g(t) \not\equiv 0$, mit beliebigen Funktionen aus $\mathcal{K}_\mathcal{M}$, so kann man (wie bei Zahlenbrüchen) nicht erwarten, daß ein solches Element a stets wieder eine Funktion in $\mathcal{K}_\mathcal{M}$ ist (wie das eben der Fall war). Dann müssen wir diese Faltungsbrüche tatsächlich als neue Objekte auffassen, mit denen wir (außer im Spezialfall $f = f_1 * g$) noch nichts

anfangen können, weil wir für sie noch keine Rechenoperationen definiert haben.
Zunächst also folgende (zur Definition der rationalen Zahl als Bruch $\dfrac{m}{n}$ analoge)

Definition

Ein Faltungsbruch der Form

$$a = \frac{f(t)}{g(t)}, \qquad f(t), g(t) \in \mathcal{K}_{\mathcal{M}}; \qquad g(t) \not\equiv 0, \tag{177}$$

heißt *Operator*. Die Gesamtheit aller Operatoren wird mit dem Symbol $\mathcal{M}$ bezeichnet (Mikusińskische Operatoren).

So wie die ganzen Zahlen mit gewissen rationalen Zahlen identifiziert werden können $\left(m = \dfrac{nm}{n}, \, n \neq 0\right)$, kann man auch jede Funktion $f(t) \in \mathcal{K}_{\mathcal{M}}$ mit einem Operator

$$\boxed{\{f(t)\} = \frac{h(t) * f(t)}{h(t)}} \tag{178}$$

identifizieren. [Anstelle der Sprungfunktion $h(t)$ könnte man natürlich auch jede beliebige andere Funktion $g(t) \in \mathcal{K}_{\mathcal{M}}$, die nicht identisch verschwindet, benutzen.]
Wir vereinbaren noch, daß eine Funktion $f(t)$ in $\mathcal{M}$ wie in Formel (178) in geschweifte Klammern gesetzt wird, wenn sie nicht als Faltungsbruch geschrieben wird. Dies dient der Vermeidung von Mißverständnissen.
Bevor wir für Operatoren die Rechenoperationen definieren, sollen einige für spätere Zwecke wichtige Operatoren angegeben werden.

Beispiel 1. Ein «echter» Operator, der sich mit keiner Funktion identifizieren läßt, ist

$$\boxed{s := \frac{h(t)}{h(t) * h(t)}} \tag{179}$$

(s wird sich später als *Differentiationsoperator* herausstellen).

Beispiel 2. Der durch die Heavisidesche Einheitssprungfunktion $h(t)$ erzeugte Operator $\{h(t)\}$ ist entsprechend (178)

$$\boxed{\{h(t)\} = \frac{h(t) * h(t)}{h(t)}} \tag{180}$$

(der zukünftige *Integrationsoperator*).

Beispiel 3. Mit dem Symbol $e^{-\lambda s}$ wollen wir folgenden Operator (der die Bezeichnung *Verschiebungsoperator* verdienen wird) bezeichnen:

$$\boxed{e^{-\lambda s} := \frac{h(t - \lambda)}{h(t)}, \qquad \lambda \text{ reell.}} \tag{181}$$

An dieser Stelle ist es noch nicht sinnvoll zu fragen, warum nun für diesen Operator gerade das Symbol $e^{-\lambda s}$ gewählt wurde. Diese Frage wird später beantwortet. Im Moment ist $e^{-\lambda s}$ lediglich ein Symbol für den Faltungsbruch (Operator) (181). Man hätte auch eine Bezeichnung der Form a_λ o. ä. wählen können.

Ebenso einfach, wie man einer Funktion einen Operator zuordnet, kann man eine Zahl α mit einem solchen identifizieren. Zunächst bemerken wir noch, daß eine auf der ganzen t-Achse konstante Funktion $f(t) \equiv \alpha \neq 0$ nicht zum Raum $\mathcal{K}_\mathcal{M}$ gehört und sich auch nicht mit einem Operator aus $\mathcal{M}$ identifizieren läßt. Derartige Funktionen können also von vornherein aus unseren Betrachtungen ausgeklammert werden. Eine für $t < \sigma_f$ verschwindende und für $t \geq \sigma_f$ den konstanten Wert α annehmende Funktion $\alpha h(t - \sigma_f)$ gehört sicher zum Raum $\mathcal{K}_\mathcal{M}$ und läßt sich nach Definition (178) mit einem Operator $\{\alpha h(t - \sigma_f)\}$ identifizieren. Das Symbol α bezeichnet also keine Funktion, sondern stets eine Zahl, der man aber nach der Vorschrift

$$\boxed{\;\alpha := \frac{\alpha h(t)}{h(t)}\;} \tag{182}$$

einen Operator in $\mathcal{M}$, einen sogenannten *Zahlenoperator* zuordnen kann. Für den zugehörigen Operator wird gar nicht erst eine andere Kurzbezeichnung eingeführt, sondern gleich das Symbol α beibehalten. Der Grund dafür wird genannt, wenn wir die LAPLACE-Transformation für Operatoren eingeführt haben. Natürlich ist es wichtig zu wissen, wie sich die Funktionenoperatoren $\{f(t)\}$, $f(t) \in \mathcal{K}_\mathcal{M}$, bzw. die Zahlenoperatoren α als Faltungsbrüche darstellen lassen, nämlich nach (178) bzw. (182).

Nachdem wir nun die Operatoren als Faltungsbrüche eingeführt und spezielle Beispiele angegeben haben, wollen wir die *Rechenoperationen* definieren (andernfalls könnte man ja nicht mit den Operatoren rechnen). Der Leser orientiere sich dabei wieder am Beispiel der Rechenoperationen für rationale Zahlen.

Definition

Sind $a = \dfrac{f(t)}{g(t)}$ und $a_1 = \dfrac{f_1(t)}{g_1(t)}$ Operatoren in $\mathcal{M}$, so gelte

$$a = a_1, \text{ d. h.}, \quad \frac{f(t)}{g(t)} = \frac{f_1(t)}{g_1(t)}, \text{ genau dann, wenn } f * g_1 = g * f_1;$$

$$a + a_1 = \frac{f(t)}{g(t)} + \frac{f_1(t)}{g_1(t)} := \frac{f(t) * g_1(t) + g(t) * f_1(t)}{g(t) * g_1(t)};$$

$$a a_1 = \frac{f(t)}{g(t)} \cdot \frac{f_1(t)}{g_1(t)} := \frac{f(t) * f_1(t)}{g(t) * g_1(t)};$$

$$\frac{1}{a} = a^{-1} := \frac{g(t)}{f(t)}, \quad \text{falls } f(t) \not\equiv 0.$$

a^{-1} heißt der zu a inverse Operator, und es gilt $\dfrac{a_1}{a} = a_1 a^{-1}$.

Die für diese Operationen gültigen Rechenregeln (Kommutativgesetz, Assoziativgesetz, Distributivgesetz) sollen hier nicht aufgeschrieben werden. Es genügt zu wissen:

> Alle für die gewöhnlichen Operationen mit rationalen Zahlen geltenden Rechenregeln lassen sich ganz formal auf die für Operatoren definierten Operationen übertragen.

Des weiteren gilt:

> Sind zwei Operatoren α und β Zahlenoperatoren, so fallen die Operationen im Sinne der Operatoren mit den entsprechenden Zahlenoperationen zusammen.
>
> Sind zwei Operatoren $a = \{f(t)\}$ und $b = \{g(t)\}$ Funktionen aus $\mathcal{K}_{\mathcal{M}}$, so fallen die Operatorenaddition mit der Funktionenaddition und die Operatorenmultiplikation mit der Faltungsmultiplikation zusammen, **d. h.**, es gilt $a + b = \{f(t) + g(t)\}$ und $ab = \{f(t) * g(t)\}$.

Beispiel 4. Die beiden Zahlenoperatoren 0 und 1 spielen in der Operatorenrechnung eine besondere Rolle. Für beliebige Operatoren a gilt nämlich stets

$$0a = a0 = 0 \quad \text{und} \quad 1a = a1 = a. \tag{183}$$

Die Zahl 0 ist die einzige Zahl, die mit einer Funktion aus $\mathcal{K}_{\mathcal{M}}$ übereinstimmt, nämlich mit $f(t) \equiv 0$. Der Zahlenoperator 0 heißt auch der «Nulloperator».
Der Zahlenoperator 1 ist der identische Operator oder das Einselement in $\mathcal{M}$.

Beispiel 5. Der mit Formel (180) definierte Operator $\{h(t)\}$ ist offensichtlich der inverse Operator zu s [vgl. (179)] und umgekehrt. Es gilt nämlich

$$s\{h(t)\} = \{h(t)\}\, s = 1.$$

Also können wir zukünftig auch

$$\{h(t)\} = \frac{1}{s} = s^{-1} \tag{184}$$

schreiben. Dieser Operator besitzt folgende Eigenschaft:

> Ist $f(t) \in \mathcal{K}_{\mathcal{M}}$ eine beliebige Funktion, so gilt
>
> $$\frac{1}{s}\,\{f(t)\} = \left\{ \int\limits_{-\infty}^{t} f(\tau)\,d\tau \right\}. \tag{185}$$

Dies ist leicht nachzuprüfen. Für Funktionen $f(t) \in \mathcal{K}_{\mathcal{M}}$, die sogar für $t < 0$ verschwinden, reduziert sich das Integral in (185) auf

$$\frac{1}{s}\,\{f(t)\} = \left\{ \int\limits_{0}^{t} f(\tau)\,d\tau \right\}. \tag{186}$$

Die Bezeichnung «Integrationsoperator» für $\{h(t)\} = \dfrac{1}{s}$ ist also gerechtfertigt.

Beispiel 6. Ein Zahlenoperator α, der mit einer Funktion $\{f(t)\}$ multipliziert wird, ergibt wieder eine Funktion, nämlich

$$\alpha\{f(t)\} = \{\alpha f(t)\}, \tag{187}$$

denn es ist mit (182) und (178)

$$\alpha\{f(t)\} = \frac{\alpha h(t)}{h(t)} \cdot \frac{h(t) * f(t)}{h(t)} = \frac{\alpha h(t) * h(t) * f(t)}{h(t) * h(t)}$$

$$= \frac{\alpha h(t) * f(t)}{h(t)} = \frac{h(t) * \alpha f(t)}{h(t)} = \{\alpha f(t)\}\,.$$

Beispiel 7. Besitzt eine Funktion $f(t) \in C[0, \infty)$, d. h. eine für $t < 0$ verschwindende und für $t \geq 0$ stetige Funktion, eine Funktionenableitung $\dot{f}(t) \in \mathcal{K}_{\mathcal{M}}$, so gilt bekanntlich (vgl. [15], II., S. 96 ff.)

$$\int\limits_0^t \dot{f}(\tau)\, d\tau = f(t) - f(0)\, h(t)\,. \tag{188}$$

[Hier muß rechts $f(0)\, h(t)$ geschrieben werden, denn links steht eine für $t < 0$ verschwindende Funktion, und folglich muß auch rechts eine solche Funktion stehen. Gemäß unserer Festlegung ist die Funktion, die für $t \geq 0$ den konstanten Wert $f(0)$ besitzt, in der Form $f(0)\, h(t)$ zu schreiben.] In Operatorenform kann (188) mit den Formeln (186), (187) und (184) durch

$$\frac{1}{s}\{\dot{f}(t)\} = \{f(t)\} - f(0)\,\frac{1}{s}$$

ausgedrückt werden. Multipliziert man mit s, so folgt mit $f(0) := f_0$

$$\boxed{\{\dot{f}(t)\} = s\{f(t)\} - f_0} \tag{189}$$

oder

$$\boxed{s\{f(t)\} = \{\dot{f}(t)\} + f_0\,.} \tag{190}$$

Dies entspricht der Formel (176), und die Bezeichnung «Differentiationsoperator» für s ist naheliegend. Man erkennt, daß $s\{f(t)\}$ nur dann eine Funktion ist, wenn der Zahlenoperator f_0 der Nulloperator ist, d. h., wenn die Funktion $f(t)$ in $t = 0$ keinen Sprung besitzt, der auf das Intervall $t \geq 0$ bezogene Anfangswert $f_0 = f(0)$ also gleich Null ist.

Aufgabe 1. Zu beweisen sind die Formeln (185) und (186)! (Hinweis: Man benutze (184) und beachte, daß im vorliegenden Falle die Operatorenmultiplikation mit der Faltungsmultiplikation zusammenfällt.)

Aufgabe 2. Bekanntlich genügt der Strom $i(t)$ im RLC-Stromkreis (Bild 25) einer Gleichung

$$L\,\frac{di(t)}{dt} + Ri(t) + \frac{1}{C} \int\limits_0^t i(\tau)\, d\tau = u(t),$$

wenn man $i(t)$, $u(t) \in C[0, \infty)$ annimmt. Diese Gleichung ist in Operatorenform zu schreiben!

Aufgabe 3. Gegeben sei die Funktion $f(t) = h(t)\, e^{-\alpha t}$ (α reell).

a) Die Gleichung (190) ist für diese Funktion aufzuschreiben!

b) Man zeige, daß sich diese Funktion durch den Differentiationsoperator s in der Form

$$\boxed{\{h(t)\, e^{-\alpha t}\} = \frac{1}{s + \alpha}} \tag{191}$$

ausdrücken läßt!

Besitzt eine Funktion $f(t) \in C[0, \infty)$ auch höhere Funktionenableitungen, so läßt sich die Formel (190) zum allgemeinen *Differentiationssatz* der MIKUSIŃSKI*schen Operatorenrechnung* verallgemeinern, der bei der Lösung von Anfangswertproblemen bei Differentialgleichungen eine wichtige Rolle spielt [16].

Differentiationssatz

Gehört die k-te Ableitung $\dfrac{\mathrm{d}^k f(t)}{\mathrm{d}t^k}$ einer für $t < 0$ verschwindenden Funktion $f(t)$ zum Raum $\mathcal{K}_{\mathcal{M}}$ und sind $f(t)$ sowie deren sämtliche Funktionenableitungen bis einschließlich zur $(k-1)$-ten für $t \geqq 0$ stetig, so gilt

$$
\left.
\begin{aligned}
s\{f(t)\} &= \{\dot{f}(t)\} + f_0 \\
s^2\{f(t)\} &= \{\ddot{f}(t)\} + f_0 s + f_1 \\
s^3\{f(t)\} &= \{\dddot{f}(t)\} + f_0 s^2 + f_1 s + f_2 \\
&\cdots \\
s^k\{f(t)\} &= \left\{\frac{\mathrm{d}^k f(t)}{\mathrm{d}t^k}\right\} + f_0 s^{k-1} + f_1 s^{k-2} + \cdots + f_{k-2} s + f_{k-1}
\end{aligned}
\right\}
\tag{192}
$$

wobei die Zahlen $f_0 := f(0)$, $f_1 := \dot{f}(0)$, ..., $f_{k-1} := \left.\dfrac{\mathrm{d}^{k-1} f(t)}{\mathrm{d}t^{k-1}}\right|_{t=0}$ die Anfangswerte an der Stelle $t = 0$ bezeichnen.

Aufgabe 4. Mit Hilfe der Formeln (192) ist die Differentialgleichung (160) für die Bewegung des Federschwingers (Bild 22) als Operatorengleichung zu schreiben!

Aufgabe 5. Für die folgenden Funktionen sind die Formeln für $s\{f(t)\}$ und $s^2\{f(t)\}$ auszuschreiben!

a) $f(t) = h(t) \sin(\beta t)$;   b) $f(t) = h(t) \cos(\beta t)$.

Aufgabe 6. Unter Bezugnahme auf die Gleichungen für $s^2\{f(t)\}$ in Aufgabe 5. sind folgende Darstellungen nachzuweisen!

$$
\boxed{\{h(t) \sin(\beta t)\} = \frac{\beta}{s^2 + \beta^2}}
\tag{193}
$$

$$
\boxed{\{h(t) \cos(\beta t)\} = \frac{s}{s^2 + \beta^2}}
\tag{194}
$$

Wir kommen noch einmal auf den mit Formel (181) definierten Operator $\mathrm{e}^{-\lambda s}$ zurück und wollen dessen wichtigste Eigenschaft herausfinden. Dazu sei $f(t)$ eine beliebige Funktion im Raum $\mathcal{K}_{\mathcal{M}}$. Das *Operatorenprodukt* zwischen $\mathrm{e}^{-\lambda s}$ und $\{f(t)\}$ ist dann mit (178) und (181)

$$
\mathrm{e}^{-\lambda s}\{f(t)\} = \frac{h(t-\lambda)}{h(t)} \cdot \frac{h(t) * f(t)}{h(t)} = \frac{h(t-\lambda) * h(t) * f(t)}{h(t) * h(t)} = \frac{h(t-\lambda) * f(t)}{h(t)}.
$$

Die im Zusammenhang mit Formel (121) erläuterte Verschiebungseigenschaft des Faltungsproduktes (39) besagt, daß $h(t-\lambda) * f(t) = h(t) * f(t-\lambda)$ gilt. Daraus folgt aber

$$\frac{h(t - \lambda) * f(t)}{h(t)} = \frac{h(t) * f(t - \lambda)}{h(t)} = \{f(t - \lambda)\},$$

d. h.,

$$\boxed{\mathrm{e}^{-\lambda s}\{f(t)\} = \{f(t - \lambda)\}, \qquad \lambda \text{ beliebig reell.}} \tag{195}$$

Damit verdient der Operator $\mathrm{e}^{-\lambda s} = \dfrac{h(t - \lambda)}{h(t)}$ tatsächlich die Bezeichnung «Verschiebungsoperator».
Man findet auch leicht die Beziehung

$$\boxed{\mathrm{e}^{-\lambda s}\, \mathrm{e}^{-\mu s} = \mathrm{e}^{-(\lambda + \mu)s}} \tag{196}$$

für beliebige reelle λ und μ, und nach Formel (195) gilt

$$\mathrm{e}^{-(\lambda + \mu)s}\{f(t)\} = \{f(t - [\lambda + \mu])\} = \{f(t - \lambda - \mu)\},$$

aber es ist ebenso

$$\mathrm{e}^{-\lambda s}\, \mathrm{e}^{-\mu s}\{f(t)\} = \mathrm{e}^{-\lambda s}\{f(t - \mu)\} = \{f(t - \lambda - \mu)\}.$$

Aufgabe 7. Man überlege sich, daß $\mathrm{e}^{-\lambda s}\, \mathrm{e}^{+\lambda s} = \mathrm{e}^{0s} = 1$ gilt!

Auch für MIKUSIŃSKIsche Operatoren kann man Konvergenzbegriffe definieren. Einer davon ist der folgende (s. [16], S. 132):

Definition

> Eine *Folge* (a_n) *von Operatoren in* $\mathcal{M}$ *heißt konvergent gegen den Operator* a, in Zeichen
>
> $$a_n \xrightarrow{\ \mathcal{M}\ } a \quad \text{für} \quad n \to \infty,$$
>
> wenn sich ein gewisser Operator $q \in \mathcal{M}$ so finden läßt, daß $\dfrac{a_n}{q} = \{f_n(t)\}$ für sämtliche n und $\dfrac{a}{q} = \{f(t)\}$ Funktionen aus dem Raum $C[0, \infty)$ sind und die Funktionenfolge $(f_n(t))$ fast gleichmäßig gegen $f(t)$ konvergiert.

Beispiel 8. Die Folge (a_n), deren Glieder die Form

$$a_n = \frac{ns}{ns + 1}\, \mathrm{e}^{2s}, \qquad n = 1, 2, \ldots,$$

besitzen sollen, konvergiert gegen den Operator $a = \mathrm{e}^{2s}$, denn dividiert man a_n und a durch den Operator $q = s\, \mathrm{e}^{2s}$, so sind

$$\frac{a_n}{q} = \frac{n}{ns + 1} = \frac{1}{s + \dfrac{1}{n}} = \{h(t)\, \mathrm{e}^{-t/n}\} \qquad [\text{vgl. Formel (191)}]$$

und

$$\frac{a}{q} = \frac{1}{s} = \{h(t)\} \qquad [\text{vgl. (184)}]$$

8*

Funktionen in $C[0, \infty)$, und wegen

$$\max_{0 \leq t \leq T} |h(t)\, e^{-t/n} - h(t)| = \max_{0 \leq t \leq T} |e^{-t/n} - 1| = 1 - e^{-T/n} \to 0$$

für $n \to \infty$ konvergiert die Folge $\left(h(t)\, e^{-t/n}\right)$ in jedem endlichen Intervall $[0, T]$ ($T > 0$) gleichmäßig gegen $h(t)$, also fast gleichmäßig in $[0, \infty)$.
Insbesondere gilt:

> Konvergiert eine Folge von Funktionen aus dem Raum $\mathcal{K}_{\mathcal{M}}$, die alle links von ein und demselben Punkt $t = \sigma$ verschwinden, in $-\infty < t < \infty$ gleichmäßig oder fast gleichmäßig gegen eine Funktion aus dem Raum $\mathcal{K}_{\mathcal{M}}$, so konvergiert diese Folge auch im Operatorensinne gegen denselben Grenzwert.
> (Die Umkehrung muß allerdings nicht gelten!)

Ebenso wie bei Funktionen- oder Distributionenreihen wird der Begriff der konvergenten *Operatorenreihe* eingeführt.

Definition

> Eine Reihe $\sum\limits_{k=0}^{\infty} a_k$ von Operatoren $a_k \in \mathcal{M}$ heißt konvergent gegen die Summe $b \in \mathcal{M}$, in Zeichen $b = \sum\limits_{k=0}^{\infty} a_k$, wenn die Folge (b_n) der Partialsummen $b_n = a_0 + a_1 + \cdots + a_n$ für $n \to \infty$ im Sinne der Operatorenfolgen gegen b konvergiert.

Für die Anwendungen besonders wichtig ist die folgende Aussage (s. [16], S. 137):

> Eine Reihe der Form
>
> $$\sum_{k=0}^{\infty} \alpha_k\, e^{-\lambda_k s} = a_0\, e^{-\lambda_0 s} + a_1\, e^{-\lambda_1 s} + \cdots,$$
>
> worin die Koeffizienten α_k beliebige Zahlen (d. h. Zahlenoperatoren) sind und die Zahlenfolge λ_k für $k \to \infty$ streng monoton gegen ∞ strebt (d. h., $\lambda_0 < \lambda_1 < \lambda_2 < \cdots < \lambda_k < \cdots$, $\lambda_k \to \infty$ für $k \to \infty$), ist stets konvergent.

Beispiel 9. Es gilt (ohne Beweis)

$$\sum_{k=0}^{\infty} \alpha^k\, e^{-\lambda_k s} = \frac{1}{1 - \alpha\, e^{-\lambda s}}, \qquad \alpha \neq 0,\ \lambda > 0. \tag{197}$$

Beispiel 10. Für beliebige reelle Zahlen $\lambda > 0$ gilt

$$1 + 2 \sum_{k=1}^{\infty} (-1)^k\, e^{-\lambda_k s} = \frac{1 - e^{-\lambda s}}{1 + e^{-\lambda s}}. \tag{198}$$

Einige der bisher behandelten Operatoren haben wir bereits formal als rationale Ausdrücke in s schreiben können [Formeln (184), (191), (193) und (194)]. Auch die Verschiebungsoperatoren $e^{-\lambda s}$ haben wir — wenn auch nur symbolisch — als einen formalen Exponentialausdruck in s geschrieben. Es lassen sich aber noch wesentlich

mehr Operatoren durch *s-Terme* ausdrücken. Am einfachsten erkennt man das, wenn man zunächst die klassische LAPLACE-Transformation auf gewisse Operatorenbereiche ausdehnt, d. h. eine verallgemeinerte LAPLACE-Transformation konstruiert, deren Bildfunktionen mit den klassischen Bildfunktionen übereinstimmen, falls die Operatoren Funktionen aus dem Raum $\mathcal{K}_{\mathcal{L}}$ sind.
Die LAPLACE-*Transformation von Operatoren* läßt sich ganz einfach einführen (vgl. [2, II.], [13], [19]).

Definition

Ist $a = \dfrac{f(t)}{g(t)}$ ein Operator, der sich als Faltungsbruch zweier LAPLACE-transformierbarer Funktionen $f(t)$ und $g(t)$, also Funktionen aus dem Raum $\mathcal{K}_{\mathcal{L}}$, schreiben läßt, so heißt die komplexe Funktion

$$\mathcal{L}[a] := \frac{\mathcal{L}[f(t)]}{\mathcal{L}[g(t)]} = \frac{\bar{f}(p)}{\bar{g}(p)} = \bar{a}(p) \tag{199}$$

die LAPLACE-Transformierte des Operators $a \in \mathcal{M}$. (Jetzt bezeichnen die Bruchstriche in (199) wieder die gewöhnliche Division der komplexen Funktionen $\mathcal{L}[f(t)] = \bar{f}(p)$ und $\mathcal{L}[g(t)] = \bar{g}(p)$.)

Beispiel 11. Ist der Operator $a = \{f(t)\}$ eine Funktion in $\mathcal{K}_{\mathcal{L}}$, so gilt mit $a = \{f(t)\}$ $= \dfrac{h(t) * f(t)}{h(t)}$ und dem Faltungssatz (149)

$$\mathcal{L}[a] = \frac{\bar{h}(p)\,\bar{f}(p)}{\bar{h}(p)} = \bar{f}(p). \tag{200}$$

Beispiel 12. Insbesondere besitzt der Integrationsoperator $\dfrac{1}{s} = \{h(t)\}$ mit $\bar{h}(p) = \dfrac{1}{p}$ die LAPLACE-Transformierte

$$\mathcal{L}\left[\frac{1}{s}\right] = \frac{1}{p}. \tag{201}$$

Beispiel 13. Der Differentiationsoperator s besitzt wegen $s = \dfrac{h(t)}{h(t) * h(t)}$ und $\bar{h}(p) = \dfrac{1}{p}$ die LAPLACE-Transformierte

$$\mathcal{L}[s] = p. \tag{202}$$

Beispiel 14. Die Verschiebungsoperatoren $e^{-\lambda s} = \dfrac{h(t - \lambda)}{h(t)}$ besitzen die Bildfunktionen

$$\mathcal{L}[e^{-\lambda s}] = e^{-\lambda p}, \tag{203}$$

denn mit dem Verschiebungssatz (155) gilt $\mathcal{L}[h(t - \lambda)] = \dfrac{e^{-\lambda p}}{p}$, so daß mit der Definition (199) die Formel (203) folgt.
Man erkennt schon an den Formeln (201), (202) und (203) die formale Übereinstimmung der Symbole im Operatorenbereich und im Bildbereich.

Wir notieren noch folgende Eigenschaften der durch die verallgemeinerte LAPLACE-Transformation definierten Zuordnung zwischen Operator $a \in \mathcal{M}$ und Bildfunktion $\mathscr{L}[a] = \bar{a}(p)$:

> Die verallgemeinerte LAPLACE-Transformation (199) vermittelt eine umkehrbar eindeutige Zuordnung zwischen Operator a und Bildfunktion $\bar{a}(p)$ und fällt für Funktionen $\{f(t)\} \in \mathcal{K}_{\mathscr{L}}$ mit der klassischen LAPLACE-Transformation (145) zusammen.
>
> Dem Operatorenprodukt ab entspricht im Bildbereich das gewöhnliche Produkt $\bar{a}(p)\,\bar{b}(p)$ der Bildfunktionen, d. h., es gilt
>
> $$\mathscr{L}[ab] = \bar{a}(p)\,\bar{b}(p). \tag{204}$$
>
> Der Operatorensumme entspricht die Summe der Bilder, also
>
> $$\mathscr{L}[a + b] = \bar{a}(p) + \bar{b}(p). \tag{205}$$

Diese Eigenschaften lassen folgenden Formalismus zu:

> Besitzt ein Operator $a \in \mathcal{M}$ die LAPLACE-Transformierte $\mathscr{L}[a] = \bar{a}(p)$, so kann formal
>
> $$a = \bar{a}(s) \tag{206}$$
>
> geschrieben werden, d. h., man ersetzt wegen der Zuordnung (202) $s \leftrightarrow p$ einfach in der Bildfunktion $\bar{a}(p)$ die komplexe Variable p durch den Differentiationsoperator s und erhält somit eine Darstellung des betreffenden Operators als s-Ausdruck.

Beispiel 15. Der Formalismus wird bereits an den Formeln (201) bis (203) erkennbar. Insbesondere dürfte jetzt klar sein, warum wir für die Verschiebungsoperatoren gleich das Symbol $\mathrm{e}^{-\lambda s}$ gewählt hatten, was vorher in gewisser Weise unverständlich war.

Beispiel 16. Die Zahlenoperatoren $\alpha = \dfrac{\alpha h(t)}{h(t)}$ besitzen die Bildfunktionen

$$\boxed{\mathscr{L}[\alpha] = \alpha} \tag{207}$$

und können folglich auch im Operatorenbereich als die (bezüglich s «konstanten») Ausdrücke α geschrieben werden, was mit unserer früheren Festlegung übereinstimmt. Insbesondere gilt

$$\boxed{\mathscr{L}[1] = 1} \tag{208}$$

und

$$\boxed{\mathscr{L}[0] = 0.} \tag{209}$$

Aufgabe 8. Man weise die Übereinstimmung der Darstellungen (191), (193) und (194) mit den sich auf Grund des Formalismus aus der LAPLACE-Transformation für die Operatoren $\{h(t)\,\mathrm{e}^{-\alpha t}\}$, $\{h(t) \sin (\beta t)\}$ und $\{h(t) \cos (\beta t)\}$ ergebenden s-Ausdrücken nach!

Aufgabe 9. Der Operator $\{h(t - \lambda)\}$ ist als s-Ausdruck zu schreiben!

Aufgabe 10. Man überzeuge sich, daß der Differentiationssatz (192) für Operatoren in den Differentiationssatz der Laplace-Transformation (159) übergeht und umgekehrt, wenn die Funktionen Laplace-transformierbar sind. (Hinweis: Man beachte dabei die Zuordnungen (202), (207), (204) und (205), die Operatoren $\{f(t)\}$, $\{\dot f(t)\}$, … müssen dabei nicht in s-Ausdrücken angegeben werden.)

Die bisherigen Ausführungen lassen folgende Feststellungen zu:

> Die für Operatoren in $\mathcal{M}$ definierte Laplace-Transformation läßt sich nicht auf alle Operatoren ausdehnen.

Zum Beispiel besitzt die Funktion $\{h(t)\,\mathrm{e}^{t^2}\}$ weder eine klassische noch eine verallgemeinerte Laplace-Transformierte.

> Die meisten für die Anwendungen wichtigen Operatoren besitzen eine verallgemeinerte Laplace-Transformierte. Hat der Operator $a \in \mathcal{M}$ die Bildfunktion $\bar a(p)$, so können auf Grund des Formalismus $a = \bar a(s)$ die Tabellen der (klassischen und verallgemeinerten) Laplace-Transformation sowohl für spezielle Rechenregeln als auch für Bildfunktionen genutzt werden.

Beispiel 17. Besitzt der Operator $a = \dfrac{f(t)}{g(t)}$ eine Laplace-Transformierte $\dfrac{\bar f(p)}{\bar g(p)} = \bar a(p)$, so gilt formal $a = \bar a(s) = \dfrac{\bar f(s)}{\bar g(s)}$. Der Übergang zum Operator

$$b = \frac{\mathrm{e}^{-\alpha t}f(t)}{\mathrm{e}^{-\alpha t}g(t)}$$

[hier sind $\mathrm{e}^{-\alpha t}f(t)$ und $\mathrm{e}^{-\alpha t}g(t)$ gewöhnliche Produkte!] liefert wegen des Dämpfungssatzes (152) mit $\bar b(p) = \dfrac{\bar f(p + \alpha)}{\bar g(p + \alpha)} = \bar a(p + \alpha)$ die Darstellung

$$b = \bar a(s + \alpha) \qquad \text{(vgl. Tabelle 1, Nr. 4).}$$

Beispielsweise gilt mit $a = \{h(t)\} = \dfrac{1}{s}$ die Formel

$$b = \{\mathrm{e}^{-\alpha t}h(t)\} = \frac{1}{s + \alpha},$$

die mit (191) übereinstimmt.

Beispiel 18. Der Übergang vom Operator $a = \{f(t)\} \in \mathcal{K}_{\mathscr{L}}$ zum Operator $b_k = \{t^k f(t)\} \in \mathcal{K}_{\mathscr{L}}$ führt mit dem Multiplikationssatz (163) auf die formale Ableitung des Operators $a = \bar f(s)$ nach dem Differentiationsoperator s:

$$b_k = (-1)^k \frac{\mathrm{d}^k \bar f(s)}{\mathrm{d}s^k}, \qquad k = 1, 2, \ldots$$

Beispielsweise gilt für den Operator $a = \{h(t)\} = 1/s$

$$b_1 = \{t h(t)\} = -\frac{\mathrm{d}}{\mathrm{d}s}\left(\frac{1}{s}\right) = \frac{1}{s^2};$$

$$b_2 = \{t^2 h(t)\} = (-1)^2 \frac{\mathrm{d}^2}{\mathrm{d}s^2}\left(\frac{1}{s}\right) = \frac{\mathrm{d}}{\mathrm{d}s}\left[\frac{\mathrm{d}}{\mathrm{d}s}\left(\frac{1}{s}\right)\right] = \frac{\mathrm{d}}{\mathrm{d}s}\left[-\frac{1}{s^2}\right] = \frac{2}{s^3};$$

$$b_3 = \{t^3 h(t)\} = (-1)^3 \frac{\mathrm{d}^3}{\mathrm{d}s^3}\left(\frac{1}{s}\right) = \frac{6}{s^4} = \frac{3!}{s^4}$$

usw.

(vgl. Tabelle 2, Nr. 5).

Beispiel 19. Ebenso kann der Ähnlichkeitssatz (156) in die Operatorenrechnung einbezogen werden. Der Übergang vom Operator $a = \{f(t)\} \in \mathcal{K}_{\mathcal{L}}$ zu $b = \{f(\alpha t)\} \in \mathcal{K}_{\mathcal{L}}$, $\alpha > 0$, führt mit $a = \bar{f}(s)$ zu $b = \frac{1}{\alpha}\,\bar{f}\left(\frac{s}{\alpha}\right)$ (vgl. Tabelle 1, Nr. 7), und allgemein ist für $a = \dfrac{f(t)}{g(t)} = \bar{a}(s)$ auch $b = \dfrac{f(\alpha t)}{g(\alpha t)} = \bar{a}(s/\alpha)$.

Die in den Beispielen 18 und 19 behandelten Operationen lassen sich auf alle Operatoren ausdehnen, worauf hier verzichtet werden soll.

Aufgabe 11. Die Formeln $\{h(t)\,\mathrm{e}^{-\alpha t}\sin(\beta t)\} = \dfrac{\beta}{(s+\alpha)^2 + \beta^2}$ und $\{h(t)\,\mathrm{e}^{-\alpha t}\cos(\beta t)\}$ $= \dfrac{s+\alpha}{(s+\alpha)^2 + \beta^2}$ sind aus den Formeln (193) und (194) herzuleiten (vgl. Tabelle 2, Nr. 10 und 11). (Hinweis: Entsprechend Beispiel 17 oder Tabelle 1, Nr. 4., vorgehen.)

Aufgabe 12. Der Ausdruck $\{h(t)\,t^k\,\mathrm{e}^{-\alpha t}\} = \dfrac{k!}{(s+\alpha)^{k+1}}$ ist herzuleiten

a) aus $\{h(t)\,\mathrm{e}^{-\alpha t}\} = \dfrac{1}{s+\alpha}$ durch formale Ableitung nach s (entsprechend Beispiel 18);

b) aus $\{h(t)\,t^k\} = \dfrac{k!}{s^{k+1}}$ durch Anwendung der Tabelle 1, Nr. 4 (entsprechend Beispiel 17)!

Aufgabe 13. a) Aus der Tabelle 2 sind (durch Anwendung des Formalismus: «Ersetze in der Bildfunktion die komplexe Variable p durch den Differentiationsoperator s») die s-Ausdrücke für die Operatoren $\{h(t)\,t\sin(\beta t)\}$ und $\{h(t)\,t\cos(\beta t)\}$ abzulesen!
b) Diese Ausdrücke sind durch Anwendung der Formel 5. in der Tabelle 1 (d. h. formale Ableitung nach s!) aus den s-Termen für $\{h(t)\sin(\beta t)\}$ und $\{h(t)\cos(\beta t)\}$ herzuleiten!

7.3.   Zusammenhang zwischen Operatorenrechnung und Distributionen-Theorie

Wir wiederholen noch einmal einige der wichtigsten Fakten im Zusammenhang mit der LAPLACE-Transformation für Distributionen.

> Definiert wurde diese verallgemeinerte LAPLACE-Transformation nur für die Distributionen $g(t)$ aus dem Teilraum $\mathcal{D}'_{\mathcal{L}}$, die generell Darstellungen der Form $g(t) = f^{(k)}(t) = \delta^{(k)}(t) * f(t)$ besitzen, wobei die Funktionen $f(t)$ zum Raum $\mathcal{K}_{\mathcal{L}}$ gehören und die k beliebige positive ganze Zahlen sein können.

Jede derartige Distribution besitzt eine LAPLACE-Transformierte $\mathscr{L}[g(t)] = \bar{g}(p) = p^k \bar{f}(p)$, wobei $\bar{f}(p)$ die klassische LAPLACE-Transformierte der Funktion $f(t) \in \mathscr{K}_{\mathscr{L}}$ bezeichnet.

Die durch die LAPLACE-Transformation für Distributionen vermittelte Zuordnung zwischen Distribution $g(t)$ und Bildfunktion $\bar{g}(p)$ ist umkehrbar eindeutig.

Für die Distributionen-Operationen gelten die Beziehungen

$$\mathscr{L}[g(t) * g_1(t)] = \bar{g}(p)\,\bar{g}_1(p) \quad \text{und} \quad \mathscr{L}[g(t) + g_1(t)] = \bar{g}(p) + \bar{g}_1(p)$$

(g und g_1 sind dabei beliebige Distributionen aus $\mathscr{D}'_{\mathscr{L}}$).

Andererseits liefert auch die verallgemeinerte LAPLACE-Transformation für MIKU-SIŃSKIsche Operatoren $a \equiv \dfrac{f(t)}{g(t)}$ mit LAPLACE-transformierbaren Funktionen $f(t), g(t) \in \mathscr{K}_{\mathscr{L}}$ $[g(t) \neq 0]$ eine umkehrbar eindeutige Zuordnung zwischen Operator a und Bildfunktion $\bar{a}(p)$, und es gilt mit (204), (205) $\mathscr{L}[ab] = \bar{a}(p)\,\bar{b}(p)$ und $\mathscr{L}[a + b] = \bar{a}(p) + \bar{b}(p)$.

Insbesondere besitzt jeder Operator der Form $s^k\{f(t)\}$ für ganzzahliges $k \geq 0$ und $f(t) \in \mathscr{K}_{\mathscr{L}}$ eine LAPLACE-Transformierte

$$\mathscr{L}[s^k\{f(t)\}] = p^k \bar{f}(p)$$

(s bezeichnet wieder den Differentiationsoperator in $\mathscr{M}$).

Die Hintereinanderausführung der beiden umkehrbar eindeutigen Zuordnungen

$$g(t) = f^{(k)}(t) \leftrightarrow p^k \bar{f}(p) \leftrightarrow s^k\{f(t)\}$$

ist aber gleichbedeutend mit der direkten Zuordnung

$$\mathscr{D}'_{\mathscr{L}} \ni g(t) = f^{(k)}(t) = \delta^{(k)}(t) * f(t) \leftrightarrow s^k\{f(t)\} \in \mathscr{M}.$$

Rein algebraisch gesehen, besteht also kein Unterschied zwischen einer *Distribution* $g(t) = f^{(k)}(t) = \delta^{(k)}(t) * f(t)$ aus dem Teilraum $\mathscr{D}'_{\mathscr{L}}$ und einem *Operator* der Form $s^k\{f(t)\} \in \mathscr{M}$. Diese für LAPLACE-transformierbare Distributionen und Operatoren mögliche Identifizierung läßt sich sogar auf die in Abschnitt 5.7. definierten Distributionen $g(t) = f^{(k)}(t) \in \mathscr{D}'_{\mathscr{M}}$ und Operatoren $s^k\{f(t)\}$ ausdehnen, auch wenn $f(t) \in \mathscr{K}_{\mathscr{M}}$ nicht LAPLACE-transformierbar sein sollte. (Es lassen sich sogar noch mehr Distributionen mit Operatoren identifizieren, was aber für unsere Zwecke uninteressant ist.) In Abschnitt 5.7. wurde nämlich festgestellt, daß insbesondere das Faltungsprodukt $g(t) * \varphi(t)$ einer beliebigen Distribution $g \in \mathscr{D}'_{\mathscr{M}}$ mit einer Testfunktion $\varphi(t)$ wieder eine beliebig oft stetig differenzierbare Funktion aus $\mathscr{K}_{\mathscr{M}}$ ist. Mit der Darstellung $g(t) = f^{(k)}(t)$, $f(t) \in \mathscr{K}_{\mathscr{M}}$, ist $g(t) * \varphi(t) = f(t) * \varphi^{(k)}(t)$, und damit können wir $g(t)$ den Faltungsbruch

$$\boxed{\; g(t) \leftrightarrow \frac{g(t) * \varphi(t)}{\varphi(t)} = \frac{f(t) * \varphi^{(k)}(t)}{\varphi(t)}, \qquad \varphi(t) \in \mathscr{D},\ \varphi \not\equiv 0, \;} \tag{210}$$

zuordnen.

Die folgenden Beispiele geben einige spezielle Zuordnungen an. Links steht dabei immer die Distribution, rechts der Operator. Die gemeinsame LAPLACE-Transformierte ist zwischengeschoben.

Beispiel 1. Die *Distributionenfaltung* entspricht dem *Operatorenprodukt*, die *Distributionenaddition der Operatorenaddition*.

Beispiel 2. $0 \leftrightarrow 0 \leftrightarrow 0$

$$\delta(t) \leftrightarrow 1 \leftrightarrow 1$$

$$\alpha\delta(t) \leftrightarrow \alpha \leftrightarrow \alpha$$

für beliebige Zahlen α.

Beispiel 3. $\delta^{(k)}(t) \leftrightarrow p^k \leftrightarrow s^k$

$$\sum_{k=0}^{n} \alpha_k \delta^{(k)}(t) \leftrightarrow \sum_{k=0}^{n} \alpha_k p^k \leftrightarrow \sum_{k=0}^{n} \alpha_k s^k$$

Beispiel 4. $h(t) \leftrightarrow \dfrac{1}{p} \leftrightarrow \{h(t)\} = \dfrac{1}{s}$

$$h(t)\, t^k \leftrightarrow \frac{k!}{p^{k+1}} \leftrightarrow \{h(t)\, t^k\} = \frac{k!}{s^{k+1}}$$

$$h(t)\, e^{-\alpha t} \leftrightarrow \frac{1}{p+\alpha} \leftrightarrow \{h(t)\, e^{-\alpha t}\} = \frac{1}{s+\alpha}$$

Beispiel 5. $\delta(t-\lambda) \leftrightarrow e^{-\lambda p} \leftrightarrow e^{-\lambda s}$

$$\delta^{(k)}(t-\lambda) \leftrightarrow p^k\, e^{-\lambda p} \leftrightarrow s^k\, e^{-\lambda s}$$

Beispiel 6. $\displaystyle\sum_{k=0}^{\infty} \alpha^k \delta(t-\lambda k) \leftrightarrow \frac{1}{1-\alpha\, e^{-\lambda p}} \leftrightarrow \sum_{k=0}^{\infty} \alpha^k\, e^{-\lambda k s} = \frac{1}{1-\alpha\, e^{-\lambda s}}$

$$\delta(t) + 2\sum_{k=1}^{\infty} (-1)^k \delta(t-\lambda k) \leftrightarrow \frac{1-e^{-\lambda p}}{1+e^{-\lambda p}} \leftrightarrow 1 + 2\sum_{k=1}^{\infty} (-1)^k\, e^{-\lambda k s} = \frac{1-e^{-\lambda s}}{1+e^{-\lambda s}}$$

$(\alpha \neq 0,\ \lambda > 0)$.

Weitere Entsprechungen sind in der Tabelle 2 zu finden, wenn dort in den Bildfunktionen die Variable p durch den Differentiationsoperator s ersetzt wird bzw. wenn in den Distributionenreihen die Glieder entsprechend den speziellen Zuordnungen durch Operatoren ersetzt werden. Insbesondere bei den Reihenzuordnungen ist zu bemerken, daß eine im *Distributionensinne konvergente* Folge oder Reihe aus $\mathcal{D}'_M$ *unter bestimmten Voraussetzungen* auch im *Operatorensinne konvergiert* (vgl. [18]). Diese Voraussetzungen sind bei den in der Tabelle 2 auftretenden Reihen erfüllt. Die Tabelle 1 enthält die sich entsprechenden Regeln in $\mathcal{D}'$ und im Bildraum, woraus die zugehörigen Regeln für Operatoren abgeleitet werden können.

7.4. Abschließende Bemerkungen

Die Distributionen, die als lineare stetige Funktionale auf dem Raum $\mathscr{D}$ der Testfunktionen definiert sind, unterscheiden sich natürlich von den MIKUSIŃSKISCHEN Operatoren, die auf algebraischem Wege als Faltungsbrüche von Funktionen, die links von einem (von der Funktion abhängenden) Punkt der t-Achse verschwinden, eingeführt wurden. Während man mit den Distributionen auch Probleme auf der gesamten t-Achse behandeln kann, bleibt die Anwendung der Operatorenrechnung im wesentlichen auf Probleme beschränkt, die rechts von einem gewissen Anfangspunkt interessieren. Andererseits lassen sich die Distributionen nicht einfach «dividieren», wie das in der Operatorenrechnung mit Operatoren (im Sinne der dortigen Definition) getan werden kann. Auch dem bei der Einführung der Distributionen vordergründigen Anliegen, gewisse physikalische Größen auf legale Weise zu idealisieren, steht bei der Operatorenrechnung das ursprüngliche Anliegen, gewisse komplizierte Operationen (wie etwa die Differentiation) durch wesentlich einfachere algebraische Operationen zu ersetzen, entgegen. Trotzdem haben wir in Abschnitt 7.3. gezeigt, daß es gewisse Gemeinsamkeiten zwischen beiden Theorien gibt, wobei wir außerdem als Mittler die verallgemeinerte LAPLACE-Transformation benutzt haben. Beschränkt man sich z. B. auf Probleme, die sich mit Distributionen aus dem Teilraum $\mathscr{D}'_{\mathscr{M}}$ behandeln lassen, so hat man oft die Möglichkeit der Anwendung der Operatorenrechnung, da sich eine solche Distribution nach (210) mit einem Operator identifizieren läßt, also (trotz aller Unterschiede) rein algebraisch gesehen nur verschiedene Interpretationen einer Sache vorliegen. Schränkt man sogar noch auf LAPLACE-transformierbare Distributionen ein, so bleibt es schließlich dem Anwender überlassen, welche der Methoden (Distributionen, Operatoren, LAPLACE-Transformation) er benutzt. Es bietet sich hier sogar die Möglichkeit, die verschiedenen Methoden zu koppeln, wie etwa die Anwendung von Tafelwerken der LAPLACE-Transformation bei der Operatorenrechnung, indem man die Operatoren durch ihre s-Ausdrücke ersetzt, mit denen man besser rechnen kann als mit Faltungsbrüchen.

Anwendungen

8. Darstellung einiger technischer, technologischer, physikalischer sowie mathematischer Größen und Vorgänge durch spezielle Distributionen oder Operatoren

Lassen sich praktische Größen durch Funktionen $f(t)$ (t kann dabei die Zeit oder auch die eindimensionale Ortsvariable oder eine andere unabhängige Größe sein) beschreiben und wirken diese Funktionen nur in extrem kleinen Umgebungen gewisser Stellen $t = \lambda$, so kann man — wenn der genaue Verlauf von $f(t)$ ohnehin nicht interessiert bzw. nicht genau feststellbar ist — durch Übergang zu den Distributionen $\delta(t)$, $\delta'(t)$, $\delta(t - \lambda)$, $\delta'(t - \lambda)$ (oder zu den entsprechenden Operatoren 1, s, $e^{-\lambda s}$, $s\,e^{-\lambda s}$) oft übersichtlichere Aufgaben schaffen, die sich i. allg. einfacher und schneller lösen lassen. Die folgenden Beispiele beinhalten zunächst einige Möglichkeiten der praktischen Deutung der oben genannten Distributionen (bzw. Operatoren).

Beispiel 1. Eine impulsförmige *Zeitfunktion* $f(t)$ (z. B. die Spannung, die Stromstärke, die Kraft oder die Beschleunigung) habe einen wie im Bild 76 skizzierten Verlauf. Wir setzen voraus, daß $f(t)$ lokal integrierbar ist, außerhalb des Intervalls $(\lambda - \varepsilon, \lambda + \varepsilon)$ identisch verschwindet [man könnte auch ein einseitiges ε-Intervall $[\lambda, \lambda + \varepsilon)$ betrachten, wie etwa beim Rechteckimpuls des Bildes 4b)] und innerhalb dieses

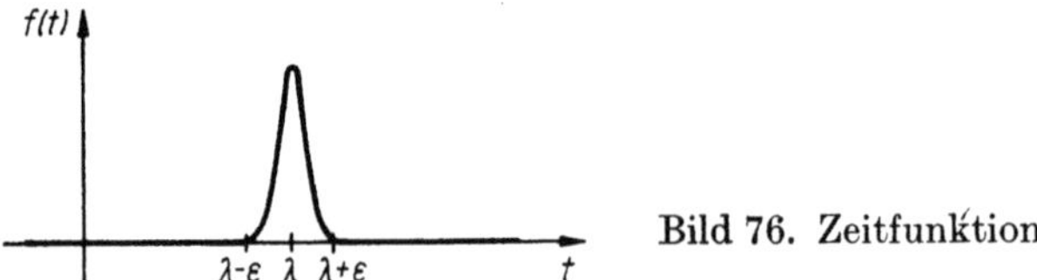

Bild 76. Zeitfunktion

Intervalls nicht negativ ist. Die Fläche zwischen t-Achse und Kurve $f(t)$ (die Impulsfläche) sei gleich eins. Ist nun $\varepsilon > 0$ extrem klein, so läßt sich $f(t)$ idealisiert durch die Dichte $\delta(t - \lambda)$ beschreiben. Ist die Impulsfläche gleich α, so kann $f(t)$ durch $\alpha\delta(t - \lambda)$ ersetzt werden. Dies ist möglich, da man sich auf den Standpunkt stellen kann, $f(t)$ sei ein zu einem hinreichend großen Index n gehörendes Glied einer Funktionenfolge $(f_n(t))$, die im Sinne der Distributionenfolgen gegen $\delta(t - \lambda)$ bzw. $\alpha\delta(t - \lambda)$ konvergiert. Spezialfälle derartiger Folgen (für den Fall $\lambda = 0$) wurden bereits mit (123) (Bild 4), (124) (Bild 3) und (125) (Bild 5) aufgeführt.

Beispiel 2. Impulsfolgen der eben beschriebenen Art (Bild 77) zu den Zeitpunkten $t = \lambda_k \ (\lambda_k < \lambda_{k+1})$ mit den Impulsflächen α_k lassen sich durch endliche oder unendliche (im Distributionen- bzw. Operatorensinne konvergente) unendliche Reihen

$$\boxed{\sum_k \alpha_k \delta(t - \lambda_k) \quad \text{bzw.} \quad \sum_k \alpha_k\, \mathrm{e}^{-\lambda_k s}} \tag{211}$$

ausdrücken.

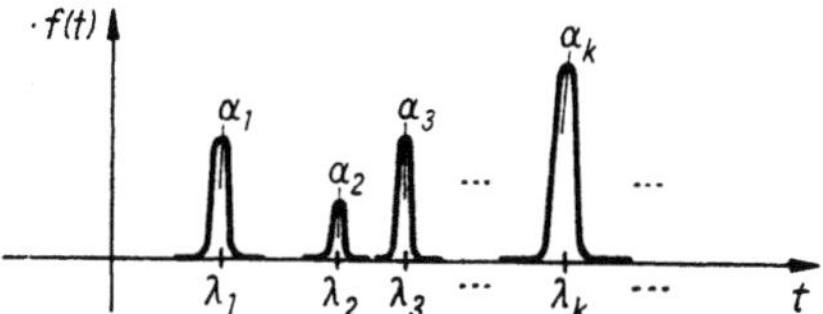

Bild 77. Impulsfolge

Beispiel 3. Die Ableitung $\delta'(t - \lambda)$ bzw. die Operatoren $s\,\mathrm{e}^{-\lambda s}$ lassen sich als *Doppelimpulse* deuten. Wir können uns das folgendermaßen veranschaulichen. Die Funktionenfolge (124)

$$f_n(t) = \frac{1}{\pi} \cdot \frac{n}{1 + n^2 t^2}, \qquad -\infty < t < \infty, \ n = 1, 2, \ldots,$$

(Bild 3 für $\alpha = n$) konvergiert im Distributionensinne gegen $\delta(t)$ (Abschnitt 5.8., Beispiel 1). Eine im Distributionensinne konvergente Folge darf aber gliedweise im Distributionensinne differenziert werden, und die so differenzierte Folge konvergiert gegen die Distributionenableitung des ursprünglichen Grenzwertes (vgl. Abschnitt 5.8.). Es gilt also

$$f_n'(t) \xrightarrow{\ \mathscr{D}'\ } \delta'(t) \quad \text{für} \quad n \to \infty.$$

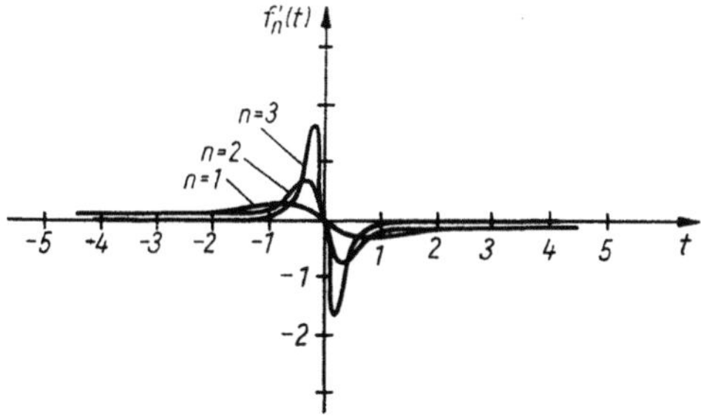

Bild 78. Approximation des Doppelimpulses $\delta'(t)$

Da alle Funktionen $f_n(t)$ auf der ganzen t-Achse stetig sind, also keine Sprungstellen aufweisen, stimmen Distributionenableitung $f_n'(t)$ und Funktionenableitung

$$\dot{f}_n(t) = -\frac{2n^3}{\pi} \cdot \frac{t}{(1 + n^2 t^2)^2}$$

überein. Bild 78 zeigt die Kurven einiger Glieder $f_n'(t) = \dot{f}_n(t)$, und man erkennt, daß das Maximum von $f_n'(t)$ für wachsende n immer größer wird und von links gegen $t = 0$ wandert. Analoges geschieht mit dem Minimum unter der positiven t-Achse. Die Verschiebung der Glieder der Folge liefert $f_n'(t - \lambda) \xrightarrow{\ \mathscr{D}'\ } \delta'(t - \lambda)$. Besitzt also eine Zeitfunktion $f(t)$ einen wie in Bild 79 skizzierten Verlauf, so führt die analoge Begründung wie im Beispiel 1 zur Deutung von $\delta'(t - \lambda)$ als Doppelimpuls zur Zeit $t = \lambda$.

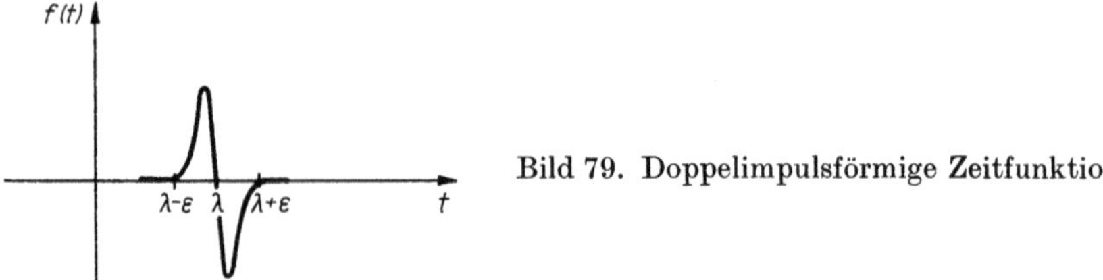

Bild 79. Doppelimpulsförmige Zeitfunktion

Beispiel 4. Bei der Herstellung irgendwelcher Erzeugnisse, bei der Gewinnung von Rohstoffen, bei Be- und Entladeprozessen usw. tritt ein Erzeugnisstrom auf, der durch seine *Intensität* gekennzeichnet ist. Bei einem kontinuierlichen Erzeugnisstrom, wie er etwa bei der Erdölförderung zu beobachten ist, kann die Intensität $I(t)$ als erste Ableitung der Menge $M(t)$ nach der Zeit, also durch

$$\boxed{I(t) = \dot{M}(t)} \tag{212}$$

definiert werden. Ändert sich die Menge jedoch sprungartig, d. h., ist $M(t)$ eine Treppenfunktion (Bild 80), so kann die Intensität $I(t)$ als Distributionenableitung von $M(t)$ aufgefaßt werden, was wegen Formel (100) zu

$$\boxed{I(t) = \sum_{k=0}^{n} \alpha_k \delta(t - \lambda_k) \quad \text{oder} \quad \{I(t)\} = \sum_{k=0}^{n} \alpha_k \, \mathrm{e}^{-\lambda_k s}} \tag{213}$$

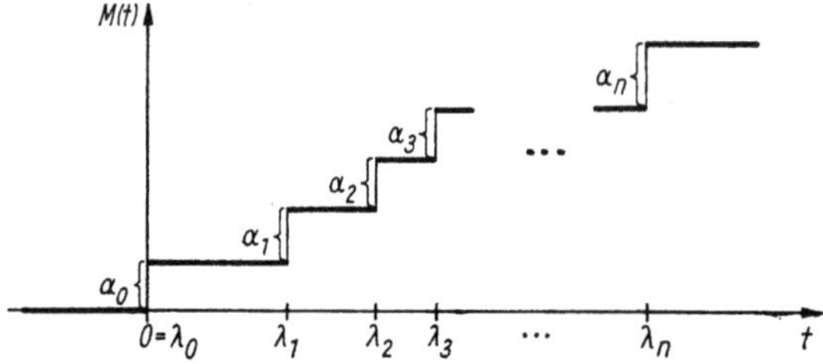

Bild 80. Erzeugnismenge als Treppenfunktion

führt. Einen solchen Erzeugnisstrom kann man sich folgendermaßen vorstellen:

a) Ein Schiff wird durch einen Kran beladen. Zum Zeitpunkt λ_k ($k = 0, 1, \ldots, n$) wird ein weiterer Container mit einer gewissen Menge α_k von Erzeugnissen im Schiff untergebracht. Dadurch ändert sich die im Schiff befindliche Gesamtmenge des Erzeugnisses zum Zeitpunkt $t = \lambda_k$ sprungartig um α_k und bleibt bis zum Zeitpunkt $t = \lambda_{k+1}$ (nächster Container) konstant.

b) Beginnend zum Zeitpunkt $t = \lambda_0 = 0$, werden in einer Betriebsabteilung zeitlich nacheinander gewisse Geräte montiert. Ist ein Gerät fertiggestellt, wird mit der Montage eines weiteren Gerätes begonnen usw. Nimmt man an, daß die Montagedauer schwankt, so ändert sich die Gesamtzahl der fertigen Geräte in den Zeitpunkten λ_k (die nicht äquidistant sind) sprungartig (hier um $\alpha_k = 1$). Bei

Taktstraßen kann unter Bezugnahme auf die Taktzeit T gesetzt werden: $\lambda_k = kT$ und $\alpha_k = 1$. Man hat dann als Intensität eine Folge von Einheitsimpulsen gleichen zeitlichen Abstandes T.

Die Möglichkeiten, praktische Größen durch gewisse Distributionen oder Operatoren auszudrücken, sind aber vielfältiger, z. B. wenn die Variable t nicht die Zeit ist, sondern eine andere Bedeutung besitzt. Als wesentlich herausgestellt werden muß dabei die Methode,

> von den praktischen Größen zu deren Verteilungsdichten bzw. Intensitäten überzugehen,

wie wir das schon in der Einleitung (Abschnitt 1.) am Beispiel der Punktladung bzw. im oben angegebenen Beispiel 4 an Eingangs- oder Ausgangsmengen gezeigt haben.

Beispiel 5. Betrachtet man die von der *Frequenz* t einer Schwingung abhängende *Verteilungsdichte der Amplituden* (Amplitudendichte), so kann die Amplitudendichte einer einzelnen zur Frequenz $t = \lambda$ gehörenden Amplitude A_λ durch

$$\boxed{A_\lambda \delta(t - \lambda) \quad \text{oder} \quad A_\lambda\, e^{-\lambda s}}$$

dargestellt werden. Ein ganzes diskontinuierliches Amplitudenspektrum besitzt dann wieder eine Dichte der Form (211).

Beispiel 6. Wird t als (eindimensionale) Ortskoordinate aufgefaßt, so kann die Ladungsdichte einer im Punkt $t = \lambda$ konzentrierten Punktladung der Größe Q_λ ebenfalls in der Form

$$\boxed{Q_\lambda \delta(t - \lambda) \quad \text{oder} \quad Q_\lambda\, e^{-\lambda s}} \tag{214}$$

geschrieben werden. Reihen der Form (211) mit Gliedern (214) beschreiben dann die Ladungsdichte von auf der t-Achse verteilten Punktladungen. Die Begründung ist lediglich ein Analogon zum Beispiel 1.

Beispiel 7. Betrachtet man zwei auf der t-Achse (t ist auch hier die Ortsvariable) entgegengesetzt gleich große Ladungen $-Q_\lambda$ und Q_λ in den Punkten $\lambda - \varepsilon$ und $\lambda + \varepsilon$ (Bild 81),

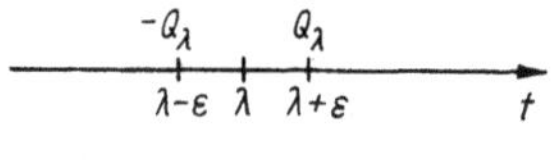

Bild 81. Zum Dipolmoment

so erhält man mit einem für $\varepsilon \to 0$ endlichen *Dipolmoment* μ_λ, daß $Q_\lambda = \dfrac{\mu_\lambda}{2\varepsilon}$ gelten muß. Schreibt man zunächst die Verteilungsdichte dieser beiden Punktladungen in Distributionenform auf, so erhält man mit (214)

$$-Q_\lambda \delta(t - [\lambda - \varepsilon]) + Q_\lambda \delta(t - [\lambda + \varepsilon])$$
$$= -\frac{\mu_\lambda}{2\varepsilon}\left[\delta(t - [\lambda - \varepsilon]) - \delta(t - [\lambda + \varepsilon])\right].$$

Wir untersuchen, ob die für kleiner werdende ε entstehende Folge im Distributionensinne konvergiert. Für eine beliebige Testfunktion $\varphi(t) \in \mathscr{D}$ gilt mit den Formeln (86),

(87) und (75)

$$\left\langle -\frac{\mu_\lambda}{2\varepsilon}[\delta(t-[\lambda-\varepsilon])-\delta(t-[\lambda+\varepsilon])],\varphi(t)\right\rangle = -\frac{\mu_\lambda}{2\varepsilon}[\varphi(\lambda-\varepsilon)-\varphi(\lambda+\varepsilon)].$$

Die rechte Seite dieser Gleichung läßt sich aber umformen zu

$$-\frac{\mu_\lambda}{2}\left[-\frac{\varphi(\lambda-\varepsilon)-\varphi(\lambda)}{-\varepsilon}-\frac{\varphi(\lambda+\varepsilon)-\varphi(\lambda)}{\varepsilon}\right],$$

woraus für $\varepsilon \to 0$ unter Beachtung der Definition der gewöhnlichen Funktionen-ableitung (vgl. [15]) $-\dfrac{\mu_\lambda}{2}\,[-\dot\varphi(\lambda)-\dot\varphi(\lambda)] = \mu_\lambda\dot\varphi(\lambda) = \mu_\lambda\,\dfrac{\mathrm{d}\varphi(t)}{\mathrm{d}t}\bigg|_{t=\lambda}$ folgt.

Wegen Formel (98) (setze dort $k = 1$) gilt also für $\varepsilon \to 0$

$$\left\langle -\frac{\mu_\lambda}{2\varepsilon}[\delta(t-[\lambda-\varepsilon])-\delta(t-[\lambda+\varepsilon])],\varphi(t)\right\rangle \to \langle -\mu_\lambda\delta'(t-\lambda),\varphi(t)\rangle,$$

d. h., im Distributionensinne gilt für $\varepsilon \to 0$

$$-\frac{\mu_\lambda}{2\varepsilon}[\delta(t-[\lambda-\varepsilon])-\delta(t-[\lambda+\varepsilon])] \xrightarrow{\ \mathcal{D}'\ } -\mu_\lambda\delta'(t-\lambda).$$

Also folgt für die Ladungsdichte des betrachteten Dipols mit dem Dipolmoment $\mu_\lambda > 0$

$$\boxed{-\mu_\lambda\delta'(t-\lambda)\quad\text{oder}\quad -\mu_\lambda\,\mathrm{e}^{-\lambda s}.} \tag{215}$$

Beispiel 8. In der Mechanik betrachtet man bei Tragwerken kontinuierliche *Linien-kräfte* und *Einzelkräfte* sowie die entsprechenden Schnittgrößen (vgl. [21, I., S. 259 ff.]). Linienkräfte z. B. bei Trägern (Dimension einer auf eine Länge bezogenen Kraft, also handelt es sich um eine Dichte) lassen sich stets durch stetige oder wenigstens stück-weise stetige Funktionen $f(t)$ (auch hier ist t wieder die Ortsvariable) beschreiben, Einzelkräfte können auch hier als Grenzfall von in extrem kleinen Intervallen wirkenden Linienkräften, also mit Hilfe der Delta-Distribution, beschrieben werden. Wirkt z. B. in einem Punkt λ der t-Achse eine Einzelkraft F_λ, so kann deren Dichte durch

$$\boxed{F_\lambda\delta(t-\lambda)\quad\text{oder}\quad F_\lambda\,\mathrm{e}^{-\lambda s}} \tag{216}$$

ausgedrückt werden. Kraftdichten von mehreren Einzelkräften entsprechen auch hier wieder Summen der Form (211).

Beispiel 9. Das mechanische Analogon zum elektrischen Dipol (Beispiel 7), d. h. der Grenzfall eines wie in Bild 82 skizzierten Kräftepaares mit dem *Kraftmoment* μ_λ für $\varepsilon \to 0$, d. h., auch hier muß $F_\lambda = \dfrac{\mu_\lambda}{2\varepsilon}$ gelten, besitzt ebenfalls eine Dichte der Form (215) (vgl. [16, S. 117]).

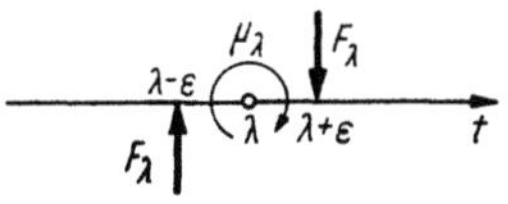

Bild 82. Mechanisches Einzelmoment als Grenzfall eines Kräftepaares

Beispiel 10. Auf der t-Achse (als Ortskoordinate aufgefaßt) verteilte Punktmassen m_k besitzen Massendichten der Form

$$m_k \delta(t - \lambda_k) \quad \text{oder} \quad m_k \, e^{-\lambda_k s}, \tag{217}$$

falls die Masse m_k im Punkt $t = \lambda_k$ konzentriert ist. Entsprechende Summen der Form (211) repräsentieren dann die Gesamtdichte aller Massen m_k. Man kann sich die Dichte einer Punktmasse ebenso veranschaulichen wie die einer Punktladung (s. Abschnitt 1.).

In der Praxis kommen also hauptsächlich die Delta-Distribution $\delta(t - \lambda)$ und ihre Ableitung $\lambda'(t - \lambda)$ vor, wenn man von höheren Ableitungen der Delta-Distribution in Zwischenrechnungen absieht. Es gibt aber auch Anwendungen für andere singuläre Distributionen, von denen wir nur wenige Beispiele angegeben hatten, weil diese in Aufgabenstellungen vorkommen, die wir im Buch wegen ihrer Kompliziertheit ohnehin nicht behandeln können.

Weitere Anwendungsmöglichkeiten für die Darstellung gewisser Größen, die für die Praxis wichtig sind, ergeben sich auf dem Gebiet der Wahrscheinlichkeitsrechnung.

Die Lebensdauer einer Glühlampe ist eine *Zufallsgröße*, die sich durch Zahlenwerte (Zeitwerte) ausdrücken läßt.

Die Dauer für die Herstellung eines Erzeugnisses oder die Reparatur eines Gerätes schwankt ebenfalls zufällig und läßt sich durch Zahlenwerte beschreiben.

Ebenfalls durch einen Zahlenwert ausdrücken läßt sich die zufällig erreichte Augenzahl beim Würfeln.

Allgemein wird durch die «Realisierungen» (Zahlenwerte) einer beliebigen Zufallsgröße ξ der Eintritt eines bestimmten zufälligen Ereignisses dargestellt (z. B. $\xi = 0$ $\triangle$ «Gerät ist ausgefallen», $\xi = 1$ $\triangle$ «Gerät funktioniert»). Wir beschränken uns hier auf eindimensionale Zufallsgrößen.

Jeder Zufallsgröße ξ kann eine sogenannte *Verteilungsfunktion* $F_\xi(t)$ zugeordnet werden, die definiert ist als die *Wahrscheinlichkeit* dafür, daß die Realisierungen der Zufallsgröße Werte kleiner als t annehmen (vgl. [15, II., S. 312ff.] und Abschnitt 2.4.), also

$$F_\xi(t) := P(\xi < t). \tag{218}$$

Für diese Verteilungsfunktionen stellt man zwei Grundtypen besonders heraus.

Ist die Zufallsgröße ξ *diskret*, d. h. kann sie nur endlich oder abzählbar viele diskrete Werte $t_0, t_1, t_2, \ldots, t_k, \ldots$ jeweils mit den von Null verschiedenen Einzelwahrscheinlichkeiten $w_0, w_1, w_2, \ldots, w_k, \ldots$ annehmen $\left(\text{mit } \sum_k w_k = 1\right)$, so ist $F_\xi(t)$ stets eine Treppenfunktion (Bild 83).

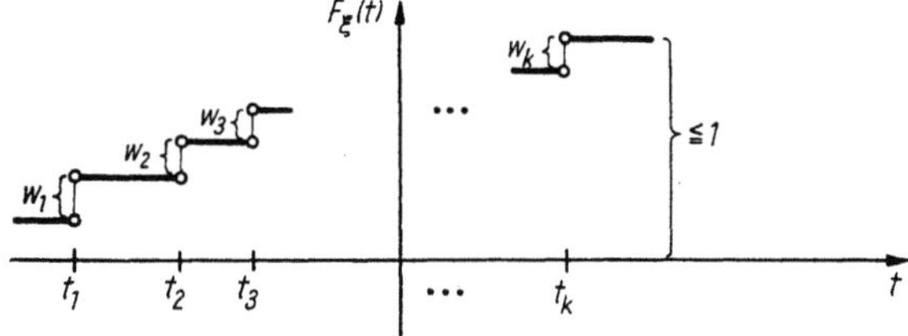

Bild 83. Verteilungsfunktion einer diskreten Zufallsgröße

Beispiel 11. Das einfachste Beispiel ist der Münzwurf. Bedeutet $\xi = 0$, daß nach einmaligem Werfen die Zahl oben liegt, und $\xi = 1$, daß das Wappen erscheint, so haben wir nur zwei diskrete Werte $t_0 = 0$ und $t_1 = 1$, die jeweils mit den Wahrscheinlichkeiten $w_0 = 1/2$ und $w_1 = 1/2$ angenommen werden (die Münze sei balanciert). Im Bereich $t \leq t_0 = 0$ muß die Verteilungsfunktion (Bild 84) $F_\xi(t)$ den konstanten Wert Null annehmen, denn $F_\xi(t) = P(\xi < t \leq 0)$ ist die Wahrscheinlichkeit dafür, daß eine Zahl kleiner als Null als Realisierung von ξ auftritt, was aber nicht möglich ist. Für $t_0 = 0 < t_1 \leq t = 1$ nimmt $F_\xi(t)$ den konstanten Wert $1/2$ an, denn die einzige mögliche Realisierung kleiner als t ist jetzt $\xi = t_0 = 0$, die mit der Wahrscheinlichkeit $w_0 = 1/2$ angenommen wird. Für $t > 1$ gibt es die Möglichkeiten $\xi = 0$ oder $\xi = 1$ mit der Wahrscheinlichkeit $1/2 + 1/2 = 1$, d. h., $F_\xi(t)$ ist konstant gleich eins für $t > 1$.

Der zweite Grundtyp wird den *stetigen* Zufallsgrößen zugeordnet. Eine Zufallsgröße ξ heißt stetig, wenn eine Funktion $f_\xi(t) \geqq 0$, die sogenannte Verteilungsdichte oder Dichtefunktion, existiert, so daß für die Verteilungsfunktion (vgl. auch hier Abschnitt 2.4.)

$$F_\xi(t) = \int\limits_{-\infty}^{t} f_\xi(\tau)\, \mathrm{d}\tau \qquad (219)$$

gilt (Bild 85). $F_\xi(t)$ ist dann eine stetige Funktion. Die schraffierte Fläche zwischen Kurve $f_\xi(\tau)$ und τ-Achse im Bereich $(-\infty, t)$ ist gerade der Wert der Verteilungs-

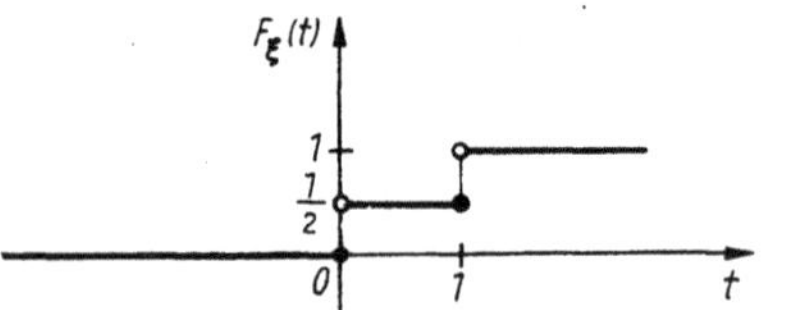

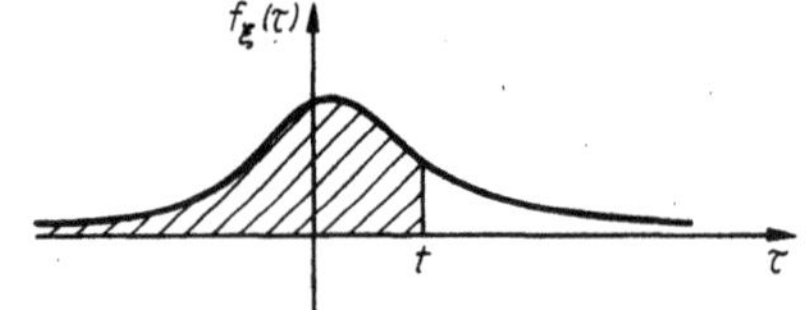

Bild 84. Verteilungsfunktion beim Münzwurf

Bild 85. Dichtefunktion einer stetigen Zufallsgröße

funktion (219) an der Stelle t. Man kann sich dies so vorstellen, daß auf der τ-Achse eine (Wahrscheinlichkeits-) Masse stetig verteilt ist und $F_\xi(t)$ die links vom Punkt t auf der τ-Achse liegende Gesamtmasse angibt. Es gilt

$$\dot{F}_\xi(t) = f_\xi(t)\,. \qquad (220)$$

Neben diesen Grundtypen gibt es auch noch gemischte Verteilungen.

In der Wahrscheinlichkeitsrechnung spricht man i. allg. bei diskreten Zufallsgrößen von Verteilungsfunktion und Einzelwahrscheinlichkeiten $P(\xi = t_k) = w_k$, bei stetigen Zufallsgrößen von Verteilungsfunktion und Dichtefunktion. In der Distributionentheorie kann man jedoch auch den Begriff der *Dichte* bei diskreten Zufallsgrößen einführen, wenn man

$$F_\xi{}'(t) = f_\xi(t) \qquad (221)$$

als Distributionenableitung und $f_\xi(t)$ als Distribution auffaßt. Da $F_\xi(t)$ hier stets eine Treppenfunktion (Bild 83) ist, läßt sich $f_\xi(t)$ unter Benutzung von Formel (100) (und bei unendlichen Reihen von Konvergenzeigenschaften) in der Form

$$f_\xi(t) = \sum_k w_k \delta(t - t_k)$$ (222)

schreiben. Die grafische Darstellung von (222) entspricht dem Bild 86.

Beispiel 12. Im allgemeinen schwanken Lebensdauern, Reparaturdauern, die Dauern von Arbeitsgängen usw. zufällig in gewissen Grenzen. Hat aber im Idealfall ein Arbeitsgang bei allen zu bearbeitenden Teilen einer Serie immer genau die gleiche Dauer $\xi = T$ (extrem kleine Schwankungen werden vernachlässigt), so gilt

$$F_\xi(t) = h(t - T)$$ (223)

und

$$f_\xi(t) = \delta(t - T).$$ (224)

Beispiel 13. In der Qualitätskontrolle spielt die hypergeometrische Verteilung eine große Rolle. In einer Menge von N gleichen Erzeugnissen seien M minderwertige enthalten. Entnimmt man dieser Menge eine zufällige Auswahl von n Erzeugnissen, so ist die Wahrscheinlichkeit dafür, daß sich in dieser Auswahl genau m minderwertige Artikel befinden, gleich

$$w_m = \frac{\binom{M}{m}\binom{N-M}{n-m}}{\binom{N}{n}},$$

wobei die *Binomialkoeffizienten* $\binom{k}{l}$ durch $\binom{k}{l} := \dfrac{k!}{l!\,(k-l)!}$ definiert sind. Die zugehörige Dichte läßt sich mit ξ als zufällige Anzahl minderwertiger Erzeugnisse in der Auswahl, deren Realisierungen $0, 1, \ldots, m, \ldots, k = \min(n, M)$ sind, zu

$$f_\xi(t) = \sum_{m=0}^{k} \frac{\binom{M}{m}\binom{N-M}{n-m}}{\binom{N}{n}} \delta(t - m)$$ (225)

festlegen (Bild 86).
Man könnte sicherlich noch mehr Größen und Vorgänge finden, wo eine Beschreibung durch Distributionen möglich und vorteilhaft ist.

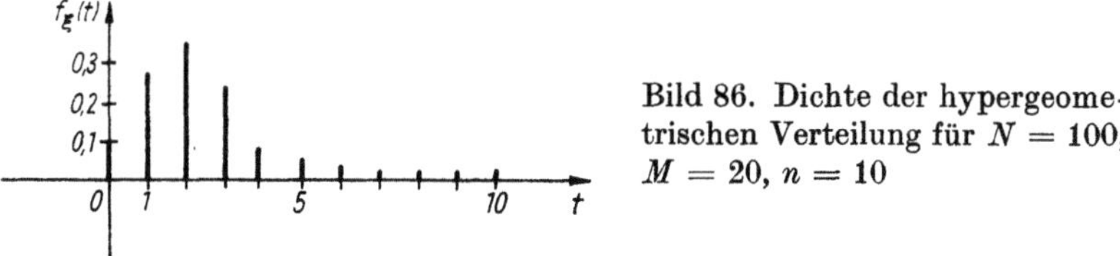

Bild 86. Dichte der hypergeometrischen Verteilung für $N = 100$, $M = 20$, $n = 10$

Aufgabe 1. Die Zeitfunktion $u(t) = h(t)\,(t+1)\,\mathrm{e}^{-t}$ soll in den Punkten $t = k$ ($k = 0, 1, \ldots, 10$) abgetastet werden. Man stelle das abgetastete Signal $u^*(t)$ als Distribution und als Operator dar. (Man verwende (127) mit $u(kT_\mathrm{a}) = 0$ für $k \geq 11$.)

9*

Aufgabe 2. Für die auf den Träger (Bild 87) einwirkende Gesamtbelastung ist die Dichte aufzuschreiben

a) in Distributionenschreibweise
b) in Operatorenschreibweise

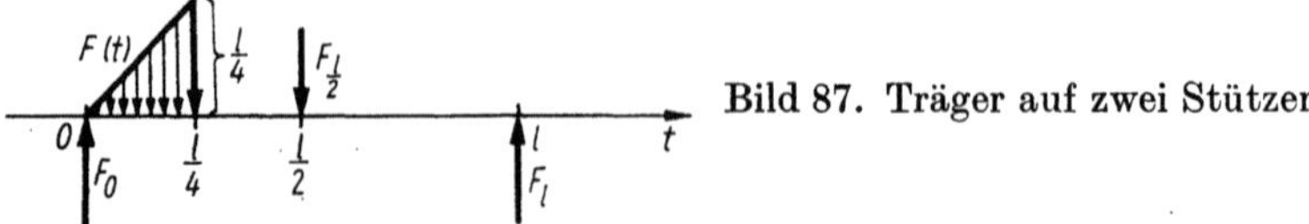

Bild 87. Träger auf zwei Stützen

Aufgabe 3. Für die beim einmaligen Würfeln mit dem idealen Würfel zufällig erzielte Augenzahl ξ (die möglichen Realisierungen von ξ sind 1, 2, 3, 4, 5, 6) ist die Dichte $f_\xi(t)$ im Sinne der Distributionen aufzuschreiben (Skizze)!

Aufgabe 4. Zu jeder vollen Stunde verläßt ein PKW die Montageabteilung. Die Intensität des Ausgangsstromes ist im Bereich 0 ... 10 h in Distributionen- und in Operatorenform aufzuschreiben, wenn keine Unterbrechung der Produktion eintritt!

9. Faltungsgleichungen

9.1. Definition und Beispiele

Für Natur -und Technikwissenschaften wichtige Gleichungen sind Faltungsintegralgleichungen und allgemeiner Faltungsgleichungen im Sinne der Distributionen. Wir
betrachten zunächst VOLTERRA*sche Faltungsintegralgleichungen* (VOLTERRA, VITO,
1860 bis 1940, Rom), d. h. Gleichungen, in denen die gesuchte Funktion unter einem
Integralzeichen vorkommt.

Definition

Sind $k(t)$ $[k(t) = 0$ für $t < 0]$ und $g(t)$ $[g(t) = 0$ für $t < T]$ vorgegebene
Funktionen und ist $x(t)$ $[x(t) = 0$ für $t < T]$ gesucht, so heißen

$$\int_T^t k(t - \tau)\, x(\tau)\, \mathrm{d}\tau = g(t) \tag{226}$$

und

$$\int_T^t k(t - \tau)\, x(\tau)\, \mathrm{d}\tau + x(t) = g(t) \tag{227}$$

lineare VOLTERRAsche Faltungsintegralgleichungen 1. bzw. 2. Art.
$k(t)$ wird als Kern der Integralgleichungen bezeichnet.

Beispiel 1. Das *Übertragungsverhalten* eines linearen Systems (Bild 1) werde durch
die Gleichung

$$g(t) = q(t) * f(t) \tag{228}$$

beschrieben, wobei $f(t)$ die Eingangsfunktion, $q(t)$ die Gewichtsfunktion und $g(t)$ die
Ausgangsfunktion bezeichnen, die alle für $t < 0$ verschwinden sollen. Für eine an-
schauliche Interpretation dieser Gleichung unter der Voraussetzung, daß nur die
Gewichtsfunktion $q(t)$ bekannt sein muß, um für ein spezielles Eingangssignal $f(t)$
das zugehörige Ausgangssignal $g(t)$ berechnen zu können, sei auf GÖLDNER [11, Bd. I,
S. 96 ff.] verwiesen. Stellt man sich jetzt umgekehrt auf den Standpunkt, die Gewichtsfunktion $q(t) = x(t)$ ist unbekannt, so kann die an Hand eines Tests zu einer bekannten Eingangsfunktion $f(t) = k(t)$ ermittelte Ausgangsfunktion $g(t)$ dazu benutzt
werden, die Gewichtsfunktion aus der VOLTERRAschen Faltungsintegralgleichung
1. Art

$$\int_0^t k(t - \tau)\, x(\tau)\, \mathrm{d}\tau = g(t) \tag{229}$$

zu ermitteln, falls $x(t) = q(t)$ überhaupt eine Funktion ist.

Beispiel 2. Bei der Berechnung der *Verfügbarkeit* eines technischen Systems interessiert zunächst die Momentanverfügbarkeit $V(t)$ einer einzelnen Komponente des Systems, das ist die Wahrscheinlichkeit dafür, daß die betrachtete Komponente zur Zeit $t(t > 0)$ funktionsfähig ist. Kann das Betriebsverhalten der Komponente durch einen sogenannten *alternierenden Erneuerungsprozeß* beschrieben werden, d. h., auf eine Funktionsperiode folgt nach Ausfall der Komponente eine Erneuerungsperiode, auf diese wiederum eine Funktionsperiode usw. (Bild 88), wobei die Funktionsdauern ζ stets ein und dieselbe Verteilungsfunktion $F_\zeta(t)$ [$F_\zeta(t) = 0$ für $t < 0$] und die Erneuerungsdauern ξ stets ein und dieselbe Verteilungsfunktion $F_\xi(t)$ [$F_\xi(t) = 0$ für $t < 0$] besitzen sollen (ζ und ξ seien unabhängige Zufallsgrößen), so

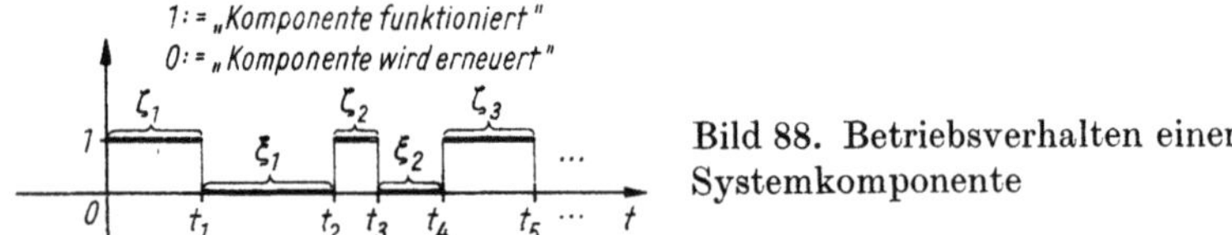

Bild 88. Betriebsverhalten einer Systemkomponente

kann die Momentanverfügbarkeit $V(t)$ über geeignete Faltungsgleichungen 2. Art berechnet werden (vgl. [20]). Im allgemeinen ergibt sich die Momentanverfügbarkeit im Bereich $t \geqq 0$ zu

$$V(t) = 1 - F_\zeta(t) + \int\limits_0^t [1 - F_\zeta(t - \tau)]\, x(\tau)\, \mathrm{d}\tau,$$

worin $x(t)$ als Lösung der Volterraschen Faltungsgleichung 2. Art

$$\int\limits_0^t k(t - \tau)\, x(\tau)\, \mathrm{d}\tau + x(t) = g(t) \tag{230}$$

mit $k(t) = -f_\zeta(t) * f_\xi(t)$ und $g(t) = f_\zeta(t) * f_\xi(t)$ zu gewinnen ist. Dabei wurde angenommen, daß die Komponente zum Zeitpunkt $t = 0$ funktioniert. Die Funktionen $f_\zeta(t)$ und $f_\xi(t)$ bezeichnen die Wahrscheinlichkeitsdichten der Funktions- bzw. Erneuerungsdauern.

Wir wollen hier nicht die Theorie dieser Integralgleichungen behandeln (dazu vgl. z. B. [24]), sondern lediglich noch feststellen, daß eine Volterrasche Faltungsgleichung 2. Art (227), falls z. B. $g(t)$ und $k(t)$ stetige Funktionen sind, stets eine eindeutig bestimmte Funktionenlösung $x(t)$ besitzt (auch wenn diese i. allg. nur numerisch ermittelt werden kann!), während die Volterraschen Faltungsgleichungen 1. Art (226) selbst bei «vernünftigen» Funktionen $g(t)$ und $k(t)$ keine Funktionenlösungen $x(t)$ besitzen müssen. Hinzu kommt noch, daß man ein wie im Beispiel 1 beschriebenes System oft mit Eingangsfunktionen $f(t) = k(t)$ testet, die man der Einfachheit halber entsprechend Abschnitt 8., Beispiel 1, durch Distributionen ausdrückt, wie etwa durch $k(t) = \delta(t)$. Man kann in solch einem Falle die Gleichung (228) nicht als Volterrasche Faltungsgleichung 1. Art schreiben, sondern muß (228) als Verallgemeinerung einer solchen auffassen. Schreibt man die linke Seite der Gleichung (227) in der Form

$$\int\limits_T^t k(t - \tau)\, x(\tau)\, \mathrm{d}\tau + x(t) = k(t) * x(t) + x(t) = [k(t) + \delta(t)] * x(t)$$

und setzt $[k(t) + \delta(t)] := k_1(t)$, so lautet (227) jetzt $k_1(t) * x(t) = g(t)$. Also können wir die VOLTERRAschen Faltungsgleichungen 1. und 2. Art als Spezialfälle der allgemeineren *Faltungsgleichungen* auffassen.

Definition

> Eine Faltungsgleichung im Distributionen-Teilraum $\mathcal{D}'_{\mathcal{M}}$ ist eine Gleichung der Form
>
> $$k(t) * x(t) = g(t), \qquad (231)$$
>
> worin $k(t)$ und $g(t)$ vorgegebene Distributionen in $\mathcal{D}'_{\mathcal{M}}$ sind und $x(t) \in \mathcal{D}'_{\mathcal{M}}$ gesucht ist.

Beispiel 3. Sind $k(t) = L\delta'(t) + R\delta(t)$, $x(t) = i(t)$ der gesuchte Strom und $g(t) = u(t)$ die vorgegebene Spannung, so ist

$$k(t) * x(t) = g(t) \qquad (232)$$

wegen $\delta'(t) * x(t) = x'(t)$ und $\delta(t) * x(t) = x(t)$ äquivalent zur Differentialgleichung

$$Lx'(t) + Rx(t) = g(t), \qquad (233)$$

die lediglich die Distributionenform der den **Zusammenhang zwischen Spannung und Strom** im *RL*-Stromkreis (Bild 89) beschreibenden Differentialgleichung ist.

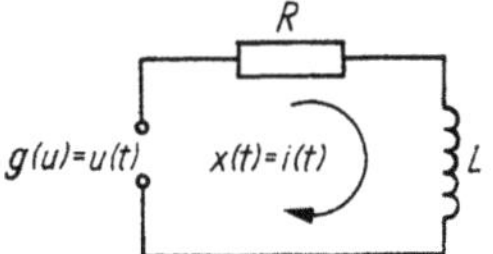

Bild 89. *RL*-Stromkreis

9.2. Lösungsmöglichkeiten

Wir setzen die rechte Seite von Gleichung (231) zunächst gleich $\delta(t)$ und betrachten die Faltungsgleichung

$$\boxed{k(t) * x(t) = \delta(t).} \qquad (234)$$

Jede Lösung $x(t) = x_\delta(t)$ dieser Gleichung ist nichts anderes als die zur Distribution $k(t) \in \mathcal{D}'_{\mathcal{M}}$ bezüglich der Faltung inverse Distribution in $\mathcal{D}'_{\mathcal{M}}$. Eine solche inverse Distribution $x_\delta(t) \in \mathcal{D}'_{\mathcal{M}}$ kann existieren, sie muß aber nicht existieren. Die Existenz oder Nichtexistenz von $x_\delta(t)$ hängt von $k(t)$ ab. In den meisten praktischen Fällen ist die Gleichung (234) im Raum $\mathcal{D}'_{\mathcal{M}}$ lösbar. Wir wollen uns deshalb nicht weiter mit Existenzfragen befassen. Hat man eine Lösung $x_\delta(t) \in \mathcal{D}'_{\mathcal{M}}$ der Gleichung (234) gefunden, so kann auch die Lösung von Gleichung (231) für jede rechte Seite $g(t) \in \mathcal{D}'_{\mathcal{M}}$ sofort hingeschrieben werden. Faltet man nämlich (231) beiderseitig mit $x_\delta(t)$, so erhält man mit $x_\delta(t) * k(t) = k(t) * x_\delta(t) = \delta(t)$ links $x(t)$ und rechts $x_\delta(t) * g(t)$, d. h., bei bekannter Lösung $x_\delta(t)$ der Gleichung (234) lautet die Lösung von (231)

$$\boxed{x(t) = x_\delta(t) * g(t).} \qquad (235)$$

Man brauchte sich also prinzipiell nur mit der Auflösung von Gleichungen der Form (234) zu befassen.

Eine erste Möglichkeit hierzu ist die Übertragung der Distributionengleichung (234) in eine MIKUSIŃSKIsche Operatorengleichung

$$kx = 1, \tag{236}$$

da ja alle Distributionen aus $\mathscr{D}'_{\mathcal{M}}$ mit MIKUSIŃSKIschen Operatoren identifiziert werden können und insbesondere $\delta(t)$ dem Operator 1 entspricht. Die Gleichung (236) besitzt aber stets eine eindeutig bestimmte Operatorenlösung

$$x = x_\delta = \frac{1}{k}. \tag{237}$$

Dieser Operator kann sich wieder mit einer Distribution identifizieren lassen (dies muß aber nicht so sein, auch wenn dieser Fall — wie wir schon bemerkten — in der Praxis nicht so oft vorkommt). Das Problem besteht nun darin, den Operator $1/k$ wieder als Funktion oder Distribution $x_\delta(t)$ zu schreiben. Das ist ein Analogon zur Rücktransformation bei der LAPLACE-Transformation.

Eine zweite Möglichkeit zur Auflösung der Gleichung (234) ist, gleich die (verallgemeinerte) LAPLACE-Transformation anzuwenden, deren Formeln ja in der Operatorenrechnung ebenfalls benutzt werden und die in den meisten praktischen Fällen auch zum Ziel führt, weil die in (234) auftretenden Distributionen transformierbar sind. Die Bildgleichung von (234) lautet dann

$$\bar{k}(p)\,\bar{x}(p) = 1 \tag{238}$$

(vgl. mit (236)!), und die Bildlösung ist

$$\bar{x}(p) = \bar{x}_\delta(p) = \frac{1}{\bar{k}(p)}. \tag{239}$$

[vgl. mit (237)!]. Falls $\bar{x}_\delta(p)$ die LAPLACE-Transformierte einer Funktion oder Distribution $x_\delta(t) \in \mathscr{D}'_{\mathcal{M}}$ ist, so erhält man $x_\delta(t)$ durch Rücktransformation

$$x_\delta(t) = \mathscr{L}^{-1}\left[\frac{1}{\bar{k}(p)}\right]. \tag{240}$$

Beispiel 1. Die zur Distribution $k(t) = L\delta'(t) + R\delta(t)$ [vgl. (233)] gehörende Gleichung (234) besitzt wegen $\bar{k}(p) = Lp + R$ die eindeutig bestimmte Lösung

$$x_\delta(t) = \mathscr{L}^{-1}\left[\frac{1}{Lp + R}\right] = \frac{1}{L}\,h(t)\,\mathrm{e}^{-Rt/L} \tag{241}$$

(Tabelle 2, Nr. 6). Das ist sogar eine Funktion (Bild 90).

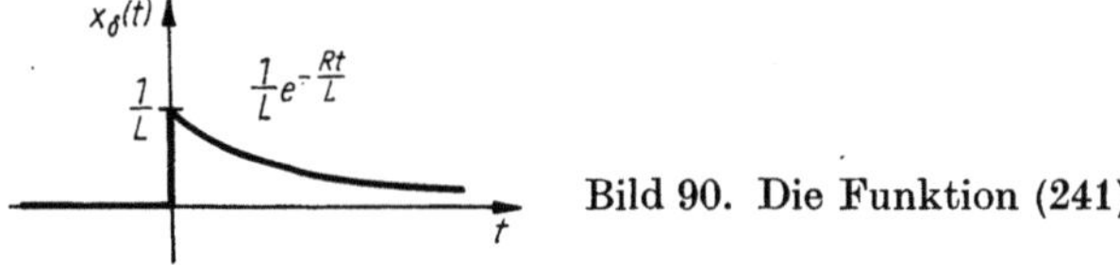

Bild 90. Die Funktion (241)

Beispiel 2. Gesucht sei die Lösung $x(t) = x_\delta(t)$ der Gleichung

$$[h(t + \pi) \sin (t + \pi)] * x(t) = \delta(t).$$

Die Bildfunktion $\bar{k}(p) = \mathscr{L}[h(t + \pi) \sin (t + \pi)] = \dfrac{\mathrm{e}^{\pi p}}{p^2 + 1}$ (Tabelle 1, Nr. 6 und Tabelle 2, Nr. 8) liefert mit (240) sofort

$$x_\delta(t) = \mathscr{L}^{-1}[\mathrm{e}^{-\pi p}(p^2 + 1)] = \delta''(t - \pi) + \delta(t - \pi). \tag{242}$$

Das ist keine Funktion, sondern eine singuläre Distribution.

Nun ist natürlich die Frage berechtigt, warum zur Lösung der Gleichung (231) der Umweg über die Gleichung (234) gemacht wird und nicht sofort auf die Gleichung (231) die LAPLACE-Transformation angewendet wird. Natürlich kann man Gleichung (231) sofort transformieren, falls neben $k(t)$ auch noch $g(t)$ LAPLACE-transformierbar (wenigstens im Distributionensinne) ist. Die Bildgleichung zu (231)

$$\boxed{\bar{k}(p)\, \bar{x}(p) = \bar{g}(p)} \tag{243}$$

liefert dann die Bildlösung

$$\boxed{\bar{x}(p) = \dfrac{\bar{g}(p)}{\bar{k}(p)},} \tag{244}$$

die — falls $\bar{x}(p)$ die LAPLACE-Transformierte einer Distribution $x(t)$ ist — zur Originallösung

$$\boxed{x(t) = \mathscr{L}^{-1}\left[\dfrac{\bar{g}(p)}{\bar{k}(p)}\right]} \tag{245}$$

führt. Während dieses Verfahren nur möglich ist, wenn $k(t)$ und $g(t)$ transformierbar sind, gestattet der Umweg über die Gleichung (234) auch dann noch die Anwendung der LAPLACE-Transformation, wenn *nur* $k(t)$ transformierbar und $g(t)$ eine nicht transformierbare Distribution aus $\mathscr{D}'_M$ ist [z. B. $g(t) = h(t)\,\mathrm{e}^{t^2}$]. Ein zweiter Gesichtspunkt ist praktisch begründet. Beschreibt (231) besipielsweise das Übertragungsverhalten eines linearen Systems, wobei jetzt $g(t)$ die Erregung und $x(t)$ die Antwort bezeichnen, so berechnet man die Gewichtsfunktion meistens unabhängig von speziellen Erregungen $g(t)$ als Impulsantwort, d. h. aus $k(t) * x(t) = \delta(t)$ zu $x_\delta(t) = \mathscr{L}^{-1}\left[\dfrac{1}{\bar{k}(p)}\right]$, und kann dann für jede andere Erregung $g(t)$ die Antwort $x(t)$ nach $x(t) = x_\delta(t) * g(t)$ ermitteln. Der mathematische Hintergrund ist aber der gleiche wie oben. Wir fassen noch einmal zusammen. Um eine Faltungsgleichung (231) bei gegebenen Distributionen $k(t)$ und $g(t)$ aus dem Raum $\mathscr{D}'_M$ in $\mathscr{D}'_M$ nach $x(t)$ aufzulösen, kann man wie folgt vorgehen:

Erste Möglichkeit

Suche eine Lösung $x(t) = x_\delta(t)$ der Gleichung (234)

$$k(t) * x(t) = \delta(t)$$

(die eindeutig bestimmt ist, falls eine Lösung in $\mathscr{D}'_M$ existiert)

a) durch LAPLACE-Transformation, falls $k(t)$ transformierbar ist:

$$x_\delta(t) = \mathscr{L}^{-1}\left[\frac{1}{\bar{k}(p)}\right];$$

b) durch Auflösung der zugeordneten Operatorengleichung, falls $k(t)$ nicht LAPLACE-transformierbar ist:

$$x_\delta = \frac{1}{k}$$

(seltener Fall).

Falls eine Lösung $x_\delta(t)$ der Gleichung (234) in $\mathscr{D}'_{\!M}$ existiert, so lautet die eindeutige Lösung der Gleichung (231)

$$x(t) = x_\delta(t) * g(t),$$

auch wenn $g(t) \in \mathscr{D}'_{\!M}$ nicht LAPLACE-transformierbar sein sollte. [Besitzt (234) keine Lösung $x_\delta(t)$ in $\mathscr{D}'_{\!M}$, so ist auch (231) in $\mathscr{D}'_{\!M}$ nicht lösbar.]

Zweite Möglichkeit

Falls $k(t)$ und $g(t)$ LAPLACE-transformierbar sind, so kann versucht werden, die Gleichung (231) sofort durch LAPLACE-Transformation zu lösen:

$$\bar{k}(p)\,\bar{x}(p) = \bar{g}(p);$$

$$\bar{x}(p) = \frac{\bar{g}(p)}{\bar{k}(p)};$$

$$x(t) = \mathscr{L}^{-1}\left[\frac{\bar{g}(p)}{\bar{k}(p)}\right]$$

[falls $\bar{x}(p)$ eine verallgemeinerte Bildfunktion ist].

Beispiel 3. Ein lineares System mit der unbekannten Gewichtsfunktion $q(t) := x(t)$ sei mit der Erregung (dem Rechteckimpuls) $f(t) := k(t) = [h(t) - h(t - 1)]$ getestet worden. Die Antwort, die ermittelt wurde, sei

$$g(t) = h(t)\,[1 - \mathrm{e}^{-t}] - h(t - 1)\,[1 - \mathrm{e}^{-(t-1)}] = \begin{cases} 0 & \text{für } t < 0 \\ 1 - \mathrm{e}^{-t} & \text{für } 0 \leqq t < 1 \\ (\mathrm{e} - 1)\,\mathrm{e}^{-t} & \text{für } 1 \leqq t \end{cases}$$

(Bild 91). Entsprechend (228) bzw. (229) ist $q(t) = x(t)$ als Lösung der Faltungsgleichung $k(t) * x(t) = g(t)$ zu ermitteln. Wendet man sofort die LAPLACE-Trans-

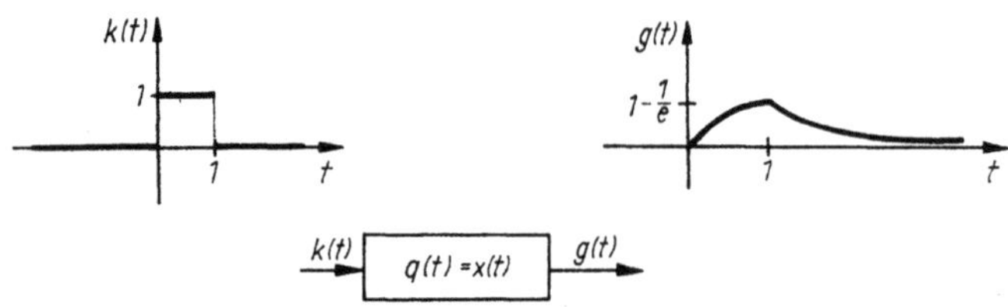

Bild 91. Zur Ermittlung der Gewichtsfunktion eines linearen Systems

formation an (2. Möglichkeit), so lautet die Bildlösung $\bar{x}(p) = \bar{g}(p)/\bar{k}(p)$. Die Bildfunktionen von $k(t)$ und $g(t)$ lauten (Tabelle 2, Nr. 4 und 6, sowie Tabelle 1, Nr. 6)

$$\bar{k}(p) = \frac{1}{p} \cdot (1 - e^{-p})$$

und

$$\bar{g}(p) = \frac{1}{p} - \frac{1}{p+1} - \frac{1}{p}\,e^{-p} + \frac{1}{p+1}\,e^{-p} = \left(\frac{1}{p} - \frac{1}{p+1}\right)(1 - e^{-p})$$

$$= \frac{1}{p(p+1)}\,(1 - e^{-p}).$$

Daraus folgt die Gewichtsfunktion

$$\bar{x}(p) = \frac{1}{p+1} \quad \text{bzw.} \quad x(t) = q(t) = h(t)\,e^{-t}.$$

Beispiel 4. Wir betrachten noch einmal die Faltungsgleichung (230) zur Berechnung der Verfügbarkeit einer Systemkomponente bei exponentiell verteilten Funktionsdauern. Von besonderem Interesse ist der Fall, daß die Erneuerungszeiten ξ annähernd konstant gleich T ($T > 0$) sind, d. h. eine Wahrscheinlichkeitsdichte $f_\xi(t)$ besitzen, wie sie in Bild 76 skizziert ist, wobei natürlich die Impulsfläche gleich eins ist. Wir berechnen die Verfügbarkeit näherungsweise in geschlossener Form, indem wir $f_\xi(t)$ idealisiert in der Form (224) $f_\xi(t) = \delta(t - T)$ darstellen. Mit $f_\zeta(t) = \lambda\,e^{-\lambda t}h(t)$ lautet dann die Gleichung (230)

$$[\delta(t) - \delta(t - T) * \lambda h(t)\,e^{-\lambda t}] * x(t) = \delta(t - T) * \lambda h(t)\,e^{-\lambda t}.$$

Da alle auftretenden Distributionen LAPLACE-transformierbar sind, ergibt sich sofort mit den entsprechenden Formeln der Tabellen 1 und 2

$$\left[1 - e^{-Tp}\,\frac{\lambda}{p+\lambda}\right]\bar{x}(p) = e^{-Tp}\,\frac{\lambda}{p+\lambda}.$$

Nach $\bar{x}(p)$ aufgelöst, folgt

$$\bar{x}(p) = e^{-Tp}\,\frac{\lambda}{p+\lambda} \cdot \frac{1}{1 - e^{-Tp}\,\dfrac{\lambda}{p+\lambda}}.$$

Die Rücktransformation kann wie folgt vollzogen werden. Bekanntlich konvergiert die geometrische Reihe [15, II, S. 23] $\sum\limits_{k=0}^{\infty} z^k = \dfrac{1}{1-z}$ für $|z| < 1$ absolut. In einer hinreichend weit rechts liegenden p-Halbebene (Bild 72) gilt aber für $z := e^{-Tp}\,\dfrac{\lambda}{p+\lambda}$ offensichtlich $|z| = \left|e^{-Tp}\,\dfrac{\lambda}{p+\lambda}\right| = e^{-T\mathrm{Re}(p)}\,\dfrac{\lambda}{|p+\lambda|} < 1$, so daß wir

$$\bar{x}(p) = e^{-Tp}\,\frac{\lambda}{p+\lambda}\sum_{k=0}^{\infty} e^{-kTp}\,\frac{\lambda^k}{(p+\lambda)^k} = \sum_{k=1}^{\infty} e^{-kTp}\,\frac{\lambda^k}{(p+\lambda)^k}$$

schreiben können. Gliedweise Rücktransformation liefert die im Distributionensinne konvergente Reihe

$$x(t) = \sum_{k=1}^{\infty} \frac{\lambda^k}{(k-1)!} \, \delta(t - kT) * h(t) \, t^{k-1} \, e^{-\lambda t}$$

$$= \sum_{k=1}^{\infty} \frac{\lambda^k}{(k-1)!} \, h(t - kT) \, [t - kT]^{k-1} \, e^{-\lambda(t-kT)}.$$

Die Verfügbarkeit selbst ergibt sich dann mit $F_\zeta(t) = h(t) \, [1 - e^{-\lambda t}]$ zu

$$V(t) = h(t) \, e^{-\lambda t} + h(t) \, e^{-\lambda t} * x(t).$$

Bleibt man zunächst im Bildbereich, so folgt

$$\overline{V}(p) = \frac{1}{p + \lambda} \left[1 + \sum_{k=1}^{\infty} e^{-kTp} \, \frac{\lambda^k}{(p + \lambda)^k} \right] = \frac{1}{p + \lambda} \sum_{k=0}^{\infty} e^{-kTp} \, \frac{\lambda^k}{(p + \lambda)^k}$$

oder

$$\overline{V}(p) = \sum_{k=0}^{\infty} e^{-kTp} \, \frac{\lambda^k}{(p + \lambda)^{k+1}}.$$

Analog zur Rücktransformation von $\bar{x}(p)$ (die wir nicht unbedingt hätten durchführen müssen) ergibt sich

$$V(t) = \sum_{k=0}^{\infty} \delta(t - kT) * \frac{\lambda^k}{k!} \, h(t) \, t^k \, e^{-\lambda t} = \sum_{k=0}^{\infty} \frac{\lambda^k}{k!} \, h(t - kT) \, [t - kT]^k \, e^{-\lambda(t-kT)}.$$

Betrachtet man $V(t)$ nur im Bereich $nT \leqq t < (n + 1) \, T$, so ergibt sich

$$V(t) = \sum_{k=0}^{n} \frac{\lambda^k}{k!} \, [t - kT]^k \, e^{-\lambda(t-kT)}.$$

Für $n = 0$ erhält man in $0 \leqq t < T$ $V(t) = e^{-\lambda t}$, in $T \leqq t < 2T$ gilt $V(t) = e^{-\lambda t} + \lambda(t - T) \, e^{-\lambda(t-T)}$ usw.

9.3.   Greensche Funktion

Von besonderem Interesse sind Faltungsgleichungen der Form (234), worin die Distribution $k(t)$ die Gestalt

$$\boxed{k(t) = a_n \delta^{(n)}(t) + \cdots + a_1 \delta'(t) + a_0 \delta(t)} \tag{246}$$

besitzt. Dabei ist $n \geq 1$ eine ganze Zahl, die Koeffizienten $a_0, a_1, \ldots, a_n$ $(a_n \neq 0)$ sind reelle Zahlen. Man überzeugt sich leicht davon, daß die Faltungsgleichung (234) in diesem Falle einer Differentialgleichung n-ter Ordnung äquivalent ist [vgl. (232) und (233)], die wir im Anschluß an die Faltungsgleichungen behandeln werden. Eine einen Differentialausdruck erzeugende Distribution der Form (246) besitzt stets eine zur Faltung *inverse* Distribution $x_\delta(t)$ in $\mathscr{D}'_M$, d. h., die zugehörige Faltungsgleichung (234) besitzt stets eine eindeutig bestimmte Lösung $x(t) = x_\delta(t)$ in $\mathscr{D}'_M$. LAPLACE-Transformation liefert nämlich

$$\bar{k}(p) = a_n p^n + \cdots + a_1 p + a_0,$$

so daß mit (240)

$$x_\delta(t) = \mathscr{L}^{-1}\left[\frac{1}{a_n p^n + \cdots + a_1 p + a_0}\right] \tag{247}$$

folgt, und da $x_\delta(t)$ das Original einer echt gebrochen rationalen Bildfunktion ist, ist $x_\delta(t)$ sogar eine für $t < 0$ verschwindende und für $t \geqq 0$ stetige Funktion, die man nach Partialbruchzerlegung der Bildfunktion unter Verwendung der Formeln 5 bis 21 der Tabelle 2 erhält (vgl. Abschnitt 6.1.).
Die Funktion (247) nennt man auch GREENsche *Funktion* (GREEN, GEORGE, 1793 bis 1841, Cambridge) des entsprechenden Differentialausdruckes. Sie entspricht der Impulsantwort, d. h. der Gewichtsfunktion bei linearen Übertragungsgliedern (vgl. Abschnitt 10.5.).

Beispiel 1. Wir berechnen die GREENsche Funktion zu

$$k(t) = \delta''(t) + \beta^2 \delta(t), \qquad \beta > 0, \tag{248}$$

[durch (248) erzeugte Differentialausdrücke spielen in der Theorie der Wellen eine große Rolle].

$$x_\delta(t) = \mathscr{L}^{-1}\left[\frac{1}{p^2 + \beta^2}\right]$$

liefert (Formel 8, Tabelle 2)

$$x_\delta(t) = \frac{1}{\beta} h(t) \sin(\beta t). \tag{249}$$

Beispiel 2. Zur Distribution

$$k(t) = \delta''(t) \tag{250}$$

gehört die GREENsche Funktion

$$x_\delta(t) = \mathscr{L}^{-1}\left[\frac{1}{p^2}\right] = h(t)\, t \tag{251}$$

(Tabelle 2, Nr. 5 für $k = 1$).

Beispiel 3. Ist

$$k(t) = \delta''(t) + 2\alpha\delta'(t) + \beta\delta(t), \tag{252}$$

so erhalten wir

$$\frac{1}{\overline{k}(p)} = \frac{1}{p^2 + 2\alpha p + \beta} = \frac{1}{(p + \alpha)^2 + (\beta - \alpha^2)}.$$

Wir unterscheiden drei Fälle:

Fall 1. $\alpha^2 < \beta$

Hier können wir schreiben

$$\frac{1}{\overline{k}(p)} = \frac{1}{\sqrt{\beta - \alpha^2}} \cdot \frac{\sqrt{\beta - \alpha^2}}{(p + \alpha)^2 + (\sqrt{\beta - \alpha^2})^2},$$

woraus als GREENsche Funktion

$$x_\delta(t) = \mathscr{L}^{-1}\left[\frac{1}{\bar{k}(p)}\right] = \frac{1}{\sqrt{\beta - \alpha^2}}\, h(t)\, e^{-\alpha t} \sin\left(\sqrt{\beta - \alpha^2}\, t\right) \qquad (253)$$

folgt (Tabelle 2, Nr. 10).

Fall 2. $\beta = \alpha^2$

Es ist $\dfrac{1}{\bar{k}(p)} = \dfrac{1}{(p + \alpha)^2}$, so daß als GREENsche Funktion

$$x_\delta(t) = \mathscr{L}^{-1}\left[\frac{1}{(p + \alpha)^2}\right] = h(t)\, t\, e^{-\alpha t} \qquad (254)$$

folgt (Tabelle 2, Nr. 7 für $k = 1$).

Fall 3. $\beta < \alpha^2$

Hier formen wir $\dfrac{1}{\bar{k}(p)}$ um zu

$$\frac{1}{\bar{k}(p)} = \frac{1}{\sqrt{\alpha^2 - \beta}} \cdot \frac{\sqrt{\alpha^2 - \beta}}{(p + \alpha)^2 - \left(\sqrt{\alpha^2 - \beta}\right)^2}.$$

Wir erhalten als GREENsche Funktion

$$x_\delta(t) = \mathscr{L}^{-1}\left[\frac{1}{\bar{k}(p)}\right] = \frac{1}{\sqrt{\alpha^2 - \beta}}\, h(t)\, e^{-\alpha t} \sinh\left(\sqrt{\alpha^2 - \beta}\, t\right) \qquad (255)$$

(Tabelle 2, Nr. 18).

Beispiel 4. Zu berechnen sei die GREENsche Funktion für

$$k(t) = \delta^{(5)}(t) - \delta^{(4)}(t) + \delta'''(t) - \delta''(t). \qquad (256)$$

Es ist

$$\bar{k}(p) = p^5 - p^4 + p^3 - p^2 = p^2(p^3 - p^2 + p - 1).$$

Wir ermitteln die Nullstellen des Polynoms $\bar{k}(p)$. $p = 0$ ist eine Doppelnullstelle, die man sofort ablesen kann. Die Gleichung $p^3 - p^2 + p - 1 = 0$ besitzt, wie man durch Probieren findet, eine Nullstelle $p = 1$. Division liefert

$$(p^3 - p^2 + p - 1) : (p - 1) = p^2 + 1,$$

und die Gleichung $p^2 + 1 = 0$ besitzt ein Paar konjugiert komplexe Nullstellen. Also lassen wir den Ausdruck $p^2 + 1$ unverändert, und $\bar{k}(p)$ erhält die Form

$$\bar{k}(p) = p^2(p - 1)\,(p^2 + 1).$$

Die rationale Bildfunktion $\dfrac{1}{\bar{k}(p)}$ zerlegen wir in Partialbrüche

$$\frac{1}{p^2(p-1)\,(p^2 + 1)} = \frac{A_1}{p} + \frac{A_2}{p^2} + \frac{A_3}{p - 1} + \frac{A_4 + A_5 p}{p^2 + 1}.$$

Auf der rechten Seite wird der Hauptnenner gebildet, so daß im Zähler das Polynom

$$A_1 p(p-1)(p^2+1) + A_2(p-1)(p^2+1) + A_3 p^2(p^2+1)$$
$$+ A_4 p^2(p-1) + A_5 p^3(p-1)$$

entsteht. Nach Potenzen von p geordnet und dem Zählerpolynom 1 der linken Seite gleichgesetzt, liefert

$$1 = (A_1 + A_3 + A_5)\, p^4 + (-A_1 + A_2 + A_4 - A_5)\, p^3$$
$$+ (A_1 - A_2 + A_3 - A_4)\, p^2 + (-A_1 + A_2)\, p + (-A_2)$$

Koeffizientenvergleich führt zum Gleichungssystem

$$\begin{aligned}
A_1 \qquad\; + A_3 \qquad\quad + A_5 &= 0 \\
-A_1 + A_2 \qquad\quad + A_4 - A_5 &= 0 \\
A_1 - A_2 + A_3 - A_4 \qquad\quad &= 0 \\
-A_1 + A_2 \qquad\qquad\qquad &= 0 \\
- A_2 \qquad\qquad\qquad &= 1,
\end{aligned}$$

dessen Lösung $A_1 = A_2 = -1$, $A_3 = A_4 = A_5 = \dfrac{1}{2}$ ist. Also folgt

$$x_\delta(t) = \mathcal{L}^{-1}\left[-\frac{1}{p} - \frac{1}{p^2} + \frac{1}{2}\cdot\frac{1}{p-1} + \frac{1}{2}\cdot\frac{1}{p^2+1} + \frac{1}{2}\cdot\frac{p}{p^2+1} \right],$$

d. h.,

$$x_\delta(t) = h(t)\left[-1 - t + \frac{1}{2}\,e^t + \frac{1}{2}\,\sin t + \frac{1}{2}\,\cos t \right] \tag{257}$$

(Tabelle 2, Nr. 4, 5, 6, 8, 9).

Aufgabe 1. Zu ermitteln sind die GREENschen Funktionen zu folgenden Distributionen $k(t)$:

a) $k(t) = \delta''(t) + 2\delta'(t) + \delta(t)$;   b) $k(t) = \delta'''(t)$;

c) $k(t) = \delta'''(t) + 3\delta''(t) + 3\delta'(t) + \delta(t)$!

Aufgabe 2. Wie lautet die (eindeutig bestimmte) Lösung $x(t)$ der Faltungsgleichung

$k(t) * x(t) = \delta(t)$ in $\mathcal{D}'_M$ für $k(t) = \delta(t - \lambda)$, $\lambda \neq 0$?

10. Systeme, die sich durch lineare Differentialgleichungen mit konstanten Koeffizienten beschreiben lassen

10.1. Definition und allgemeine Lösung der linearen Differentialgleichung mit konstanten Koeffizienten

Viele **Probleme** in Technik und Naturwissenschaft lassen sich durch *lineare Differentialgleichungen* mit konstanten Koeffizienten beschreiben (vgl. [15, II, S. 265]).

Definition

Eine lineare Differentialgleichung mit konstanten Koeffizienten ist eine Gleichung der Form

$$a_n \frac{\mathrm{d}^n x(t)}{\mathrm{d}t^n} + a_{n-1} \frac{\mathrm{d}^{n-1} x(t)}{\mathrm{d}t^{n-1}} + \cdots + a_1 \dot{x}(t) + a_0 x(t)$$

$$= b_m \frac{\mathrm{d}^m f(t)}{\mathrm{d}t^m} + \cdots + b_1 \dot{f}(t) + b_0 f(t), \tag{258}$$

worin $m \geqq 0$ sowie $n \geqq 1$ ganze Zahlen und die a_k $(k = 0, \ldots, n)$, $a_n \neq 0$, sowie b_i $(i = 0, \ldots, m)$ reelle Zahlen sind. Für praktische Belange kann $n \geqq m$ vorausgesetzt werden. Die Erregung $f(t)$ ist vorgegeben, $x(t)$ ist gesucht.

In Anwendungsaufgaben tauchen aber nicht nur Erregungsfunktionen $f(t)$, sondern auch Distributionen $f(t)$ auf, wie etwa Stöße $f(t) = \delta(t)$, wenn die im Abschnitt 8. erläuterten Verhältnisse zutreffen. Auch kommt es häufig vor, daß $f(t)$ zwar eine Funktion ist, aber die Ableitungen im Sinne der Distributionen verstanden werden müssen, wie etwa im Falle $f(t) = h(t)$.

In allen den Fällen, in denen die rechte Seite der Gleichung (258) keine Funktion, sondern eine Distribution ist, muß diese Differentialgleichung als eine *Distributionen-Differentialgleichung*

$$a_n x^{(n)}(t) + a_{n-1} x^{(n-1)}(t) + \ldots + a_1 x'(t) + a_0 x(t)$$

$$= b_m f^{(m)}(t) + \cdots + b_1 f'(t) + b_0 f(t) \tag{259}$$

aufgefaßt werden.

Gerade hier ist es außerordentlich wichtig, den Unterschied zwischen Funktionenableitung und Distributionenableitung zu beachten.

Bekanntlich (vgl. [15, II, S. 261 ff.]) läßt sich die allgemeine Lösung einer Differentialgleichung (258) als Summe der allgemeinen Lösung der zugehörigen homogenen Gleichung [d. h. rechte Seite von (258) gleich Null gesetzt] und einer speziellen Lösung der inhomogenen Gleichung (258) darstellen. Analog kann man auch bei der Lösung der Distributionen-Differentialgleichung vorgehen. Es gilt ([8], [25]):

Auch die zur Distributionen-Differentialgleichung (259) gehörende homogene Gleichung besitzt im Distributionenraum $\mathscr{D}'$ nur die klassischen Lösungen, d. h. die gleichen Lösungen wie die zu (258) gehörende homogene Gleichung.

Also kann die allgemeine Lösung der homogenen Distributionen-Differentialgleichung (259) nach den gleichen Methoden berechnet werden wie im klassischen Fall. Man hat dann, um die allgemeine Lösung der inhomogenen Gleichung (259) zu erhalten, lediglich noch auf geeignete Weise eine zugehörige spezielle Lösung in $\mathscr{D}'$ zu suchen. Wir wollen noch ein bekanntes (vgl. [15, II, S. 284]) (für Differentialgleichungen (258) und 259) gleichermaßen geltendes) und sehr nützliches Prinzip aufschreiben:

Sind $x_{s1}(t)$, $x_{s2}(t)$, ..., $x_{si}(t)$ spezielle Lösungen jeweils der inhomogenen Gleichungen

$$a_n x^{(n)}(t) + \cdots + a_1 x'(t) + a_0 x(t) = f_1(t);$$

$$a_n x^{(n)}(t) + \cdots + a_1 x'(t) + a_0 x(t) = f_2(t);$$

$$\cdots$$

$$a_n x^{(n)}(t) + \cdots + a_1 x'(t) + a_0 x(t) = f_i(t),$$

so ist $x_s(t) = x_{s1}(t) + x_{s2}(t) + \cdots + x_{si}(t)$ eine spezielle Lösung der inhomogenen Gleichung

$$a_n x^{(n)}(t) + \cdots + a_1 x'(t) + a_0 x(t) = f_1(t) + f_2(t) + \cdots + f_i(t).$$

Die meisten praktischen Aufgaben sind *Anfangs-* bzw. *Randwertaufgaben,* so daß am Ende die allgemeine Lösung einer Differentialgleichung gar nicht mehr interessiert, sondern nur noch eine spezielle — den Anfangs- bzw. Randwerten genügende — Lösung gewünscht wird. Dies geschieht durch Bestimmung der in der allgemeinen Lösung vorkommenden *Konstanten* mit Hilfe der vorgegebenen Anfangs- bzw. Randwerte. Bei Anfangswertaufgaben kann man das Aufsuchen der allgemeinen Lösung einer Differentialgleichung einsparen, wenn man gleich zu Methoden greift, die die Anfangswerte von Beginn an in die Rechnung einbeziehen. Solche Methoden sind die LAPLACE-Transformation und die Operatorenrechnung. Nur kann man mit den beiden letztgenannten Methoden keine Probleme auf der ganzen t-Achse lösen, weil automatisch alle Funktionen links von einem gewissen Anfangspunkt t_0 an gleich Null gesetzt werden. Da aber auch solche Probleme in der Praxis vorkommen können, wollen wir zunächst für einige Differentialgleichungen die klassische Methode demonstrieren. Auf die Anfangswertproblematik müssen wir ohnehin noch etwas genauer eingehen.

10.2. Lineare Differentialgleichungen 1. Ordnung

Die lineare Distributionen-Differentialgleichung 1. Ordnung

$$\boxed{x'(t) = b_1 f'(t) + b_0 f(t)} \tag{260}$$

kann leicht gelöst werden. Die homogene Gleichung $x'(t) = 0$ besitzt bekanntlich die allgemeine Lösung $c = $ konst., eine spezielle Lösung der inhomogenen Gleichung (260) erhält man direkt durch Integration im Sinne von Abschnitt 5.5. zu $x_s(t) = \int g$, wenn g die rechte Seite von (260) bezeichnet. Also gilt

$$\boxed{x(t) = x_\mathrm{s}(t) + c.}\qquad(261)$$

Beispiel 1. Die Differentialgleichung

$$x'(t) = \alpha\delta(t - \beta)\qquad(\alpha,\,\beta\ \text{konstant})\qquad(262)$$

[hier ist z. B. $f(t) = h(t - \beta)$, $b_1 = \alpha$, $b_0 = 0$ oder $f(t) = \delta(t - \beta)$, $b_1 = 0$, $b_0 = \alpha$] besitzt demnach die allgemeine Lösung

$$x(t) = \alpha h(t - \beta) + c,\qquad(263)$$

denn offenbar ist $x_\mathrm{s}(t) = \alpha h(t - \beta)$ wegen $x_\mathrm{s}'(t) = \alpha\delta(t - \beta)$ ein unbestimmtes Integral (im Distributionensinne) von $\alpha\delta(t - \beta)$.

Beispiel 2. Die Differentialgleichung

$$x'(t) = \gamma\delta'(t - \sigma)\qquad(\gamma,\,\sigma\ \text{konstant})\qquad(264)$$

besitzt die spezielle Lösung $x_\mathrm{s}(t) = \gamma\delta(t - \sigma)$, so daß mit der allgemeinen Lösung c der homogenen Gleichung die allgemeine Lösung der inhomogenen Gleichung folgt:

$$x(t) = \gamma\delta(t - \sigma) + c.\qquad(265)$$

Beispiel 3. Um das in Abschnitt 9.1. aufgeschriebene Prinzip im Zusammenhang mit der Ermittlung von speziellen Lösungen inhomogener Differentialgleichungen zu demonstrieren, lösen wir die Differentialgleichung

$$x'(t) = \alpha\delta(t - \beta) + \gamma\delta'(t - \sigma).\qquad(266)$$

Die allgemeine Lösung der homogenen Gleichung $x'(t) = 0$ ist wieder c. $x_{\mathrm{s}1}(t) = \alpha h(t - \beta)$ ist eine spezielle Lösung der Gleichung $x'(t) = f_1(t) = \alpha\delta(t - \beta)$ (vgl. Beispiel 1), eine spezielle Lösung der Gleichung $x'(t) = f_2(t) = \gamma\delta'(t - \sigma)$ ist $x_{\mathrm{s}2}(t) = \gamma\delta(t - \sigma)$ (vgl. Beispiel 2). Also ist nach dem genannten Prinzip $x_\mathrm{s}(t) = x_{\mathrm{s}1}(t) + x_{\mathrm{s}2}(t) = \alpha h(t - \beta) + \gamma\delta(t - \sigma)$ eine spezielle Lösung der Gleichung (266), und deren allgemeine Lösung lautet

$$x(t) = \alpha h(t - \beta) + \gamma\delta(t - \sigma) + c.\qquad(267)$$

Natürlich hätte man dies auch durch sofortige Integration im Distributionensinne aus Gleichung (266) erhalten.

Aufgabe 1. Es sind die allgemeinen Lösungen der folgenden Distributionen-Differentialgleichungen zu bestimmen!

a) $x'(t) = h(t) + \delta(t)$ b) $x'(t) = \delta(t) + 2\delta(t-1) + 5\delta(t-3)$

c) $x'(t) = \delta'(t) + \delta(t+3)$.

Für die Anwendungen wichtiger ist die allgemeine lineare Differentialgleichung 1. Ordnung

$$\boxed{a_1 x'(t) + a_0 x(t) = b_1 f'(t) + b_0 f(t).}\qquad(268)$$

Solche Gleichungen beschreiben beispielsweise Übertragungsglieder 1. Ordnung in der Regelungstechnik (vgl. [10]). Die homogene Gleichung

$$a_1 x'(t) + a_0 x(t) = 0 \qquad (269)$$

kann entweder durch Trennung der Variablen oder durch den üblichen Ansatz $x(t) = e^{\lambda t}$ gelöst werden (vgl. [15, II, S. 280]), der über die charakteristische Gleichung $a_1 \lambda + a_0 = 0$ und deren Wurzel $\lambda = -\dfrac{a_0}{a_1}$ zur allgemeinen Lösung

$$x_H(t) = c \exp\left(\frac{-a_0 t}{a_1}\right) \qquad (270)$$

führt, worin c eine beliebige Konstante bezeichnet. Nach den anfangs gemachten Ausführungen muß man nur noch eine beliebige spezielle Lösung $x_s(t)$ der inhomogenen Gleichung (268) in $\mathcal{D}'$ suchen. Hat man eine solche gefunden, so lautet die allgemeine Lösung von (268) $x(t) = x_H(t) + x_s(t)$. Man kann nun beispielsweise versuchen, diese spezielle Lösung im Distributionenteilraum $\mathcal{D}'_\mathcal{M}$ zu finden, falls $f(t)$ eine Distribution ist, die zu $\mathcal{D}'_\mathcal{M}$ gehört (also links von einem gewissen Punkt $t = \sigma$ verschwindet). Da für solche Distributionen die Faltung erklärt ist, kann (268) auch in der Form

$$a_1 \delta'(t) * x(t) + a_0 \delta(t) * x(t) = b_1 \delta'(t) * f(t) + b_0 \delta(t) * f(t),$$

d. h. als Faltungsgleichung

$$[a_1 \delta'(t) + a_0 \delta(t)] * x(t) = [b_1 \delta'(t) + b_0 \delta(t)] * f(t) \qquad (271)$$

geschrieben werden. Während die beiden eckigen Klammerausdrücke durch die Struktur beispielsweise des Übertragungsgliedes fest vorgegeben sind, kann die Erregung $f(t)$ variiert werden. Man löst deshalb auch diese Faltungsgleichung zunächst für die Erregung $f(t) = \delta(t)$, so daß man die Impulsantwort $x_\delta(t)$ sogar wieder mittels LAPLACE-Transformation suchen kann. Für $f(t) = \delta(t)$ lautet die Gleichung (271)

$$[a_1 \delta'(t) + a_0 \delta(t)] * x_\delta(t) = b_1 \delta'(t) + b_0 \delta(t),$$

die zugehörige Bildgleichung ist

$$[a_1 p + a_0]\, \bar{x}_\delta(p) = b_1 p + b_0,$$

und die Bildlösung (Übertragungsfunktion) lautet

$$\bar{x}_\delta(p) = \frac{b_1 p + b_0}{a_1 p + a_0} = \frac{b_1}{a_1} + \frac{a_1 b_0 - a_0 b_1}{a_1{}^2} \cdot \frac{1}{p + \dfrac{a_0}{a_1}} \qquad (272)$$

Der letzte Ausdruck ist durch Division entstanden. Rücktransformation ergibt (Tabelle 2, Nr. 2 und 6)

$$x_\delta(t) = \frac{b_1}{a_1}\, \delta(t) + \frac{a_1 b_0 - a_0 b_1}{a_1{}^2}\, h(t) \exp\left(\frac{-a_0 t}{a_1}\right). \qquad (273)$$

10*

Man erkennt sofort, daß im Falle $b_1 = 0$ die *Übertragungsfunktion* (272) echt gebrochen rational ist und folglich einer Funktion $\dfrac{b_0}{a_1}\, h(t)\, \exp\,(-a_0 t/a_1)$ entspricht. Wir werden auch die Impulsantwort von Gleichung (271) als GREENsche Funktion bezeichnen. Dies ist eine Verallgemeinerung des in Abschnitt 9.3. besprochenen Falles. Die für eine beliebige Distribution $f(t) \in \mathcal{D}'_M$ gesuchte spezielle Lösung $x_s(t)$ von (271) ergibt sich also auch hier bei bekannter GREENscher Funktion (Gewichtsfunktion) $x_\delta(t)$ zu

$$\boxed{x_s(t) = x_\delta(t) * f(t),} \qquad (274)$$

selbst wenn $f(t)$ nicht LAPLACE-transformierbar sein sollte. Natürlich kann man auch hier anstelle der LAPLACE-Transformation die Operatorenrechnung benutzen, oder falls $f(t)$ sogar LAPLACE-transformierbar ist, darf man auch sofort die Gleichung (271) transformieren, und die gesuchte spezielle Lösung ergibt sich zu

$$x_s(t) = \mathscr{L}^{-1}\left[\frac{b_1 p + b_0}{a_1 p + a_0}\,\bar{f}(p)\right]. \qquad (275)$$

10.3.   Der allgemeine Fall

Das eben demonstrierte Vorgehen zur Berechnung der allgemeinen Lösung einer Distributionen-Differentialgleichung 1. Ordnung läßt sich sogar auf den allgemeinen Fall (259) übertragen:

Problem

Gesucht ist die allgemeine Lösung der Differentialgleichung (259).

Lösungsschritte

1. Man suche die allgemeine Lösung $x_H(t)$ der homogenen Gleichung

$$a_n x^{(n)}(t) + \cdots + a_1 x'(t) + a_0 x(t) = 0 \qquad (276)$$

nach der klassischen Methode [Ansatz $x(t) = e^{\lambda t}$].

2. Man suche eine spezielle Lösung $x_s(t)$ der inhomogenen Gleichung (259). Unter der (i. allg. erfüllten) Voraussetzung, daß die Erregung $f(t)$ eine Distribution aus $\mathcal{D}'_M$ ist, kann dies wie folgt geschehen:

1. Möglichkeit:

a) Berechne die GREENsche Funktion (Impulsantwort) $x_\delta(t)$ der Differentialgleichung als Lösung der Faltungsgleichung

$$[a_n \delta^{(n)}(t) + \cdots + a_1 \delta'(t) + a_0 \delta(t)] * x_\delta(t)$$
$$= b_m \delta^{(m)}(t) + \cdots + b_1 \delta'(t) + b_0 \delta(t) \qquad (277)$$

zu

$$x_\delta(t) = \mathscr{L}^{-1}\left[\frac{b_m p^m + \cdots + b_1 p + b_0}{a_n p^n + \cdots + a_1 p + a_0}\right]. \qquad (278)$$

[Für $m < n$ ist $x_\delta(t)$ eine für $t < 0$ verschwindende Funktion, für $m = n$ die Summe eines $\dfrac{b_n}{a_n}\,\delta(t)$-Impulses und einer für $t < 0$ verschwindenden Funktion.]

b) Die spezielle Lösung $x_s(t)$ der inhomogenen Gleichung (259) lautet dann

$$x_s(t) = x_\delta(t) * f(t). \tag{279}$$

2. Möglichkeit:

Falls $f(t)$ sogar LAPLACE-transformierbar ist, so kann die Gleichung (259) sofort transformiert werden. Die Auflösung der Bildgleichung und die Rücktransformation liefert

$$x_s(t) = \mathscr{L}^{-1}\left[\frac{b_m p^m + \cdots + b_1 p + b_0}{a_n p^n + \cdots + a_1 p + a_0}\,\bar{f}(p)\right]. \tag{280}$$

3. Möglichkeit:

Anwendung der Operatorenrechnung.

3. Man bilde die Summe

$$x(t) = x_H(t) + x_s(t) = x_H(t) + x_\delta(t) * f(t). \tag{281}$$

(In dieser allgemeinen Lösung von (259) kommen die n Integrationskonstanten der Lösung $x_H(t)$ vor.)

Weitere Beispiele werden wir im Zusammenhang mit Anfangs- und Randwertaufgaben noch behandeln.

Bemerkung: Ist die rechte Seite der Differentialgleichung (259) keine Distribution in $\mathscr{D}'_M$, dazu braucht die Erregung $f(t)$ nur keinen nach links beschränkten Träger zu besitzen [d. h., es gibt keinen Punkt σ der t-Achse, von dem an $f(t)$ links identisch verschwindet], so muß man die spezielle Lösung der inhomogenen Gleichung auf andere Weise — etwa durch Variation der Konstanten (vgl. Abschnitt 11.1., Beispiel 3) — ermitteln. In den meisten praktischen Fällen treffen jedoch die in diesem Abschnitt geforderten Voraussetzungen zu.

10.4. Anfangswertaufgaben

Die allgemeine Lösung der homogenen Differentialgleichung (276) besitzt bekanntlich die Gestalt

$$x_H(t) = c_1 x_1(t) + \cdots + c_n x_n(t),$$

wobei die $x_1(t), \ldots, x_n(t)$ n linear unabhängige Lösungen und die $c_1, \ldots, c_n$ beliebige Konstanten sind. Für jede konkrete Festlegung der $c_1, \ldots, c_n$ erhält man eine eindeutig bestimmte spezielle Lösung der homogenen Gleichung (276), für die an einer festen Stelle $t = t_0$ die Werte

$$\boxed{x_H(t_0) = x_0, \quad x_H{}'(t_0) = x_1, \quad \ldots, \quad x_H{}^{(n-1)}(t_0) = x_{n-1}} \tag{282}$$

angenommen werden.

Gibt man umgekehrt die Werte (282) an einer festen Stelle t_0 vor, so kann man über ein lineares Gleichungssystem die $c_1, c_2, ..., c_n$ in $x_H(t)$ eindeutig festlegen, d. h., durch Vorgabe der Werte (282), die man als *Anfangswerte* bezeichnet, kann man aus der Lösungsschar $x_H(t)$ eine spezielle Lösung herausgreifen, nämlich genau diejenige, die den vorgegebenen Anfangswerten genügt. Hier gibt es keine Schwierigkeiten, denn alle diese Lösungen sind auf der ganzen t-Achse beliebig oft stetig im Funktionensinne differenzierbar, so daß die Werte (282) stets für jedes beliebige feste t_0 existieren.

Beispiel 1. Die Differentialgleichung der gleichförmigen geradlinigen Bewegung eines Massenpunktes lautet (Bild 92)

$$\boxed{x''(t) = 0.} \tag{283}$$

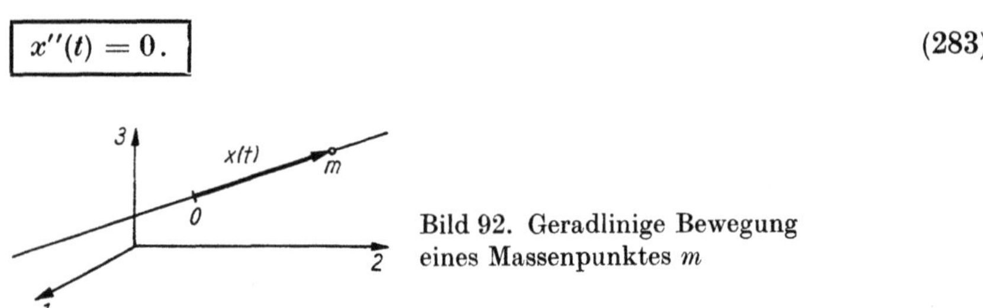

Bild 92. Geradlinige Bewegung eines Massenpunktes m

Ihre allgemeine Lösung, die hier direkt durch zweimalige Integration ermittelt werden kann, lautet

$$\boxed{x_H(t) = c_1 t + c_2.} \tag{284}$$

Gesucht ist diejenige Lösung der Differentialgleichung, die die Anfangswerte $x_H(t_0) = x_0$ (zum Zeitpunkt $t = t_0$ schon zurückgelegter Weg auf der Geraden vom Bezugspunkt 0 aus gemessen) und $x_H'(t_0) = x_1 = v_0$ (zum Zeitpunkt $t = t_0$ vorhandene Geschwindigkeit) besitzt. Mit $x_H' = c_1$ folgt das Gleichungssystem

$$x_H(t_0) = c_1 t_0 + c_2 = x_0$$
$$x_H'(t_0) = c_1 \qquad = v_0,$$

dessen Lösung $c_1 = v_0$ und $c_2 = x_0 - v_0 t_0$ die interessierende spezielle Lösung liefert:

$$x_{Hs}(t) = v_0[t - t_0] + x_0. \tag{285}$$

Beispiel 2. Die homogene Gleichung

$$x''(t) + \beta^2 x(t) = 0 \qquad (\beta > 0) \tag{286}$$

ist zu lösen. Der Ansatz $x(t) = e^{\lambda t}$ führt zur *charakteristischen Gleichung* $\lambda^2 + \beta^2 = 0$. Diese besitzt die beiden Wurzeln $\lambda_1 = j\beta$, $\lambda_2 = -j\beta$. Die hierzu gehörenden linear unabhängigen Lösungen sind (vgl. [15, II, S. 281])

$$x_1(t) = \cos(\beta t) \quad \text{und} \quad x_2(t) = \sin(\beta t),$$

und die allgemeine Lösung lautet

$$x_H(t) = c_1 \cos(\beta t) + c_2 \sin(\beta t). \tag{287}$$

Gibt man nun beispielsweise an der Stelle $t_0 = 0$ die Anfangswerte $x_H(0) = 1$ und $x_H{}'(0) = 2$ vor, so lautet das Gleichungssystem zur Berechnung der Konstanten c_1 und c_2

$$x_H(0) = c_1 = 1$$

$$x_H{}'(0) = \beta c_2 = 2.$$

Mit $c_1 = 1$ und $c_2 = \dfrac{2}{\beta}$ folgt also

$$x_{Hs}(t) = \cos{(\beta t)} + \frac{2}{\beta} \sin{(\beta t)}$$

als gesuchte Lösung des Anfangswertproblems.

Wir betrachten nun die gleiche Aufgabenstellung bei der inhomogenen Gleichung (259), wobei wir annehmen, daß die rechte Seite

$$g(t) = b_m f^{(m)}(t) + \cdots + b_1 f'(t) + b_0 f(t)$$

eine für $t < t_0$ verschwindende und für $t \geqq t_0$ stetige Funktion ist. $g(t)$ kann also höchstens in $t = t_0$ einen Sprung endlicher Höhe besitzen. Man kann zeigen, daß auch in diesem Falle durch Vorgabe der n Anfangswerte

$$\boxed{x(t_0) = x_0, \quad x'(t_0) = x_1, \quad \ldots, \quad x^{(n-1)}(t_0) = x_{n-1}} \tag{288}$$

aus der allgemeinen Lösung (281) der inhomogenen Gleichung in eindeutiger Weise diejenige spezielle Lösung herausgegriffen werden kann, die den Anfangsbedingungen (288) genügt. Das geschieht ebenso wie im Falle der homogenen Gleichung. Die allgemeine Lösung (281) wird $(n-1)$-mal differenziert, die Anfangswerte werden eingesetzt, und das entstehende Gleichungssystem für die gesuchten Konstanten $c_1, \ldots, c_n$ wird gelöst. Die spezielle Lösung $x_s(t)$ der inhomogenen Gleichung besitzt in diesem Falle an der Stelle $t = t_0$ verschwindende Anfangswerte.

Beispiel 3. Ein geradlinig bewegter Massenpunkt werde für $t \geqq t_0 = 0$ gleichförmig beschleunigt mit $b(t) = h(t)$. Die Bewegungsgleichung lautet demnach $x''(t) = h(t)$ oder $\ddot{x}(t) = h(t)$. Integration liefert hier die Geschwindigkeit

$$x'(t) = \dot{x}(t) = c_1 + h(t)\, t$$

und den Weg

$$x(t) = c_1 t + c_2 + \frac{1}{2}\, h(t)\, t^2.$$

[Die Greensche Funktion wäre hier $x_\delta(t) = \mathscr{L}^{-1}\left[\dfrac{1}{p^2}\right] = h(t)\, t.$] Wir suchen diejenige Lösung $x(t)$, die den Anfangsbedingungen $x(0) = x_0$ und $x'(0) = \dot{x}(0) = v_0$ genügt. Aus

$$x(0) = c_2 = x_0$$

$$\dot{x}(0) = c_1 = v_0$$

folgt also

$$x(t) = v_0 t + x_0 + \frac{1}{2}\, h(t)\, t^2. \tag{289}$$

Man erkennt, daß die spezielle Lösung

$$x_\mathrm{s}(t) = \frac{1}{2}\, h(t)\, t^2 \big(= x_\delta(t) * h(t)\big)$$

der inhomogenen Gleichung die Anfangswerte $x_\mathrm{s}(0) = 0$ und $x_\mathrm{s}'(0) = \dot{x}_\mathrm{s}(0) = 0$ besitzt.

Die Anfangswerte (288) können nicht mehr als Funktionswerte der Funktion $x(t)$ und ihrer Ableitungen bis zur $(n-1)$-ten an der Stelle $t = t_0$ vorgegeben werden, wenn für die spezielle Lösung $x_\mathrm{s}(t) = x_\delta(t) * f(t)$ und deren Ableitungen $x_\mathrm{s}'(t), \ldots,$ $x_\mathrm{s}^{(n-1)}(t)$ an der Stelle $t = t_0$ gar kein Funktionswert definiert ist. Dabei genügt es, wenn einer dieser Werte nicht erklärt ist.

Beispiel 4. Das Anfangswertproblem

$$x'''(t) = \delta'(t), \qquad x(0) = x_0, \qquad x'(0) = x_1, \qquad x''(0) = x_2$$

ist mit den bisherigen Mitteln nicht lösbar. Integration der Differentialgleichung liefert nämlich

$$x''(t) = \delta(t) + c_1, \qquad x'(t) = h(t) + c_1 t + c_2,$$

$$x(t) = h(t)\, t + c_1\, \frac{t^2}{2} + c_2 t + c_3.$$

Versucht man jetzt die Konstanten c_1, c_2, c_3 an Hand der gegebenen Anfangswerte festzulegen, so scheitert man an $x''(0)$, da ein Funktionswert $x''(0)$ nicht existiert. Selbst mit der Auffassung $\delta(0) = \infty$ gelingt dies nicht.

Wir müssen also bei der Formulierung von Anfangswertproblemen für Distributionen-Differentialgleichungen (259) etwas anders vorgehen. Man überlegt sich das am besten in der folgenden Weise.

Haben wir es mit Systemen zu tun, wo ausschließlich *Zeitfunktionen* eine Rolle spielen, so hat der Begriff der *Vergangenheit* eine reale Bedeutung. Ist $f(t)$ in der Differentialgleichung (259) eine zum Zeitpunkt $t = t_0$ einsetzende Erregung, d. h., verschwindet die rechte Seite für $t < t_0$, so kann man, wenn zum gleichen Zeitpunkt $t = t_0$ mit der *Beobachtung* des Systems begonnen wird, die Zeit $t < t_0$ als Vergangenheit des Systems bezeichnen. Der *Endzustand der Vergangenheit* wird dann durch die linksseitigen Grenzwerte (vgl. auch [6])

$$\boxed{x(t_0 - 0), \qquad x'(t_0 - 0), \ldots, x^{(n-1)}(t_0 - 0)} \tag{290}$$

repräsentiert. Diese Grenzwerte sind wohldefiniert, denn die in (281) vorkommende allgemeine Lösung $x_\mathrm{H}(t)$ der homogenen Gleichung ist eine auf der ganzen t-Achse beliebig oft stetig differenzierbare Funktion, und die von der Erregung $f(t)$ herrührende spezielle Lösung $x_\mathrm{s}(t) = x_\delta(t) * f(t)$ sowie deren Ableitungen $x_\mathrm{s}'(t), \ldots,$ $x^{(n-1)}(t)$ sind für $t < t_0$ verschwindende Funktionen oder Distributionen aus $\mathcal{D}'_\mathcal{M}$. Die allgemeine Lösung (281) der inhomogenen Gleichung (259) ist also in der Vergangenheit $t < t_0$ eine beliebig oft stetig differenzierbare Funktion, nämlich gerade $x_\mathrm{H}(t)$, und für diese sind die Werte (290) definiert. Gibt man also diese Werte als «Anfangswerte» vor, so lassen sich die in der allgemeinen Lösung (281) frei wählbaren Konstanten $c_1, \ldots, c_n$ ebenfalls in eindeutiger Weise so festlegen, daß die dadurch gewonnene spezielle Lösung genau die vorgegebenen Werte (290) (als Endzustandswerte der Vergangenheit) annimmt. Da diese Endzustandswerte der Vergangenheit die Zukunft $t > t_0$ des Systems eindeutig bestimmen, können wir sie tatsächlich als Anfangswerte auffassen. Wir notieren:

Definition

> Unter einem Anfangswertproblem für eine Distributionen-Differential-gleichung (259) verstehen wir die Aufgabe, aus der allgemeinen Lösung (281) diejenige spezielle Lösung herauszufinden, die die Anfangswerte
>
> $$x(t_0 - 0) = x_0, \ x'(t_0 - 0) = x_1, \ \ldots, \ x^{(n-1)}(t_0 - 0) = x_{n-1} \qquad (291)$$
>
> besitzt. Dabei wird angenommen, daß die Erregung $f(t)$ zum Zeitpunkt $t = t_0$ einsetzt, so daß bei der Bestimmung der Konstanten in (281) die spezielle Lösung $x_\delta * f$ zunächst weggelassen wird.

Bemerkung: In den Fällen, wo die rechte Seite der Differentialgleichung (259) sogar eine für $t < t_0$ verschwindende und für $t \geq t_0$ stetige Funktion ist, stimmen die Werte (291) mit den Anfangswerten (288) überein. Wir einigen uns aber trotzdem auf das für alle hier interessierenden rechten Seiten von (259) definierte allgemeinere Anfangs-wertproblem (291).

Beispiel 5. Wir betrachten noch einmal die Differentialgleichung der geradlinigen beschleunigten Bewegung eines Massenpunktes $x''(t) = b(t)$ mit den Anfangs-bedingungen $x(0 - 0) = 0$, $x'(0 - 0) = v_0$, d. h., zum Ende der Vergangenheit $t < t_0 = 0$ befinde sich der Massenpunkt, der sich bis dahin z. B. mit der konstanten Geschwindigkeit v_0 bewegt hat, gerade im Punkt 0 der Wegachse (vgl. Bild 92). Im Intervall $0 < t < \dfrac{1}{\alpha}$ werde er konstant beschleunigt mit $b = \alpha^2$ (die physika-lischen Dimensionen sollen auch hier nicht explizit aufgeführt werden), im Intervall $\dfrac{1}{\alpha} < t < \dfrac{2}{\alpha}$ soll eine Abbremsung durch die negative Beschleunigung $b = -\alpha^2$ er-folgen. Danach erfolgt keine weitere Beschleunigung. Die allgemeine Lösung der Bewegungsgleichung erhält man durch zweimalige unbestimmte Integration bei stückweise konstanter Beschleunigung b zu

$$x'(t) = c_1 + bt \quad \text{sowie} \quad x(t) = c_1 t + c_2 + b\,\frac{t^2}{2}.$$

Im Intervall $0 < t < \dfrac{1}{\alpha}$ gilt wegen $x(0 - 0) = 0$ und $x'(0 - 0) = v_0$ $c_1 = v_0$ und $c_2 = 0$, d. h., es sind

$$x'(t) = v_0 + \alpha^2 t \quad \text{sowie} \quad x(t) = v_0 t + \alpha^2\,\frac{t^2}{2}.$$

Im Intervall $\dfrac{1}{\alpha} < t < \dfrac{2}{\alpha}$ sind als Anfangswerte die Endzustandswerte

$$x'\left(\frac{1}{\alpha} - 0\right) = v_0 + \alpha \quad \text{und} \quad x\left(\frac{1}{\alpha} - 0\right) = \frac{v_0}{\alpha} + \frac{1}{2}$$

des vorigen Intervalls zu verwenden. Mit den Gleichungen

$$x'(t) = c_1 - \alpha^2 t \quad \text{und} \quad x(t) = c_1 t + c_2 - \alpha^2\,\frac{t^2}{2}$$

ergeben sich die Konstanten zu $c_1 = v_0 + 2\alpha$ und $c_2 = -1$. Also gilt in diesem

Intervall

$$x'(t) = v_0 + 2\alpha - \alpha^2 t \quad \text{und} \quad x(t) = (v_0 + 2\alpha)\,t - 1 - \alpha^2\,\frac{t^2}{2}.$$

Schließlich sind im Intervall $t > \dfrac{2}{\alpha}$ als Anfangswerte die Endzustandswerte des vorangegangenen Intervalls, also

$$x'\left(\frac{2}{\alpha} - 0\right) = v_0 \quad \text{und} \quad x\left(\frac{2}{\alpha} - 0\right) = 2\,\frac{v_0}{\alpha} + 1,$$

zu verwenden. Mit den in $t > \dfrac{2}{\alpha}$ geltenden Gleichungen

$$x'(t) = c_1 \quad \text{und} \quad x(t) = c_1 t + c_2$$

ergibt sich die Kombination $c_1 = v_0,\ c_2 = 1$, und die Geschwindigkeit sowie der Weg besitzen die Form

$$x'(t) = v_0 \quad \text{sowie} \quad x(t) = v_0 t + 1.$$

Zusammenfassung ergibt:

$$x'(t) = \begin{cases} v_0 + \alpha^2 t & \text{für} \quad 0 < t < \dfrac{1}{\alpha} \\[2ex] v_0 + 2\alpha - \alpha^2 t & \text{für} \quad \dfrac{1}{\alpha} < t < \dfrac{2}{\alpha} \\[2ex] v_0 & \text{für} \quad t > \dfrac{2}{\alpha} \end{cases}$$

$$x(t) = \begin{cases} v_0 t + \alpha^2\,\dfrac{t^2}{2} & \text{für} \quad 0 < t < \dfrac{1}{\alpha} \\[2ex] (v_0 + 2\alpha)\,t - 1 - \alpha^2\,\dfrac{t^2}{2} & \text{für} \quad \dfrac{1}{\alpha} < t < \dfrac{2}{\alpha} \\[2ex] v_0 t + 1 & \text{für} \quad t > \dfrac{2}{\alpha} \end{cases}$$

(Bild 93).

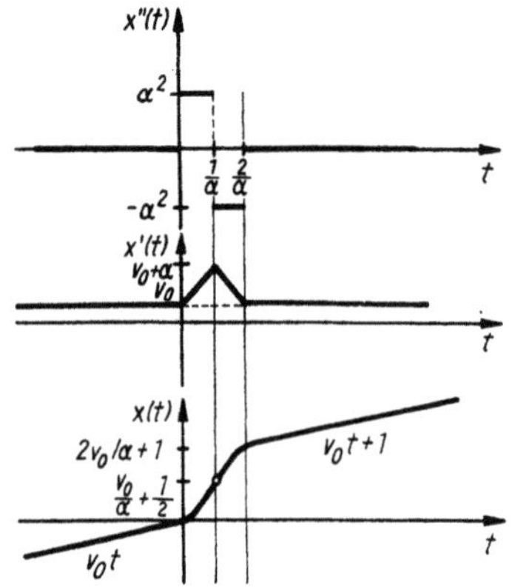

Bild 93. Beschleunigung, Geschwindigkeit und Weg

Wenn nun das Intervall $0 < t < \dfrac{2}{\alpha}$ extrem klein ist und die Lösung nur für $t > \dfrac{2}{\alpha}$ interessiert, so wird man die Beschleunigung durch $\delta'(t)$ ersetzen und die Distributionengleichung

$$x''(t) = \delta'(t)$$

lösen. Wir lösen diese zunächst für die Anfangswerte

$$x(-0) = x_0, \quad x'(-0) = v_0$$

(für das Argument $0 - 0$ wurde nur noch -0 geschrieben). Es ergibt sich

$$x'(t) = \delta(t) + c_1 = \delta(t) + v_0$$

und

$$x(t) = h(t) + v_0 t + c_2 = h(t) + v_0 t + x_0, \tag{292}$$

d. h., für $t > 0$ und $x_0 = 0$ ergibt sich $x'(t) = v_0$ und $x(t) = v_0 t + 1$ (Bild 94). Vergleicht man dies mit den klassischen Lösungen, d. h. mit den Lösungen des realen Problems, so erkennt man, daß der Fehler, den man beim Übergang zur Distributionengleichung $x''(t) = \delta'(t)$ begeht, sich nur im Intervall $0 < t < \dfrac{2}{\alpha}$ auswirkt, nicht aber für $t > \dfrac{2}{\alpha}$.

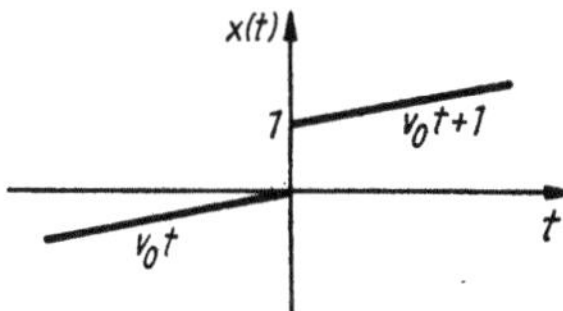

Bild 94. Wegverlauf nach einem Beschleunigungs-Doppelimpuls zur Zeit $t = 0$

Natürlich hätte man Geschwindigkeit und Weg im vorliegenden Falle, wenn nur der Bereich $t > \dfrac{2}{\alpha}$ interessiert, an Hand der stückweise konstanten rechteckförmigen Beschleunigung durch Überlegung ebenso schnell finden können wie mit der Distributionenmethode. Man stelle sich aber vor, die Beschleunigung $b(t)$ hätte nicht einen so einfachen rechteckförmigen Verlauf, sondern eine wie in Bild 79 skizzierte Form.
Bei Zeitfunktionen wählt man i. allg. $t_0 = 0$, und man interessiert sich für die Antwort eines Systems auf eine zum Zeitpunkt $t = 0$ einsetzende Erregung. In der technischen Literatur wird sehr gern die einseitige LAPLACE-Transformation (148) (oder die Operatorenrechnung) verwendet, um Anfangswertprobleme zu lösen. Generell sind die dann auftretenden Funktionen für $t < 0$ gleich Null gesetzt. Diese Festlegung kann aber zweierlei bedeuten. Entweder waren für $t < 0$ tatsächlich alle Funktionen bzw. Distributionen gleich Null, d. h., das System besitzt keine Vergangenheit (z. B. energieloses System), oder die Funktionen bzw. Distributionen waren zwar nicht alle gleich Null für $t < 0$, da sie dort aber nicht interessieren, setzt man sie gleich Null, d. h., man blendet die komplette Vergangenheit aus. Weil aber das System eine Vergangenheit besitzt, muß wenigstens der Endzustand der Vergangenheit in Form eines Anfangswertproblems (291) für $t_0 = 0$ berücksichtigt werden. Dieser Endzustand der Vergangenheit wirkt — wie schon bemerkt — in die *Zukunft des Systems* hinein und bestimmt diese in eindeutiger Weise. Es ist aber

nicht zu erwarten, daß die als Anfangswerte benutzten Endzustandswerte der Vergangenheit in jedem Falle unverändert in $t > 0$ ankommen. Mit anderen Worten heißt das, wenn nach der Lösung eines Anfangswertproblems mittels LAPLACE-Transformation oder Operatorenrechnung die Probe mit der dann ebenfalls nur für $t \geq 0$ erklärten Lösungsfunktion gemacht wird, so ist man nur in der Lage, die rechtsseitigen Grenzwerte der Lösung und deren Ableitungen zu berechnen. Und diese stimmen nicht immer mit den vorgegebenen Anfangswerten überein. Wir können uns das an Hand von (281) sofort überlegen. Sind die spezielle Lösung $x_\mathrm{s}(t) = x_\delta(t) * f(t)$ der inhomogenen Differentialgleichung (259) sowie deren Ableitungen $x_\mathrm{s}'(t)$, $x_\mathrm{s}''(t)$, ..., $x_\mathrm{s}^{(n-1)}(t)$ für $t \geq 0$ stetige Funktionen, die für $t < 0$ verschwinden und die Funktionswerte $x_\mathrm{s}(0) = x_\mathrm{s}'(0) = \cdots = x_\mathrm{s}^{(n-1)}(0) = 0$ besitzen, so sind linksseitige und rechtsseitige Grenzwerte der Lösung $x(t) = x_\mathrm{H}(t) + x_\mathrm{s}(t)$ und ihrer Ableitungen gleich, d. h., hier liefert die Probe tatsächlich die in die Aufgabe hineingesteckten Anfangswerte. Das ist z. B. der Fall, wenn $f^{(m)}(t)$ für $t \geq 0$ stetig ist und $m < n$ gilt.
Die Endzustandswerte der Vergangenheit verändern sich aber mit dem Einsetzen der Erregung $f(t)$ zum Zeitpunkt $t = 0$ sofort [$f(t)$ soll beispielsweise eine für $t \geq 0$ stetige Funktion sein], wenn $m = n$ und $f(0) \neq 0$ gilt. In diesem Falle hat nämlich die GREENsche Funktion die Form

$$x_\delta(t) = \frac{b_n}{a_n}\,\delta(t) + q_1(t)$$

[$q_1(t)$ ist dabei eine für $t \geq 0$ stetige und für $t < 0$ verschwindende Funktion, vgl. die Bemerkung nach (278)], und man erkennt, daß wegen

$$x_\delta(t) * f(t) = \frac{b_n}{a_n}\,\delta(t) * f(t) + q_1(t) * f(t) = \frac{b_n}{a_n}\,f(t) + q_1(t) * f(t)$$

das Eingangssignal $f(t)$ sofort auf den Ausgang wirkt, so daß

$$x_\mathrm{s}(0) = \frac{b_n}{a_n}\,f(0) \neq 0 \quad \text{gilt.}$$

Ein weiterer Fall ist der, daß zwar $x_\delta(t)$ eine für $t \geq 0$ stetige Funktion, die Erregung $f(t)$ aber z. B. ein DIRAC-Impuls $f(t) = \delta(t)$ ist. Die spezielle Lösung $x_\mathrm{s}(t) = x_\delta(t) * \delta(t) = x_\delta(t)$ verändert dann ebenfalls sofort die Endzustandswerte der Vergangenheit, da sicher nicht alle Werte $x_\delta(0)$, ..., $x_\delta^{(n-1)}(0)$ verschwinden.
Wir betrachten noch einmal die Differentialgleichung (258), wobei wir die rechte Seite mit $g(t)$ abkürzen. Ist $g(t)$ eine für $t \geq 0$ stetige Funktion, die für $t < 0$ verschwindet, und ist ein Anfangswertproblem für $t_0 = 0$ zu lösen, so kann man — wie schon vermerkt — sehr vorteilhaft den Differentiationssatz der LAPLACE-Transformation [falls $g(t)$ sogar LAPLACE-transformierbar ist] oder den entsprechenden Differentiationssatz der Operatorenrechnung benutzen (Formeln 12 und 13 der Tabelle 1), d. h., man kann die Vergangenheit ausblenden, deren Endzustandswerte aber als Anfangswerte sofort in die Rechnung einbeziehen, ohne vorher die allgemeine Lösung der Differentialgleichung suchen zu müssen.

Beispiel 6. Gesucht ist diejenige Lösung der Differentialgleichung $\ddot{x}(t) = h(t)$ (geradlinige Bewegung eines Massenpunktes) im Bereich $t \geq 0$, die die Anfangswerte $x(-0) = x_0$ und $\dot{x}(-0) = x_1 = v_0$ besitzt. Einseitige LAPLACE-Transformation liefert hier, formal die Formel 13 der Tabelle 1 für $k = 2$ benutzt, die Bildgleichung

$p^2 \bar{x}(p) - x_0 p - v_0 = 1/p$, deren Lösung

$$\bar{x}(p) = \frac{1}{p^2}\left(\frac{1}{p} + x_0 p + v_0\right) = \frac{1}{p^3} + \frac{v_0}{p^2} + \frac{x_0}{p}$$

ist. Rücktransformation mit Formel 5 der Tabelle 2 liefert

$$x(t) = h(t)\left[\frac{1}{2}\,t^2 + v_0 t + x_0\right]. \tag{293}$$

Vergleicht man dieses Ergebnis mit (289), so erkennt man die Übereinstimmung. Der einzige Unterschied zwischen (289) und (293) ist, daß in (293) die Vergangenheit ausgeblendet ist (Bild 95).

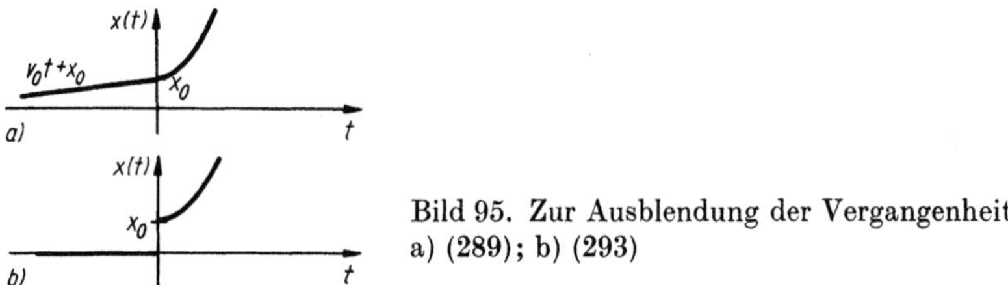

Bild 95. Zur Ausblendung der Vergangenheit
a) (289); b) (293)

Beispiel 7. Soll ein Massenpunkt mit $b(t) = h(t)\,e^{t^2}$ beschleunigt werden und interessiert man sich für die Lösung der Gleichung

$$\ddot{x}(t) = h(t)\,e^{t^2} \tag{294}$$

im Bereich $t \geqq 0$, die den Anfangsbedingungen $x(-0) = x_0$ und $\dot{x}(-0) = x_1 = v_0$ genügt, so kann man die LAPLACE-Transformation nicht direkt anwenden, da die rechte Seite der Gleichung (294) nicht transformierbar ist. Die Operatorenrechnung führt aber hier sofort zum Ziel, wenn man formal die Anfangswerte in den Differentiationssatz (Tabelle 1, Formel 13, p durch s ersetzt) einsetzt:

$$s^2 x - x_0 s - v_0 = \{h(t)\,e^{t^2}\}$$

$$x = \frac{1}{s^2}\,\{h(t)\,e^{t^2}\} + \frac{v_0}{s^2} + \frac{x_0}{s}.$$

Ersetzt man in Formel 5 der Tabelle 2 ebenfalls p durch s, so erhält man

$$x(t) = h(t)\,t * h(t)\,e^{t^2} + v_0 h(t)\,t + x_0 h(t)$$

$$= h(t)\left[\int_0^t (t - \tau)\,e^{\tau^2}\,d\tau + v_0 t + x_0\right]$$

$$= h(t)\left[t \int_0^t e^{\tau^2}\,d\tau + \frac{1}{2}\,(1 - e^{t^2}) + v_0 t + x_0\right].$$

Interessiert man sich für konkrete numerische Werte, so muß man das Integral $\int_0^t e^{\tau^2}d\tau$ näherungsweise berechnen.
Ist die rechte Seite der Differentialgleichung (258) keine Funktion, sondern eine Distribution, so muß man zur Distributionen-Differentialgleichung (259) übergehen.

Wir möchten aber auch in diesem Falle das Anfangswertproblem (291) für eine zum Zeitpunkt $t_0 = 0$ einsetzende Erregung $f(t)$ nur im Bereich $t \geq 0$ lösen, ohne erst die allgemeine Lösung der Differentialgleichung berechnen zu müssen. Wie läßt sich das aber bewerkstelligen?

Wir gehen zunächst noch einmal auf die Definition des Anfangswertproblems (291) für $t_0 = 0$ ein. Die Anfangswerte

$$x(-0) = x_0,\ x'(-0) = x_1,\ \ldots,\ x^{(n-1)}(-0) = x_{n-1}$$

legen die Konstanten $c_1, \ldots, c_n$ in der allgemeinen Lösung (281)

$$x(t) = x_\mathrm{H}(t) + x_\mathrm{s}(t) = c_1 x_1(t) + \cdots + c_n x_n(t) + x_\delta(t) * f(t)$$

in eindeutiger Weise fest. Da aber $x_\mathrm{s}(t) = x_\delta(t) * f(t)$ für $t < 0$ verschwindet, werden — wie wir schon feststellten — diese Anfangswerte nur auf die allgemeine Lösung der homogenen Differentialgleichung bezogen. Es genügt also, das Anfangswertproblem nur für die homogene Gleichung zu lösen und zu der den Anfangswerten genügenden Lösung $x_\mathrm{Hs}(t)$ der homogenen Gleichung die spezielle Lösung $x_\mathrm{s}(t) = x_\delta(t) * f(t)$ der inhomogenen Gleichung hinzuzufügen. Dann erhält man die Lösung des Anfangswertproblems für die inhomogene Gleichung. Interessiert uns nun die Lösung nur im Bereich $t \geq 0$, so können wir das Anfangswertproblem für die homogene Gleichung, da sogar die Funktionenableitungen der Lösung mit den Distributionenableitungen übereinstimmen, mit Hilfe der Formeln 12 und 13 der Tabelle 1 behandeln. Die spezielle Lösung der inhomogenen Gleichung berechnen wir wie bisher in der Form $x_\delta(t) * f(t)$. Wir halten fest:

Problem

Zu lösen ist das Anfangswertproblem

$$a_n x^{(n)}(t) + \cdots + a_1 x'(t) + a_0 x(t) = b_m f^{(m)}(t) + \cdots + b_0 f(t)$$

$$x(-0) = x_0,\ x'(-0) = x_1,\ \ldots,\ x^{(n-1)}(-0) = x_{n-1} \tag{295}$$

für eine zum Zeitpunkt $t = 0$ einsetzende Erregung $f(t)$ im Bereich $t \geq 0$.

Lösungsschritte

1. Man löse das Anfangswertproblem

$$a_n \frac{\mathrm{d}^n x(t)}{\mathrm{d}t^n} + \cdots + a_1 \dot{x}(t) + a_0 x(t) = 0$$

$$x(0) = x_0,\ \dot{x}(0) = x_1,\ \ldots,\ \left. \frac{\mathrm{d}^{n-1} x(t)}{\mathrm{d}t^{n-1}} \right|_{t=0} = x_{n-1} \tag{296}$$

$[x(t) = 0$ für $t < 0]$ mit Hilfe der Formeln 12 und 13 der Tabelle 1.

2. Man berechne die spezielle Lösung $x_\mathrm{s}(t) = x_\delta(t) * f(t)$ der inhomogenen Gleichung wie in Abschnitt 10.3. beschrieben.

3. Addiere die Lösungen des ersten und des zweiten Schrittes.

Beispiel 8. Gesucht ist der Weg $x(t)$ bei der geradlinigen Bewegung eines Massenpunktes im Bereich $t \geq 0$, wenn er zum Zeitpunkt $t = 0$ eine Beschleunigung $b(t) = \delta'(t)$ erfährt (s. Beispiel 5) und der Endzustand der Vergangenheit durch $x(-0) = x_0,\ x'(-0) = x_1 = v_0$ gegeben ist.

Die Möglichkeit der Lösung dieser Aufgabe über die allgemeine Lösung der inhomogenen Gleichung $x''(t) = \delta'(t)$ wurde schon im Beispiel 5 behandelt. Jetzt blenden wir die Vergangenheit aus und lösen das Problem nach der letztgenannten Methode.

1. Schritt: Das Anfangswertproblem für die homogene Gleichung lautet $\ddot{x}(t) = 0$; $x(0) = x_0$, $\dot{x}(0) = v_0$. Die Formeln 13 der Tabelle 1 für $k = 2$ liefern

$$\ddot{x}(t) = x''(t) - x_0\delta'(t) - v_0\delta(t) = 0,$$

d. h.,

$$x''(t) = x_0\delta'(t) + v_0\delta(t), \tag{297}$$

oder

$$\mathscr{L}[\ddot{x}(t)] = p^2\bar{x}(p) - x_0 p - v_0 = 0,$$

d. h.,

$$p^2\bar{x}(p) = x_0 p + v_0, \tag{298}$$

oder

$$\{\ddot{x}(t)\} = s^2\{x(t)\} - x_0 s - v_0 = 0,$$

d. h.,

$$s^2\{x(t)\} = x_0 s + v_0. \tag{299}$$

Da die Gleichungen (297) bis (299) [für $x(t) = 0$ im Bereich $t < 0$] äquivalent sind, ist es gleich, welche dieser drei Möglichkeiten wir nutzen. Aus (298) folgt sofort

$$\bar{x}(p) = \frac{x_0}{p} + \frac{v_0}{p^2} \quad \text{bzw.} \quad x_{\text{Hs}}(t) = \mathscr{L}^{-1}[\bar{x}(p)] = h(t)\,[x_0 + v_0 t].$$

2. Schritt: LAPLACE-Transformation von $x''(t) = \delta'(t)$ liefert mit $p^2\bar{x}(p) = p$ die spezielle Lösung $x_s(t) = \mathscr{L}^{-1}\left[\dfrac{1}{p}\right] = h(t)$.

3. Schritt: Die Lösung der gestellten Anfangswertaufgabe lautet

$$x(t) = x_{\text{Hs}}(t) + x_s(t) = h(t)\,[v_0 t + x_0 + 1]. \tag{300}$$

Der Unterschied zur Lösung (292) besteht wieder darin, daß wir jetzt die Vergangenheit ausgeblendet und lediglich deren Endzustandswerte berücksichtigt haben (Bild 96). Die Probe würde auch in diesem Falle mit $x(0) = x_0 + 1$ nicht den in die Aufgabe hineingesteckten Anfangswert $x(-0) = x_0$ liefern.

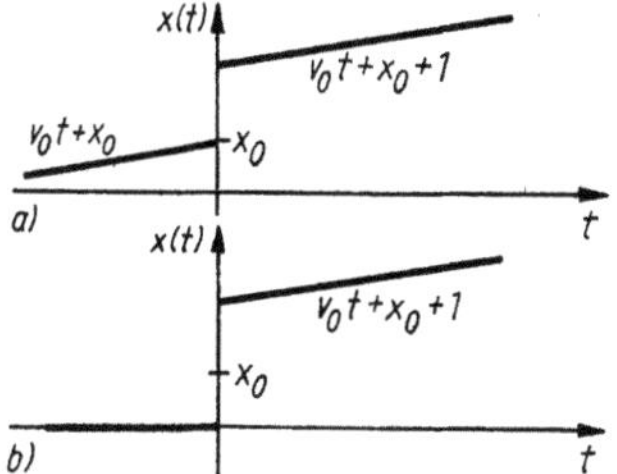

Bild 96. Zur Ausblendung der Vergangenheit
a) (292); b) (300)

Die Aufspaltung der Lösung einer Anfangswertaufgabe in die eben beschriebenen drei Schritte kann man sogar vermeiden, wenn man folgendermaßen vorgeht:

Problem

Die Differentialgleichung (258), deren rechte Seite keine Funktion, sondern eine für $t < 0$ verschwindende Distribution ist, soll für die gegebenen Anfangswerte x_0, x_1, ..., x_{n-1} gelöst werden.

Formaler Lösungsvorgang

> **1. Schritt:** Man schreibe die rechte Seite der Differentialgleichung (258) in Distributionenform, die linke Seite bleibt unverändert.
>
> **2. Schritt:** Auf die Funktionenableitungen der linken Seite werden die Formeln 12 und 13 der Tabelle 1 angewendet, wobei die gegebenen Anfangswerte $x_0, x_1, \ldots, x_{n-1}$ einzusetzen sind.
>
> **3. Schritt:** Auflösung der im zweiten Schritt erhaltenen Gleichung nach $x(t)$ liefert sofort die Lösung der Anfangswertaufgabe für die inhomogene Gleichung.

Man muß aber bemerken, daß dieses Vorgehen, was wir schon in den Beispielen 6. und 7. demonstrierten, in gewisser Weise formalen Charakter besitzt.
Trotzdem ist auch das letzte Verfahren legal, weil es lediglich eine nicht ganz offensichtliche Modifikation der ersten Methode ist.

Beispiel 9. Wir betrachten noch einmal das Anfangswertproblem aus Beispiel 8. Der Übergang von $\ddot{x}(t) = b(t)$, $x(-0) = x_0$, $\dot{x}(-0) = v_0$ für die singuläre rechte Seite $b(t) = \delta'(t)$ zur Distributionenschreibweise lautet:

1. Schritt: $\ddot{x}(t) = \delta'(t)$

2. Schritt: Formel 13 der Tabelle 1 für $k = 2$ liefert

$$x''(t) - x_0\delta'(t) - v_0\delta(t) = \delta'(t)$$

oder $\quad p^2\bar{x}(p) - x_0 p - v_0 = p$

oder $\quad s^2 x - x_0 s - v_0 = s.$

3. Schritt: Verwendet man die Laplace-Transformation, so folgt

$$\bar{x}(p) = \frac{v_0}{p^2} + \frac{x_0 + 1}{p}$$

bzw. $\quad x(t) = h(t)\,[v_0 t + x_0 + 1].$

Die Übereinstimmung mit (300) ist offensichtlich.

Aufgabe 1. Zu lösen ist das Anfangswertproblem

$$x''(t) = \delta(t) + \delta'(t - 1), \qquad x(-0) = x_0, \qquad x'(-0) = v_0$$

für die geradlinige Bewegung eines Massenpunktes im Bereich $t \geq 0$
a) über die allgemeine Lösung der Differentialgleichung;
b) über die Methode der Aufspaltung der Aufgabe;
c) durch direkte Anwendung der Formel 13 aus Tabelle 1!

10.5.   Systeme ohne Vergangenheit und Greensche Funktion

Besitzt ein System keine Vergangenheit, so sind sämtliche Anfangswerte (291) gleich Null zu setzen. Die diesen Anfangswerten entsprechende und für $t < t_0$ verschwindende Lösung, die wir durch Festlegung der n Konstanten $c_1, \ldots, c_n$ aus der allgemeinen Lösung (281) der inhomogenen Gleichung (259) herauszufinden haben, ist — wie wir gleich sehen werden — gerade die in (281) enthaltene spezielle Lösung der inhomogenen Gleichung, falls $f(t)$ für $t < t_0$ verschwindet. Differenziert man nämlich die allgemeine Lösung (281), so erhält man

$$x(t) = x_{\mathrm{H}}(t) + x_{\mathrm{s}}(t)$$

$$x'(t) = x_{\mathrm{H}}'(t) + x_{\mathrm{s}}'(t)$$

$$\vdots \qquad\qquad \vdots$$

$$x^{(n-1)}(t) = x_{\mathrm{H}}^{(n-1)}(t) + x_{\mathrm{s}}^{(n-1)}(t).$$

Die Anfangswerte (291) liefern jetzt — da $x_{\mathrm{s}}(t)$ und deren Ableitungen für $t < t_0$ verschwinden —

$$x(t_0 - 0) = x_{\mathrm{H}}(t_0 - 0) = x_{\mathrm{H}}(t_0) = 0$$

$$x'(t_0 - 0) = x_{\mathrm{H}}'(t_0 - 0) = x_{\mathrm{H}}'(t_0) = 0$$

$$\vdots \qquad\quad \vdots \qquad\quad \vdots \qquad\quad \vdots$$

$$x^{(n-1)}(t_0 - 0) = x_{\mathrm{H}}^{(n-1)}(t_0 - 0) = x_{\mathrm{H}}^{(n-1)}(t_0) = 0,$$

d. h. in $x(t) = x_{\mathrm{H}}(t) + x_{\mathrm{s}}(t)$ ist diejenige Lösung der homogenen Differentialgleichung einzusetzen, die verschwindende Anfangswerte besitzt. Das ist aber bekanntlich die Lösung $x_{\mathrm{H}}(t) \equiv 0$. Wir können also festhalten:

Für eine zum Zeitpunkt $t = t_0$ einsetzende beliebige Erregung $f(t)$ stellt die für $t < t_0$ verschwindende Distribution $x_{\mathrm{s}}(t) = x_\delta(t) * f(t)$ die Lösung des Anfangswertproblems $x(t_0 - 0) = 0, x'(t_0 - 0) = 0, \ldots, x^{(n-1)}(t_0 - 0) = 0$ für die Differentialgleichung (259) dar.

Also folgt für $f(t) = \delta(t)$ (d. h., $t_0 = 0$).

Die GREENsche Funktion

$$x_\delta(t) = \mathscr{L}^{-1}\left[\frac{b_m p^m + \cdots + b_0}{a_n p^n + \cdots + a_0}\right]$$

ist die für $t < 0$ verschwindende Lösung des Anfangswertproblems $x(-0) = 0,\ x'(-0) = 0, \ldots, x^{(n-1)}(-0) = 0$ für die Differentialgleichung (259) mit $f(t) = \delta(t)$, also die Impulsantwort.

Beispiel 1. Der Zusammenhang zwischen äußerer Kraft $f(t) = F(t)$ und Geschwindigkeit $x(t) = v(t)$ der *Masse* bei einem durch eine geschwindigkeitsproportionale Flüssigkeitsreibung gedämpften mechanischen System (Bild 97) wird durch eine Differentialgleichung

$$m\dot{v}(t) + rv(t) = F(t)$$

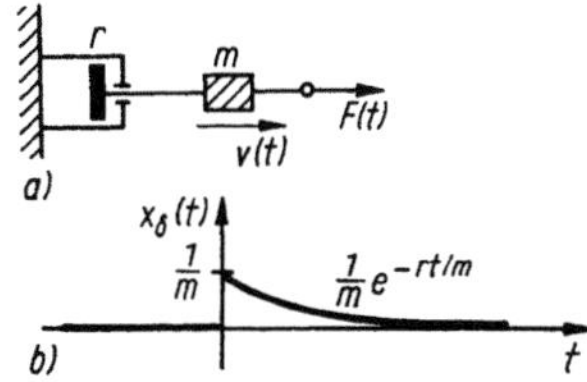

Bild 97. Gedämpftes mechanisches System mit GREENscher Funktion

beschrieben. Das mechanische System ist ein Beispiel für ein Übertragungsglied (Verzögerungsglied) 1. Ordnung (vgl. [10]), für das wir schon mit (273) die GREENsche Funktion berechnet haben. Hier lautet sie mit $a_1 = m$, $a_0 = \overset{*}{r}$, $b_1 = 0$ und $b_0 = 1$

$$x_\delta(t) = \frac{1}{m}\, h(t)\, \mathrm{e}^{-rt/m} \text{ (Bild 97 b).}$$

Beispiel 2. Der Zusammenhang zwischen Strom $x(t) = i(t)$ und Spannung $f(t) = u(t)$ im RC-Stromkreis (Bild 98) wird durch die Differentialgleichung

$$Ri(t) + \frac{1}{C}\, i(t) = \dot{u}(t)$$

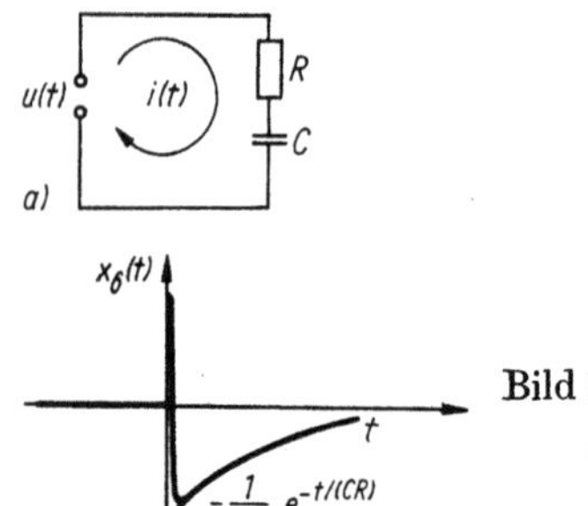

Bild 98. RC-Stromkreis mit GREENscher Funktion

beschrieben, d. h., der RC-Stromkreis ist ebenfalls ein Beispiel für ein Übertragungsglied (Vorhalteglied) 1. Ordnung. Mit $a_1 = R$, $a_0 = 1/C$, $b_1 = 1$ und $b_0 = 0$ erhalten wir aus (273) die GREENsche Funktion (Bild 98) $x_\delta(t) = \dfrac{1}{R}\, \delta(t) - \dfrac{1}{CR^2}\, h(t)\, \mathrm{e}^{-t/(RC)}$. Das ist eine singuläre Distribution.

10.6.   Bemerkung zu Randwertaufgaben

Sind anstelle von Anfangsbedingungen an einer festen Stelle t_0 an zwei verschiedenen Stellen t_0 und t_1 die Werte der gesuchten Funktion $x(t)$ und eventuell deren Ableitungen vorgegeben und interessiert diese Lösung $x(t)$ einer Differentialgleichung nur im Intervall $t_0 \leqq t \leqq t_1$, so spricht man von einer *Randwertaufgabe*. Es soll aber gleich an dieser Stelle betont werden, daß eine Randwertaufgabe (im Gegensatz zu einer Anfangswertaufgabe) nicht immer lösbar sein muß.

Beispiel 1. Gesucht sei die Lösung der Differentialgleichung $\ddot{x}(t) = h(t)$, die den Randbedingungen $x(0) = 0$ und $x(1) = 1$ genügt. Die allgemeine Lösung der Differentialgleichung ist $x(t) = c_1 t + c_2 + \dfrac{1}{2}\, h(t)\, t^2$. Setzt man die Randwerte ein, so erhält man das Gleichungssystem

$$x(0) = \qquad c_2 \qquad = 0$$

$$x(1) = c_1 + c_2 + \frac{1}{2} = 1,$$

dessen Lösung $c_1 = 1/2$, $c_2 = 0$ die gesuchte spezielle Lösung der Differentialgleichung liefert:

$$x(t) = \frac{t}{2} + \frac{h(t)\,t^2}{2}.$$

Diese Randwertaufgabe ist also eindeutig lösbar.

Beispiel 2. Gibt man für die Differentialgleichung des vorigen Beispiels die Randwerte $\dot{x}(0) = 0$ und $\dot{x}(1) = 2$ vor, so folgen aus der oben angegebenen allgemeinen Lösung die Gleichungen

$$\dot{x}(0) = c_1 \qquad = 0$$

$$\dot{x}(1) = c_1 + 1 = 2,$$

die sich aber offensichtlich widersprechen. Diese Randwertaufgabe ist also nicht lösbar.

Die Frage nach der Lösbarkeit einer Randwertaufgabe reduziert sich auf die Frage nach der Lösbarkeit eines Gleichungssystems zur Bestimmung der n freien Konstanten in der allgemeinen Lösung der Differentialgleichung.

Tritt dann sogar noch der Fall ein, daß die rechte Seite einer Differentialgleichung (258) keine Funktion mehr ist, so müssen zusätzlich noch Überlegungen wie bei Anfangswertaufgaben angestellt werden. Wir wollen aber nicht weiter auf diese Problematik eingehen.

10.7. Anwendung der Distributionen in der Schwingungs- und Stoßprüftechnik

Bauelemente in elektronischen oder feinmechanischen Geräten können bekanntlich durch Schwingungen und Stöße beschädigt werden. Neben der Lösung von Klemm-, Steck- und Schraubverbindungen kommen vorwiegend Ermüdungsbrüche vor. Mit einer Fülle damit zusammenhängender Probleme, die für den Hersteller und den Nutzer derartiger Geräte immer mehr an Bedeutung gewinnen, befaßt sich die Schwingungs- und Stoßprüftechnik (für genauere Ausführungen s. [14]).

Die Beschränkung auf Schäden, die sich durch *Ermüdungsbrüche* ergeben, führt auf folgendes *Gerätemodell* [14], welches im Bild 99 skizziert ist. Umfangreiche Untersuchungen haben nämlich ergeben, daß jedes der Elemente, die durch mechanische Beanspruchung in der letztgenannten Weise beschädigt werden können, als ein gedämpftes Feder-Masse-System (Bild 100) aufgefaßt werden kann. Ein solcher *Bauteilresonator* besitzt eine bestimmte mechanische Güte Q und eine Resonanzfrequenz f_0 (bzw. $\omega_0 = 2\pi f_0$). Die Zeitfunktion $a_0(t)$ bezeichnet die Beschleunigung, mit der der Resonator erregt wird. $a_m(t)$ ist die als Antwort auftretende Beschleuni-

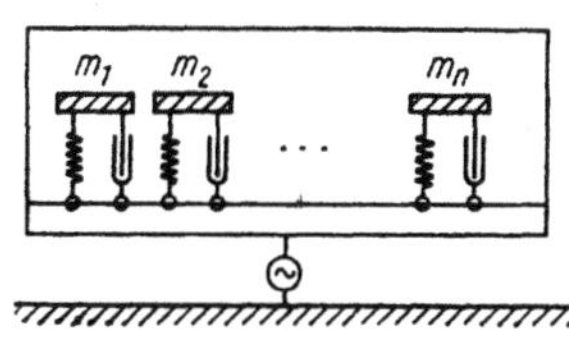

Bild 99. Gerätemodell

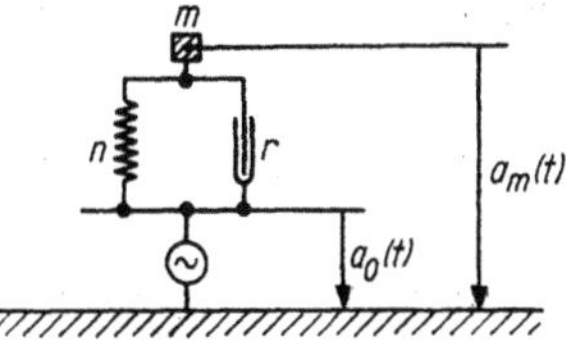

Bild 100. Bauteilresonator

11*

gung an der Masse m. n ist die Nachgiebigkeit der Feder und r der Reibungsstandwert. Der Zusammenhang zwischen Erregung $a_0(t)$ und Antwort $a_m(t)$ wird durch folgende Differentialgleichung beschrieben:

$$\frac{1}{\omega_0{}^2}\,\ddot{a}_m(t) + \frac{1}{\omega_0 Q}\,\dot{a}_m(t) + a_m(t) = \frac{1}{\omega_0 Q}\,\dot{a}_0(t) + a_0(t). \tag{301}$$

Dabei gilt $\omega_0{}^2 := \dfrac{1}{mn}$ und $Q := \dfrac{\omega_0 m}{r}$.

Auch hier haben wir ein Beispiel für ein Übertragungsglied 2. Ordnung vorliegen. Technisch begründete Vereinfachungen der Differentialgleichung (301) ergeben sich für die folgenden zwei Fälle der *schwachen Dämpfung* $(Q \gg 1)$ zu

$$\frac{1}{\omega_0{}^2}\,\ddot{a}_m(t) + \frac{1}{\omega_0 Q}\,\dot{a}_m(t) + a_m(t) = a_0(t) \tag{302}$$

und der *verschwindenden Dämpfung* $(Q \to \infty)$ zu

$$\frac{1}{\omega_0{}^2}\,\ddot{a}_m(t) + a_m(t) = a_0(t). \tag{303}$$

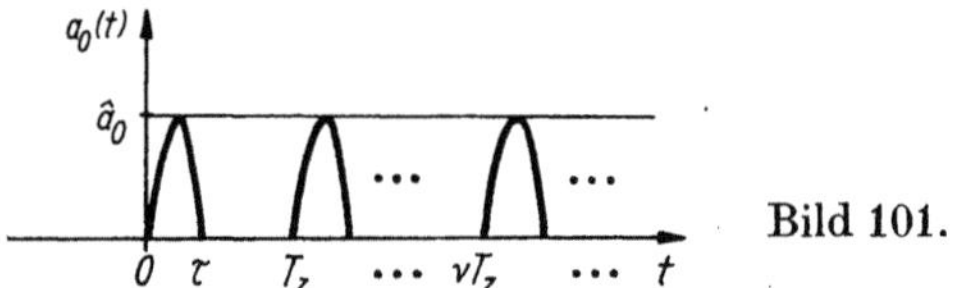

Bild 101. Stoßfolge

Bei der *Prüfung von Geräten* im Labor werden bestimmte Prüfanregungen $a_0(t)$ verwendet. Aus der Vielfalt der möglichen Prüfanregungen (vgl. [14]) sei die *Stoßfolgeprüfung* als die im Labor am einfachsten zu realisierende Erregung genannt. Hier werden die Prüfobjekte mit kurzen Beschleunigungsstößen angeregt, wobei die einzelnen Stöße in hinreichend großen Zeitabständen T_z erfolgen (Bild 101), so daß

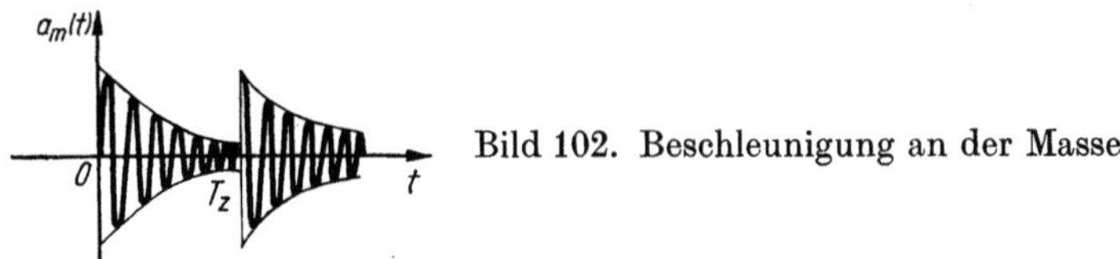

Bild 102. Beschleunigung an der Masse

die von einem Stoß herrührenden Antwortschwingungen vor Eintritt des nächsten Stoßes genügend weit abgeklungen sind (Bild 102). Wir wollen unter der Annahme extrem kleiner Stoßdauern die Stoßfolge idealisiert beschreiben durch

$$a_0(t) = \hat{a}_0 \sum_{r=0}^{k} \delta(t - \nu T_z) \qquad (k = 0, 1, 2, \ldots). \tag{304}$$

Wir lösen obige Gleichungen für die Anfangswerte

$$a_m(-0) = 0 \quad \text{und} \quad \dot{a}_m(-0) = 0. \tag{305}$$

Dazu ermitteln wir zunächst die GREENschen Funktionen der drei Differentialgleichungen. Für die Gleichung (301) ist, wenn wir diese vorher mit ω_0^2 multiplizieren,

$$x_\delta(t) = \mathscr{L}^{-1}\left[\frac{\dfrac{\omega_0}{Q}\,p + \omega_0^2}{p^2 + \dfrac{\omega_0}{Q}\,p + \omega_0^2}\right]$$

Die Rücktransformation führen wir (unter der praktisch begründeten Voraussetzung $Q \geqq 1$) wie folgt durch:

Um nicht mit zu vielen Brüchen rechnen zu müssen, setzen wir zunächst $\alpha := \dfrac{\omega_0}{2Q}$. Dann ist

$$\frac{\dfrac{\omega_0}{Q}\,p + \omega_0^2}{p^2 + \dfrac{\omega_0}{Q}\,p + \omega_0^2} = \frac{2\alpha p + \alpha^2 \cdot 4Q^2}{p^2 + 2\alpha p + \alpha^2 \cdot 4Q^2}$$

$$= 2\alpha\,\frac{p + 2\alpha Q^2}{p^2 + 2\alpha p + 4\alpha^2 Q^2} = 2\alpha\,\frac{p + \alpha + \alpha(2Q^2 - 1)}{(p + \alpha)^2 + \left(\alpha\sqrt{4Q^2 - 1}\right)^2}$$

$$= 2\alpha\left[\frac{p + \alpha}{(p + \alpha)^2 + \left(\alpha\sqrt{4Q^2 - 1}\right)^2}\right.$$

$$\left. + \left(\frac{2Q^2 - 1}{\sqrt{4Q^2 - 1}}\right)\frac{\alpha\sqrt{4Q^2 - 1}}{(p + \alpha)^2 + \left(\alpha\sqrt{4Q^2 - 1}\right)^2}\right].$$

Die Formeln 10 und 11 der Tabelle 2 liefern dann

$$x_\delta(t) = 2\alpha h(t)\,\mathrm{e}^{-\alpha t}\left[\cos\left(\alpha\sqrt{4Q^2 - 1}\,t\right) + \frac{2Q^2 - 1}{\sqrt{4Q^2 - 1}}\sin\left(\alpha\sqrt{4Q^2 - 1}\,t\right)\right]$$

oder mit $\alpha = \dfrac{\omega_0}{2Q}$

$$x_\delta(t) = \frac{\omega_0}{Q}\,h(t)\,\mathrm{e}^{-\omega_0 t/(2Q)}$$

$$\times\left[\cos\left(\frac{\omega_0}{2Q}\sqrt{4Q^2 - 1}\,t\right) + \frac{2Q^2 - 1}{\sqrt{4Q^2 - 1}}\sin\left(\frac{\omega_0}{2Q}\sqrt{4Q^2 - 1}\,t\right)\right].$$

Die GREENsche Funktion von (302) ergibt sich aus

$$x_\delta(t) = \mathscr{L}^{-1}\left[\frac{\omega_0^2}{p^2 + \omega_0 p/Q + \omega_0^2}\right]$$

$$= \frac{\omega_0}{\sqrt{1 - \dfrac{1}{4Q^2}}}\,\mathscr{L}^{-1}\left[\frac{\omega_0\sqrt{1 - \dfrac{1}{4Q^2}}}{\left(p + \dfrac{\omega_0}{2Q}\right)^2 + \left(\omega_0\sqrt{1 - \dfrac{1}{4Q^2}}\right)^2}\right]$$

mit $\sqrt{1 - \dfrac{1}{4Q^2}} \approx 1$ für $Q \gg 1$ und Formel 10 der Tabelle 2 näherungsweise zu

$$x_\delta(t) \approx \omega_0 h(t)\, e^{-\omega_0 t/(2Q)} \sin(\omega_0 t)$$

(Bild 103).

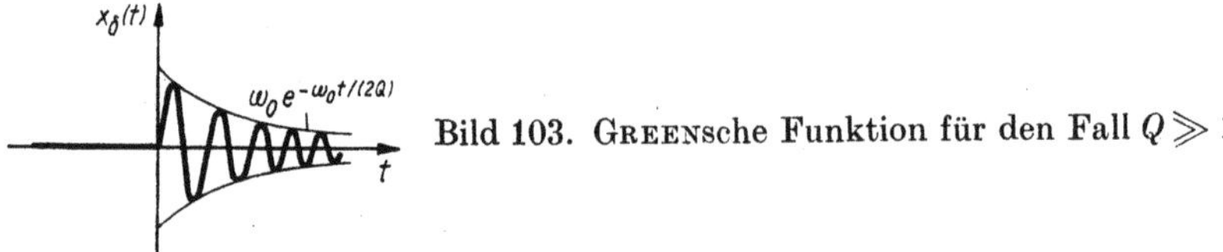

Bild 103. GREENsche Funktion für den Fall $Q \gg 1$

Schließlich ist für verschwindende Dämpfung, d. h. für Gleichung (303),

$$x_\delta(t) = \mathscr{L}^{-1}\left[\frac{\omega_0^2}{p^2 + \omega_0^2}\right] = \omega_0 h(t) \sin(\omega_0 t). \tag{306}$$

Die den Anfangswerten (305) entsprechende Lösung der drei Differentialgleichungen für die Stoßfolge (304) ist dann jeweils

$$a_m(t) = x_\delta(t) * a_0(t) = \hat{a}_0 \sum_{\nu=0}^{k} x_\delta(t) * \delta(t - \nu T_z),$$

d. h.,

$$a_m(t) = \hat{a}_0 \sum_{\nu=0}^{k} x_\delta(t - \nu T_z).$$

Der Abstand T_z zwischen zwei Stößen wird dabei so bemessen, daß die Spitzenwerte $\hat{a}_m$ zum Zeitpunkt T_z auf Werte abgesunken sind, die kleiner als 10% des anfänglichen Maximalwertes $\hat{a}_m$ betragen. Das trifft natürlich nur auf die ersten beiden Fälle zu, wo wir gedämpfte Schwingungen als Stoßantwort vorliegen haben. Dort wird die Dämpfung der Spitzenwerte $\hat{a}_m$ durch die Funktion $e^{-\omega_0 t/(2Q)}$ bewirkt. Aus $e^{-\omega_0 T_z/(2Q)} \leq 0{,}1$ erhalten wir (vgl. [14], S. 36) $T_z \geq 4{,}6 Q/\omega_0$.

Die Delta-Distribution wird hier noch in einem weiteren Zusammenhang verwendet. Für die Schadensentstehung am Resonator ist nur die Anzahl der einen Lastwechsel bewirkenden Schwingungsperioden der Antwort $a_m(t)$ von Bedeutung, d. h. also, daß die Verteilung der Spitzenwerte von $a_m(t)$ innerhalb von Amplitudenklassen $\hat{a}_m$ eine wichtige Kennfunktion für die Schadensberechnung darstellt. Wird z. B. ein Resonator mit einer Güte $Q \gg 1$ und bekannter Frequenz ω_0 [d. h., wir betrachten die Gleichung (302)] durch reale Stöße der Dauer τ (Bild 101) erregt, so ergibt sich im Bereich $0 \leq t \leq T_z$ ein wie in Bild 104 skizzierter Kurvenverlauf. Der erste Spitzenwert $S_p \hat{a}_0$ wird einem primären und der zweite Spitzenwert $S_r \hat{a}_0$ einem sogenannten residuellen Vorgang, der etwa bei $t = \tau$ beginnt, zugeschrieben. Sind wenigstens $S_p \hat{a}_0$ und $S_r \hat{a}_0$ bekannt, so läßt sich der Verlauf von $a_m(t)$ näherungs-

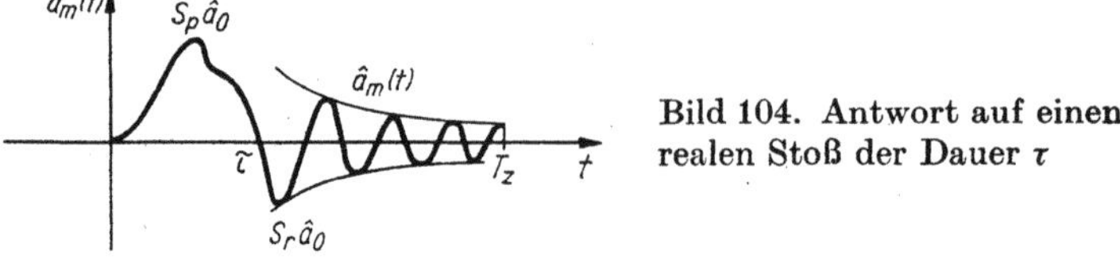

Bild 104. Antwort auf einen realen Stoß der Dauer τ

weise bestimmen. $\hat{a}_m(t)$ bezeichnet den zeitlichen Verlauf der die Dämpfung beschreibenden Hüllkurve, als eine monoton fallende Exponentialfunktion. Im allgemeinen befinden sich sehr viele Spitzenwerte im Bereich $0 \leq t \leq T_z$, deren Amplitudendichte der Praktiker u. a. in der Form (s. [14], S. 34 u. 41)

$$f(\hat{a}_m) = \frac{2Q}{\omega_0 T_z} \left\{ \left[h(\hat{a}_m - \hat{a}_m(T_z)) - h(\hat{a}_m - S_r \hat{a}_0) \right] \frac{1}{\hat{a}_m} + \frac{\pi}{Q} \, \delta(\hat{a}_m - S_p \hat{a}_0) \right\}$$

angibt (Bild 105). $\hfill (307)$

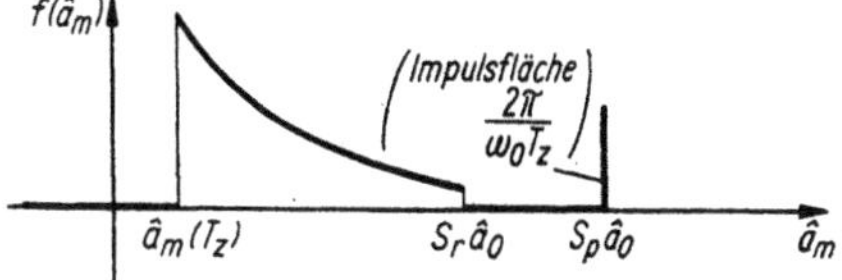

Bild 105. Verteilungsdichte der Antwort-Spitzenwerte

10.8. Berechnung der Schnittgrößen gerader Stäbe sowie der Biegelinie

Bei der Behandlung ebener *Tragwerke*, die aus geraden Stäben zusammengesetzt sind, sind insbesondere die *Querkraft* $F_Q(t)$ und das *Biegemoment* $M(t)$ von Bedeutung. Auf einen Stab soll die Linienbelastung $f(t)$ wirken. Das Bild 106 ([21], I, S. 263) zeigt

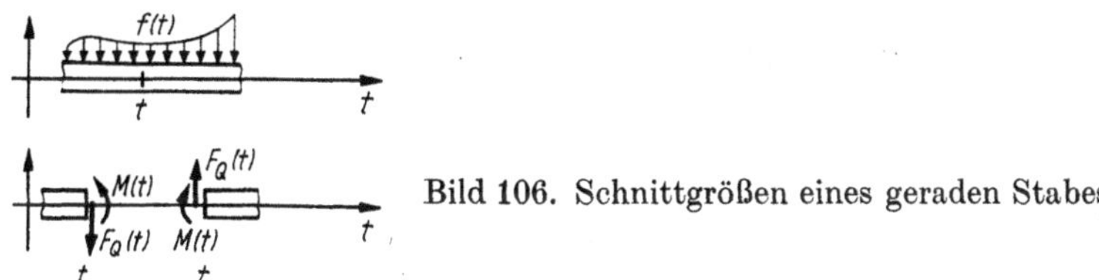

Bild 106. Schnittgrößen eines geraden Stabes

ein Stück dieses Stabes, der im unteren Teil des Bildes zerschnitten ist und an dessen Schnittstellen die o. g. Schnittgrößen eingezeichnet sind. t bezeichnet hier eine Ortsvariable in Richtung der Stabachse. Querkraft und Biegemoment lassen sich aus den Differentialgleichungen

$$\dot{F}_Q(t) = -f(t) \tag{308}$$

$$\dot{M}(t) = F_Q(t) \tag{309}$$

ermitteln. Durch die Betrachtung von sogenannten Resultierenden aller Kräfte können zusätzlich auch *Einzelkräfte* berücksichtigt werden ([21], I, S. 277). Wir wollen hier mit Hilfe der Distributionen bzw. Operatoren gleich von Beginn an die Gesamtbelastung in die Rechnung einbeziehen. Wie wir schon in den Beispielen 8 und 9 des Abschnittes 8. zeigten, lassen sich die Dichten von Einzelkräften und mechanischen Dipolen durch Distributionen ausdrücken, so daß wir diese und die kontinuierlichen Linienkräfte (die ja auch Dichten darstellen) zu einer Dichte $g(t)$ der Gesamtbelastung vereinigen können. Eine aus einer kontinuierlichen Linienlast $f(t)$, einer Summe von Einzelkräften F_k in den Punkten λ_k $(k = 1, \ldots, n)$ sowie einer Summe von mechanischen Dipolen mit den *Einzelmomenten* μ_k in den Punkten σ_k

$(k = 1, \ldots, m)$ bestehende gemischte Belastung besitzt dann die Belastungsdichte

$$g(t) = f(t) + \sum_{k=1}^{n} F_k \delta(t - \lambda_k) - \sum_{k=1}^{m} \mu_k \delta'(t - \sigma_k) \qquad (310)$$

oder die hierzu äquivalente Operatorenform ([16], S. 117)

$$g = \{f(t)\} + \sum_{k=1}^{n} F_k \, e^{-\lambda_k s} - \sum_{k=1}^{m} \mu_k s \, e^{-\sigma_k s}. \qquad (311)$$

Beispiel 1. Die in Bild 107 skizzierte Belastung eines Stabes besitzt die Dichte

$$g(t) = f_0[h(t) - h(t - l)] - F_A \delta(t) + F \delta(t - 2l)$$
$$- F_B \delta(t - 4l) + \mu \delta'(t - 3l).$$

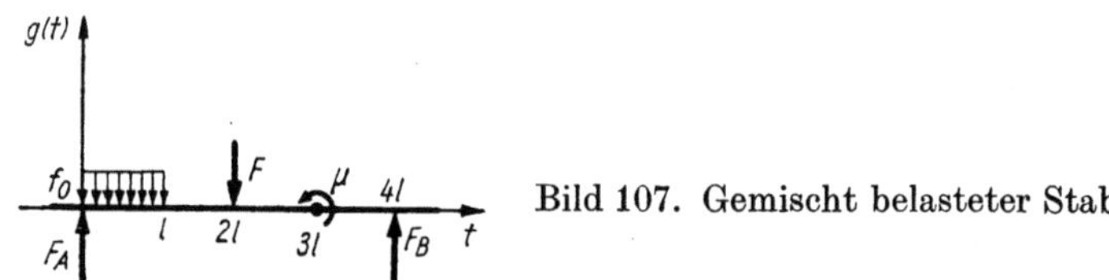

Bild 107. Gemischt belasteter Stab

Wir nehmen an, daß die Gesamtbelastung nur im Bereich $t \geqq 0$ wirkt, d. h., es ist $g(t) = 0$ für $t < 0$. Mit den Anfangsbedingungen $F_Q(-0) = 0$ und $M(-0) = 0$ ergeben sich aus (310) — wenn wir formal die Formel 12 aus der Tabelle 1 für die LAPLACE-Transformation auf die Gleichungen $\dot{F}_Q(t) = -g(t)$ und $\dot{M}(t) = F_Q(t)$ anwenden — die Bildlösungen

$$\bar{F}_Q(p) = -\frac{1}{p}\, \bar{g}(p) = -\frac{1}{p}\left[\bar{f}(p) + \sum_{k=1}^{n} F_k \, e^{-\lambda_k p} - \sum_{k=1}^{m} \mu_k p \, e^{-\sigma_k p}\right]$$

(Anwendung der Formeln 23 und 24 der Tabelle 2) und

$$\overline{M}(p) = \frac{1}{p}\, \bar{F}_Q(p),$$

woraus im Originalbereich die Querkraft

$$F_Q(t) = -\int_0^t f(\tau)\, d\tau - \sum_{k=1}^{n} F_k h(t - \lambda_k) + \sum_{k=1}^{m} \mu_k \delta(t - \sigma_k) \qquad (312)$$

und das Biegemoment

$$M(t) = -\int_0^t \int_0^\tau f(u)\, du\, d\tau - \sum_{k=1}^{n} F_k h(t - \lambda_k)\,[t - \lambda_k] + \sum_{k=1}^{m} \mu_k h(t - \sigma_k)$$

$$(313)$$

folgen (Anwendung der Formel 10 der Tabelle 1 und der Formeln 22 und 23 der Tabelle 2). Das Biegemoment ist also stets eine stückweise stetige und bei nicht vorhandenen mechanischen Dipolen sogar eine überall stetige Funktion. Die Querkraft ist eine Distribution, falls Einzelmomente μ_k vorhanden sind, andernfalls ist sie stückweise stetig.

Unter der Annahme, daß der Stab die Länge l besitzt, betrachten wir nur Gesamtbelastungen $g(t)$, die in $0 \leq t \leq l$ wirken und außerhalb dieses Bereiches verschwinden. Soll sich der Stab im Gleichgewicht befinden, so müssen die Randbedingungen (*Gleichgewichtsbedingungen*)

$$\boxed{F_Q(l + 0) = 0 \quad \text{und} \quad M(l) = 0} \tag{314}$$

erfüllt sein. Mit Hilfe dieser Bedingungen ist es bei statisch bestimmten Tragwerken möglich, Stützkräfte und Einspannmomente, die ja von Beginn an in die Betrachtungen einbezogen wurden und in den Ausdrücken für $F_Q(t)$ und $M(t)$ enthalten sind, zu berechnen, falls diese nicht bekannt sind. Der rechtsseitige Grenzwert $F_Q(l + 0)$ bewirkt, daß neben allen anderen Einzelmomenten auch ein eventuell am Stabende vorhandenes Einzelmoment bei der Berechnung $F_Q(l)$ wegfällt. Ist kein solches vorhanden, so kann $F_Q(l + 0)$ durch $F_Q(l)$ ersetzt werden.

Die Gleichgewichtsbedingungen (314), auf (312) und (313) angewendet, ergeben

$$-F_Q(l + 0) = \int\limits_0^l f(\tau)\,\mathrm{d}\tau + \sum_{k=1}^n F_k = 0 \tag{315}$$

und

$$-M(l) = \int\limits_0^l \int\limits_0^\tau f(u)\,\mathrm{d}u\,\mathrm{d}\tau + \sum_{k=1}^n F_k[l - \lambda_k] - \sum_{k=1}^n \mu_k = 0, \tag{316}$$

da sämtliche Distributionen $\delta(t - \sigma_k)$ für $t \neq \sigma_k$ und folglich für $t > l$ verschwinden.

Beispiel 2. Ein *Kragträger* soll die in Bild 108 skizzierte Linienkraft und die am freien Ende wirkende Einzelkraft F übertragen. Gesucht sind die Schnittgrößen $F_Q(t)$

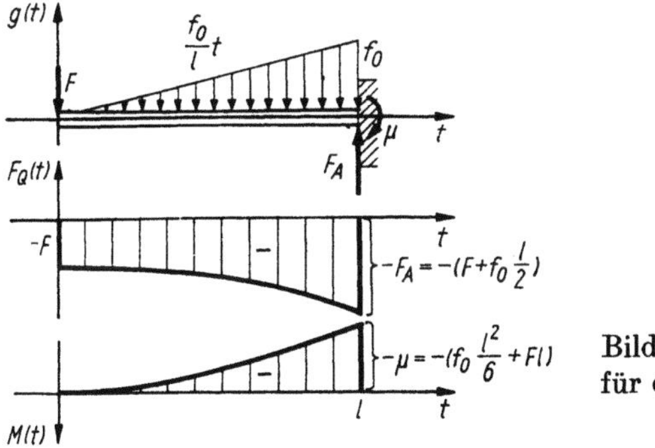

Bild 108. Schnittgrößen für den Kragträger

und $M(t)$ sowie die Stützkraft F_A und das Einspannmoment μ (für den üblichen Weg vgl. [21, I, S. 268, Beispiel 2]).

Die Gesamtbelastung in Distributionenform lautet

$$g(t) = [h(t) - h(t - l)]f_0 \frac{t}{l} + F\delta(t) - F_A\delta(t - l) - \mu\delta'(t - l),$$

woraus mit (312) und (313) sofort die Schnittgrößen

$$F_Q(t) = -[h(t) - h(t - l)]\frac{f_0}{2l}t^2 - \frac{f_0}{2}lh(t - l)$$
$$- Fh(t) + F_Ah(t - l) + \mu\delta(t - l)$$

und

$$M(t) = -[h(t) - h(t - l)]\frac{f_0}{6l}t^3 - \frac{f_0}{6}l^2h(t - l) - \frac{f_0 l}{2}h(t - l)[t - l]$$
$$- Fh(t)\,t + F_Ah(t - l)[t - l] + \mu h(t - l)$$

folgen. Die Gleichgewichtsbedingungen liefern

$$F_Q(l + 0) = -\frac{f_0}{2}l - F + F_A = 0$$

und

$$M(l) = -\frac{f_0}{6}l^2 - Fl + \mu = 0,$$

woraus die Stützkraft und das Einspannmoment berechnet werden können:

$$F_A = F + f_0\frac{l}{2} \quad \text{und} \quad \mu = l\left[F + f_0\frac{l}{6}\right].$$

Beispiel 3. Ein *Träger auf zwei Stützen* werde durch ein Einzelmoment und Einzelkräfte belastet (Bild 109). Gesucht sind die Schnittgrößen und die Stützkräfte F_A und F_B. Die Distributionenform der Gesamtbelastung lautet hier

$$g(t) = -F_A\delta(t) + F\delta(t - 0{,}1 \cdot l) + F\delta(t - 0{,}3 \cdot l) + F\delta(t - 0{,}5 \cdot l)$$
$$- F_B\delta(t - 0{,}75 \cdot l) + F\delta(t - l) - Fl\delta'(t - 0{,}9 \cdot l).$$

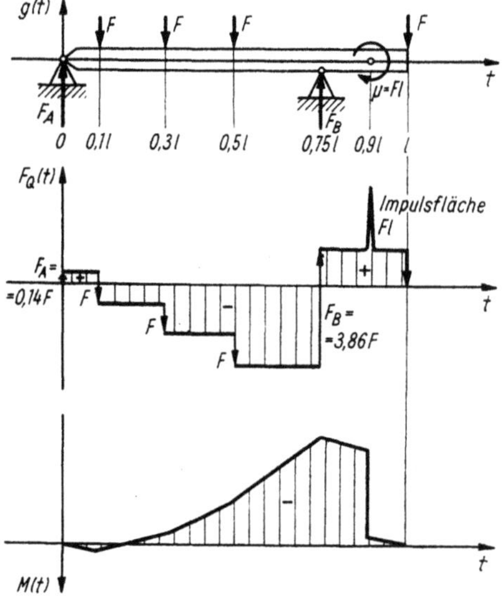

Bild 109. Schnittgrößen eines Trägers auf zwei Stützen

Die Schnittgrößen sind

$$F_Q(t) = F_A h(t) - F[h(t - 0,1 \cdot l) + h(t - 0,3 \cdot l) + h(t - 0,5 \cdot l)$$
$$+ h(t - l)] + F_B h(t - 0,75 \cdot l) + Fl\delta(t - 0,9 \cdot l)$$

und

$$M(t) = F_A h(t)\, t - F[h(t - 0,1 \cdot l)\,[t - 0,1 \cdot l]$$
$$+ h(t - 0,3 \cdot l)\,[t - 0,3 \cdot l] + h(t - 0,5 \cdot l)\,[t - 0,5 \cdot l]$$
$$+ h(t - l)\,[t - l]] + F_B h(t - 0,75 \cdot l)\,[t - 0,75 \cdot l]$$
$$+ Fl h(t - 0,9 \cdot l).$$

Die Gleichgewichtsbedingungen

$$F_Q(l + 0) = F_A - 4F + F_B = 0$$
$$M(l) = F_A l - F[0,9 \cdot l + 0,7 \cdot l + 0,5 \cdot l] + F_B \cdot 0,25 \cdot l + Fl = 0$$

liefern die Stützkräfte

$$F_A = 0,1\bar{3}F \quad \text{und} \quad F_B = 3,8\bar{6}F.$$

Bei statisch unbestimmten Tragwerken reichen die beiden durch die Gleichgewichtsbedingungen gegebenen statischen Randbedingungen (314) bzw. (315) und (316)
nicht aus, um die mehr als zwei *Stützreaktionen* zu berechnen. Hier muß man sich
zusätzliche Gleichungen zur Bestimmung dieser Stützreaktionen beschaffen (vgl. [16]).
Diese erhält man über geeignete (geometrische) Randbedingungen für die Biegelinie $x(t)$. Die Biegelinie gibt die Verschiebung gegenüber der t-Achse bei Belastung an
(Bild 110) und genügt für geringe Deformationen der Differentialgleichung

$$\alpha x^{(4)}(t) = g(t), \tag{317}$$

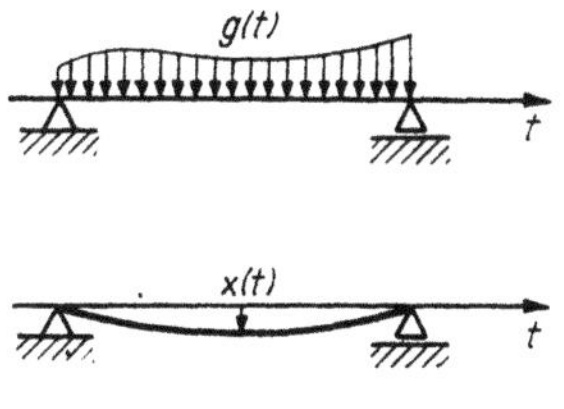

Bild 110. Biegelinie

worin α die als konstant vorausgesetzte Biegesteifigkeit bezeichnet [21, II, S. 147].
Betrachtet man wieder Gesamtbelastungen $g(t)$ in Distributionenform (310), so ist
(317) als Distributionen-Differentialgleichung aufzufassen. Eine weitere — zu (317)
äquivalente — Form der Differentialgleichung der Biegelinie ist [19, II, S. 147]

$$\boxed{\ddot{x}(t) = -\frac{1}{\alpha}\, M(t),} \tag{318}$$

die stets eine gewöhnliche Funktionendifferentialgleichung ist, weil $M(t)$ mindestens
stückweise stetig ist. Wir wollen uns deshalb auch nicht weiter mit dieser Gleichung
befassen und lediglich an einem Beispiel demonstrieren, wie die geometrischen Bedingungen zur Behandlung statisch unbestimmter Fälle benutzt werden.

Beispiel 4. Ein doppelseitig starr eingespannter Stab werde entsprechend Bild 111 belastet. Gesucht sind die Stützkräfte F_A und F_B sowie die Einspannmomente μ_0 und μ_l, wenn F und l bekannt sind.

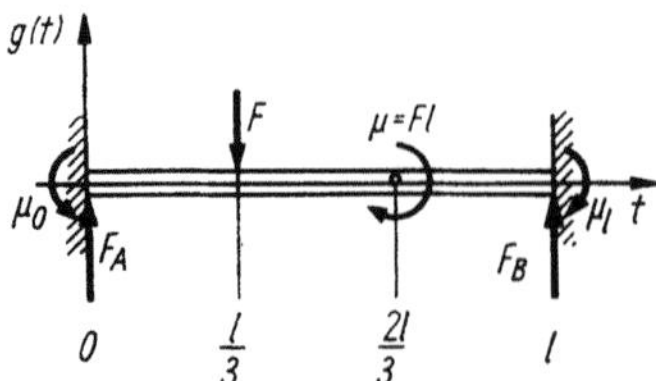

Bild 111. Doppelseitig eingespannter Stab

Gesamtbelastung:

$$g(t) = -F_A\delta(t) + F\delta\left(t - \frac{l}{3}\right) - F_B\delta(t - l) + \mu_0\delta'(t)$$

$$- Fl\delta'\left(t - \frac{2l}{3}\right) - \mu_l\delta'(t - l)$$

Querkraft:

$$F_Q(t) = F_A h(t) - Fh\left(t - \frac{l}{3}\right) + F_B h(t - l) - \mu_0\delta(t)$$

$$+ Fl\delta\left(t - \frac{2l}{3}\right) + \mu_l\delta(t - l)$$

Biegemoment:

$$M(t) = F_A h(t)\,t - Fh\left(t - \frac{l}{3}\right)\left[t - \frac{l}{3}\right] + F_B h(t - l)\,[t - l]$$

$$- \mu_0 h(t) + Flh\left(t - \frac{2l}{3}\right) + \mu_l h(t - l)$$

Statische Randbedingungen:

$$F_Q(l + 0) = 0 = F_A - F + F_B$$

$$M(l) = 0 = lF_A - \frac{2}{3}\cdot lF - \mu_0 + Fl + \mu_l$$

(Diese beiden Gleichungen reichen nicht zur eindeutigen Bestimmung der vier Unbekannten F_A, F_B, μ_0, μ_l aus.)

Biegelinie:

$$\ddot{x}(t) = -\frac{1}{\alpha}\,M(t) \quad (\alpha \text{ ist bekannt})$$

Wegen der starren Einspannung an der Stelle $t = 0$ gilt offensichtlich $x(0) = \dot{x}(0) = 0$. LAPLACE-Transformation mit den Formeln 2 und 6 der Tabelle 1 sowie den Formeln 4 und 5 der Tabelle 2 liefert

$$\bar{x}(p) = -\frac{1}{\alpha}\cdot\frac{1}{p^2}\,\overline{M}(p)$$

$$= -\frac{1}{\alpha}\cdot\frac{1}{p^2}\left[\frac{F_A}{p^2} - \frac{F}{p^2}\,\mathrm{e}^{-lp/3} + \frac{F_B}{p^2}\,\mathrm{e}^{-lp} - \frac{\mu_0}{p} + \frac{Fl}{p}\,\mathrm{e}^{-2lp/3} + \frac{\mu_l}{p}\,\mathrm{e}^{-lp}\right].$$

Multipliziert man den Klammerausdruck mit $1/p^2$ und transformiert zurück, so erhält man

$$x(t) = \frac{1}{\alpha}\left[-\frac{F_A}{6}\cdot h(t)\,t^3 + \frac{F}{6}\cdot h\left(t-\frac{l}{3}\right)\left[t-\frac{l}{3}\right]^3\right.$$

$$\left. -\frac{F_B}{6}\cdot h(t-l)\,[t-l]^3 + \frac{\mu_0}{2}h(t)\,t^2 - \frac{Fl}{2}h\left(t-\frac{2l}{3}\right)\left[t-\frac{2l}{3}\right]^2\right.$$

$$\left. -\frac{\mu_l}{2}h(t-l)\,[t-l]^2\right]$$

Geometrische Randbedingungen:

Offensichtlich muß wegen der starren Einspannung in $t = l$ ebenfalls $x(l) = \dot{x}(l) = 0$ gelten.

$$x(l) = 0 = \frac{1}{\alpha}\left[-\frac{F_A l^3}{6} + \frac{4Fl^3}{81} + \frac{\mu_0 l^2}{2} - \frac{Fl^3}{18}\right]$$

$$\dot{x}(l) = 0 = \frac{1}{\alpha}\left[-\frac{F_A l^2}{2} + 2\frac{Fl^2}{9} + \mu_0 l - \frac{Fl^2}{3}\right]$$

Faßt man die statischen und geometrischen Randbedingungen nach einfachen Umformungen zusammen, so erhält man folgendes Gleichungssystem zur Berechnung der Stützreaktionen:

$$F_A + F_B = F$$

$$3\cdot lF_A \quad - 3\mu_0 + 3\mu_l = -Fl$$

$$27\cdot lF_A \quad - 81\mu_0 = -Fl$$

$$9\cdot lF_A \quad - 18\mu_0 = -2Fl$$

Die Lösung lautet $F_A = -\dfrac{16F}{27}$, $F_B = \dfrac{43F}{27}$, $\mu_0 = -\dfrac{5Fl}{27}$ und $\mu_l = \dfrac{2Fl}{27}$.

Aufgabe 1. Zu bestimmen sind

a) Gesamtbelastung $g(t)$;
b) Querkraft $F_Q(t)$;
c) Biegemoment $M(t)$;
d) Biegelinie $x(t)$;
e) Stützreaktionen F_A, F_B, μ_0

des Stabes aus Bild 111, wenn dieser am rechten Ende $t = l$ nicht starr eingespannt, sondern an einer Gelenkstütze befestigt ist [Hinweis: Es entfällt μ_l, die notwendige geometrische Randbedingung lautet $x(l) = 0$]!

Aufgabe 2. Für den im Bild 112 skizzierten Träger sind die Stützreaktionen F_A, F_B, F_C zu berechnen!

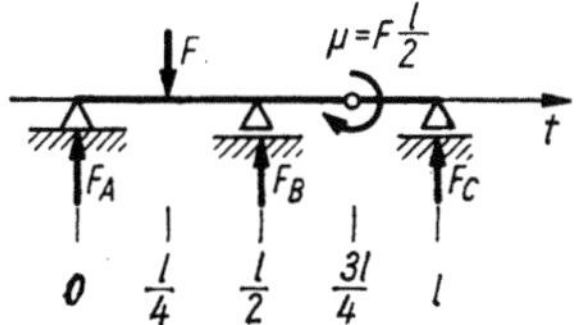

Bild 112. Träger auf drei Stützen

10.9. Systeme linearer Differentialgleichungen mit konstanten Koeffizienten

In vielen Fällen der Praxis kommt es vor, daß ein Problem durch ein System von linearen Differentialgleichungen modelliert wird.

Definition

Ein System von linearen Differentialgleichungen besteht aus n linearen Differentialgleichungen, in denen n unbekannte Funktionen oder Distributionen nebst deren Ableitungen gewisser Ordnung vorkommen.

Beispiel 1. Die *Maschenströme* $i_1(t)$ und $i_2(t)$ des in Bild 113 gezeigten *Kettenleiters* genügen folgenden Differentialgleichungen:

$$\left.\begin{aligned} L\dot{i}_1(t) + Ri_1(t) - Ri_2(t) &= u(t) \\ L\dot{i}_2(t) - Ri_1(t) + 2Ri_2(t) &= 0. \end{aligned}\right\} \tag{319}$$

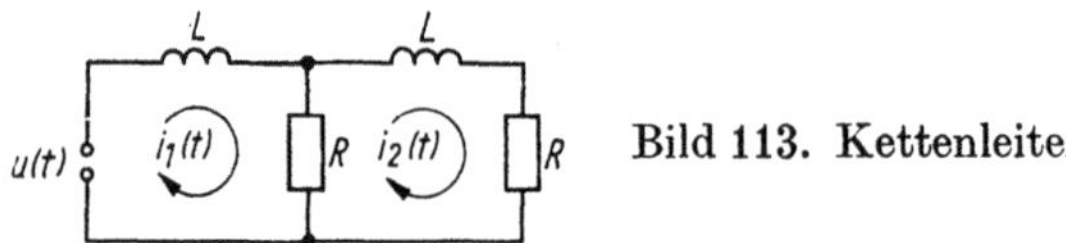

Bild 113. Kettenleiter

Das ist ein System linearer Differentialgleichungen mit konstanten Koeffizienten für die gesuchten Ströme $i_1(t)$ und $i_2(t)$.
Führt man die *Vektoren*

$$x(t) = \begin{pmatrix} i_1(t) \\ i_2(t) \end{pmatrix}, \quad \dot{x}(t) = \begin{pmatrix} \dot{i}_1(t) \\ \dot{i}_2(t) \end{pmatrix}, \quad f(t) = \begin{pmatrix} u(t) \\ 0 \end{pmatrix}$$

und die *Matrizen* (s. [15, I, S. 144 ff.])

$$A_1 = \begin{pmatrix} L & 0 \\ 0 & L \end{pmatrix}, \quad A_0 = \begin{pmatrix} R & -R \\ -R & 2R \end{pmatrix}$$

ein, so kann das System (319) auch in der Matrizenform

$$A_1 \cdot \dot{x}(t) + A_0 \cdot x(t) = f(t) \tag{320}$$

geschrieben werden.
Allgemeiner kann man auch derartige Gleichungssysteme mit n Gleichungen und n unbekannten Funktionen bzw. Distributionen $x_1(t), \dots, x_n(t)$, die als Komponenten eines Vektors $x(t)$ aufgefaßt werden, betrachten. Ein solches System kann dann in der Distributionenform

$$\boxed{A_1 \cdot \dot{x}'(t) + A_0 \cdot x(t) = f(t)} \tag{321}$$

geschrieben werden. Die (n,n)-Matrizen A_0 und A_1 haben dabei konstante Elemente, die n-dimensionalen Vektoren $x(t)$ und $f(t)$ bestehen aus gesuchten bzw. gegebenen Funktionen- oder Distributionenkomponenten. $f(t)$ ist der Eingangs-, Störungs- oder Erregungsvektor, entsprechend ist $x(t)$ der Ausgangs- oder Antwortvektor.

In Analogie zu linearen Differentialgleichungen 1. Ordnung kann ein Anfangsvektor

$$x(t_0 - 0) = \begin{pmatrix} x_1(t_0 - 0) \\ \vdots \\ x_n(t_0 - 0) \end{pmatrix} \tag{322}$$

vorgegeben werden, falls die Komponenten des Eingangsvektors $f(t)$ für $t < t_0$ verschwindende Distributionen sind.

Hierzu ist aber zu bemerken, daß die Komponenten $x_i(t_0 - 0)$ des Anfangsvektors (322) nicht völlig beliebig vorgegeben werden können, weil sie dann u. U. im Widerspruch zum System der Differentialgleichungen stehen, welches dann für den gegebenen Anfangsvektor unlösbar ist. Der Anfangsvektor muß mit dem System verträglich sein. Wir wollen hier nicht über Verträglichkeitsbedingungen diskutieren, da man durch nachträgliche Überprüfung der etwa mittels LAPLACE-Transformation erhaltenen Ergebnisse feststellen kann, ob man eine Lösung des Anfangswertproblems gefunden hat oder nicht. Oft erkennt man auch, wie man einige der Komponenten des Anfangsvektors wählen muß, damit das Problem lösbar ist.

Beispiel 2. Für das System

$$\dot{x}_1(t) + \dot{x}_2(t) + x_1(t) = f_1(t)$$

$$\dot{x}_1(t) + \dot{x}_2(t) - x_2(t) = f_2(t),$$

für das die Komponenten $f_i(t)$ des Erregungsvektors gegeben sein sollen, können die Anfangsbedingungen $x_1(-0) = x_{10}$ und $x_2(-0) = x_{20}$ nicht willkürlich vorgegeben werden. Subtrahiert man nämlich die zweite Gleichung von der ersten, so folgt

$$x_1(t) + x_2(t) = f_1(t) - f_2(t).$$

Man erkennt, daß die Anfangsbedingungen sich gegenseitig beeinflussen. Wählt man also eine dieser Komponenten frei, so ist die andere festgelegt.

Durch die Übertragung der für lineare Differentialgleichungen mit konstanten Koeffizienten angewendeten Methode der LAPLACE-Transformation oder der Operatorenrechnung kann man auch an die Lösung solcher Anfangswertprobleme für $t_0 = 0$ herangehen. Wir wollen das lediglich an einem Beispiel demonstrieren.

Beispiel 3. Wir lösen das System (319) für die Erregung $u(t) = \delta(t)$ und die Anfangsbedingungen $i_1(-0) = 0$ und $i_2(-0) = 0$.

LAPLACE-Transformation mit Formel 12 der Tabelle 1 liefert

$$Lp\bar{i}_1(p) + R\bar{i}_1(p) - R\bar{i}_2(p) = 1$$

$$Lp\bar{i}_2(p) - R\bar{i}_1(p) + 2R\bar{i}_2(p) = 0.$$

Ordnet man dieses lineare (algebraische) Gleichungssystem zur Berechnung der Bildströme $\bar{i}_1(p)$ und $\bar{i}_2(p)$, so erhält man

$$(Lp + R)\,\bar{i}_1(p) - R\bar{i}_2(p) = 1$$

$$-R\bar{i}_1(p) + (Lp + 2R)\,\bar{i}_2(p) = 0.$$

Die zweite Gleichung nach $\bar{i}_1(p)$ aufgelöst und dann $\bar{i}_1(p)$ in die erste Gleichung eingesetzt, ergibt die Bildlösungen

$$\bar{i}_1(p) = \left(\frac{L}{R}\,p + 2\right)\bar{i}_2(p), \qquad \bar{i}_2(p) = \frac{R}{L^2}\cdot\frac{1}{p^2 + \dfrac{3R}{L}\,p + \left(\dfrac{R}{L}\right)^2}.$$

Die Nullstellen des Nennerpolynoms in $\bar{i}_2(p)$ ergeben sich aus $p^2 + \dfrac{3R}{L}\,p + \left(\dfrac{R}{L}\right)^2 = 0$ zu $p_1 := \alpha = -0{,}38\,\dfrac{R}{L}$ und $p_2 := \beta = -2{,}62\,\dfrac{R}{L}$, so daß aus $\bar{i}_2(p) = RL^{-2}[(p - \alpha)$ $\times(p - \beta)]^{-1}$ mit Formel 14 der Tabelle 2

$$i_2(t) = 0{,}45\,\frac{1}{L}\,h(t)\,[\mathrm{e}^{-0{,}38Rt/L} - \mathrm{e}^{-2{,}62Rt/L}]$$

folgt. Rücktransformation von $\bar{i}_1(p)$ ergibt

$$i_1(t) = \frac{L}{R}\,\delta'(t) * i_2(t) + 2i_2(t) = \frac{L}{R}\,i_2{}'(t) + 2i_2(t),$$

woraus wegen $i_2{}'(t) = i_2(t)$ [da $i_2(-0) = i_2(+0) = 0$]

$$i_1(t) = \frac{1}{L}\,h(t)[0{,}72\mathrm{e}^{-0{,}38Rt/L} + 0{,}28\,\mathrm{e}^{-2{,}62Rt/L}]$$

folgt. Man erkennt hier, daß der Anfangswert $i_1(-0) = 0$ sofort verändert wird, da $i_1(+0) = \dfrac{1}{L} \neq 0$ ist.

Der Leser kann leicht durch Bildung der Distributionenableitungen von $i_1(t)$ und $i_2(t)$ nachweisen, daß die Differentialgleichungen (319) erfüllt werden. Daß die Anfangsbedingungen erfüllt sind, ist sofort zu erkennen.

11. Lineare Differentialgleichungen mit variablen Koeffizienten

11.1.   Der allgemeinere Fall

In der Praxis kommen auch Probleme vor, die sich durch Differentialgleichungen (258) beschreiben lassen, in denen die Koeffizienten $a_k = a_k(t)$ ($k = 0, \ldots, n$) nicht mehr konstant, sondern ebenfalls Funktionen von t sind.

Beispiel 1. Für einen Stromkreis (Bild 114) mit einem von außen zeitlich veränderbaren Widerstand (z. B. Feldeffekttransistorsteuerung) lautet die Differentialgleichung, die den Zusammenhang zwischen Strom $i(t)$ und Spannung $u(t)$ liefert,

$$L\dot{i}(t) + R(t)\, i(t) = u(t). \tag{323}$$

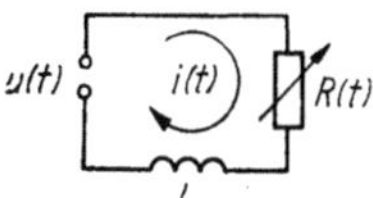

Bild 114. RL-Stromkreis mit zeitabhängigem Widerstand

Beispiel 2. Das NEWTON*sche Grundgesetz* (NEWTON, ISAAC: 1643 bis 1727, Woolsthorpe-London) für eine geradlinig bewegte Punktmasse m lautet $(mv)^{\cdot} = F$, worin $v = v(t)$ die Geschwindigkeit in Bewegungsrichtung und $F = F(t)$ eine eingeprägte Kraft bezeichnen. Ist die nicht konstante Masse eine differenzierbare Funktion der Zeit, so gilt $m(t)\,\dot{v}(t) + \dot{m}(t)\,v(t) = F(t)$, bzw. mit $v(t) = \dot{x}(t)$ ist $m(t)\,\ddot{x}(t) + \dot{m}(t)\,\dot{x}(t) = F(t)$. Das sind *lineare Differentialgleichungen mit variablen Koeffizienten*, wenn diese auch die spezielle Form $a_1 = m(t)$ und $a_0 = \dot{m}(t)$ besitzen.

Treten als Erregungen $u(t)$, $F(t)$, … wieder Distributionen auf, ist auch hier ein Übergang zu entsprechenden Distributionen-Differentialgleichungen notwendig. Da die Koeffizienten $a_k(t)$ und die entsprechenden Ableitungen von $x(t)$ durch gewöhnliche Produkte verknüpft sind, dürfen wir hier nur solche Koeffizientenfunktionen zulassen, für die das gewöhnliche Produkt mit einer Distribution definiert ist (entsprechend Abschnitt 5.4.). Wir beschränken uns also auf die Distributionen-Differentialgleichungen

$$\boxed{x^{(n)}(t) + a_{n-1}(t)\, x^{(n-1)}(t) + \cdots + a_1(t)\, x'(t) + a_0(t)\, x(t) = g(t),} \tag{324}$$

worin die Koeffizienten $a_n \equiv 1$ und $a_0(t), \ldots, a_{n-1}(t)$ beliebig oft stetig differenzierbare Funktionen aus $C^{(\infty)}(-\infty, \infty)$ sind und die Distribution $g(t)$ ebenfalls vorgegeben ist. Auch hier gilt (vgl. [8], [25, I]):

Die homogene Distributionen-Differentialgleichung (324) (d. h. $g(t) \equiv 0$ gesetzt) besitzt nur die klassischen Lösungen, d. h., deren allgemeine Lösung läßt sich mit den klassischen Methoden ermitteln.

Bemerkung: Ist der Koeffizient $a_n(t)$ nicht konstant gleich eins, sondern eine Funktion, die sogar Nullstellen besitzen kann, so gilt der eben zitierte Satz nicht mehr. In diesem Falle können neue Lösungen auftreten und klassische Lösungen verschwinden [8, S. 51]. Letzteres haben wir aber mit der Forderung $a_n \equiv 1$ ausgeschlossen.

Im allgemeinen ist die Auflösung selbst der homogenen Gleichung nicht so einfach wie im Falle der konstanten Koeffizienten. Auch läßt sich eine Gleichung (324) nicht analog zu (277) als *Faltungsgleichung* schreiben und für allgemeinere Koeffizienten $a_k(t)$ nicht mit Hilfe der LAPLACE-Transformation oder der Operatorenrechnung lösen. Letztere beiden Möglichkeiten können nur für spezielle Koeffizienten (s. nächster Abschnitt) verwendet werden. Hat man jedoch die allgemeine Lösung der homogenen Gleichung (324) auf die übliche Weise ermittelt, so braucht man nur noch eine spezielle Lösung der inhomogenen Gleichung zu suchen und beide zu addieren. Hierzu eignet sich eine schon in [6] benutzte Verallgemeinerung der klassischen *Variation der Konstanten* (vgl. [1], [15, II]). Da der mathematische Aufwand zur Lösung von Gleichungen (324) höherer Ordnung groß ist, wollen wir das Verfahren nur an einem einfachen Beispiel erläutern (für ausführlichere Betrachtungen wird auf [5] verwiesen).

Beispiel 3. Der Widerstand $R(t)$ in Gleichung (323) soll die Form $R(t) = R[1 + e^{-t}]$ haben. Beginnend zur Zeit $t = 0$, wird der Widerstand also vom konstanten Wert $2R$ exponentiell auf den Wert $R(\infty) = R$ verringert, nachdem zum Zeitpunkt $t = 0$ eine Spannung angelegt wurde. Wir suchen die Impulsantwort des Systems, d. h., wir setzen in (323) $u(t) = \delta(t)$. Das System besitze keine Vergangenheit, d. h., der Endzustand der Vergangenheit ist durch $i(-0) = 0$ gegeben. Wir stellen uns zunächst auf den Standpunkt, daß $R(t)$ auf der gesamten t-Achse definiert sei (auch wenn das praktisch nicht der Fall ist), und lösen die Distributionen-Differentialgleichung

$$i'(t) + \frac{R}{L} [1 + e^{-t}] \, i(t) = \frac{1}{L} \, \delta(t) \tag{325}$$

allgemein. Die homogene Gleichung $i'(t) + \dfrac{R}{L} [1 + e^{-t}] \, i(t) = 0$ kann mit Hilfe der Methode der *Trennung der Variablen* (vgl. [1, 15, II]) gelöst werden, da sie auch in $\mathscr{D}'$ nur die gewöhnlichen Funktionenlösungen besitzt. Aus

$$i'(t) = -\frac{R}{L} [1 + e^{-t}] \, i(t) \quad \text{folgt} \quad \frac{i'(t)}{i(t)} = -\frac{R}{L} [1 + e^{-t}],$$

unbestimmte Integration im Funktionensinne auf beiden Seiten der letzten Gleichung liefert

$$\ln |i(t)| = -\frac{R}{L} [t - e^{-t}] + c_1, \quad \text{d. h.,} \quad i(t) = \pm \, e^{c_1} \, e^{-R[t - e^{-t}]/L}.$$

Mit $c := \pm e^{c_1}$ erhalten wir die allgemeine Lösung der homogenen Gleichung zu

$$i(t) = c \, e^{-R[t - e^{-t}]/L}. \tag{326}$$

Um die allgemeine Lösung der inhomogenen Gleichung zu finden, verwenden wir das Verfahren der Variation der Konstanten. Im klassischen Verfahren wird c in (326) als Funktion von t angenommen, (326) wird differenziert und in (325) eingesetzt. Das liefert eine Differentialgleichung 1. Ordnung zur Bestimmung von $c(t)$. Bei der

Übertragung dieses Verfahrens auf Distributionen-Differentialgleichungen wird c jetzt einfach als eine noch zu bestimmende Distribution $c(t)$ angesetzt. Diese Annahme ist statthaft, da $e^{-R[t-e^{-t}]/L}$ eine auf der ganzen t-Achse beliebig oft differenzierbare Funktion ist, für die ja nach Abschnitt 5.4. das gewöhnliche Produkt mit einer Distribution $c(t)$ definiert ist. Die Ableitung von (326) auf beiden Seiten im Sinne der Distributionen liefert jetzt [wenn man Formel (103) beachtet]

$$i'(t) = c'(t)\, e^{-R[t-e^{-t}]/L} + c(t)\left[-\frac{R}{L}\,[1 + e^{-t}]\, e^{-R[t-e^{-t}]/L}\right].$$

Setzt man dies und (326) in (325) ein, so folgt

$$c'(t)\, e^{-R[t-e^{-t}]/L} = \frac{1}{L}\,\delta(t).$$

Da auch $e^{R[t-e^{-t}]/L}$ auf der ganzen t-Achse beliebig oft im Funktionensinne differenzierbar ist, existiert das gewöhnliche Produkt mit beliebigen Distributionen, die letzte Gleichung kann auf beiden Seiten mit dieser Funktion multipliziert werden, und es folgt

$$c'(t) = \frac{1}{L}\, e^{R[t-e^{-t}]/L}\delta(t).$$

Beachten wir jetzt noch die Beziehung $a(t)\,\delta(t) = a(0)\,\delta(t)$ (Abschnitt 5.4., Beispiel 1), so folgt schließlich die Differentialgleichung

$$c'(t) = \frac{1}{L}\, e^{-R/L}\delta(t),$$

deren allgemeine Lösung

$$c(t) = \frac{1}{L}\, e^{-R/L}h(t) + c$$

ist. Jetzt ist c eine willkürliche Konstante. Setzt man dies in die Lösung (326) ein, so erhält man die allgemeine Lösung der inhomogenen Gleichung (325):

$$i(t) = \left[\frac{1}{L}\, e^{-R/L}h(t) + c\right] e^{-R[t-e^{-t}]/L}.$$

Der Endzustandswert $i(-0) = 0$ liefert uns die gesuchte Antwort des Systems auf den Impuls $u(t) = \delta(t)$:

$$i(-0) = c \cdot e^{R/L} = 0 \rightarrow c = 0 \rightarrow$$

$$i(t) = \frac{1}{L}\, h(t)\, e^{-R[1+t-e^{-t}]/L}.$$

Der rechtsseitige Grenzwert dieser Funktion ist $i(+0) = \dfrac{1}{L}$, d. h., der in die Aufgabe hineingesteckte und als Anfangswert benutzte Endzustandswert der Vergangenheit

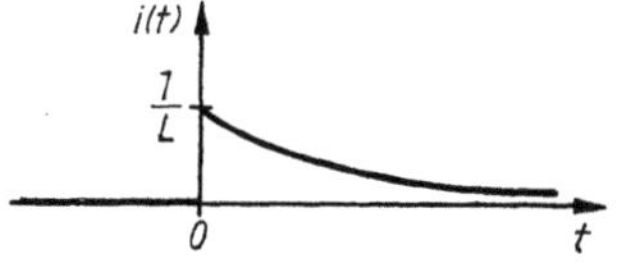

Bild 115. Stromverlauf bei zeitabhängigem Widerstand

$i(-0) = 0$ wird sofort mit dem Einsetzen der Erregung verändert. Für $t \to \infty$ strebt $i(t)$ gegen den Wert Null (Bild 115).

Aufgabe 1. Die Gleichung (323) ist für $R(t) = R \cdot \left[1 + \dfrac{1}{t^2 + 1} \right]$, $R = \text{const.}$, $u(t) = u_0 \delta(t)$ und $i(-0) = 0$ nach der im Beispiel 3 behandelten Methode zu lösen.

11.2.   Der Spezialfall mit Polynomkoeffizienten

Spezielle lineare Differentialgleichungen mit variablen Koeffizienten

$$\boxed{a_n(t)\, x^{(n)}(t) + \cdots + a_1(t)\, x'(t) + a_0(t)\, x(t) = g(t)} \qquad (327)$$

sind solche, in denen sämtliche Koeffizienten $a_i(t)$ Polynome in t mit reellen Koeffizienten sind. Hier ist nicht notwendig $a_n \equiv 1$!

Beispiel 1. Mit dem Widerstand $R(t) = R \left[1 + \dfrac{1}{t^2 + 1} \right]$ läßt sich (323) auch in der Form $(Lt^2 + L)\, \dot{i}(t) + (Rt^2 + 2R)\, i(t) = (t^2 + 1)\, u(t) = g(t)$ oder in Distributionenschreibweise $(Lt^2 + L)\, i'(t) + (Rt^2 + 2R)\, i(t) = g(t)$ darstellen. Das sind *lineare Differentialgleichungen mit Polynomkoeffizienten*.
Auch Differentialgleichungen mit Polynomkoeffizienten können nicht als Faltungsgleichungen geschrieben und folglich nicht nach der Methode (277) gelöst werden. Wie schon im Zusammenhang mit der Gleichung (324) bemerkt, kann es vorkommen, daß auch beim Übergang von einer Funktionendifferentialgleichung mit Polynomkoeffizienten zu einer entsprechenden Distributionengleichung neue Lösungen auftauchen und klassische Lösungen verlorengehen.
Besitzt eine Differentialgleichung (324) oder allgemeiner (327) Polynomkoeffizienten, so gelangt man unter Umständen — insbesondere dann, wenn höhere Ableitungen $x^{(k)}(t)$ auftreten — schneller zu einer Lösung, wenn man die LAPLACE-Transformation oder die Operatorenrechnung und nicht die im letzten Abschnitt beschriebene Methode verwendet.
Bei der Anwendung der LAPLACE-Transformation oder der Operatorenrechnung muß man sich allerdings darüber im klaren sein, daß man nur diejenigen Lösungen der Gleichungen (327) erhält, die LAPLACE-transformierbar sind oder Operatoren entsprechen. Des weiteren gilt natürlich auch hier das Prinzip, daß eine Transformation nur dann sinnvoll ist, wenn die zu lösende Bildgleichung einfacher zu behandeln ist, als die Originalgleichung und die Rücktransformation möglich ist. Grundlage für die Anwendung der letztgenannten Methode ist folgende Formel (vgl. Tabelle 1, Nr. 9), die sich als Kombination der Formeln 5 und 8 der Tabelle 1 ergibt:

$$\boxed{\mathscr{L}[t^k x^{(m)}(t)] = (-1)^k \frac{\mathrm{d}^k}{\mathrm{d}p^k}\, [p^m \bar{x}(p)]} \qquad (328)$$

oder (als Operatorenformel geschrieben)

$$\boxed{\{t^k x^{(m)}(t)\} = (-1)^k \frac{\mathrm{d}^k}{\mathrm{d}s^k}\, [s^m x]}$$

Wir wollen auch hier nur einige Beispiele behandeln.

Beispiel 2. Die Gleichung (323) mit $R(t) = R\left[1 + \dfrac{1}{t^2 + 1}\right]$ als Differentialgleichung mit Polynomkoeffizienten geschrieben, d. h.,

$$(Lt^2 + L)\, i'(t) + (Rt^2 + 2R)\, i(t) = g(t)$$

(s. Beispiel 1) mit Hilfe der LAPLACE-Transformation oder der Operatorenrechnung lösen zu wollen, bringt keine Vereinfachung. Die Bildgleichung lautet — wenn man Formel (328) verwendet —

$$L\frac{\mathrm{d}^2}{\mathrm{d}p^2}\,[p\bar{i}(p)] + Lp\bar{i}(p) + R\,\frac{\mathrm{d}^2}{\mathrm{d}p^2}\,\bar{i}(p) + 2R\bar{i}(p) = \bar{g}(p)$$

oder — die Differentiation nach p ausgeführt —

$$(Lp + R)\,\frac{\mathrm{d}^2}{\mathrm{d}p^2}\,\bar{i}(p) + 2L\,\frac{\mathrm{d}}{\mathrm{d}p}\,\bar{i}(p) + (Lp + 2R)\,\bar{i}(p) = \bar{g}(p).$$

Dies ist aber eine Differentialgleichung 2. Ordnung mit Polynomkoeffizienten in der Variablen p, also eine Differentialgleichung, deren Ordnung sogar höher ist als die der Originalgleichung und die sich sicher nicht einfacher lösen läßt als erstere.

Beispiel 3. Die einfache homogene Gleichung

$$tx'(t) + 3x(t) = 0 \tag{329}$$

läßt sich mit Hilfe der LAPLACE-Transformation lösen. Die Bildgleichung

$$-\frac{\mathrm{d}}{\mathrm{d}p}\,[p\bar{x}(p)] + 3\bar{x}(p) = 0$$

bzw. (die eckige Klammer differenziert)

$$p \cdot \frac{\mathrm{d}}{\mathrm{d}p}\,\bar{x}(p) - 2\bar{x}(p) = 0$$

ist zwar auch nicht einfacher als die Originalgleichung, sie läßt sich aber ebenso schnel mit der klassischen Methode lösen. Trennung der Variablen liefert

$$\frac{\dfrac{\mathrm{d}}{\mathrm{d}p}\,\bar{x}(p)}{\bar{x}(p)} = \frac{2}{p},$$

woraus nach unbestimmter Integration auf beiden Seiten der Gleichung (bezogen auf die Variable p) und anschließender Auflösung nach $\bar{x}(p)$ die Lösung $\bar{x}(p) = cp^2$ mit einer freien Konstanten c folgt. Die zugehörigen Originallösungen sind also die Distributionen

$$x(t) = c\delta''(t). \tag{330}$$

Hätten wir jedoch die Funktionen-Differentialgleichung

$$t\dot{x}(t) + 3x(t) = 0 \tag{331}$$

durch Trennung der Variablen gelöst, so wäre

$$x(t) = c/t^3 \tag{332}$$

die Lösung. Für $c = 0$ stimmen die Lösungen (332) und (330) überein. Für $c \neq 0$ ist aber (332) weder LAPLACE-transformierbar noch eine reguläre Distribution.

Man erkennt also, daß beim Übergang von (331) zu (329) einerseits neue Lösungen auftauchen, nämlich die Distributionen (330), andererseits aber klassische Lösungen [(332) für $c \neq 0$] verschwinden. Hätten wir noch die Anfangsbedingung $x(-0) = 0$ vorgegeben, so wären alle Distributionen (330) Lösungen dieses Anfangswertproblems, während im Falle der Gleichung (331) nur $x(t) \equiv 0$ eine Lösung desselben darstellt.

Beispiel 4. Die inhomogene Distributionen-Differentialgleichung

$$tx''(t) + (t + 4)\, x'(t) + x(t) = \delta'(t)$$

ist mit Hilfe der LAPLACE-Transformation zu lösen. Die Anwendung der Formel (328) liefert

$$-\frac{\mathrm{d}}{\mathrm{d}p}\,[p^2\bar{x}(p)] - \frac{\mathrm{d}}{\mathrm{d}p}\,[p\bar{x}(p)] + 4p\bar{x}(p) + \bar{x}(p) = p.$$

Daraus folgt — wenn man wieder die eckigen Klammern differenziert — die Differentialgleichung 1. Ordnung mit Polynomkoeffizienten in der Variablen p

$$(p^2 + p) \cdot \frac{\mathrm{d}}{\mathrm{d}p}\,\bar{x}(p) - 2p\bar{x}(p) = -p.$$

Die hierzu gehörende homogene Gleichung besitzt die allgemeine Lösung $\bar{x}(p) = c(p + 1)^2$, die man durch Trennung der Variablen erhält. Variation der Konstanten [hier wird $c := c(p)$ angesetzt] liefert die Lösung

$$\bar{x}(p) = c(p + 1)^2 + \frac{1}{2} = c(p^2 + 2p + 1) + \frac{1}{2},$$

die die LAPLACE-Transformierte der Distribution

$$x(t) = c[\delta''(t) + 2\delta'(t) + \delta(t)] + \frac{1}{2}\,\delta(t)$$

ist.

Man erkennt an Hand der Formel (328) sofort, daß die Differentialgleichung im Bildbereich nur dann von niedrigerer Ordnung ist als die zugehörige Ausgangsgleichung, wenn der größte in den Polynomen $a_0(t), \ldots, a_n(t)$ vorkommende t-Exponent kleiner als die Ordnung der Originalgleichung, d. h. kleiner als n, ist. In diesem Falle kann man versuchen, Lösungen mit Hilfe der LAPLACE-Transformation (oder der Operatorenrechnung) zu finden.

Aufgabe 1. Man suche Distributionenlösungen der Differentialgleichung $tx''(t) - tx'(t) - x(t) = \delta'(t)$ mit Hilfe der LAPLACE-Transformation!

12. Bemerkungen zu linearen Integrodifferentialgleichungen mit konstanten Koeffizienten

Wie der Name Integrodifferentialgleichung schon andeutet, kommen die gesuchte Funktion $x(t)$ und deren Ableitungen in einer solchen Gleichung sowohl außerhalb als auch unter (einfachen oder mehrfachen) Integralzeichen vor. Wir wollen auf die allgemeine Definition dieser Gleichungen verzichten und deren Form nur an einem einfachen Beispiel zeigen.

Beispiel 1. Der Zusammenhang zwischen Stromstärke $i(t) := x(t)$ und Spannung $u(t) := f(t)$ im RLC-Stromkreis des Bildes 25 lautet bekanntlich (vgl. [11, I, S. 20)]

$$L\dot{x}(t) + Rx(t) + \frac{1}{C} \int_0^t x(\tau)\, \mathrm{d}\tau = f(t) \qquad (t \geq 0). \tag{333}$$

Das ist eine *lineare Integrodifferentialgleichung mit konstanten Koeffizienten* für die gesuchte Funktion $x(t)$.

Die Schreibweise $\dfrac{1}{C} \int_0^t x(\tau)\, \mathrm{d}\tau = u_C(t)$ der Kondensatorspannung unterstellt aber stets, daß $u_C(0) = 0$ zum Zeitpunkt $t = 0$ ist, was ja praktisch nicht sein muß. Falls das System eine Vergangenheit besitzt, ist der Übergang zu

$$u_C(t) = \frac{1}{C} \int_{-\infty}^t x(\tau)\, \mathrm{d}\tau$$

mit $u_C(-0) = u_C$ angebracht. Dann läßt sich die Gleichung (333) aber als lineare Differentialgleichung 2. Ordnung in $x(t)$ schreiben:

$$L\ddot{x}(t) + R\dot{x}(t) + \frac{1}{C}\, x(t) = \dot{f}(t). \tag{334}$$

Da sich stets auch eine Integrodifferentialgleichung mit mehrfachen Integralen und konstanten Koeffizienten als eine lineare Differentialgleichung mit konstanten Koeffizienten schreiben läßt, braucht man keine neue Lösungstheorie zu entwickeln, sondern man kann auf die Kenntnisse des Abschnittes 10. zurückgreifen. Um die Lösung von Gleichung (334) und damit von

$$L\dot{x}(t) + Rx(t) + \frac{1}{C} \int_{-\infty}^t x(\tau)\, \mathrm{d}\tau = f(t) \tag{335}$$

im Bereich $t > 0$ [die Erregung $f(t)$ setze zum Zeitpunkt $t = 0$ ein] eindeutig festlegen zu können, sind Anfangswerte (z. B.)

$$x(-0) = 0 \quad \text{und} \quad \dot{x}(-0) = -\frac{u_C}{L}$$

(u_C ist dann die Kondensatorspannung am Ende der Vergangenheit)

vorzugeben. $\dot{x}(-0) = -\dfrac{u_C}{L}$ folgt aus (335).

Wollen wir die Gleichung (334) mit der LAPLACE-Transformation lösen, gehen wir wie beim Problem (295) vor. Die homogene Gleichung (334) wird mit den Formeln 12 und 13 der Tabelle 1 unter Beachtung der Anfangswerte transformiert:

$$L\left(p^2\bar{x}(p)\,\frac{u_C}{L}\right) + Rp\bar{x}(p) + \frac{1}{C}\,\bar{x}(p) = 0.$$

Dann ergibt sich

$$\bar{x}(p) = \frac{-u_C}{Lp^2 + Rp + 1/C}$$

mit dem Original $x_{\mathrm{H}}(t)$.
Im 2. Schritt suchen wir eine spezielle Lösung der inhomogenen Gleichung mit Hilfe der GREENschen Funktion

$$x_\delta(t) = \mathscr{L}^{-1}\left[\frac{p}{Lp^2 + Rp + 1/C}\right]$$

zu

$$x_\mathrm{s}(t) = x_\delta(t) * f(t),$$

die wir zu $x_{\mathrm{H}}(t)$ addieren:

$$x(t) = x_{\mathrm{H}}(t) + x_\delta(t) * f(t).$$

Im Bildbereich wäre also die gesuchte Lösung von (334) mit den gegebenen Anfangswerten

$$\bar{x}(p) = \frac{p}{Lp^2 + Rp + 1/C}\left[\bar{f}(p) - \frac{u_C}{p}\right] \tag{336}$$

Falls die Kondensatorspannung $u_C(-0) = 0$ ist, ist auch $u_C = 0$. In diesem Falle lautet die Bildlösung von (335)

$$\bar{x}(p) = \frac{p}{Lp^2 + Rp + 1/C}\,\bar{f}(p). \tag{337}$$

Man erkennt, daß (337) auch sofort durch LAPLACE-Transformation von (333) folgt, wenn man die Formeln 12 und 10 der Tabelle 1 benutzt. Bezeichnet

$$x_\delta(t) = \mathscr{L}^{-1}\left[\frac{p}{Lp^2 + Rp + 1/C}\right]$$

die GREENsche Funktion der Gleichung (333), so lautet deren Lösung

$$x(t) = x_\delta(t) * f(t). \tag{338}$$

Ist $u_C(-0) \neq 0$ und folglich $u_C \neq 0$, ist die Originallösung zu (336)

$$x(t) = x_\delta(t) * [f(t) - u_C h(t)].$$

Für den Fall $R = 0$, $L = 1\mathrm{H}$, $C = 1\mathrm{F}$, $f(t) = u_0 h(t)$, $x(-0) = x_0 = 0$ und $u_C(-0) = u_C = 1\,\mathrm{V}$ ergibt sich mit (336)

$$\bar{x}(p) = \frac{u_0 - 1}{p^2 + 1}.$$

Rücktransformation liefert für die Stromstärke $x(t)$ (Bild 116)

$$x(t) = [u_0 - 1]\, h(t)\, \sin t.$$

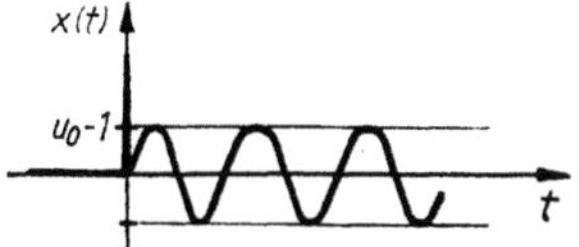

Bild 116. Antwort eines LC-Schwingkreises auf eine Gleichspannung bei vorgegebener Kondensatorspannung $u_c(-0) = 1\,\mathrm{V}$

13. Systeme, die sich durch lineare Differenzengleichungen bzw. Differential-Differenzengleichungen mit konstanten Koeffizienten beschreiben lassen

13.1. Totzeitsysteme

Wird bei einem linearen System die Eingangsfunktion $f(t)$ erst nach einer gewissen konstanten Zeit wirksam, so spricht man von einem *Totzeitsystem* (s. [10]).

Beispiel 1. In [23] werden *Fertigungsprozesse* in sogenannte Elementarprozesse zerlegt (z. B. Bearbeitung, Montage, Prüfung, Fehlerbeseitigung usw.). Jeder solche Elementarprozeß (Vorgang) ist durch eine gewisse Dauer D und eine *Realisierungswahrscheinlichkeit w* charakterisiert. Schwankt die Dauer, d. h. ist sie eine zufällige Größe, so kann ihr eine Verteilungsdichte $f_\mathrm{D}(t)$ zugeordnet werden. Der Zusammenhang zwischen Eingangsintensität $f(t)$ und Ausgangsintensität $x(t)$ [s. (212)] des Erzeugnisstromes (Bild 117) kann dann in der Form $x(t) = wf_\mathrm{D}(t) * f(t)$ aufge-

$f(t)$ — | Vorgang $w, f_\mathrm{D}(t)$ | → $x(t)$ Bild 117. Elementarprozeß als Totzeitglied

schrieben werden. Mit der Wahrscheinlichkeit $1 - w$ wird der Vorgang gar nicht realisiert, z. B. erfolgt keine Fehlerbeseitigung, wenn kein Fehler vorhanden ist. Nehmen wir an, daß die Vorgangsdauer D stets annähernd konstant gleich T ist (die Dichtefunktion hat dann eine reale Form, wie in Bild 76 dargestellt), so kann idealisiert $f_\mathrm{D}(t) = \delta(t - T)$ gesetzt werden [vgl. (224)]. In diesem Falle gilt

$$x(t) = wf(t - T) \quad \text{oder} \quad x(t + T) = wf(t), \tag{339}$$

d. h., die Eingangsintensität wirkt erst nach der Totzeit T auf den Ausgang. Wir haben also ein einfaches *Totzeitglied* vorliegen.

Beispiel 2. Schwankt die Vorgangsdauer D z. B. zwischen T und $2T$ und nehmen wir an, daß eine gleichmäßige Verteilung

$$f_\mathrm{D}(t) = \begin{cases} 1/T & \text{für} \quad T \leqq t \leqq 2T \\ 0 & \text{sonst} \end{cases}$$

oder, mit der HEAVISIDEschen Einheitssprungfunktion geschrieben,

$$f_\mathrm{D}(t) = [h(t - T) - h(t - 2T)] \frac{1}{T} = \frac{1}{T} \cdot h(t) * [\delta(t - T) - \delta(t - 2T)] \tag{340}$$

vorliegt, so gilt

$$x(t) = wf_\mathrm{D}(t) * f(t) = \frac{w}{T} \cdot h(t) * [f(t - T) - f(t - 2T)].$$

Diese Gleichung beschreibt bereits ein einfaches Totzeitsystem.

Beispiel 3. Wir betrachten folgenden Fertigungsprozeß (Bild 118). An einem Arbeits-
platz (A) sollen gewisse Erzeugnisse weiterbearbeitet werden. Die Durchlaufdauer
eines Erzeugnisses bis zum Prüfplatz (P) sei stets konstant gleich $3T$. Die Erzeugnisse
werden einzeln zeitlich nacheinander bearbeitet. Da alle Erzeugnisse den Vorgang A
durchlaufen, ist die Realisierungswahrscheinlichkeit hier gleich eins, und die Ausgangs-

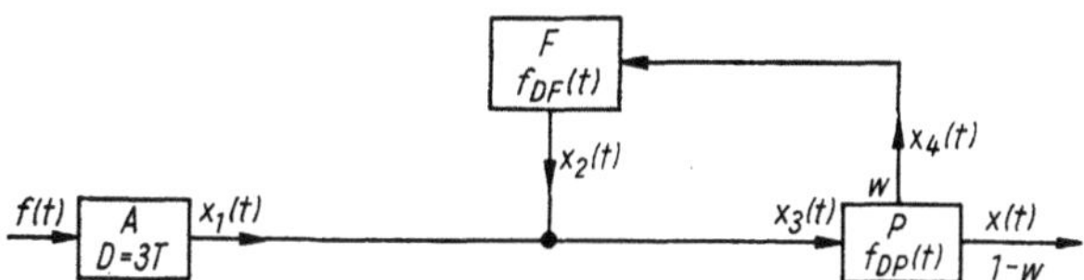

Bild 118. Fertigungsprozeß als Totzeitsystem

intensität $x_1(t)$ ergibt sich aus der Eingangsintensität $f(t)$ entsprechend (339) zu
$x_1(t) = f(t - 3T)$. Die Prüfdauer eines Erzeugnisses (auch hier sollen die Wegezeiten
zum Ausgang oder zu F inbegriffen sein) besitze die Verteilungsdichte $f_{DP}(t)$. Mit der
Wahrscheinlichkeit w sei ein geprüftes Erzeugnis fehlerbehaftet. Die Dauer der Fehlerbeseitigung (einschließlich Wegezeit zu P) besitze die Verteilungsdichte $f_{DF}(t)$. Es soll
keine Fehler geben, die nicht zu beseitigen wären. Nach der Fehlerbeseitigung wird
das Erzeugnis erneut geprüft, und auch ein solches Erzeugnis soll der Einfachheit
wegen wieder mit der Wahrscheinlichkeit w fehlerbehaftet sein können, so daß der
gleiche Zyklus noch einmal durchlaufen wird. Da es jetzt natürlich vorkommen kann,
daß zwei oder mehr Erzeugnisse gleichzeitig am Prüfplatz ankommen, wir aber keinen
Puffer einbauen wollen, nehmen wir an, daß beliebig viele Erzeugnisse gleichzeitig
geprüft werden können (was praktisch nicht nötig ist, da w i. allg. klein ist). Die
gleiche Kapazitätsforderung stellen wir an den Platz F. Unter diesen idealisierten
Voraussetzungen können wir die weiteren Intensitäten aufschreiben:

$$x_2(t) = f_{DF}(t) * x_4(t); \qquad x_3(t) = x_1(t) + x_2(t);$$

$$x_4(t) = w f_{DP}(t) * x_3(t); \qquad x(t) = (1 - w) f_{DP}(t) * x_3(t).$$

Damit gilt

$$x(t) = (1 - w) f_{DP}(t) * x_3(t) = (1 - w) f_{DP}(t) * [x_1(t) + x_2(t)]$$

$$= (1 - w) f_{DP}(t) * [f(t - 3T) + f_{DF}(t) * x_4(t)]$$

$$= (1 - w) f_{DP}(t) * [f(t - 3T) + w f_{DF}(t) * f_{DP}(t) * x_3(t)]$$

$$x(t) = (1 - w) f_{DP}(t) * \left[f(t - 3T) + \frac{w}{1 - w} f_{DF}(t) * x(t) \right]. \qquad (341)$$

Nehmen wir an, daß auch die Prüfdauer konstant gleich T ist, d. h., $f_{DP}(t) = \delta(t - T)$,
und die Fehlerbeseitigung ebenfalls die konstante Dauer T beansprucht, d. h.,
$f_{DF}(t) = \delta(t - T)$, so erhalten wir aus (341)

$$x(t) = (1 - w) \left[f(t - 4T) + \frac{w}{1 - w} x(t - 2T) \right]$$

bzw. — wenn man t durch $t + 2T$ ersetzt —

$$x(t + 2T) - w x(t) = (1 - w) f(t - 2T). \qquad (342)$$

Das ist eine sogenannte *lineare Differenzengleichung* mit konstanten Koeffizienten
zur Berechnung von $x(t)$.

Nehmen wir jedoch an, daß die Prüfdauer konstant gleich T ist und die Dauer der Fehlerbeseitigung gleichmäßig verteilt in den Grenzen T und $2T$ entsprechend (340) schwankt, d. h.,

$$f_{\mathrm{DF}}(t) = \frac{1}{T}\, h(t) * [\delta(t - T) - \delta(t - 2T)],$$

so gilt

$$\frac{w}{1 - w}\, f_{\mathrm{DF}}(t) * x(t) = \frac{w}{(1 - w)\, T}\, h(t) * [x(t - T) - x(t - 2T)],$$

woraus mit der im Distributionensinne differenzierten Gleichung (341)

$$Tx'(t + 3T) - wx(t + T) + wx(t) = (1 - w)\, Tf'(t - T) \qquad (343)$$

folgt. Das ist eine *lineare Differential-Differenzengleichung* mit konstanten Koeffizienten für $x(t)$.

13.2.   Lineare Differenzengleichungen mit konstanten Koeffizienten

Wir verallgemeinern die Gleichung (342) und betrachten folgenden Gleichungstyp.

Definition

Eine Gleichung der Form

$$a_n x(t + nT) + \cdots + a_k x(t + kT) + \cdots + a_1 x(t + T) + a_0 x(t) = g(t),$$
$$\tag{344}$$

worin $a_k\ (k = 0, \ldots, n)$ und $T > 0$ konstant sind und $g(t)$ eine gegebene Funktion oder Distribution ist ($a_n \neq 0$ und $a_0 \neq 0$ vorausgesetzt), heißt eine lineare Differenzengleichung mit konstanten Koeffizienten.

Während bei linearen Differentialgleichungen die Anfangsbedingungen für eine gegebene feste Stelle der t-Achse vorgegeben werden, liegen hier die Verhältnisse anders. Eine *Anfangsbedingung* wird hier in einem ganzen Intervall formuliert. Verschwindet die Erregung $g(t)$ für $t < \alpha$, so lautet die Anfangsbedingung (vgl. [28])

$$\boxed{x(t) = u(t) \quad \text{für} \quad -\infty < t < \alpha + nT,} \qquad (345)$$

wobei $u(t)$ eine vorgegebene Funktion oder Distribution ist, von der wir (wegen praktischer Gesichtspunkte) annehmen können, daß sie für $t < \beta$ ebenfalls verschwindet. An die Distribution $u(t)$ muß aber noch eine weitere Forderung gestellt werden. Und zwar soll $u(t)$ wenigstens in gewissen (wenn auch u. U. sehr kleinen) Umgebungen der Punkte

$$\boxed{t_k = \alpha + kT \qquad (k = 0, \ldots, n)} \qquad (346)$$

eine integrierbare Funktion sein.

Beispiel 1. $u(t) = \delta(t) + \delta(t - 2T)$ ist sicher keine Funktion. Wie haben wir dann die Aussage, daß $u(t)$ wenigstens in gewissen Umgebungen der Punkte (346) eine integrierbare Funktion sein soll, zu interpretieren? Wir wissen, daß $\delta(t)$ für $t < 0$ und $t > 0$ sowie $\delta(t - 2T)$ für $t < 2T$ und $t > 2T$ verschwinden (im Sinne von

Abschnitt 5.2.). Also verschwindet die Distribution $u(t)$ in diesem Sinne für $t < 0$, $0 < t < 2T$, $t > 2T$, fällt also in diesen Intervallen mit der Funktion $f(t) \equiv 0$ zusammen, die ja integrierbar ist. Wenn also jetzt die Punkte $t_k = \alpha + kT$ im Innern dieser drei Intervalle liegen und nicht genau die Punkte 0 und $2T$ treffen, so gibt es immer hinreichend kleine Intervalle (Umgebungen) um t_k, die ebenfalls im Innern der Intervalle $t < 0$, $0 < t < 2T$, $t > 2T$ liegen, d. h. die Punkte $t = 0$ und $t = 2T$ nicht überdecken. In diesen kleinen Intervallen um t_k ist dann $u(t) \equiv 0$ integrierbar.

Man kann in vielen Fällen durch leichte Abänderung eines schon gegebenen Wertes α oder durch geeignete Wahl eines solchen Wertes diese Bedingung im Zusammenhang mit den Punkten (346) erfüllen.

Beispiel 2. Wir betrachten die Differenzengleichung

$$x(t + 2T) + 3x(t + T) + x(t) = \delta(t - T) + h(t - 2T)$$

sowie die Anfangsbedingung

$$x(t) = u(t) = \delta(t) + \delta(t - 2T) \quad \text{für} \quad -\infty < t < \alpha + 2T,$$

wobei wir uns noch überlegen wollen, wie groß wir α wählen müssen, damit $u(t)$ in gewissen Umgebungen der Punkte (346) $t_0 = \alpha$, $t_1 = \alpha + T$, $t_2 = \alpha + 2T$ eine integrierbare Funktion ist. Die Erregung $g(t) = \delta(t - T) + h(t - 2T)$ verschwindet sicher für $t < \alpha \leqq T$. Wir können also noch $\alpha \leqq T$ festlegen. Andererseits soll $\alpha > 0$ sein, da im Falle $\alpha \leqq 0$ die Anfangsbedingung nur in $-\infty < t < \alpha + 2T \leqq 2T$ zu betrachten wäre, wodurch mindestens der zweite Summand $\delta(t - 2T)$ wegfallen würde. Wir wählen also α so, daß die Punkte $t_0 = \alpha$, $t_1 = \alpha + T$, $t_2 = \alpha + 2T$ im Innern der Intervalle $t < 0$, $0 < t < 2T$, $t > 2T$ [in denen $u(t) \equiv 0$ eine integrierbare Funktion ist, Beispiel 1] liegen, also keinen der Punkte $t = 0$ und $t = 2T$ treffen, und daß $0 < \alpha \leqq T$ ist. $\alpha = T$ zu wählen wäre ungeeignet, da dann $t_1 = 2T$ genau auf einen «verbotenen» Punkt fällt. Wählen wir jedoch $\alpha = T/2$, so fällt keiner der Punkte $t_0 = T/2$, $t_1 = 3T/2$, $t_2 = 5T/2$ mit einem der Punkte $t = 0$ und $t = 2T$ zusammen, und die jetzt in $-\infty < t < 5T/2$ vorgegebene Anfangsbedingung $u(t) = \delta(t) + \delta(t - 2T)$ erfüllt die geforderte Bedingung.

Die letzten Überlegungen erübrigen sich, wenn $u(t)$ eine integrierbare Funktion, also eine reguläre und keine singuläre Distribution ist. Da wir $g(t)$ und $u(t)$ als Distributionen, die links von einem gewissen Punkt der t-Achse verschwinden, vorausgesetzt haben, können wir die Distributionenfaltung und die LAPLACE-Transformation (bzw. die Operatorenrechnung) zur Lösung verwenden, wenn auch $x(t)$ nur in einem rechtsseitigen Intervall interessiert.

Beispiel 3. Wir betrachten den Fertigungsprozeß des Bildes 118 mit der Eingangsintensität

$$f(t) = \sum_{\nu=0}^{m-1} \delta(t - \nu 3T). \tag{347}$$

Insgesamt sollen also m Erzeugnisse nacheinander bearbeitet werden. Die Ausgangsintensität $x(t)$ ist als Lösung der inhomogenen Differenzengleichung (342)

$$x(t + 2T) - wx(t) = g(t) \tag{348}$$

zu ermitteln. Hier ist also die Erregung

$$g(t) = (1 - w)\, f(t - 2T) = (1 - w) \sum_{\nu=0}^{m-1} \delta(t - [2 + 3\nu]\, T)$$

eine für $t < \alpha = 2T$ verschwindende Distribution, und es ist $n = 2$. Wir nehmen weiter an, daß zum Zeitpunkt $t = 0$ [Einsetzen der Intensität $f(t)$] keine Erzeugnisse aus der Vergangenheit das System durchlaufen. Da die Durchlaufzeit eines Erzeugnisses bis zum Ausgang $x(t)$ mindestens $4T$ ist, können wir also die Anfangsbedingung $x(t) = u(t) = 0$ für $-\infty < t < 4T(= \alpha + nT)$ notieren. Die inhomogene Differenzengleichung (348) mit verschwindender Anfangsbedingung [d. h., die Zusatzforderung an $u(t)$ für die Punkte (346) ist stets erfüllt] ist zu lösen.
Wir ermitteln zunächst die Impulsantwort, d. h., wir setzen $g(t) = \delta(t)$:

$$x_\delta(t + 2T) - w x_\delta(t) = \delta(t) \quad \text{oder} \quad [\delta(t + 2T) - w\delta(t)] * x_\delta(t) = \delta(t).$$

LAPLACE-Transformation der Differenzengleichung führt zur Bildgleichung $[e^{2Tp} - w]\,\bar{x}_\delta(p) = 1$, woraus

$$x_\delta(t) = \mathscr{L}^{-1}\left[\frac{1}{e^{2Tp} - w}\right] = \mathscr{L}^{-1}\left[\frac{e^{-2Tp}}{1 - w\,e^{-2Tp}}\right]$$

folgt. Wendet man die Formel 3 der Tabelle 1 sowie die Formeln 23 und 30 der Tabelle 2 an, so erhält man schließlich die Impulsantwort zu

$$x_\delta(t) = \delta(t - 2T) * \sum_{k=0}^{\infty} w^k \delta(t - 2kT) = \sum_{k=0}^{\infty} w^k \delta(t - 2[k + 1]\,T). \tag{349}$$

Die gliedweise Faltung der Reihe mit der festen Distribution $\delta(t - 2T)$ ist erlaubt, da die Partialsummen $g_n = \sum_{k=0}^{n} w^k \delta(t - 2kT)$ für alle n links von $t = 0$ verschwinden (vgl. Abschnitt 5.8., letzte Eigenschaft vor Beispiel 5). Dann ist die Lösung von Gleichung (348)

$$x(t) = x_\delta(t) * g(t) = \sum_{k=0}^{\infty} w^k \delta(t - 2\,[k + 1]\,T) * (1 - w)\sum_{\nu=0}^{m-1} \delta(t - [2 + 3\nu]\,T)$$

oder

$$x(t) = (1 - w)\sum_{\nu=0}^{m-1}\sum_{k=0}^{\infty} w^k \delta(t - [4 + 2k + 3\nu]\,T). \tag{350}$$

Diese Lösung besagt nun nicht etwa, daß zu unendlich vielen Zeitpunkten Erzeugnisse ausgestoßen werden. Natürlich können insgesamt nur m Erzeugnisse am Ausgang erscheinen, wenn m in den Prozeß eingeflossen sind. Die Formel (350) gibt also nicht an, daß zu bestimmten Zeitpunkten $t_{k\nu} = [4 + 2k + 3\nu]\,T$ eine bestimmte ganzzahlige Menge an Erzeugnissen ausgestoßen wird, sondern man kann sie so interpretieren, daß dies nur mit einer bestimmten Wahrscheinlichkeit in einer kleinen Umgebung dieser Zeitpunkte geschieht, wenn man berücksichtigt, daß ein DIRAC-Impuls zu einem bestimmten Zeitpunkt als eine reale Funktion aufgefaßt werden kann, die in einer sehr kleinen Umgebung eines Zeitpunktes wirkt.
Ist die Wahrscheinlichkeit w für das Auftreten von Fehlern sehr klein, so kann aus (350) eine Näherungsformel ermittelt werden. Sei etwa $w = 0{,}02$, so ist bereits $w^2 = 0{,}0004$ zu vernachlässigen. Läßt man also in (350) alle Glieder ab $k = 2$ weg, so erhält man als Näherung für die Ausgangsintensität

$$x(t) \approx 0{,}98 \sum_{\nu=0}^{m-1} \delta[(t - [4 + 3\nu]\,T) + 0{,}02\delta(t - [6 + 3\nu]\,T)]. \tag{351}$$

Interessiert man sich noch für die Ausstoßmenge $M(t)$, so folgt aus $M'(t) = x(t)$ mit der Anfangsbedingung $M(-0) = 0$ die Näherung

$$M(t) \approx 0{,}98 \sum_{\nu=0}^{m-1} [h(t - [4 + 3\nu]\,T) + 0{,}02h(t - [6 + 3\nu]\,T)]. \qquad (352)$$

Aus (351) kann man ablesen, daß das letzte Erzeugnis annähernd zum Zeitpunkt $t_e = [6 + 3(m - 1)]\,T = [m + 1]\,3T$ am Ausgang erscheint. Außerdem ist die Gesamtmenge dann

$$M(t_e) \approx 0{,}98 \sum_{\nu=0}^{m-1} 1{,}02 = 0{,}999\,6m \approx m.$$

Des weiteren kann man aus (351) ablesen, daß mit großer Wahrscheinlichkeit zu den Zeitpunkten $t_4 = 4T$, $t_7 = 7T$, $t_{10} = 10T, \ldots, t_{1+3m} = [1 + 3m]\,T$ ein Erzeugnisausstoß zu erwarten ist, während mit geringer Wahrscheinlichkeit zu den Zeitpunkten $t_6 = 6T$, $t_9 = 9T$, $t_{12} = 12T, \ldots, t_{3(m+1)} = 3(m + 1)\,T$ ein Ausstoß erfolgt. Ein gleichzeitiger Ausstoß mehrerer Teile ist zwar möglich, aber ebenfalls wenig wahrscheinlich, so daß die Annahmen über die Kapazitäten von P und F praktisch tatsächlich in geringen Größenordnungen gehalten werden können.

Beispiel 4. Wir lösen die inhomogene Differenzengleichung

$$x(t + 3T) + x(t + 2T) - x(t + T) - x(t) = \delta(t) + \delta'(t)$$

$[g(t) = \delta(t) + \delta'(t)$ verschwindet für $t < \alpha = 0$; es ist $n = 3]$ für die verschwindende Anfangsbedingung

$$x(t) = u(t) = 0 \quad \text{für} \quad -\infty < t < 3T(= \alpha + nT).$$

Die Impulsantwort $x_\delta(t)$ $[g(t) = \delta(t)$ gesetzt] lautet

$$x_\delta(t) = \mathscr{L}^{-1}\left[\frac{1}{e^{3Tp} + e^{2Tp} - e^{Tp} - 1}\right]$$

$$= \mathscr{L}^{-1}\left[\frac{e^{-3Tp}}{1 + e^{-Tp} - e^{-2Tp} - e^{-3Tp}}\right].$$

Substituiert man zunächst $e^{-Tp} := z$, so kann die eckige Klammer in der Form

$$F(z) = \frac{z^3}{1 + z - z^2 - z^3} = -z^3 \frac{1}{z^3 + z^2 - z - 1}$$

geschrieben werden. Führt man eine Partialbruchzerlegung wie üblich durch, so folgt wegen $z^3 + z^2 - z - 1 = (z - 1) \cdot (z + 1)^2$ der Ansatz

$$\frac{1}{z^3 + z^2 - z - 1} = \frac{A}{z - 1} + \frac{B}{z + 1} + \frac{C}{(z + 1)^2},$$

woraus auf üblichem Wege (z. B. Koeffizientenvergleich oder Grenzwertmethode) $A = 1/4$, $B = -1/4$ und $C = -1/2$ folgt. Also ist

$$F(z) = \left[\frac{1}{4} \cdot \frac{1}{1 - z} + \frac{1}{4} \cdot \frac{1}{1 + z} + \frac{1}{2} \cdot \frac{1}{(1 + z)^2}\right] \cdot z^3$$

oder — wenn wir die Substitution rückgängig machen —

$$x_\delta(t) = \mathscr{L}^{-1}\left[\left(\frac{1}{4} \cdot \frac{1}{1 - e^{-Tp}} + \frac{1}{4} \cdot \frac{1}{1 + e^{-Tp}} + \frac{1}{2} \cdot \frac{1}{(1 + e^{-Tp})^2}\right) \cdot e^{-3Tp}\right].$$

Greifen wir wieder auf die Formeln 30 und 31 der Tabelle 2 zurück, so folgt mit
$$\binom{k+1}{1} = k+1$$

$$x_\delta(t) = \delta(t - 3T) * \left[\frac{1}{4}\sum_{k=0}^{\infty} \delta(t - kT) + \frac{1}{4}\sum_{k=0}^{\infty} (-1)^k \delta(t - kT)\right.$$
$$\left. + \frac{1}{2}\sum_{k=0}^{\infty} (k+1)\cdot(-1)^k \delta(t - kT)\right]$$

oder — da nach Abschnitt 5.8. auch die Summen von im Distributionensinne konvergenten Folgen oder Reihen konvergieren und die Summenglieder alle links vom festen Punkt $t = 0$ verschwinden, so daß gliedweise Faltung mit $\delta(t - 3T)$ wieder erlaubt ist —

$$x_\delta(t) = \frac{1}{4}\sum_{k=0}^{\infty} [1 + (-1)^k (3 + 2k)]\,\delta(t - [k+3]\,T). \qquad (353)$$

Die Lösung der Differenzengleichung ergibt sich zu

$$x(t) = x_\delta(t) * g(t)$$
$$= \frac{1}{4}\sum_{k=0}^{\infty} [1 + (-1)^k (3 + 2k)]\big[\delta(t - [k+3]\,T) + \delta'(t - [k+3]\,T)\big].$$

[Für die gliedweise Faltung der Reihe mit $g(t)$ trifft die gleiche Begründung wie oben zu.]

Dieses Verfahren über die Partialbruchzerlegung funktioniert immer und führt stets auf die Formeln 30 und 31 der Tabelle 2, wobei wir hier der Einfachheit wegen voraussetzen, daß die Nullstellen des Nenners in $F(z)$ alle reell sind.

Wir fassen zusammen:

Problem

Zu lösen ist die inhomogene Differenzengleichung mit konstanten Koeffizienten $a_n x(t + nT) + \cdots + a_1 x(t + T) + a_0 x(t) = g(t)$ $[g(t) = 0$ für $t < \alpha]$ für die verschwindende Anfangsbedingung, d. h. für $x(t) = u(t) = 0$ im Bereich $-\infty < t < \alpha + nT$.

Voraussetzungen: $a_n \neq 0$; $a_0 \neq 0$; $T > 0$, und die Gleichung $a_n + a_{n-1}z + \cdots + a_0 z^n = 0$ besitzt genau n reelle Nullstellen.

Lösungsschritte

1. Zunächst wird die Impulsantwort nach der Formel

$$x_\delta(t) = \delta(t - nT) * \mathscr{L}^{-1}\left[\frac{1}{a_n + a_{n-1}\,\mathrm{e}^{-Tp} + \cdots + a_0\,\mathrm{e}^{-nTp}}\right]$$
ermittelt:

a) Dazu setzt man $\mathrm{e}^{-Tp} := z$ und zerlegt die Funktion

$$F(z) = \frac{1}{a_n + a_{n-1}z + \cdots + a_0 z^n}$$

in Partialbrüche, die wegen der vorausgesetzten reellen Nullstellen des Nenners generell auf die Form $\dfrac{A}{(1 - \gamma z)^k}$ gebracht werden können, worin A und γ reell und $k \geq 1$ ganzzahlig sind.

b) anschließend wird die Substitution mit $z = e^{-Tp}$ rückgängig gemacht, und die einzelnen Brüche $\dfrac{A}{(1 - \gamma\, e^{-Tp})^k}$ werden mit Hilfe der Formeln 30 und 31 der Tabelle 2 zurücktransformiert.

2. Die Lösung der Differenzengleichung lautet [selbst wenn $g(t)$ nicht LAPLACE-transformierbar ist]

$$x(t) = x_\delta(t) * g(t).$$

Die aus den Formeln 30 und 31 der Tabelle 2 herrührenden konvergenten Reihen dürfen stets gliedweise mit einer beliebigen Distribution $g(t)$, die links von einem festen Punkt $t = \alpha$ verschwindet, gefaltet werden.

Wir lösen jetzt die homogene Differenzengleichung

$$\boxed{a_n x(t + nT) + \cdots + a_1 x(t + T) + a_0 x(t) = 0} \tag{354}$$

im Bereich $t > \alpha$ für die nicht verschwindende Anfangsbedingung

$$\boxed{x(t) = u(t) \quad \text{für} \quad -\infty < t < \alpha + nT,} \tag{355}$$

wobei für die Distribution $u(t)$ die eingangs genannten Forderungen erfüllt sein sollen. Es sei jetzt für $k = 0, \ldots, n$

$$\boxed{u_\alpha(t + kT) := \begin{cases} u(t + kT), & \text{falls} \quad t \leqq \alpha \\ 0, & \text{falls} \quad t > \alpha. \end{cases}} \tag{356}$$

Wir schneiden also die Distribution $u(t + kT)$ einfach rechts vom Punkt $t = \alpha$ ab [was durch die Forderung, daß $u(t)$ in der Umgebung der Punkte (346) eine integrierbare Funktion sein soll, einen Sinn hat, da $u(t + kT) = 0$ für $t > \alpha$ äquivalent zu $u(t) = 0$ für $t > \alpha + kT$ ist].

Wir betrachten jetzt anstelle der Differenzengleichung (354) im Bereich $t > \alpha$ die auf der ganzen t-Achse erklärte Gleichung

$$\boxed{\begin{aligned} &a_n x(t + nT) + \cdots + a_1 x(t + T) + a_0 x(t) \\ &= a_n u_\alpha(t + nT) + \cdots + a_1 u_\alpha(t + T) + a_0 u_\alpha(t) \end{aligned}} \tag{357}$$

die wegen (356) für $t > \alpha$ mit der homogenen Gleichung (354) übereinstimmt. Da wir angenommen haben, daß $u(t)$ links von einem Punkt $t = \beta$ ebenfalls verschwindet, ist auch die rechte Seite der Gleichung (357) links von einem gewissen Punkt der t-Achse gleich Null. Also können wir die Gleichung (357) — wie die inhomogene Gleichung mit verschwindender Anfangsbedingung — im Distributionen-Teilraum $\mathcal{D}'_M$ als Faltungsgleichung schreiben und lösen. Die so erhaltene eindeutige Lösung $x(t)$

erfüllt dann die homogene Gleichung (354) im Bereich $t > \alpha$ sowie die Anfangs-bedingung (355). Wir halten fest:

Problem

Zu lösen ist die homogene Differenzengleichung (354) im Bereich $t > \alpha$ mit der Anfangsbedingung (355).

Lösungsschritte

1. Berechnung der Distribution

$$x_\delta(t) = \delta(t - nT) * \mathcal{L}^{-1}\left[\frac{1}{a_n + a_{n-1}\,\mathrm{e}^{-Tp} + \cdots + a_0\,\mathrm{e}^{-nTp}}\right]$$

nach der gleichen Methode, wie bei der inhomogenen Gleichung mit verschwindender Anfangsbedingung.

2. Die Lösung der Gleichung (354) für die Anfangsbedingung (355) lautet dann

$$x(t) = x_\delta(t) * [a_n u_\alpha(t + nT) + \cdots + a_1 u_\alpha(t + T) + a_0 u_\alpha(t)], \qquad (358)$$

wobei $u_\alpha(t + kT)$ durch (356) definiert ist.

Beispiel 5. Zu lösen ist die Gleichung

$$x(t + 3T) + x(t + 2T) - x(t + T) - x(t) = 0$$

für die Anfangsbedingung

$$x(t) = u(t) = \delta\left(t - \frac{T}{2}\right) + \delta\left(t - \frac{3T}{2}\right) \quad \text{in} \quad -\infty < t < 3T.$$

Hier sind $n = 3$ und (z. B.) $\alpha = 0$, und die Anfangsdistribution $u(t)$ ist sicher in gewissen Umgebungen der Punkte $t_0 = 0$, $t_1 = T$, $t_2 = 2T$ und $t_3 = 3T$ eine integrierbare Funktion, nämlich $u(t) = 0$.

1. Schritt: $x_\delta(t) = \delta(t - 3T) * \mathcal{L}^{-1}\left[\dfrac{1}{1 + \mathrm{e}^{-Tp} - \mathrm{e}^{-2Tp} - \mathrm{e}^{-3Tp}}\right]$

$$= \frac{1}{4}\sum_{k=0}^{\infty} [1 + (-1)^k (3 + 2k)]\,\delta(t - [k + 3]\,T)$$

[s. Beispiel 4, (353)].

2. Schritt: $u_\alpha(t + kT) = u_0(t + kT) = \begin{cases} u(t + kT) & \text{für} \quad t \leq 0 \\ 0 & \text{für} \quad t > 0 \end{cases}$,

d. h., $u_0(t) = 0$; $u_0(t + T) = \delta\left(t + \dfrac{T}{2}\right)$; $u_0(t + 2T) = \delta\left(t + \dfrac{3T}{2}\right) + \delta\left(t + \dfrac{T}{2}\right)$;

$u_0(t + 3T) = \delta\left(t + \dfrac{5T}{2}\right) + \delta\left(t + \dfrac{3T}{2}\right)$. Also lautet die gesuchte Lösung

$$x(t) = x_\delta(t) * [u_0(t + 3T) + u_0(t + 2T) - u_0(t + T) - u_0(t)]$$

$$= x_\delta(t) * \left[\delta\left(t + \frac{5T}{2}\right) + 2\delta\left(t + \frac{3T}{2}\right)\right]$$

$$= \frac{1}{4}\sum_{k=0}^{\infty} [1 + (-1)^k (3 + 2k)]\left[\delta\left(t - \left[k + \frac{1}{2}\right]T\right) + 2\delta\left(t - \left[k + \frac{3}{2}\right]T\right)\right].$$

Offensichtlich gilt im Bereich $-\infty < t < 3T$

$$x(t) = \frac{1}{4}\left[4\delta\left(t - \frac{T}{2}\right) - 4\delta\left(t - \frac{3T}{2}\right) + 8\delta\left(t - \frac{5T}{2}\right) + 8\delta\left(t - \frac{3T}{2}\right)\right.$$

$$\left. - 8\delta\left(t - \frac{5T}{2}\right)\right] = \delta\left(t - \frac{T}{2}\right) + \delta\left(t - \frac{3T}{2}\right) = u(t).$$

Um nun die inhomogene Differenzengleichung (344) für die Anfangsbedingung (345) zu lösen [die $u(t)$ betreffenden Voraussetzungen seien erfüllt], könnte man folgendermaßen vorgehen:

Man löst die inhomogene Gleichung im Bereich $t > \alpha$ für die verschwindende Anfangsbedingung. Die Lösung lautet $x_1 = x_\delta * g$. Dann löst man die homogene Gleichung für die gegebene Anfangsbedingung (345), die zugehörige Lösung lautet [mit den entsprechend (356) definierten u_α]

$$x_2(t) = x_\delta(t) * [a_n u_\alpha(t + nT) + \cdots + a_1 u_\alpha(t + T) + a_0 u_\alpha(t)].$$

Schließlich ist $x(t) = x_1(t) + x_2(t)$ die gesuchte Lösung der inhomogenen Gleichung im Bereich $t > \alpha$ mit der gegebenen Anfangsbedingung.

Man kann diese drei Schritte auf zwei reduzieren:

Problem

> Zu lösen ist die inhomogene Differenzengleichung (344) [mit $g(t) = 0$ für $t < \alpha$] für die Anfangsbedingung (345).

Lösungsschritte

> 1. Man berechne die Impulsantwort nach der eingangs behandelten Methode:
>
> $$x_\delta(t) = \delta(t - nT) * \mathscr{L}^{-1}\left[\frac{1}{a_n + a_{n-1}\,\mathrm{e}^{-Tp} + \cdots + a_0\,\mathrm{e}^{-nTp}}\right].$$
>
> 2. Die gesuchte Lösung der inhomogenen Differenzengleichung (344) für die Anfangsbedingung (345) lautet mit den durch (356) definierten $u_\alpha(t + kT)$
>
> $$x(t) = x_\delta(t) * [g(t) + a_n u_\alpha(t + nT) + \cdots + a_1 u_\alpha(t + T) + a_0 u_\alpha(t)].$$

Beispiel 6. Wir lösen die inhomogene Gleichung

$$x(t + 3T) + x(t + 2T) - x(t + T) - x(t) = \delta(t) + \delta'(t)$$

für die Anfangsbedingung

$$x(t) = u(t) = \delta\left(t - \frac{T}{2}\right) + \delta\left(t - \frac{3T}{2}\right) \quad \text{in} \quad -\infty < t < 3T$$

(es ist $n = 3$; wir können $\alpha = 0$ setzen).

1. Schritt: $\quad x_\delta(t) = \dfrac{1}{4} \sum_{k=0}^{\infty} [1 + (-1)^k\,(3 + 2k)]\,\delta(t - [k + 3]\,T)$

$\qquad\qquad$ [s. Formel (353)].

2. Schritt: Mit $u_0(t + 3T) + u_0(t + 2T) - u_0(t + T) - u_0(t) = \delta\left(t + \dfrac{5T}{2}\right)$
$+ 2\delta\left(t + \dfrac{3T}{2}\right)$ (s. Beispiel 5) gilt

$$x(t) = \left[\frac{1}{4} \sum_{k=0}^{\infty} [1 + (-1)^k (3 + 2k)]\, \delta(t - [k + 3]\, T)\right] * \left[\delta(t) + \delta'(t) + \delta\left(t + \frac{5}{2}\, T\right)\right.$$

$$\left. + 2\delta\left(t + \frac{3}{2}\, T\right)\right] = \frac{1}{4} \sum_{k=0}^{\infty} [1 + (-1)^k (3 + 2k)]\left[\delta(t - [k + 3]\, T)\right.$$

$$\left. + \delta\left(t - \left[k + \frac{1}{2}\right] T\right) + 2\delta\left(t - \left[k + \frac{3}{2}\right] T\right) + \delta'(t - [k + 3]\, T)\right].$$

Aufgabe 1. Zu lösen sind folgende Differenzengleichungen!

a) $x(t + 2T) + x(t) = h(t)$ für $x(t) = u(t) = 0$ in $-\infty < t < 2T$;

b) $x(t + 2T) + x(t) = 0$ für $x(t) = u(t) = h(t)$ in $-\infty < t < 2T$,

c) $x(t + 3T) - 3x(t + 2T) + 3x(t + T) - x(t) = \delta'(t)$ für $x(t) = u(t) = \delta(t) + \delta(t - T)$

   für $-\infty < t < \alpha + 3T$ (Wie ist α zu wählen?)

13.3.   Bemerkungen zu linearen Differential-Differenzengleichungen

Die Auflösung von *Differential-Differenzengleichungen*, das sind Differenzengleichungen, in denen neben der verschobenen Distribution x auch gewisse Ableitungen $x^{(\nu)}(t + kT)$ vorkommen, ist im allgemeinen kompliziert. Wir wollen deshalb das Lösungsverfahren nur an zwei Beispielen demonstrieren.

Beispiel 1. Zu lösen ist die einfache Differential-Differenzengleichung

$$x'(t + T) - x(t) = \delta(t)$$

für die verschwindende Anfangsbedingung $x(t) = u(t) = 0$ im Bereich $-\infty < t < T$. Da wegen der gegebenen Anfangsbedingung auch $x(0) = x_0 = 0$ ist, liefert die Anwendung der LAPLACE-Transformation die Bildgleichung $p\, e^{Tp}\bar{x}(p) - \bar{x}(p) = 1$, woraus

$$x(t) = x_\delta(t) = \mathscr{L}^{-1}\left[\frac{1}{p\, e^{Tp} - 1}\right] = \mathscr{L}^{-1}\left[\frac{\dfrac{1}{p}\, e^{-Tp}}{1 - \dfrac{1}{p}\, e^{-Tp}}\right]$$

folgt. Für $|z| < 1$ konvergiert die geometrische Reihe (vgl. [15, II, S. 23])

$$\frac{1}{1 - z} = \sum_{k=0}^{\infty} z^k$$

absolut. Setzt man also $z := \dfrac{1}{p}\, e^{-Tp}$, so ist sicher in einer hinreichend weit rechts liegenden p-Halbebene Re $(p) = \gamma > c$ (vgl. Bild 72)

$$|z| = \left|\frac{1}{p}\, e^{-Tp}\right| = \frac{1}{\sqrt{\gamma^2 + \eta^2}}\, e^{-T\gamma} < 1 \qquad (p = \gamma + \mathrm{j}\eta),$$

so daß die Reihen

$$\frac{1}{1 - \dfrac{1}{p}\,\mathrm{e}^{-Tp}} = \sum_{k=0}^{\infty} \frac{1}{p^k}\,\mathrm{e}^{-kTp} \quad\text{bzw.}\quad \frac{\dfrac{1}{p}\,\mathrm{e}^{-Tp}}{1 - \dfrac{1}{p}\,\mathrm{e}^{-Tp}} = \sum_{k=0}^{\infty} \frac{1}{p^{k+1}}\,\mathrm{e}^{-(k+1)Tp}$$

dort ebenfalls absolut konvergieren. Transformiert man diese letzte Reihe gliedweise mit den Formeln 5 der Tabelle 2 und 6 der Tabelle 1 zurück, so erhält man die im Distributionensinne konvergente Reihe

$$x(t) = x_\delta(t) = \sum_{k=0}^{\infty} \frac{1}{k!}\,h(t - [k + 1]\,T)\,[t - (k + 1)\,T]^k$$

(Bild 119).

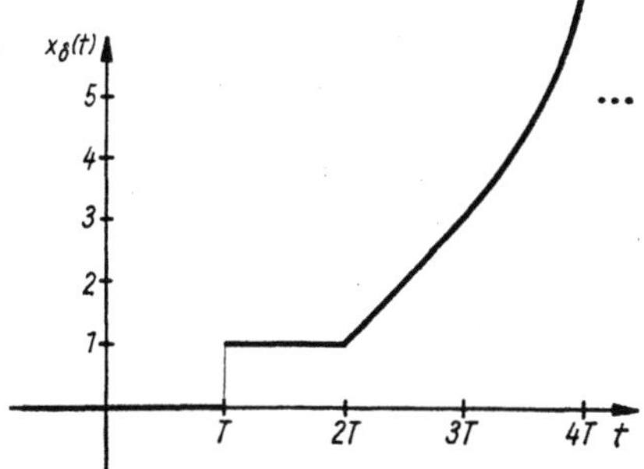

Bild 119. Impulsantwort bei einer Differential-Differenzengleichung

Beispiel 2. Der Fertigungsprozeß des Bildes 118 für die stets gleiche Prüfdauer T und die gleichmäßig verteilte Reparaturdauer ($D = T \dots 2T$) wird durch (343)

$$Tx'(t + 3T) - wx(t + T) + wx(t) = g(t)$$

mit $g(t) = (1 - w)\,Tf'(t - T)$ beschrieben. Es sollen sich keine Erzeugnisse aus der Vergangenheit im System befinden. Mit $\alpha = T$ können wir die Anfangsbedingung $x(t) = u(t) = 0$ für den Bereich $-\infty < t < 4T$ notieren. Die Impulsantwort der gegebenen Gleichung lautet formal

$$x_\delta(t) = \mathscr{L}^{-1}\left[\frac{1}{Tp\,\mathrm{e}^{3Tp} - w\,\mathrm{e}^{Tp} + w}\right] = \mathscr{L}^{-1}\left[\frac{\dfrac{1}{Tp}\,\mathrm{e}^{-3Tp}}{1 - \dfrac{w}{Tp}(\mathrm{e}^{-2Tp} - \mathrm{e}^{-3Tp})}\right].$$

Für $z(p) := \dfrac{w}{Tp}(\mathrm{e}^{-2Tp} - \mathrm{e}^{-3Tp}) = \dfrac{w}{Tp}\,\mathrm{e}^{-2Tp}(1 - \mathrm{e}^{-Tp})$ gilt in einer hinreichend weit rechts liegenden p-Halbebene ebenfalls

$$|z(p)| = \left|\frac{w}{Tp}\,\mathrm{e}^{-2Tp}(1 - \mathrm{e}^{-Tp})\right| \leqq \frac{w}{T}\cdot\frac{1}{\sqrt{\gamma^2 + \eta^2}}\,\mathrm{e}^{-2T\gamma}(1 + \mathrm{e}^{-T\gamma}) < 1$$

($p = \gamma + \mathrm{j}\eta$). Folglich gilt dort die absolut konvergente Reihendarstellung

$$\frac{1}{1 - z(p)} = \sum_{k=0}^{\infty} z^k(p) = \sum_{k=0}^{\infty} \left(\frac{w}{Tp}\right)^k \mathrm{e}^{-2Tkp}(1 - \mathrm{e}^{-Tp})^k.$$

Verwendet man noch die *binomische Formel* (vgl. [15, I, S. 61])

$$(1 - \mathrm{e}^{-Tp})^k = \sum_{\nu=0}^{k} \binom{k}{\nu} (-1)^\nu \mathrm{e}^{-T\nu p},$$

so folgt

$$\frac{\dfrac{1}{Tp}\,\mathrm{e}^{-3Tp}}{1 - z(p)} = \sum_{k=0}^{\infty} \sum_{\nu=0}^{k} \binom{k}{\nu} (-1)^\nu \frac{w^k}{T^{k+1}} \frac{1}{p^{k+1}} \mathrm{e}^{-(2k+\nu+3)Tp}.$$

Dieser Bildreihe entspricht die im Distributionensinne konvergente Reihe

$$x_\delta(t) = \sum_{k=0}^{\infty} \sum_{\nu=0}^{k} \binom{k}{\nu} (-1)^\nu \cdot \frac{w^k}{T^{k+1}} \frac{1}{k!} h(t - [2k + \nu + 3] T)$$
$$\times [t - (2k + \nu + 3) T]^k.$$

Wir wollen es uns ersparen, die Lösung $x(t) = x_\delta(t) * g(t)$ für die Eingangsintensität (347) aufzuschreiben. Man erkennt schon an der Impulsantwort $x_\delta(t)$ die komplizierte Struktur der Lösung.

Offensichtlich ist das Aufsuchen einer exakten Lösung beim vorliegenden Gleichungstyp nicht die effektivste Methode, da die Lösungen i. allg. eine sehr komplizierte Gestalt annehmen. Für die Praxis eignen sich deshalb numerische Methoden zur Lösung von Differential-Differenzengleichungen besser.

14. Mehrdimensionale Aufgaben

14.0.   Allgemeines

Viele Aufgaben der Praxis (Analyse von Systemen mit verteilten Parametern bzw. mit nicht vernachlässigbarer Signallaufzeit) sind mehrdimensional und lassen sich nur unter bestimmten Voraussetzungen mit der bisher besprochenen Distributionen-Theorie behandeln. Im allgemeinen erfordert die Lösung solcher Aufgaben die über dem m-dimensionalen Raum $\mathbb{R}^m$ definierten Distributionen. Besonders oft vorkommende Gleichungen, die bei der Modellierung realer Erscheinungen auftreten, sind *partielle Differentialgleichungen.*

Definition

> Unter einer partiellen Differentialgleichung versteht man eine Gleichung, in der die gesuchte Funktion, die von mehreren unabhängigen Variablen abhängt, nebst gewissen partiellen Ableitungen nach diesen Variablen (vgl. [15, II, S. 217]) vorkommt.

Beispiel 1. Bisher hatten wir bei der Betrachtung elektrischer Schaltungen den Einfluß der Leitungen nicht berücksichtigt und konnten deshalb im eindimensionalen Zeitbereich arbeiten. Das wirkliche Verhalten von Stromstärke und Spannung in Leitungen (Bild 120) ist aber zeit- und ortsabhängig, wobei die Zeitabhängig-

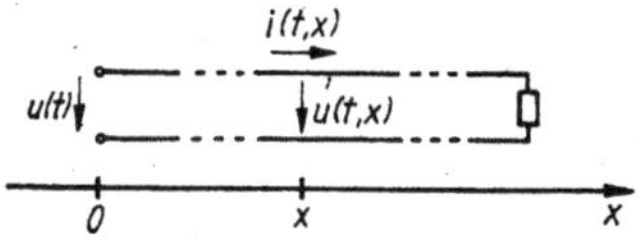

Bild 120. Elektrische Leitung

keit wegen der angelegten Spannung $u(t)$ am Ort $x = 0$ offensichtlich ist. Die Ortsabhängigkeit kommt durch die zwischen Hin- und Rückleitung wirksame Leitungskapazität C_L, die Leitungsinduktivität L_L, den ohmschen Leitungswiderstand R_L sowie die Ohmsche Ableitung G_L zwischen den Leitern (wegen der nichtidealen Isolation) zustande. (C_L, L_L, R_L und G_L werden auf die Längeneinheit bezogen.) Das Verhalten von Strom $i(t, x)$ und Spannung $u(t, x)$ wird durch zwei gekoppelte partielle Differentialgleichungen

$$\left.\begin{aligned}
\frac{\partial u(t,\,x)}{\partial x} + L_L\,\frac{\partial i(t,\,x)}{\partial t} + R_L i(t,\,x) = 0 \\[2ex]
\frac{\partial i(t,\,x)}{\partial x} + C_L\,\frac{\partial u(t,\,x)}{\partial t} + G_L u(t,\,x) = 0
\end{aligned}\right\} \tag{359}$$

beschrieben. Für die Herleitung dieser *Leitungs-* oder *Telegrafengleichung* sei auf [27] verwiesen.

Beispiel 2. Die Wärmeausbreitung in einem homogenen isotropen Medium ohne Wärmequellen wird durch die *Wärmeleitungsgleichung*

$$\frac{\partial T}{\partial t} = a^2 \left[\frac{\partial^2 T}{\partial x^2} + \frac{\partial^2 T}{\partial y^2} + \frac{\partial^2 T}{\partial z^2} \right] \tag{360}$$

beschrieben, worin $T = T(t, x, y, z)$ die gesuchte Temperatur des Mediums im Raumpunkt (x, y, z) zur Zeit t bezeichnet. $a^2 = \dfrac{k}{c\varrho}$ setzt sich zusammen aus dem Wärmeleitungskoeffizienten k, der spezifischen Wärmekapazität c sowie der Dichte ϱ des Mediums (das sind hier konstante Größen). Mit den drei Ortsvariablen x, y, z und der Zeitvariablen t liegt also ein vierdimensionales Problem vor.

Beispiel 3. Stofftransport-Prozesse, wie beispielsweise in *chemischen Röhrenreaktoren* (vgl. [3]), lassen sich ebenfalls durch partielle Differentialgleichungen modellieren, wie etwa durch

$$(1 + A) \frac{\partial v}{\partial x} + \frac{\partial v}{\partial t} = 0, \tag{361}$$

wenn $A > 0$ ein gewisser konstanter Koeffizient ist und die gesuchte Funktion $v = v(t, x)$ (Konzentration) von der Zeit t und der Ortsvariablen x abhängt. Um die interessierenden Lösungen partieller Differentialgleichungen vollständig beschreiben zu können, sind geeignete Anfangs- bzw. Randbedingungen für die Zeit t bzw. die Ortsvariablen vorzugeben. Dies werden wir im Zusammenhang mit Rechenbeispielen zeigen.

14.1.   Lösung spezieller mehrdimensionaler Aufgaben mit Hilfe der bisher besprochenen Theorie

Wir wollen zunächst an einigen Beispielen zeigen, daß man unter geeigneten Annahmen auch bestimmte mehrdimensionale Aufgaben mit Hilfe der bisher besprochenen Distributionen-Theorie behandeln kann, wenn man die parameterabhängigen Distributionen und die LAPLACE-Transformation in die Betrachtungen einbezieht. Hierzu ist aber zu bemerken, daß bei der Benutzung der LAPLACE-Transformation wegen solcher Annahmen, wie «wir nehmen an, daß alle noch folgenden Operationen erlaubt sind», stets überprüft werden muß, ob die erhaltenen Resultate auch wirklich die gesuchten Lösungen des Ausgangsproblems sind. Außerdem kann es vorkommen, daß gewisse Lösungen bei dieser Methode verlorengehen.

Beispiel 1. Wir wollen uns ausführlich mit einem einfachen Spezialfall von (359), nämlich dem verlustfreien Kabel befassen, d. h., wir nehmen an, daß R_L und G_L vernachlässigt werden können. Für verschwindenden Leitungswiderstand und verschwindende Ableitung (also $R_L = 0$ und $C_L = 0$) reduzieren sich die Gleichungen (359) auf

$$\left. \begin{array}{l} \dfrac{\partial u(t, x)}{\partial x} + L_L \dfrac{\partial i(t, x)}{\partial t} = 0 \\[2ex] \dfrac{\partial i(t, x)}{\partial x} + C_L \dfrac{\partial u(t, x)}{\partial t} = 0. \end{array} \right\} \tag{362}$$

Wir betrachten die Anfangsbedingungen

$$u(-0, x) = 0 \quad \text{und} \quad i(-0, x) = 0 \quad \text{für alle} \quad x \geqq 0. \tag{363}$$

Als Randbedingung geben wir

$$u(t, 0) = u(t) = \delta(t) \tag{364}$$

vor, d. h., die angelegte Spannung ist ein Stoß der Stärke 1. Wir fassen $u(t, x)$ und $i(t, x)$ als Distributionen auf, die von einem Parameter $\lambda = x$ abhängen (s. Abschnitt 5.9.), und suchen Distributionenlösungen, die links von einem gewissen Zeitpunkt identisch verschwinden. (Das entspricht dem Vorgehen mit Hilfe der sog. Operatorfunktionen in [16]). Wir nehmen an, daß alle Schritte, die wir jetzt unternehmen, statthaft sind (weswegen wir auch später die Probe machen müssen). LAPLACE-Transformation bezüglich t der Gleichungen (362) liefert mit den Anfangsbedingungen (363) die noch von x abhängenden Bildgleichungen

$$\left.\begin{aligned} \frac{\partial \overline{u}(p, x)}{\partial x} + L_L p \overline{i}(p, x) = 0 \\[2mm] \frac{\partial \overline{i}(p, x)}{\partial x} + C_L p \overline{u}(p, x) = 0. \end{aligned}\right\} \tag{365}$$

Nochmalige Ableitung der ersten dieser Gleichungen nach x und Einsetzen der zweiten Gleichung in die erste liefert

$$\frac{\partial^2 \overline{u}(p, x)}{\partial x^2} - L_L C_L p^2 \overline{u}(p, x) = 0.$$

Das ist eine gewöhnliche homogene lineare Differentialgleichung 2. Ordnung mit konstanten Koeffizienten (da $L_L C_L p^2$ von x unabhängig ist) für die gesuchte Funktion $\overline{u}(p, x)$. Die Lösung dieser Gleichung, die man über den Ansatz $\overline{u}(p, x) = \mathrm{e}^{-\lambda x}$ erhält, lautet

$$\overline{u}(p, x) = \overline{c}_1(p)\, \mathrm{e}^{\sqrt{L_L C_L}\,px} + \overline{c}_2(p)\, \mathrm{e}^{-\sqrt{L_L C_L}\,px}. \tag{366}$$

Die Integrationskonstanten (bezüglich x!) können natürlich von p abhängen, also Bilder von (nicht vom Parameter x abhängenden) Distributionen sein. Transformieren wir noch die Randbedingung (364), $\overline{u}(p, 0) = \overline{u}(p) \equiv 1$, und setzen diese Bedingung in die Lösung (366) ein, so folgt $\overline{c}_1(p) + \overline{c}_2(p) = 1$ und damit

$$\overline{u}(p, x) = \overline{c}_1(p)\, \mathrm{e}^{\sqrt{L_L C_L}\,xp} + [1 - \overline{c}_1(p)]\, \mathrm{e}^{-\sqrt{L_L C_L}\,xp}$$

Rücktransformation in den t-Bereich liefert (Tabelle 1, Nr. 6)

$$u(t, x) = c_1\!\left(t + \sqrt{L_L C_L}\, x\right) - c_1\!\left(t - \sqrt{L_L C_L}\, x\right) + \delta\!\left(t - \sqrt{L_L C_L}\, x\right).$$

Da das System keine Vergangenheit besitzt, muß die Distribution $u(t, x)$ für $t < 0$ und jedes $x > 0$ verschwinden. Das ist aber nur möglich, wenn c_1 identisch verschwindet, denn $c_1\!\left(t + \sqrt{L_L C_L}\, x\right)$ ist wegen $\sqrt{L_L C_L} > 0$ die um $\sqrt{L_L C_L}\, x$ nach links verschobene Distribution $c_1(t)$. Also bleibt als einzige Lösung nur

$$u(t, x) = \delta\!\left(t - \sqrt{L_L C_L}\, x\right) \tag{367}$$

übrig. Der Strom ergibt sich mit

$$\overline{u}(p, x) = \mathrm{e}^{-\sqrt{L_L C_L}\,xp} \quad \text{und} \quad \frac{\partial \overline{u}(p, x)}{\partial x} = -\sqrt{L_L C_L}\, p\, \mathrm{e}^{-\sqrt{L_L C_L}\,xp}$$

aus (365) zu

$$\bar{i}(p, x) = \frac{\sqrt{L_L C_L}}{L_L}\, e^{-\sqrt{L_L C_L}\,xp}$$

bzw.

$$i(t, x) = \sqrt{\frac{C_L}{L_L}}\, \delta\!\left(t - \sqrt{L_L C_L}\, x\right). \tag{368}$$

Da $\delta\!\left(t - \sqrt{L_L C_L}\, x\right)$ nur für $t = \sqrt{L_L C_L}\, x$ nicht verschwindet, können $u(t, x)$ und $i(t, x)$ als Wellenstörungen interpretiert werden, die zur Zeit t nur an der Stelle $x = t/\sqrt{L_L C_L}$ wirksam sind (Bild 121). Die Fortpflanzungsgeschwindigkeit dieser Wellen in x-Richtung läßt sich aus $x = t/\sqrt{L_L C_L}$ berechnen:

$$\dot{x}(t) = \frac{1}{\sqrt{L_L C_L}}\,.$$

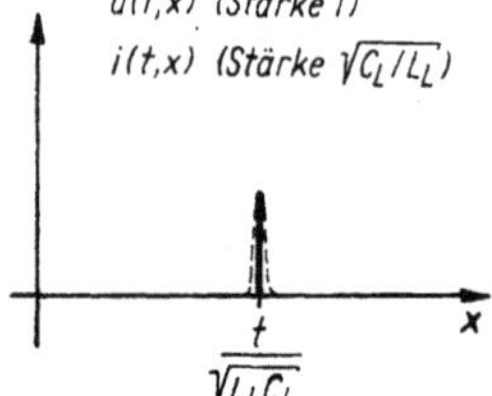

Bild 121. Wellenbewegung von $u(t, x)$ und $i(t, x)$

Der Strom am Leitungsanfang ergibt sich automatisch zu

$$i(t, 0) = \sqrt{\frac{C_L}{L_L}}\, \delta(t), \quad \text{d. h.,} \quad \sqrt{\frac{L_L}{C_L}}\, i(t, 0) = u(t, 0)\,.$$

Hier entspricht $\sqrt{\dfrac{L_L}{C_L}}$ dem sogenannten *Wellenwiderstand* der Leitung (vgl. [27, S. 137]).

Probe:
$$\frac{\partial u}{\partial t} = [u(t, x)]' = \delta'\!\left(t - \sqrt{L_L C_L}\, x\right)$$

$$\frac{\partial i}{\partial t} = [i(t, x)]' = \sqrt{\frac{C_L}{L_L}}\, \delta'\!\left(t - \sqrt{L_L C_L}\, x\right)$$

[Hierzu verwendet man Formel (112).] Für die Ableitungen nach dem Parameter $\lambda = x$ gilt nach Formel (137)

$$\frac{\partial u}{\partial x} = \frac{\partial \delta\!\left(t - \sqrt{L_L C_L}\, x\right)}{\partial x} = -\sqrt{L_L C_L}\, \delta'\!\left(t - \sqrt{L_L C_L}\, x\right)$$

und analog

$$\frac{\partial i}{\partial x} = -\sqrt{\frac{C_L}{L_L}}\, \sqrt{L_L C_L}\, \delta'\!\left(t - \sqrt{L_L C_L}\, x\right) = -C_L \delta'\!\left(t - \sqrt{L_L C_L}\, x\right).$$

Damit ergibt sich aber

$$\frac{\partial u}{\partial x} + L_L \frac{\partial i}{\partial t} = 0 \quad \text{und} \quad \frac{\partial i}{\partial x} + C_L \frac{\partial u}{\partial t} = 0,$$

d. h., die Gleichungen (362) sind erfüllt. Für $x \geqq 0$ sind offensichtlich auch die Anfangsbedingungen (363) erfüllt, da ja die Lösungen (367) und (368) für $t < \sqrt{C_L L_L}\, x$ verschwinden (s. auch Bild 121). Die Randbedingung (364) wird offenbar ebenfalls befriedigt.

Bemerkung: Ist $u(t)$ eine beliebige EMK, so ergeben sich die Lösungen aus (367) und (368) zu $u(t, x) = \delta\!\left(t - \sqrt{L_L C_L}\, x\right) \underset{(t)}{*}\, u(t)$ und

$$i(t, x) = \sqrt{\frac{C_L}{L_L}}\, \delta\!\left(t - \sqrt{L_L C_L}\, x\right) \underset{(t)}{*}\, u(t)$$

$\left(\underset{(t)}{*} \text{ bezeichnet die Faltung bezüglich } t\right)$.

Beispiel 2. Wir betrachten einen sehr langen *Stab*, dessen linkes Ende wir in den Punkt $x = 0$ und dessen rechtes Ende wir (idealisiert) nach $x \to \infty$ legen wollen (Bild 122). In y- und z-Richtung sei der Stab wärmeisoliert. Die Temperatur im

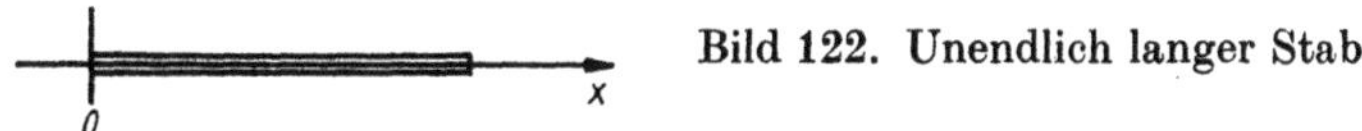

Bild 122. Unendlich langer Stab

Stab kann dann als von y und z unabhängig aufgefaßt werden. Zum Zeitpunkt $t = -0$ soll der Stab die konstante Anfangstemperatur

$$T(-0, x) = 0 \quad \text{für} \quad \text{alle} \quad x \geqq 0 \tag{369}$$

besitzen. Am linken Ende werde der Stab eine extrem kurze Zeit angewärmt, für alle weiteren Zeitpunkte soll dort die Temperatur konstant gleich Null gehalten werden. Wir formulieren dies wieder als Randbedingung (idealisiert in Distributionenform)

$$T(t, 0) = \delta(t). \tag{370}$$

Da sich die Erwärmung am Stabende sicher erst nach unendlich langer Zeit am unendlich weit entfernten Stabende (praktisch nach sehr langer Zeit am weit entfernten endlichen Stabende) bemerkbar macht, kann man als weitere Bedingung

$$T(t, \infty) = 0 \quad \text{für} \quad 0 \leqq t < \infty \tag{371}$$

aufschreiben. Suchen wir also die Temperaturverteilung $T(t, x)$, so reduziert sich die Gleichung (360) auf

$$\frac{\partial T(t, x)}{\partial t} = a^2\, \frac{\partial^2 T(t, x)}{\partial x^2}. \tag{372}$$

$T(t, x)$ wird wegen (370) wieder als Distribution aufgefaßt, die vom Parameter $\lambda = x$ abhängt. LAPLACE-Transformation liefert mit der Anfangsbedingung (369)

$$p\overline{T}(p, x) = a^2\, \frac{\partial^2 \overline{T}(p, x)}{\partial x^2} \quad \text{oder} \quad \frac{\partial^2 \overline{T}(p, x)}{\partial x^2} - \frac{p}{a^2}\, \overline{T}(p, x) = 0.$$

Diese gewöhnliche lineare Differentialgleichung mit konstanten Koeffizienten besitzt die charakteristische Gleichung $\lambda^2 - \dfrac{p}{a^2} = 0$ mit den Wurzeln $\lambda_1 = \dfrac{\sqrt{p}}{a}$ und $\lambda_2 = -\dfrac{\sqrt{p}}{a}$, so daß die allgemeine Lösung

$$\overline{T}(p, x) = \bar{c}_1(p)\, e^{x\sqrt{p}/a} + \bar{c}_2(p)\, e^{-x\sqrt{p}/a} \tag{373}$$

ist. Transformieren wir noch die Bedingungen (370) und (371), so erhalten wir $\overline{T}(p, 0) = 1$ und $\overline{T}(p, \infty) = 0$.

Wir befassen uns zunächst mit der Wurzel $\sqrt{p}$. $p = \gamma + j\eta = r\, e^{j\varphi} = r(\cos\varphi + j\sin\varphi)$ (vgl. Bild 72) liefert bekanntlich (vgl. [15, I, S. 77]) die beiden Werte

$$w_k = \sqrt{r}\left(\cos\left(\frac{\varphi}{2} + k\,\pi\right) + j\sin\left(\frac{\varphi}{2} + k\,\pi\right)\right) \quad (k = 0;\, 1).$$

Befindet sich p in einer hinreichend weit rechts liegenden p-Halbebene, so können wir $\mathrm{Re}\,(p) = \gamma > 0$ annehmen. Für den Hauptwert w_0 von $\sqrt{p}$ gilt dann $\mathrm{Re}\left(\sqrt{p}\right) = \sqrt{r}\cos\dfrac{\varphi}{2} > 0$. Da außerdem $a > 0$ ist, folgt

$$\left|e^{x\sqrt{p}/a}\right| = e^{x\,\mathrm{Re}(\sqrt{p})/a} \to \infty \quad \text{für} \quad x \to \infty$$

Die Bedingung $\overline{T}(p, \infty) = 0$ kann also erfüllt werden, wenn in (373) $\bar{c}_1(p) \equiv 0$ ist. Es bleibt also $\overline{T}(p, 0) = 1 = \bar{c}_2(p)$, und die Bildlösung lautet

$$\overline{T}(p, x) = e^{-\frac{x}{a}\sqrt{p}}.$$

Rücktransformation in den t-Bereich (mit Formel 46 der Tabelle 2) liefert

$$T(t, x) = \frac{x}{2at\,\sqrt{t\,\pi}}\, e^{-x^2/(4a^2t)} \quad (t > 0,\, x > 0)$$

(Bild 123).

Für $x > 0$ ist $T(t, x)$ eine für alle t stetige **Funktion**. Die **Distributionenableitung** (bezogen auf t) stimmt also mit der **Funktionenableitung** $\dfrac{\partial T}{\partial t}$ überein. Um zu überprüfen, ob die Lösung $T(t, x)$ die Differentialgleichung (372) im Bereich $\{t > 0, x > 0\}$ erfüllt, braucht man also nur die partiellen Ableitungen $\dfrac{\partial T}{\partial t}$ und $\dfrac{\partial^2 T}{\partial x^2}$ zu bilden.

Die Anfangsbedingung (369) ist sicher erfüllt, was man sofort erkennt, wenn man die Formel 46 der Tabelle 2 betrachtet [wir haben hier in der Lösung lediglich die Sprungfunktion $h(t)$ weggelassen, weil wir diese nur für $t > 0$ betrachten]. Da die

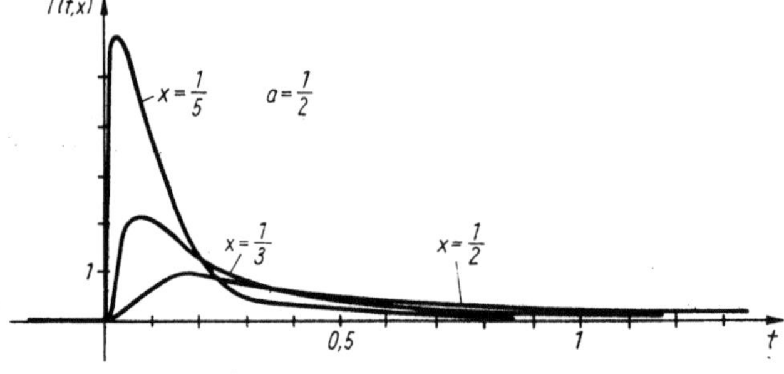

Bild 123. $T(t, x)$ für verschiedene Parameterwerte $\lambda = x$

Exponentïalfunktion in $T(t, x)$ für $x \to \infty$ bekanntlich stärker gegen Null strebt, als der davor stehende Faktor x gegen ∞ geht, ist auch die Bedingung (371) erfüllt. Um die Randbedingung (370) zu überprüfen, überlegen wir uns, daß $T(t, x) \to \delta(t)$ gilt, sobald x gegen Null geht. Wir gehen dazu anschaulich vor. Für $t > 0$ strebt $T(t, x)$ offensichtlich gegen Null, wenn x gegen Null geht. Andererseits ist $T(t, x)$ für jedes $x > 0$ eine integrierbare Funktion mit der Eigenschaft

$$\int\limits_{-\infty}^{\infty} T(t, x) \, \mathrm{d}t = \int\limits_{0}^{\infty} T(t, x) \, \mathrm{d}t = 1$$

(die Substitution $\eta = \dfrac{x}{a\sqrt{2t}}$ führt nämlich zum *Fehlerintegral* (vgl. [2, II] und Anhang (460)). Fassen wir also $T(t, x)$ als eine Funktionenfolge auf (man kann sich $x := \dfrac{1}{n}$ für $n \to \infty$ denken), so wandert das Maximum der Zeitfunktion $T_n(t) := T\left(t, \dfrac{1}{n}\right)$ für $n \to \infty$ gegen den Koordinatenursprung und wird immer größer, wobei aber der Inhalt der Fläche zwischen Kurve und t-Achse immer gleich eins bleibt. Also ist $T_n(t)$ nichts anderes als ein weiteres Beispiel der im Abschnitt 1. beschriebenen Impulsfolgen (s. auch Bild 123). [$T(t, x)$ ist eine Folge vom Typ δ (vgl. [8, S. 43]).]

Beispiel 3. Wir lösen die Gleichung (361) für die Anfangsbedingung

$$v(-0, x) = 0 \tag{374}$$

und die Randbedingung

$$(1 + A)\, v(t, 0) - A v(t, 1) = \delta(t) \tag{375}$$

(Kreislaufmodell für den Stofftransport in Röhrenreaktoren, (vgl. [3])). Wir nehmen auch hier wieder an, daß alle Schritte, die wir ausführen werden, statthaft sind. Anwendung der LAPLACE-Transformation (bezüglich t) auf die Differentialgleichung (361) liefert die Bildgleichung

$$(1 + A)\, \frac{\partial \bar{v}(p, x)}{\partial x} + p\bar{v}(p, x) = 0,$$

wenn man die Anfangsbedingung (374) beachtet. Diese lineare (gewöhnliche) Differentialgleichung 1. Ordnung mit konstanten Koeffizienten (denn auch hier hängen $1 + A$ und p nicht von x ab) kann durch Trennung der Variablen gelöst werden. Aus $\dfrac{\partial \bar{v}}{\bar{v}} = -\dfrac{p}{1 + A}\, \partial x$ folgt sofort die allgemeine Lösung

$$\bar{v}(p, x) = c \cdot \exp\left[-\frac{p}{1 + A}\, x\right]. \tag{376}$$

Transformiert man noch die Randbedingung (375), so ergibt sich

$$(1 + A)\, \bar{v}(p, 0) - A\bar{v}(p, 1) = 1,$$

so daß mit $\bar{v}(p, 0) = c$ und $\bar{v}(p, 1) = c \cdot \exp\left[-\dfrac{p}{1 + A}\right]$ die Konstante c sofort festgelegt werden kann:

$$c = \frac{1}{1 + A\left(1 - \exp\left[-\dfrac{p}{1 + A}\right]\right)}. \tag{377}$$

Damit läßt sich die Lösung (376) in der Form

$$\bar{v}(p, x) = \frac{1}{1 + A\left(1 - \exp\left[-\dfrac{p}{1+A}\right]\right)} \exp\left[-\frac{p}{1+A}\, x\right]$$

$$= \frac{1}{1+A} \cdot \frac{1}{1 - \dfrac{A}{1+A}\exp\left[-\dfrac{p}{1+A}\right]} \exp\left[-\frac{x}{1+A}\, p\right]$$

schreiben. Rücktransformation mit den Formeln 23 und 30 der Tabelle 2 liefert

$$v(t, x) = \frac{1}{1+A} \sum_{k=0}^{\infty} \left(\frac{A}{1+A}\right)^{k} \delta\left(t - \frac{k}{1+A}\right) * \delta\left(t - \frac{x}{1+A}\right).$$

Da die gliedweise Faltung der im Distributionensinne konvergenten Reihe mit $\delta\left(t - \dfrac{x}{1+A}\right)$ erlaubt ist (s. Abschnitt 5.8.), denn $\delta\left(t - \dfrac{x}{1+A}\right)$ verschwindet sicher für alle x $(0 \leqq x \leqq 1)$ für $t < 0$, kann auch

$$v(t, x) = \frac{1}{A} \sum_{k=0}^{\infty} \left(\frac{A}{1+A}\right)^{k+1} \delta\left(t - \frac{k+x}{1+A}\right) \tag{378}$$

geschrieben werden. Praktisch interessiert man sich am Reaktorende für $\varrho_v(t) = v(t, 1) = v(t)$. Dazu braucht man in der Lösung (378) nur $x = 1$ zu setzen (Bild 124).

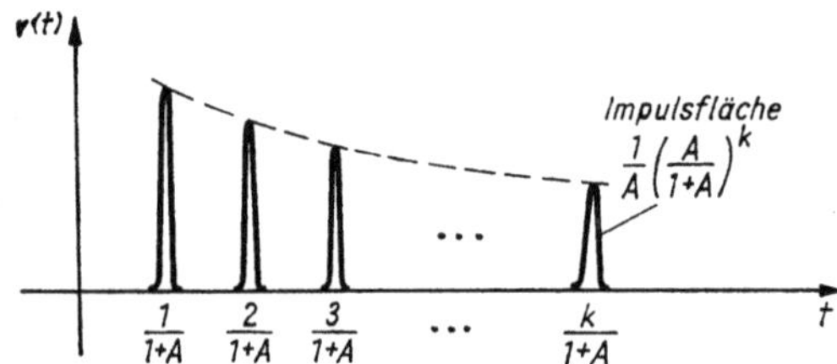

Bild 124. Der Prozeß $\varrho_v(t) = v(t)$

Aufgabe 1. Gesucht ist eine Lösung $u(t, x)$ der partiellen Differentialgleichung $\dfrac{\partial u(t, x)}{\partial x} + \dfrac{\partial u(t, x)}{\partial t}$ $= \delta(t - x)$ im Bereich $t \geqq 0$, $0 \leqq x \leqq 1$ für die Bedingungen $u(-0, x) = 0$ und $u(t, 1) = \delta(t)$ (Probe)!

Aufgabe 2. Zu ermitteln ist eine Lösung $u(t, x)$ der Differentialgleichung $a^2\, \dfrac{\partial^2 u(t, x)}{\partial t^2} - \dfrac{\partial^2 u(t, x)}{\partial x^2}$ $= 0$ $(a > 0)$ im Bereich $t \geqq 0$, $x \geqq 0$ für die Bedingungen $u(-0, x) = 0$, $\left.\dfrac{\partial u(t, x)}{\partial t}\right|_{t=-0} = 0$, $u(t, 0) = \delta(t)$, $u(t, \infty) = 0$. [Praktisch beschreibt die Aufgabe die kleinen Auslenkungen $u(t, x)$ aus der Ruhelage einer in $x = \infty$ eingespannten elastischen Saite, wenn sie sich in der Vergangenheit $t < 0$ in Ruhe befand und an der Stelle $x = 0$ eine impulsförmige Auslenkung der Impulsfläche 1 erfährt.]

14.2. Einiges über Dichten im mehrdimensionalen Raum

Wir haben schon im Abschnitt 8. gezeigt, wie nützlich insbesondere die Delta-Distribution und deren Ableitung sind, wenn man solche idealisierten Begriffe wie die Dichte einer Punktladung, einer Punktmasse, einer Einzelkraft, einer diskreten Zufallsgröße, eines mechanischen oder elektrischen Dipols usw. einführen will. Die dazu führenden Überlegungen (vgl. die Veranschaulichung der Dichte einer auf der t-Achse liegenden Punktladung, Abschnitt 1.) kann man auf mehr als eine Dimension — zunächst noch ohne exakte Theorie — übertragen. Des weiteren kann man im mehrdimensionalen Fall noch weitere Begriffe, wie Linienbelegungen, Flächenbelegungen usw., einführen, die im eindimensionalen Fall noch keine Rolle spielten.

Beispiel 1. Eine in der x,y-Ebene liegende Platte (Bild 125) kann durch *Flächenkräfte*, *Linienkräfte* und *Einzelkräfte* (alle senkrecht zur Platte) belastet werden (vgl. [9], [21]). Flächenkräfte, die durch stückweise stetige Funktionen $p(x, y)$ der zwei unabhängigen

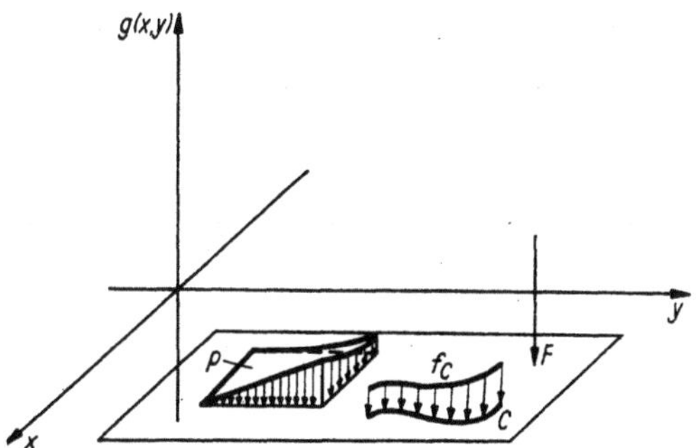

Bild 125. Zur Belastung einer Platte

Variablen x und y beschrieben werden und die Dimension einer auf die Fläche bezogenen Kraft (Kraftdichte) besitzen, treten z. B. bei der Übertragung des Gewichtes eines auf der Platte stehenden Metallwürfels über die *Berührungsfläche* auf. Die Linienkraft (Dimension einer auf die Länge bezogenen Kraft) greift nur längs einer stückweise glatten Kurve (Linie) C in der x,y-Ebene an und wird durch eine Funktion $f_C = \mu(x, y)$, die nur für die Punkte (x, y) auf der Kurve C definiert zu sein braucht, beschrieben. Wird z. B. die Gewichtskraft des Metallwürfels über eine Schneide auf die Platte übertragen, so treten auf der *Berührungslinie* zwischen Platte und Schneide Linienkräfte auf. Die Linienkraft ist aber eine Idealvorstellung. Real betrachtet handelt es sich um eine in einer extrem kleinen Umgebung der Kurve C (also in einem Gebiet der x,y-Ebene) wirkende Flächenkraft, die lediglich auf der Kurve C *konzentriert* wird. Entsprechend gibt es auch keine reale Einzelkraft F, die in einem mathematischen Punkt wirksam ist, auch sie ist praktisch in einer extrem kleinen Umgebung des angenommenen Angriffspunktes der Kraft F eine Flächenkraft, die auf den Angriffspunkt *konzentriert* wird. Man kann sich das analog zu der im Abschnitt 1. beschriebenen Konzentration einer Ladung auf einen Punkt der t-Achse vorstellen. Die Einzelkraft F, die im Koordinatenursprung $(0, 0)$ der x,y-Ebene angreifen soll, wird zunächst als eine auf die infinitesimale Kreisfläche (Radius $\varepsilon > 0$) um den Mittelpunkt $(0, 0)$ wirkende Flächenkraft aufgefaßt (Bild 126). Dazu ist F gleichmäßig auf diese Fläche zu verteilen. Die zugehörige mittlere Flächenkraft wäre

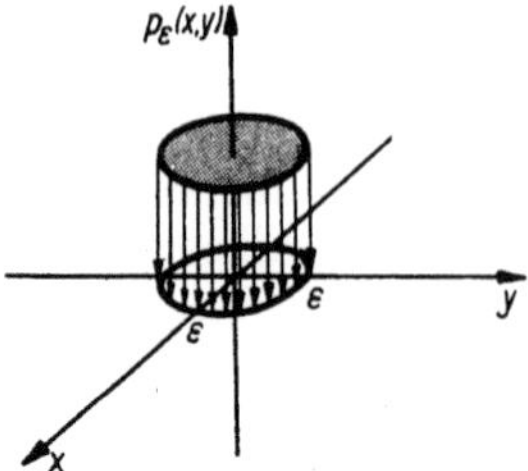

Bild 126. Zur Veranschaulichung der Dichte
einer Einzelkraft

also

$$p_\varepsilon(x, y) = \begin{cases} 0 & \text{für} \quad x^2 + y^2 > \varepsilon^2 \\[2mm] \dfrac{F}{\varepsilon^2\,\pi} & \text{für} \quad x^2 + y^2 \leqq \varepsilon^2 \end{cases}.$$

(Offenbar ist die Gesamtkraft $\iint\limits_{\mathbb{R}^2} p_\varepsilon(x, y)\,\mathrm{d}x\,\mathrm{d}y = \iint\limits_{x^2+y^2\leqq\varepsilon^2} p_\varepsilon(x, y)\,\mathrm{d}x\,\mathrm{d}y = F;$ $\iint\limits_{\mathbb{R}^2}$ bzw.
$\iint\limits_{x^2+y^2\leqq\varepsilon^2}$ sind die Gebietsintegrale über die x,y-Ebene bzw. ε-Kreisfläche.) Konzen-
triert man jetzt die Flächenkraft unter Beibehaltung der Gesamtkraft F auf den
Punkt $(0, 0)$, so folgt formal für die entsprechende zweidimensionale Dichte der im
Punkt $(0, 0)$ angreifenden Einzelkraft F, indem man die Kreisfläche $\varepsilon^2\,\pi$ gegen Null
streben läßt,

$$\varrho(x, y) = \lim_{\varepsilon^2\pi\to 0} p_\varepsilon(x, y) = F \begin{cases} 0 & \text{für} \quad (x, y) \neq (0, 0) \\ \infty & \text{für} \quad (x, y) = (0, 0) \end{cases} = F\delta(x, y),$$

(379)

worin $\delta(x, y) = \begin{cases} 0 & \text{für} \quad (x, y) \neq (0, 0) \\ \infty & \text{für} \quad (x, y) = (0, 0) \end{cases}$ gesetzt wurde [vgl. (1)].

Für die Dichte $\varrho(x, y)$ muß aber $\iint\limits_{\mathbb{R}^2} \varrho(x, y)\,\mathrm{d}x\,\mathrm{d}y = F$ gelten, d. h., es wäre (formal)
$\iint\limits_{\mathbb{R}^2} \delta(x, y)\,\mathrm{d}x\,\mathrm{d}y = 1$ zu setzen. Nun ist aber der Grenzübergang, der zur Dichte
$\varrho(x, y) = F\delta(x, y)$ führte, wiederum nicht mit den Mitteln der klassischen Mathematik
erklärbar, ebenso wie die Dichte $F\delta(x, y)$ keine Funktion ist. Es gilt aber wieder ganz
exakt im Sinne der Zahlenfolgen [wie schon beim Grenzübergang (10)]

$$\iint\limits_{\mathbb{R}^2} p_\varepsilon(x, y)\,\mathrm{d}x\,\mathrm{d}y = \iint\limits_{x^2+y^2\leqq\varepsilon^2} \frac{F}{\varepsilon^2\,\pi}\,\mathrm{d}x\,\mathrm{d}y = F \to F \quad \text{für} \quad \varepsilon \to 0$$

oder, wenn man $p_\varepsilon(x, y)$ mit einer beliebigen stetigen Funktion $\varphi(x, y)$ multipliziert,

$$\iint\limits_{\mathbb{R}^2} p_\varepsilon(x, y)\,\varphi(x, y)\,\mathrm{d}x\,\mathrm{d}y = \frac{F}{\varepsilon^2\,\pi} \iint\limits_{x^2+y^2\leqq\varepsilon^2} \varphi(x, y)\,\mathrm{d}x\,\mathrm{d}y \to F\varphi(0, 0)$$

(380)

für $\varepsilon \to 0$, denn es ist nach dem ersten Mittelwertsatz für Flächenintegrale (vgl.
[7, III, S. 126] oder verallgemeinere Bild 66)

$$\frac{F}{\varepsilon^2\,\pi} \iint\limits_{x^2+y^2\leqq\varepsilon^2} \varphi(x, y)\,\mathrm{d}x\,\mathrm{d}y = \frac{F}{\varepsilon^2\,\pi}\,\varphi(\xi, \eta)\,\varepsilon^2\,\pi = F\varphi(\xi, \eta), \qquad \xi^2 + \eta^2 \leqq \varepsilon^2,$$

woraus für $\varepsilon \to 0$ wegen der Stetigkeit von $\varphi(x, y)$ die Behauptung folgt. Man wird also — wie im eindimensionalen Fall — das Symbol $F\delta(x, y)$ nicht mit Hilfe des Grenzübergangs (379) erklären, sondern exakterweise als das Funktional, welches wegen (380) geeigneten Funktionen $\varphi(x, y)$ den Zahlenwert $F\varphi(0, 0)$ zuordnet, was der Formel (74) (dort $F = 1$) entspricht. (Der Grenzübergang (379) wird erst in der Distributionentheorie einen Sinn bekommen.)

Erklärt man die Linienkraft in der x,y-Ebene in analoger Weise, so gelangt man sogar noch zu einer gewissen Verallgemeinerung der Dichte $F\delta(x, y)$, die ja offenbar in einem Punkt konzentriert ist, also eine punktförmige Belegung beschreibt. Die Linienkraft (eine einfache linienförmige Belegung), die durch eine Funktion $f_C = \mu(x, y)$ beschrieben wird, die allerdings nur für die Punkte (x, y) auf der Kurve C definiert zu sein braucht, wird zunächst so in das Gebiet G_ε der Breite $\varepsilon > 0$ entlang der Kurve C verteilt, daß eine Flächenkraft $p_\varepsilon(x, y)$ entsteht (Bild 127), deren

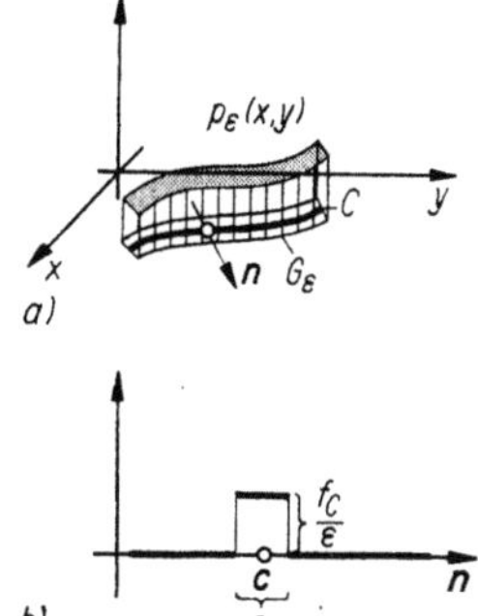

Bild 127. Zur Veranschaulichung der Dichte einer Linienkraft

Schnittkurve mit einer senkrecht auf der x,y-Ebene stehenden und in Richtung des in der x,y-Ebene liegenden Normalvektors $\boldsymbol{n}$ an einen Punkt $\boldsymbol{c}$ der Kurve C (d. h. rechtwinklig durch C) verlaufenden Schnittebene die in Bild 127 b) skizzierte Form besitzt. Die Flächenkraft $p_\varepsilon(x, y)$ besitzt also in Normalenrichtung $\boldsymbol{n}$ die konstante Höhe f_C/ε innerhalb von G_ε, die allerdings in jedem Punkt $\boldsymbol{c}$ der Kurve C anders sein kann. Nun konzentrieren wir das Gebiet G_ε auf die Kurve C, d. h., wir lassen die Breite ε gegen Null streben. Wir wollen das nicht im einzelnen ausführen, sondern uns nur überlegen, welches Ergebnis wir dabei erhalten würden. Faßt man jeden wie in Bild 127 b) gezeichneten Schnittkurvenverlauf für $\varepsilon \to 0$ als eine Approximation der mit dem Wert f_C multiplizierten Delta-Distribution (bezogen auf die $t = \boldsymbol{n}$-Achse) auf, so erhält man schließlich, da wir diese Überlegung auf jeden Punkt $\boldsymbol{c}$ der Kurve C anwenden müssen, ein Objekt

$$\boxed{f_C \delta_C = \mu(x, y)\, \delta_C,} \tag{381}$$

welches außerhalb der Kurve C verschwindet und [entsprechend $\langle F\delta(t - \lambda), \varphi(t)\rangle = F\varphi(\lambda)$] jeder genügend guten Funktion $\varphi(\boldsymbol{x}) = \varphi(x, y)$ die «Summe» aller Werte $\mu(\boldsymbol{c})\, \varphi(\boldsymbol{c})$ entlang der Kurve C zuordnet. Diese «Summe» muß man sich aber als ein *Kurvenintegral* (vgl. [7, III, S. 13ff.])

$$\boxed{\int_C \mu(x, y)\, \varphi(x, y)\, d s} \tag{382}$$

(ds ist das Linienelement auf C) vorstellen. Also wird man im zweidimensionalen Fall die *einfache Belegung* einer Kurve C mit der Liniendichte μ, ausgedrückt durch das Symbol $\mu(x, y)\,\delta_C$, als die Distribution definieren, die jeder Testfunktion $\varphi(x, y)$ den Wert des Kurvenintegrals (382), also eine Zahl, zuordnet.
Dieser Begriff der einfachen Belegung ist natürlich nicht nur auf Linienkräfte beschränkt, sondern beschreibt auch einfache Massenbelegungen einer Kurve oder die einfache Belegung von C mit Ladungen usw.

Beispiel 2. Die räumliche Dichte einer z. B. im Koordinatenursprung konzentrierten Punktladung Q veranschaulichen wir uns analog zum Abschnitt 1. bzw. zur Einzelkraft in der x,y-Ebene. Die Gesamtladung Q wird auf eine extrem kleine Kugel mit dem Mittelpunkt $(0, 0, 0)$ und dem Radius $\varepsilon > 0$ gleichmäßig aufgeteilt. Die zugehörige mittlere Ladungsdichte lautet jetzt

$$p_\varepsilon(x, y, z) = \begin{cases} 0 & \text{für} \quad x^2 + y^2 + z^2 > \varepsilon^2 \\ Q/V_\varepsilon & \text{für} \quad x^2 + y^2 + z^2 \leqq \varepsilon^2, \end{cases}$$

worin $V_\varepsilon = 4\varepsilon^3\,\pi/3$ das Kugelvolumen bezeichnet. Entsprechend der Definition der räumlichen Dichte in einem Punkt erhält man (unexakt, aber anschaulich) $\varrho(x, y, z) = \lim\limits_{V_\varepsilon \to 0} p_\varepsilon(x, y, z) = Q\delta(x, y, z)$, worin $\delta(x, y, z)$ — der Erklärung (1) entsprechend — durch

$$\delta(x, y, z) = \begin{cases} 0 & \text{für} \quad (x, y, z) \neq (0, 0, 0) \\ \infty & \text{für} \quad (x, y, z) = (0, 0, 0) \end{cases}$$

veranschaulicht wird. Da auch hier wieder in völlig exakter Weise im Sinne der Zahlenfolgen für eine stetige Funktion $\varphi(x, y, z)$ für $\varepsilon \to 0$

$$\iiint\limits_{\mathbb{R}^3} p_\varepsilon(x, y, z)\,\varphi(x, y, z)\,\mathrm{d}x\,\mathrm{d}y\,\mathrm{d}z \to Q\varphi(0, 0, 0)$$

gilt, wird man im dreidimensionalen Fall die Dichte $Q\delta(x, y, z)$ als die Distribution definieren, die jeder Testfunktion $\varphi(x, y, z)$ den Zahlenwert $Q\varphi(0, 0, 0)$ zuordnet.

Beispiel 3. Wir belegen jetzt eine stückweise glatte Kurve C in der x,y-Ebene doppelt, d. h., wir ordnen auf C kontinuierlich elektrische oder mechanische Dipole an. Letzteres kann man sich als eine Anordnung von auf C (d. h. im infinitesimalen Abstand beiderseitig von C) wirkenden entgegengesetzt gleich großen Linienkräften denken. Nehmen wir beispielsweise die in Bild 128a) skizzierte Belegung mit elektrischen Dipolen, deren Ladungen beiderseitig der Kurve C im Abstand $\varepsilon > 0$ von C angebracht sein sollen. Wir betrachten auch hier wieder einen durch einen Punkt c der Kurve C verlaufenden Schnitt in Richtung des in der x,y-Ebene liegenden Normalvektors n an die Kurve C. In diesem Schnitt [Bild 128b)] befindet sich ein

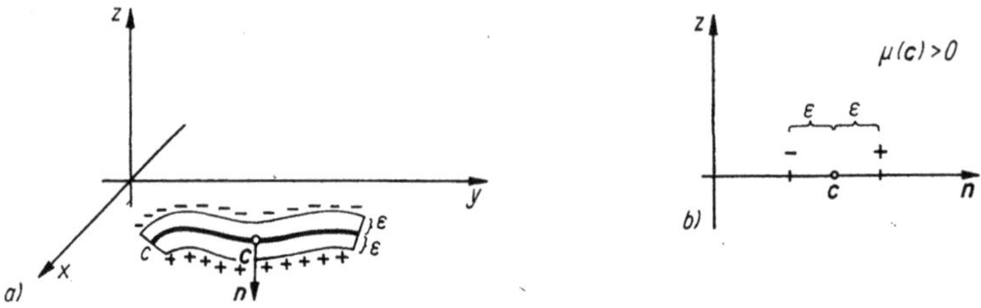

Bild 128. Zur Veranschaulichung der Doppelbelegung einer ebenen Kurve C

Dipol mit dem (konstanten) Moment $\mu(\boldsymbol{c})$ (vgl. auch Bild 81). Erinnern wir uns an die Formeln der Dipoldichte im eindimensionalen Fall, nämlich $-\mu\delta'(t-\lambda) = -[\mu\delta_\lambda(t)]'$ sowie $\langle -[\mu\delta_\lambda(t)]', \varphi(t)\rangle = \mu\dot{\varphi}(\lambda)$, $\varphi \in \mathfrak{D}$, und übertragen wir diese formal auf diesen Einzeldipol, so wäre dessen Dichte (bezogen auf die $t = \boldsymbol{n}$-Achse) durch $-\dfrac{\partial}{\partial \boldsymbol{n}}[\mu(\boldsymbol{c})\,\delta_{\boldsymbol{c}}]$ ($\dfrac{\partial}{\partial \boldsymbol{n}}$ ist das Symbol für die Ableitung in der Richtung $t = \boldsymbol{n}$) gegeben, und einer späteren Testfunktion $\varphi(\boldsymbol{x})$ $[\boldsymbol{x} = (x, y)]$ würde der Wert $\mu(\boldsymbol{c})\dfrac{\partial}{\partial \boldsymbol{n}}\varphi(\boldsymbol{c})$ zugeordnet. Da aber die gesamte Kurve C mit derartigen Dipolen kontinuierlich belegt ist, wäre diese *Doppelbelegung* durch ein Dichtesymbol der Form

$$\boxed{\; -\frac{\partial}{\partial \boldsymbol{n}}\left(\mu(x, y)\,\delta_C\right) \;} \tag{383}$$

zu kennzeichnen, welches keine Funktion beschreibt, wohl aber das Symbol für eine noch zu definierende (außerhalb der Kurve C verschwindende) Distribution im zweidimensionalen Fall darstellt, die jeder (späteren) Testfunktion $\varphi(x, y)$ die «Summe» aller Werte $\mu(\boldsymbol{c})\dfrac{\partial}{\partial \boldsymbol{n}}\varphi(\boldsymbol{c})$ entlang C, also den Wert des Kurvenintegrals

$$\boxed{\; \int\limits_C \mu(x, y)\,\frac{\partial}{\partial \boldsymbol{n}}\,\varphi(x, y)\,\mathrm{d}s \;} \tag{384}$$

zuordnet, wenn $\mu(x, y)$ die auf C definierte Liniendichte der Dipolmomente ist. Die *Richtungsableitung* $\dfrac{\partial}{\partial \boldsymbol{n}}\varphi(x, y)$ hat hierin einen wohldefinierten Sinn [in (383) ist es zunächst nur ein Symbol], nämlich (vgl. [7, III, S. 363])

$$\frac{\partial\varphi(x, y)}{\partial \boldsymbol{n}} = \frac{\partial\varphi}{\partial x}\cos(\boldsymbol{n}, x) + \frac{\partial\varphi}{\partial y}\cos(\boldsymbol{n}, y), \tag{385}$$

worin $(\boldsymbol{n}, x)$ bzw. $(\boldsymbol{n}, y)$ die Winkel der Richtung $\boldsymbol{n}$ mit der x- bzw. y-Achse und $\partial\varphi/\partial x$, $\partial\varphi/\partial y$ die partiellen Funktionenableitungen von $\varphi(x, y)$ bezeichnen.

Die einfachen und doppelten Belegungen einer Kurve C in der x,y-Ebene lassen sich natürlich im dreidimensionalen Fall zu *einfachen* bzw. *doppelten Belegungen von Raumflächen* C erweitern. Dann sind die Integrale (382) und (384) als *Flächenintegrale* im Raum aufzufassen.

Wir betonen aber nochmals, daß die in den Beispielen angestellten Überlegungen lediglich dazu dienen sollten, eine Vorstellung von mehrdimensionalen idealisierten Dichten — die sich mit den Mitteln der klassischen Mathematik nicht erklären lassen — zu erhalten. Um Aufgaben, die solche idealisierte physikalische Begriffe beinhalten, exakt behandeln zu können, benötigt man i. allg. die über dem m-dimensionalen Raum $\mathbb{R}^m$ ($m = 2, 3, \ldots$) definierten Distributionen, auf die wir im Anhang kurz eingehen werden.

Anhang

15. Die Distributionen im mehrdimensionalen Fall

15.0.   Allgemeines

Die genannte Distributionentheorie und deren Anwendungen in aller Ausführlichkeit
behandeln zu wollen würde den Rahmen des vorliegenden Buches, das ja für einen
breiten Leserkreis und weniger für Spezialisten gedacht ist, sprengen. Deshalb kann
diese hier nur in komprimierter Form, eben als Anhang, behandelt werden. Auf
Beweise und Einzelheiten muß dabei verzichtet werden. Ein großer Teil der im mehrdimensionalen Falle auftauchenden Begriffe wird dem mathematisch etwas tiefer
ausgebildeten Leser als Verallgemeinerung entsprechender Begriffe des eindimensionalen Falles ohnehin sofort verständlich sein. Lesern, die sich für Einzelheiten,
Beweise und ausführliche Anwendungen der Distributionen auf Probleme der
mathematischen Physik interessieren, wird insbesondere das Buch [26] empfohlen.
Die Schreibweise $f = f(\boldsymbol{x})$, $\boldsymbol{x} = (x_1, \ldots, x_m) \in \mathbb{R}^m$ $(m = 2, 3, \ldots)$ bedeutet, daß die
Funktion f von m unabhängigen reellen Variablen abhängt (m-dimensionaler Fall).
Aus praktischer Sicht kann man sich auf $m = 2, 3, 4$ beschränken, so daß die
Variablen x_i durch die Ortsvariablen x, y bzw. x, y, z oder bei zeitabhängigen
Problemen durch t, x oder t, x, y oder t, x, y, z ersetzt werden können. Probleme, die
von der Zeit abhängen, können aber auch so behandelt werden, daß t als Parameter
aufgefaßt wird.

15.1.   Testfunktionen

Wir hatten die Theorie im eindimensionalen Fall nur für reellwertige Funktionen
und Distributionen, die den Testfunktionen φ reelle Zahlen $\langle f, \varphi \rangle$ zuordnen, aufgebaut. Diese Einschränkung kann man weglassen, da sich für komplexwertige
Funktionen, die von reellen Variablen abhängen, und Distributionen, die den Testfunktionen auch komplexe Zahlen $\langle f, \varphi \rangle$ zuordnen, nicht viel ändert. Wenn wir also
zukünftig von Funktionen sprechen, so können diese auch komplexwertig sein, auch
wenn das selten vorkommt. Ebenso können Zahlen α, β, wenn nichts anderes gesagt
wird, komplex sein.

Definition

> Eine Testfunktion des m-dimensionalen Falles ist eine Funktion
> $\varphi(\boldsymbol{x}) = \varphi(x_1, \ldots, x_m)$ der reellen Variablen $x_1, \ldots, x_m$, deren sämtliche
> partiellen Ableitungen beliebiger Ordnung existieren und stetig sind
> und die außerhalb eines (i. allg. von φ abhängenden) beschränkten
> Bereiches B des m-dimensionalen Raumes $\mathbb{R}^m$ verschwinden. Die
> Gesamtheit aller Testfunktionen wird mit $\mathcal{D}(\mathbb{R}^m)$ bezeichnet.

Beispiel 1. Übertragung der unendlich vielen Testfunktionen (69) (für $m = 1$) liefert die unendlich vielen Testfunktionen

$$\xi_\alpha(\boldsymbol{x}) = \xi_\alpha(x, y) = \begin{cases} 0 & \text{für} \quad \sqrt{x^2 + y^2} \geqq \alpha \\ \exp\left(- \dfrac{\alpha^2}{\alpha^2 - x^2 - y^2}\right) & \text{für} \quad \sqrt{x^2 + y^2} < \alpha \end{cases} \quad (386)$$

im zweidimensionalen Fall. Sämtliche partiellen Ableitungen

$$\frac{\partial^{i+k}\xi_\alpha(x, y)}{\partial x^i \, \partial y^k}$$

($i = 0, 1, \ldots; \; k = 0, 1, \ldots$) existieren und sind stetig in der ganzen x,y-Ebene $\mathbb{R}^2$. Die Funktionen $\xi_\alpha(\boldsymbol{x})$ und alle Ableitungen verschwinden außerhalb des beschränkten ebenen Bereiches, der durch die offene Kreisfläche $|\boldsymbol{x}| = \sqrt{x^2 + y^2} < \alpha$ gegeben ist.

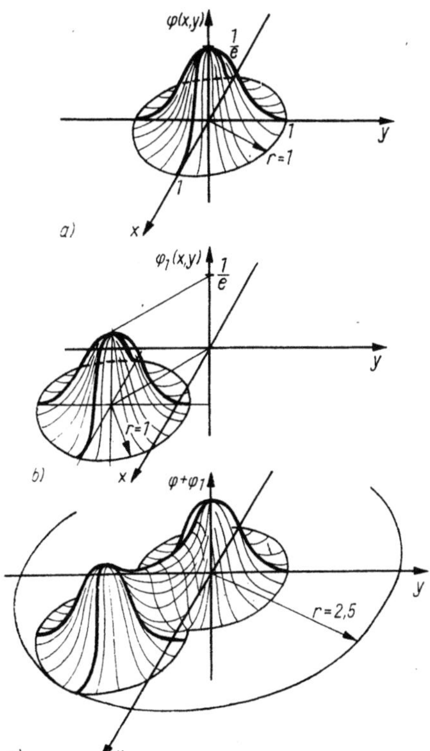

Bild 129. Zur Veranschaulichung der Testfunktionen

Weitere Testfunktionen erhält man durch Verschiebung einer Testfunktion $\xi_\alpha(\boldsymbol{x})$ $= \xi_\alpha(x, y)$ um (jetzt) einen Vektor $\lambda = (\lambda_1, \lambda_2)$ mit reellen Komponenten λ_1, λ_2, d. h. durch Übergang zu $\xi_\alpha(\boldsymbol{x} - \lambda) = \xi_\alpha(x - \lambda_1, y - \lambda_2)$ sowie durch Addition von Testfunktionen usw. In Bild 129 sind die Testfunktionen $\varphi(x, y) = \xi_1(x, y)$, $\varphi_1(x, y)$ $= \xi_1(x - 1, 2; y + 0, 9)$ und $\varphi(x, y) + \varphi_1(x, y)$ skizziert.

Beispiel 2. Weitere Übertragung der Funktionen $\xi_\alpha(\boldsymbol{x})$ auf den Raum $\mathbb{R}^m$ liefert mit $|\boldsymbol{x}| = \sqrt{x_1{}^2 + \cdots + x_m{}^2}$ (Betrag eines Ortsvektors) die unendlich vielen Testfunktionen

$$\xi_\alpha(\boldsymbol{x}) = \begin{cases} 0 & \text{für} \quad |\boldsymbol{x}| \geqq \alpha \\ \exp\left(-\dfrac{\alpha^2}{\alpha^2 - |\boldsymbol{x}|^2}\right) & \text{für} \quad |\boldsymbol{x}| < \alpha. \end{cases}$$

Beispiel 3. Für jedes m ($m = 1, 2, 3, \ldots$) ist $\varphi(\boldsymbol{x}) \equiv 0$ eine Testfunktion.

Die Eigenschaften des Raumes $\mathscr{D} = \mathscr{D}(\mathbb{R}^1)$ der Testfunktionen im eindimensionalen Fall gelten im übertragenen Sinne auch für alle Räume $\mathscr{D}(\mathbb{R}^m)$. Es sind in der Zusammenfassung des Abschnittes 4.2. nur t durch $\boldsymbol{x}$, die Ableitungen nach t durch die partiellen Ableitungen, die reelle Zahl λ durch einen Vektor $\boldsymbol{\lambda}$ (mit reellen Komponenten λ_i, $i = 1, \ldots, m$), die Multiplikation αt mit einer reellen Zahl $\alpha \neq 0$ durch die Multiplikation des Vektors $\boldsymbol{x}$ mit der reellen Zahl α, also durch $\alpha\boldsymbol{x} = (\alpha x_1, \ldots, \alpha x_m)$ und die Funktion $a(t)$ durch eine beliebig oft stetig partiell differenzierbare Funktion $a(\boldsymbol{x})$ zu ersetzen.

Sinngemäße Übertragung des Konvergenzbegriffes für $\mathscr{D} = \mathscr{D}(\mathbb{R}^1)$ (Abschnitt 4.3.) liefert die

Definition

> Eine Folge $\big(\varphi_n(\boldsymbol{x})\big)$ von Testfunktionen des Raumes $\mathscr{D}(\mathbb{R}^m)$ konvergiert im Raum $\mathscr{D}(\mathbb{R}^m)$ gegen die Testfunktion $\varphi(\boldsymbol{x}) \equiv 0$, wenn sämtliche Folgenglieder $\varphi_n(\boldsymbol{x})$ außerhalb ein und desselben beschränkten Bereiches B im $\mathbb{R}^m$ identisch Null sind und die Folge $\big(\varphi_n(\boldsymbol{x})\big)$ sowie die Folgen sämtlicher partiellen Ableitungen der $\varphi_n(\boldsymbol{x})$ alle gleichmäßig gegen $\varphi \equiv 0$ konvergieren, d. h., wenn für jede feste Kombination von natürlichen Zahlen $k_1, \ldots, k_m$
>
> $$\max_{\boldsymbol{x} \in \mathbb{R}^m} \left| \frac{\partial^{k_1 + \cdots + k_m}}{\partial x_1{}^{k_1} \ldots \partial x_m{}^{k_m}} \varphi_n(\boldsymbol{x}) \right| \to 0 \quad \text{für} \quad n \to \infty$$
>
> gilt [für $k_1 + \cdots + k_m = 0$ ist die Folge $\varphi_n(\boldsymbol{x})$ selbst gemeint].

Beispiel 4. Die Folge (vgl. Abschnitt 4.3., Beispiel 1)

$$\varphi_n(\boldsymbol{x}) = \varphi_n(x, y) = \frac{1}{n}\, \xi_n(x, y)$$

[Funktionen (386) für $\alpha = n$] konvergiert schon deshalb nicht in diesem Sinne, weil das Kreisgebiet $|\boldsymbol{x}| < n$, außerhalb dessen $\varphi_n(\boldsymbol{x})$ verschwindet, mit wachsendem n unbegrenzt wächst. Also gibt es kein gemeinsames beschränktes Gebiet B in der x,y-Ebene, außerhalb dessen alle Folgenglieder $\varphi_n(\boldsymbol{x})$ verschwinden würden. Zur Veranschaulichung kann man das Bild 47 benutzen, wenn man die dort gezeichneten Kurven als Schnittkurven der Funktionen $\varphi_n(x, y)$ mit einer beliebigen senkrecht auf der x,y-Ebene stehenden und durch den Koordinatenursprung verlaufenden Ebene auffaßt.

Beispiel 5. Betrachtet man dagegen (vgl. Abschnitt 4.3., Beispiel 2) die Folge

$$\varphi_n(\boldsymbol{x}) = \varphi_n(x, y) = \frac{1}{n}\, \xi_1(x, y)$$

[ξ_1 ist die Funktion (386) für $\alpha = 1$], so verschwinden sicher alle Folgenglieder außerhalb eines gemeinsamen beschränkten Gebietes, nämlich außerhalb des offenen Einheitskreisgebietes $|x| < 1$. $\xi_1(x, y)$ ist als Testfunktion beliebig oft stetig partiell differenzierbar, d. h., jede Ableitung $\dfrac{\partial^{i+k}}{\partial x^i\,\partial y^k}\,\xi_1(x, y)$ $(i = 0, 1, \ldots;\ k = 0, 1, \ldots)$ ist stetig und besitzt, da sie ebenfalls außerhalb des Einheitskreises verschwindet, ihr endliches Betragsmaximum

$$\max_{x \in \mathbb{R}^2}\left|\frac{\partial^{i+k}}{\partial x^i\,\partial y^k}\,\xi_1(x)\right| = M_{i,k}$$

im Innern des Kreises $|x| < 1$. Also gilt für die Folgen sämtlicher Ableitungen

$$\max_{x \in \mathbb{R}^2}\left|\frac{\partial^{i+k}}{\partial x^i\,\partial y^k}\,\varphi_n(x, y)\right| = \frac{1}{n}\,M_{i,k} \to 0 \quad \text{für} \quad n \to \infty$$

(jeweils i, k festgehalten), d. h., diese Folge $\big(\varphi_n(x, y)\big)$ konvergiert im Raum $\mathscr{D}(\mathbb{R}^2)$ Bild 48 dient wieder der Veranschaulichung, wenn man die dort gezeichneten Kurven als Schnittkurven (wie im letzten Beispiel) interpretiert.

15.2. Die Distributionenräume $\mathscr{D}'(\mathbb{R}^m)$

Übertragung der Begriffe aus den Abschnitten 3. und 5. liefert sofort die

Definition

> Eine Distribution ist ein stetiges lineares Funktional auf dem Raum $\mathscr{D}(\mathbb{R}^m)$ $(m = 1, 2, \ldots)$ der Testfunktionen [in Formel (67) können α, β jetzt auch komplexe Zahlen sein]. Die Gesamtheit aller dieser Distributionen wird mit $\mathscr{D}'(\mathbb{R}^m)$ bezeichnet. Ist $\varphi(x) \in \mathscr{D}(\mathbb{R}^m)$ eine beliebige Testfunktion und $f = f(x) \in \mathscr{D}'(\mathbb{R}^m)$ eine beliebige Distribution, so bezeichnet $\langle f, \varphi \rangle = \langle f(x), \varphi(x) \rangle$ die Zahl, die der Testfunktion $\varphi(x)$ durch die Distribution f zugeordnet wird.

Auch hier bedeutet das Symbol $f(x) = f(x_1, \ldots, x_m)$ lediglich, daß die Distribution f zum m-dimensionalen Fall gehört und nicht etwa, daß $f = f(x)$ eine Funktion der m unabhängigen Variablen $x_1, \ldots, x_m$ ist (vgl. Abschnitt 5.1.).
Eine lokal integrierbare Funktion $f(x) = f(x_1, \ldots, x_m)$ ist jetzt eine Funktion, die über jedem endlichen Raumbereich des $\mathbb{R}^m$ absolut integrierbar ist. Das Integral (18) ist also jetzt im Sinne eines Raumintegrals aufzufassen.

Beispiel 1. Die Funktion [Bild 130a)]

$$h(x) = h(x, y) = h(x)\,h(y) \tag{387}$$

[$h(x)$ bzw. $h(y)$ sind die durch (11) definierten Sprungfunktionen für $t = x$ bzw. $t = y$] ist eine lokal integrierbare Funktion, es gilt nämlich für jedes $T > 0$

$$\int\limits_{-T}^{T}\int\limits_{-T}^{T} h(x, y)\,\mathrm{d}x\,\mathrm{d}y = \int\limits_{0}^{T}\!\!\int\limits_{0}^{T} \mathrm{d}x\,\mathrm{d}y = T^2 < \infty.$$

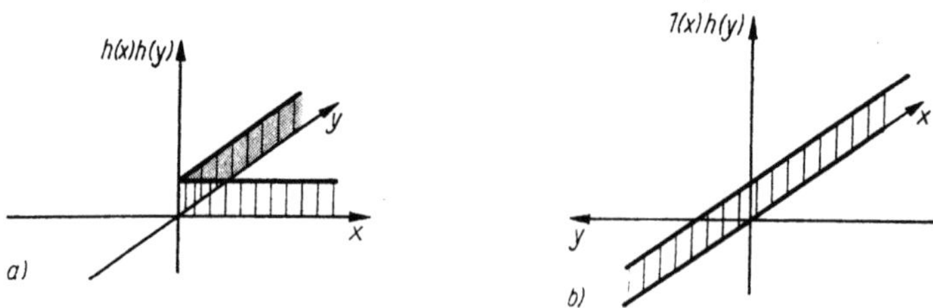

Bild 130. Beispiele für lokal integrierbare Funktionen

Beispiel 2. Die Funktion $f(\boldsymbol{x}) = f(x_1, \ldots, x_m) \equiv 0$ ist lokal integrierbar.

Beispiel 3. Bezeichnen wir mit $1(x)$ die Funktion

$$1(x) \equiv 1, \qquad -\infty < x < \infty, \tag{388}$$

so kann man die von x unabhängige Funktion

$$f(x, y) := 1(x)\, h(y) \tag{389}$$

[Bild 130b)] definieren. Auch sie ist lokal integrierbar in $\mathbb{R}^2$.

Beispiel 4. Die in Bild 126 skizzierte Funktion $p_\varepsilon(x, y)$ ist lokal integrierbar in $\mathbb{R}^2$.
Auch im mehrdimensionalen Fall sind zwei lokal integrierbare Funktionen $f(\boldsymbol{x})$ und $g(\boldsymbol{x})$ genau dann gleich, wenn sie fast überall übereinstimmen. In die Definition (22) sind dann entsprechende Mehrfachintegrale einzusetzen. Im Raum $\mathbb{R}^2$ können dann zwei gleiche Funktionen z. B. auf einer ganzen Linie abweichen. Analog zu Formel (73) läßt sich jeder lokal integrierbaren Funktion $f(\boldsymbol{x}) = f(x_1, \ldots, x_m)$ eine reguläre Distribution $f(\boldsymbol{x})$ mit Hilfe der Definition

$$\boxed{\langle f(\boldsymbol{x}), \varphi(\boldsymbol{x})\rangle = \int\limits_{\mathbb{R}^m} f(\boldsymbol{x})\, \varphi(\boldsymbol{x})\, \mathrm{d}v, \qquad \varphi(\boldsymbol{x}) \in \mathscr{D}(\mathbb{R}^m),} \tag{390}$$

zuordnen. Das Symbol $\int\limits_{\mathbb{R}^m}$ bedeutet, daß über den gesamten Raum $\mathbb{R}^m$ zu integrieren ist, $\mathrm{d}v$ ist dabei das Raumelement.

Beispiel 5. Die der Funktion (387) zugeordnete reguläre Distribution $h(\boldsymbol{x}) = h(x)\, h(y)$ ordnet jeder Testfunktion $\varphi(\boldsymbol{x}) = \varphi(x, y) \in \mathscr{D}(\mathbb{R}^2)$ die Zahl

$$\langle h(\boldsymbol{x}), \varphi(\boldsymbol{x})\rangle = \int\limits_{\mathbb{R}^2} h(\boldsymbol{x})\, \varphi(\boldsymbol{x})\, \mathrm{d}v = \int\limits_0^\infty \int\limits_0^\infty \varphi(x, y)\, \mathrm{d}x\, \mathrm{d}y$$

zu.
Für die Testfunktion (386) $\varphi(x, y) = \xi_1(x, y)$ [Bild 129a)] wird dieser Zahlenwert gerade durch den Rauminhalt des Bereiches gegeben, der durch die Koordinatenebenen und die Fläche $\xi_1(x, y)$ im Bereich $x \geqq 0$, $y \geqq 0$ begrenzt wird (Bild 131).

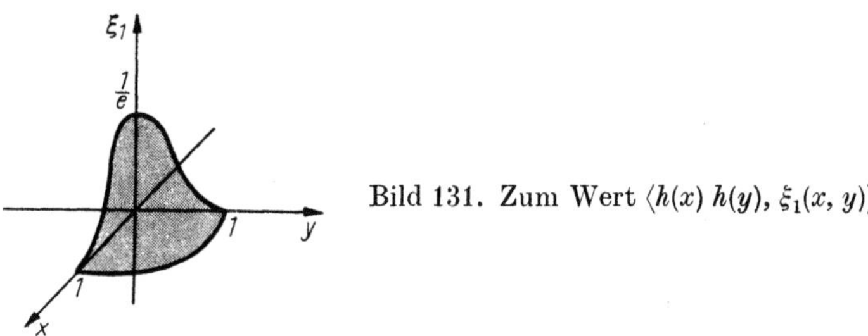

Bild 131. Zum Wert $\langle h(x)\, h(y),\, \xi_1(x,y)\rangle$

Beispiel 6. Die Nulldistribution, die jeder Testfunktion $\varphi(x) \in \mathcal{D}(\mathbb{R}^m)$ die Zahl 0 zuordnet, wird durch die Funktion $f(x) = f(x_1, \ldots, x_m) \equiv 0$ definiert.
Auch im m-dimensionalen Fall heißen alle nicht durch lokal integrierbare Funktionen in der Form (390) definierbaren Distributionen singulär.

Beispiel 7. Die Delta-Distribution $\delta(x - \lambda) \in \mathcal{D}'(\mathbb{R}^m)$ wird analog zu Formel (75) und in Übereinstimmung mit Abschnitt 14.2. durch

$$\boxed{\langle \delta(x - \lambda), \varphi(x)\rangle = \varphi(\lambda), \qquad \varphi(x) \in \mathcal{D}(\mathbb{R}^m), \qquad \lambda = (\lambda_1, \ldots, \lambda_m),} \tag{391}$$

definiert.

Beispiel 8. Im zweidimensionalen Fall wird die einfache Belegung einer stückweise glatten Kurve C in der x,y-Ebene, die durch die auf C vorgegebene stückweise stetige Funktion (Liniendichte) $\mu(x) = \mu(x, y)$ definiert ist, der Formel (381) entsprechend, mit dem Symbol $\mu(x)\,\delta_C$ bezeichnet und als die singuläre Distribution erklärt, die wegen (382) jeder Testfunktion $\varphi(x) \in \mathcal{D}(\mathbb{R}^2)$ die Zahl

$$\boxed{\langle \mu(x)\,\delta_C, \varphi(x)\rangle = \int\limits_C \mu(x)\,\varphi(x)\,\mathrm{d}s} \tag{392}$$

zuordnet, die durch den Wert des rechts stehenden Kurvenintegrals gegeben ist.
Weitere singuläre Distributionen ergeben sich im Zusammenhang mit der Ableitung von Distributionen.

Bemerkung: Im $\mathbb{R}^3$ repräsentiert (392), wenn C eine Fläche im Raum ist und $\mu(x) = \mu(x, y, z)$ eine Flächendichte darstellt, eine einfache Belegung der Fläche C. Das Integral in (392) ist dann als Flächenintegral im Raum aufzufassen. Diese einfachen Belegungen lassen sich allgemein im $\mathbb{R}^m$ erklären (vgl. [26]).
Die Gleichheit zweier Distributionen $f,\, g \in \mathcal{D}'(\mathbb{R}^m)$ wird ebenso erklärt, wie im Raum $\mathcal{D}' = \mathcal{D}'(\mathbb{R}^1)$. Man hat in der Definition (82) lediglich die Distributionen $f,\, g$ und die Testfunktionen φ des entsprechenden m-dimensionalen Falles einzusetzen. Insbesondere läßt sich wieder erklären, wann eine Distribution f in einem Raumbereich verschwindet bzw. dort mit einer anderen Distribution zusammenfällt.

Definition

Die Distribution $f(x) \in \mathcal{D}'(\mathbb{R}^m)$ stimmt im offenen Bereich B des Raumes $\mathbb{R}^m$ mit einer Distribution $g(x) \in \mathcal{D}'(\mathbb{R}^m)$ überein, wenn für alle außerhalb von B verschwindenden Testfunktionen $\varphi(x) \in \mathcal{D}(\mathbb{R}^m)$ die Beziehung $\langle f(x), \varphi(x)\rangle = \langle g(x), \varphi(x)\rangle$ gilt.

Beispiel 9. Die Delta-Distribution $\delta(\boldsymbol{x} - \lambda) \in \mathscr{D}'(\mathbb{R}^m)$ verschwindet im ganzen Raum $\mathbb{R}^m$ außerhalb des Punktes $\boldsymbol{x} = \lambda = (\lambda_1, \ldots, \lambda_m)$. Für jede Testfunktion $\varphi(\boldsymbol{x}) \in \mathscr{D}(\mathbb{R}^m)$, die nämlich außerhalb dieses Bereiches verschwindet, was bedeutet, daß $\varphi(\lambda) = 0$ gilt, erhält man offensichtlich $\langle \delta(\boldsymbol{x} - \lambda), \varphi(\boldsymbol{x}) \rangle = \varphi(\lambda) = 0$. Außerhalb des Punktes $\boldsymbol{x} = \lambda$ fällt also $\delta(\boldsymbol{x} - \lambda)$ mit der Funktion $f(\boldsymbol{x}) \equiv 0$ zusammen.

Beispiel 10. Die durch (392) definierte singuläre Distribution $\mu(\boldsymbol{x}) \delta_C \in \mathscr{D}'(\mathbb{R}^2)$ verschwindet außerhalb der Kurve C in der gesamten x,y-Ebene, was auch mit unseren Vorstellungen zur linienförmigen Belegung (vgl. Abschnitt 14.2., Linienkraft) übereinstimmt. Für jede Testfunktion $\varphi(\boldsymbol{x}) = \varphi(x, y)$, die außerhalb dieses durch Entfernung von C aus der Ebene entstehenden Bereiches, d. h. also auf C, verschwindet, ist der Wert des Linienintegrals (392) gleich Null. (Entsprechendes gilt für einfache Belegungen von Raumflächen.)
Bei der Übertragung der algebraischen Operationen und der Substitutionen des eindimensionalen Falles (Abschnitte 5.3., 5.4., 5.6.) gibt es keine Schwierigkeiten. Die Summe $f + g$ zweier Distributionen aus $\mathscr{D}'(\mathbb{R}^m)$, das Produkt αf einer Distribution mit einer Zahl sowie das Produkt $a(\boldsymbol{x}) f(\boldsymbol{x})$ einer Distribution mit einer beliebig oft stetig partiell differenzierbaren Funktion $a(\boldsymbol{x})$ sind durch die Formeln (86), (87) und (89) definiert. Es ist dort lediglich t durch $\boldsymbol{x}$ zu ersetzen.

Beispiel 11. Ist $a(\boldsymbol{x})$ eine nach sämtlichen Variablen $x_1, \ldots, x_m$ beliebig oft stetig partiell differenzierbare Funktion, so gilt in $\mathscr{D}'(\mathbb{R}^m)$ die zu Formel (91) analoge Beziehung

$$a(\boldsymbol{x}) \, \delta(\boldsymbol{x} - \lambda) = a(\lambda) \, \delta(\boldsymbol{x} - \lambda). \tag{393}$$

Beispiel 12. Die Dichte $\mu(\boldsymbol{x}) \, \delta_C$ einer linienförmigen einfachen Belegung, mit einer beliebig oft stetig partiell differenzierbaren Funktion $a(\boldsymbol{x}) = a(x, y)$ multipliziert, ergibt

$$a(\boldsymbol{x}) \big(\mu(\boldsymbol{x}) \, \delta_C \big) = a(\boldsymbol{x}) \, \mu(\boldsymbol{x}) \, \delta_C. \tag{394}$$

Es ist nämlich nach (89) und (392)

$$\langle a(\boldsymbol{x}) \big(\mu(\boldsymbol{x}) \, \delta_C \big), \varphi(\boldsymbol{x}) \rangle = \langle \mu(\boldsymbol{x}) \, \delta_C, a(\boldsymbol{x}) \, \varphi(\boldsymbol{x}) \rangle = \int_C \mu(\boldsymbol{x}) \, a(\boldsymbol{x}) \, \varphi(\boldsymbol{x}) \, \mathrm{d}s$$

$$= \int_C \big(a(\boldsymbol{x}) \, \mu(\boldsymbol{x}) \big) \, \varphi(\boldsymbol{x}) \, \mathrm{d}s = \langle a(\boldsymbol{x}) \, \mu(\boldsymbol{x}) \, \delta_C, \varphi(\boldsymbol{x}) \rangle.$$

Das stimmt ebenfalls mit den physikalischen Vorstellungen zur Linienkraft (Abschnitt 14.2., Beispiel 1) überein. Wird die ursprüngliche, nur auf C definierte Linienkraft $f_C = \mu(\boldsymbol{x})$ mit $a(\boldsymbol{x})$ multipliziert, so ist das Produkt eine wiederum nur auf C nicht verschwindende Linienkraft $a(\boldsymbol{x}) \, \mu(\boldsymbol{x})$.
Die um einen Vektor $\lambda = (\lambda_1, \ldots, \lambda_m)$ verschobene Distribution $f(\boldsymbol{x}) \in \mathscr{D}'(\mathbb{R}^m)$, also $f(\boldsymbol{x} - \lambda) = f(x_1 - \lambda_1, \ldots, x_m - \lambda_m)$, wird ebenfalls durch die Formeln (106) bzw. (107) definiert, wenn dort t durch $\boldsymbol{x}$, die Zahl λ durch den Vektor λ und das Integral durch ein m-faches Integral ersetzt werden, d. h.,

$$\langle f(\boldsymbol{x} - \lambda), \varphi(\boldsymbol{x}) \rangle = \langle f(\boldsymbol{x}), \varphi(\boldsymbol{x} + \lambda) \rangle$$

muß für alle $\varphi(\boldsymbol{x}) \in \mathscr{D}(\mathbb{R}^m)$ erfüllt sein.

Beispiel 13. Die im Punkt $o \in \mathbb{R}^m$ konzentrierte δ-Distribution wird entsprechend (391) durch $\langle \delta(\boldsymbol{x}), \varphi(\boldsymbol{x}) \rangle = \varphi(\boldsymbol{o})$ definiert. Die Verschiebungen um einen Vektor λ liefern für alle Testfunktionen $\varphi(\boldsymbol{x}) \in \mathcal{D}(\mathbb{R}^m)$

$$\langle \delta(\boldsymbol{x} - \lambda), \varphi(\boldsymbol{x}) \rangle = \langle \delta(\boldsymbol{x}), \varphi(\boldsymbol{x} + \lambda) \rangle = \varphi(\lambda).$$

Also werden durch (391) tatsächlich die verschobenen Delta-Distributionen definiert.

Leicht verändert werden gegenüber (108) muß die Definition für die Substitution $f(\boldsymbol{x}) \rightsquigarrow f(\alpha\boldsymbol{x}) = f(\alpha x_1, \ldots, \alpha x_m)$. Betrachtet man zunächst für eine Funktion $f(\boldsymbol{x})$ den Übergang zu $f(\alpha\boldsymbol{x})$, so kommt man (in den dort auftretenden m Integralen jeweils die Substitutionen $\alpha x_i = \tau_i$ eingeführt) zur folgenden

Definition

Ist $\alpha \neq 0$ eine beliebige reelle **Zahl** und $f(\boldsymbol{x})$ eine beliebige Distribution in $\mathcal{D}'(\mathbb{R}^m)$, so wird die Distribution $f(\alpha\boldsymbol{x})$ durch

$$\langle f(\alpha\boldsymbol{x}), \varphi(\boldsymbol{x}) \rangle = \frac{1}{|\alpha|^m} \left\langle f(\boldsymbol{x}), \varphi\left(\frac{\boldsymbol{x}}{\alpha}\right) \right\rangle \tag{395}$$

definiert, wobei $\varphi(\boldsymbol{x})$ jede beliebige Testfunktion in $\mathcal{D}(\mathbb{R}^m)$ sein kann. [Für $m = 1$ folgt (108).]

Beispiel 14. In Verallgemeinerung von (110) und (111) gilt jetzt in $\mathcal{D}'(\mathbb{R}^m)$ für reelles $\alpha \neq 0$

$$\boxed{\delta(\alpha\boldsymbol{x} - \lambda) = \frac{1}{|\alpha|^m}\, \delta\left(\boldsymbol{x} - \frac{\lambda}{\alpha}\right).} \tag{396}$$

Bemerkung: Das Produkt $\alpha\boldsymbol{x} = (\alpha x_1, \ldots, \alpha x_m)$ des Vektors $\boldsymbol{x} = (x_1, \ldots, x_m)$ mit der Zahl $\alpha \neq 0$ läßt sich auch als Produkt der (m,m)-Matrix

$$\boldsymbol{A} = \alpha\boldsymbol{E} = \begin{pmatrix} \alpha & 0 \ldots 0 \\ 0 & \alpha \ldots 0 \\ \ldots & \\ 0 & \ldots \alpha \end{pmatrix},$$

die nur in der Hauptdiagonalen nicht verschwindende Elemente $a_{ii} = \alpha$ $(i = 1, \ldots, m)$ besitzt ($\boldsymbol{E}$ bezeichnet die (m,m)-Einheitsmatrix [15, I, S. 148]), mit dem als Spaltenvektor geschriebenen Vektor $\boldsymbol{x}$ auffassen. Es gilt nämlich (vgl. [15, I, S. 161])

$$\boldsymbol{A}\boldsymbol{x} = \begin{pmatrix} \alpha & 0 \ldots 0 \\ 0 & \alpha \ldots 0 \\ \ldots & \\ 0 & \ldots \alpha \end{pmatrix} \begin{pmatrix} x_1 \\ x_2 \\ \vdots \\ x_m \end{pmatrix} = \begin{pmatrix} \alpha x_1 \\ \alpha x_2 \\ \vdots \\ \alpha x_m \end{pmatrix},$$

was dem als Spaltenvektor geschriebenen Produkt $\alpha\boldsymbol{x}$ entspricht. Die Determinante $\det \boldsymbol{A}$ der Matrix $\boldsymbol{A}$ (vgl. (15, I, S. 188f.]) lautet hier

$$\det \boldsymbol{A} = \begin{vmatrix} \alpha & 0 \ldots 0 \\ 0 & \alpha \ldots 0 \\ \ldots & \\ 0 & \ldots \alpha \end{vmatrix} = \alpha^m,$$

und es gilt $\det A \neq 0$ wegen $\alpha \neq 0$. Die zu A *inverse Matrix* (*Kehrmatrix*) A^{-1} (vgl. [15, I, S. 163]) existiert und ist hier die (m,m)-Matrix

$$A^{-1} = \frac{1}{\alpha}\,E,$$

die nur in der Hauptdiagonalen nicht verschwindende Elemente $1/\alpha$ besitzt. Dann kann man den als Spaltenvektor geschriebenen Vektor x/α [s. rechte Seite von (395)] auch als Matrizenprodukt $A^{-1}x = \frac{1}{\alpha}\,Ex = \frac{x}{\alpha}$ schreiben, und die Definition (395) erhält die Gestalt

$$\langle f(Ax), \varphi(x)\rangle = \frac{1}{|\det A|}\,\langle f(x), \varphi(A^{-1}x)\rangle.$$

Diese Form läßt sich weiter verallgemeinern, wenn man lineare Transformationen in folgender Weise betrachtet.

Sind A eine beliebige (m,m)-Matrix mit nicht verschwindender Determinante und $\lambda \in \mathbb{R}^m$ ein beliebiger Vektor (ebenso wie x als Spaltenvektor aufgefaßt), so wird durch die Formel

$$\langle f(Ax - \lambda), \varphi(x)\rangle = \frac{1}{|\det A|}\,\big\langle f(x),\ \varphi(A^{-1}(x + \lambda))\big\rangle$$

eine Distribution $f(Ax - \lambda) \in \mathscr{D}'(\mathbb{R}^m)$ definiert, die als lineare Substitution der Distribution $f(x) \in \mathscr{D}'(\mathbb{R}^m)$ bezeichnet wird. Für den Fall $\lambda = o$ und $A = \alpha E$ ($\alpha \neq 0$ beliebig reell) ergibt sich wieder die Definition (395) der Ähnlichkeitstransformation. Im Falle eines beliebigen Vektors $\lambda \in \mathbb{R}^m$ und $A = E = A^{-1}$ (d. h., $\det A = 1$, $Ax = x$, $A^{-1}(x + \lambda) = x + \lambda$) folgt die Definition

$$\langle f(x - \lambda), \varphi(x)\rangle = \langle f(x), \varphi(x + \lambda)\rangle$$

der Verschiebung (Translation). Betrachtet man eine reine Drehung des rechtwinkligen (x,y,z)-Koordinatensystems, so besteht zwischen den Koordinatenachsen x^*, y^*, z^* des neuen rechtwinkligen Systems, welches durch reine Drehung des alten Systems entsteht, und dem (x,y,z)-System eine Transformationsgleichung $x^* = Ax \left(x^* = \begin{pmatrix} x^* \\ y^* \\ z^* \end{pmatrix}\right)$, wobei die $(3,3)$-Matrix A die

Richtungscosinus zwischen alten und neuen Achsen als Elemente enthält und eine Determinante mit dem Betrag $|\det A| = 1$ besitzt (vgl. [4, S. 186], [12, S. 554f.]), d. h., für reine Drehungen lautet die Definition

$$\langle f(Ax), \varphi(x)\rangle = \langle f(x), \varphi(A^{-1}x)\rangle.$$

Beispielsweise gilt für eine beliebige Drehung und die Delta-Distribution $\delta(x) \in \mathscr{D}'(\mathbb{R}^3)$

$$\langle \delta(Ax), \varphi(x)\rangle = \langle \delta(x), \varphi(A^{-1}x)\rangle = \varphi(A^{-1}o) = \varphi(o) = \langle \delta(x), \varphi(x)\rangle,$$

d. h., $\delta(Ax) = \delta(x)$, womit $\delta(x)$ invariant gegenüber Drehungen oder kugelsymmetrisch ist. Allgemein nennt man eine Distribution f, für die $f(Ax - \lambda) = f(x)$ gilt, *invariant* bezüglich der betrachteten Transformation. Auf diese Weise lassen sich weitere Symmetrien einführen.

Der Konvergenzbegriff für Distributionen über $\mathbb{R}$ (vgl. Abschnitt 5.8.) läßt sich wieder direkt sinngemäß übernehmen.

Beispiel 15. Für die Folge regulärer Distributionen aus $\mathscr{D}'(\mathbb{R}^2)$, deren Glieder durch die Funktionen

$$f_n(x, y) = p_{1/n}(x, y) = \begin{cases} 0 & \text{für}\quad x^2 + y^2 > \dfrac{1}{n^2} \\[2ex] \dfrac{F}{\pi}\,n^2 & \text{für}\quad x^2 + y^2 \leq \dfrac{1}{n^2} \end{cases}$$

(das sind die Funktionen des Bildes 126 für $\varepsilon = 1/n$) definiert werden, gilt für $n \to \infty$

$$f_n(x, y) \xrightarrow{\;\mathcal{D}'(\mathbb{R}^2)\;} F\delta(x, y),$$

womit der Grenzprozeß (379) jetzt einen Sinn bekommt. Es ist nämlich für alle Testfunktionen $\varphi(x, y) \in \mathcal{D}(\mathbb{R}^2)$

$$\langle f_n(x, y), \varphi(x, y)\rangle = \int_{\mathbb{R}^2} p_{1/n}(x, y)\, \varphi(x, y)\, \mathrm{d}x\, \mathrm{d}y$$

$$= Fn^2\, \frac{1}{\pi} \iint_{x^2+y^2 \leq 1/n^2} \varphi(x, y)\, \mathrm{d}x\, \mathrm{d}y \to F\varphi(0, 0)$$

$$= \langle F\delta(x, y), \varphi(x, y)\rangle,$$

was wir schon mit (380) nachgewiesen hatten.

15.3. Partielle Ableitung für Distributionen

Übertragung der Definition (92) auf den m-dimensionalen Fall führt zur folgenden

Definition

Die (verallgemeinerte) partielle Ableitung $\dfrac{\partial f(\boldsymbol{x})}{\partial x_i}$ $(i = 1, \ldots, m)$ der Distribution $f(\boldsymbol{x}) \in \mathcal{D}'(\mathbb{R}^m)$ ist diejenige Distribution, die für alle Testfunktionen $\varphi(\boldsymbol{x}) \in \mathcal{D}(\mathbb{R}^m)$ durch

$$\left\langle \frac{\partial f(\boldsymbol{x})}{\partial x_i}, \varphi(\boldsymbol{x})\right\rangle = -\left\langle f(\boldsymbol{x}), \frac{\partial \varphi(\boldsymbol{x})}{\partial x_i}\right\rangle \qquad (i = 1, 2, \ldots, m) \tag{397}$$

definiert wird.

Ebenso wie im eindimensionalen Falle ist auch hier jede Distribution beliebig oft partiell differenzierbar, und die Reihenfolge der Ableitung spielt keine Rolle, d. h., z. B. $\dfrac{\partial^2 f(x, y)}{\partial x\, \partial y}$ und $\dfrac{\partial^2 f(x, y)}{\partial y\, \partial x}$ liefern ein [und dieselbe Distribution. Höhere Ableitungen werden durch mehrfache Anwendung der Formel (397) berechnet. Für die partielle Ableitung gelten die Formeln (102) und (103) im übertragenen Sinne. Es ist dort lediglich $t = \boldsymbol{x}$ zu setzen, und für die Ableitungen $(.)'$ und $(.)^{\boldsymbol{\cdot}}$ ist die zu bildende partielle Ableitung zu wählen.

Beispiel 1. Wir bilden einige Ableitungen der regulären Distribution (387) [Bild 130a)] $h(x, y) = h(x)\, h(y)$ und beachten $\varphi(\infty, y) = \varphi(x, \infty) = 0$, da jede Testfunktion $\varphi(x, y)$ außerhalb eines beschränkten Gebietes verschwindet.

$$\left\langle \frac{\partial h(x, y)}{\partial x}, \varphi(x, y)\right\rangle = -\left\langle h(x, y), \frac{\partial \varphi(x, y)}{\partial x}\right\rangle = -\int_0^\infty\!\!\int_0^\infty \frac{\partial \varphi(x, y)}{\partial x}\, \mathrm{d}x\, \mathrm{d}y$$

$$= -\int_0^\infty \left(\varphi(x, y)\big|_{x=0}^\infty\right) \mathrm{d}y = \int_0^\infty \varphi(0, y)\, \mathrm{d}y$$

$$= \int_{-\infty}^\infty h(y)\, \varphi(0, y)\, \mathrm{d}y = \langle h(y)\, \delta_C, \varphi(x, y)\rangle,$$

wenn C die y-Achse bezeichnet. $\partial h(x, y)/\partial x = h(y)\, \delta_C$ entspricht also einer einfachen Belegung der y-Achse mit der Liniendichte $\mu(x, y) = h(y)$. Entsprechend gilt $\partial h(x, y)/\partial y = h(x)\, \delta_C$, wenn C die x-Achse bezeichnet. Die gemischte Ableitung erhält man, wenn man eine der beiden obigen Ableitungen noch einmal nach der jeweils anderen Variablen ableitet.

$$\left\langle \frac{\partial^2 h(x, y)}{\partial x\, \partial y}, \varphi(x, y) \right\rangle = (-1)^2 \left\langle h(x, y), \frac{\partial^2 \varphi(x, y)}{\partial x\, \partial y} \right\rangle = \int\limits_0^\infty \int\limits_0^\infty \frac{\partial^2 \varphi(x, y)}{\partial x\, \partial y}\, \mathrm{d}x\, \mathrm{d}y$$

$$= \int\limits_0^\infty \left(\frac{\partial \varphi(x, y)}{\partial y}\bigg|_{x=0}^{\infty} \right) \mathrm{d}y = - \int\limits_0^\infty \frac{\partial \varphi(0, y)}{\partial y}\, \mathrm{d}y$$

$$= -\varphi(0, y)\big|_{y=0}^{\infty} = \varphi(0, 0) = \langle \delta(x, y), \varphi(x, y) \rangle.$$

Es gilt also

$$\boxed{\ \frac{\partial^2 h(x, y)}{\partial x\, \partial y} = \delta(x, y).\ }$$

(398)

In Verallgemeinerung von Formel (398) kann man folgendes zeigen.

> Die Delta-Distribution in $\mathscr{D}'(\mathbb{R}^m)$ läßt sich als partielle Ableitung m-ter Ordnung der Funktion $h(x) = h(x_1)\, h(x_2) \dots h(x_m) = \prod\limits_{i=1}^{m} h(x_i)$ in der Form
>
> $$\delta(x) = \frac{\partial^m h(x)}{\partial x_1\, \partial x_2 \dots \partial x_m}$$
>
> (399)
>
> schreiben.

In Analogie zum Fall $m = 1$ gilt:

> Besitzt eine im offenen Bereich $B \subseteq \mathbb{R}^m$ $(m = 2, 3, \dots)$ stetige Funktion $f(x)$ eine in B stetige Funktionenableitung $\left\{ \dfrac{\partial f}{\partial x_i} \right\}$ (die geschweifte Klammer steht lediglich zur Unterscheidung der Funktionenableitung von der entsprechenden Distributionenableitung), so stimmt die Distributionenableitung $\dfrac{\partial f}{\partial x_i}$ mit der Funktionenableitung in B überein $(B = \mathbb{R}^m$ ist möglich).

Diese Aussage gilt nicht mehr, wenn z. B. jeder Punkt einer Kurve C in der x,y-Ebene oder einer Fläche C im Raum Sprungstelle der Funktion $f(x)$ ist. Dann kommen — wie bei Formel (100) — zur Funktionenableitung noch gewisse singuläre Distributionen hinzu, die die Sprünge repräsentieren, wobei es sich hier allerdings nicht einfach um die Delta-Distribution, sondern um einfache Belegungen handelt.

Beispiel 2. Für die Funktion $h(x, y) = h(x)\, h(y)$ (s. Beispiel 1) sind alle Punkte der positiven Achsen Sprungstellen der konstanten Höhen eins [Bild 130a)]. Die (lokal integrierbaren) Funktionenableitungen lauten

$$\left\{\frac{\partial h(x,\,y)}{\partial x}\right\} = 0 \quad \text{und} \quad \left\{\frac{\partial h(x,\,y)}{\partial y}\right\} = 0.$$

Die Distributionenableitungen sind nach Beispiel 1

$$\frac{\partial h(x,\,y)}{\partial x} = h(y)\,\delta_C = \left\{\frac{\partial h(x,\,y)}{\partial x}\right\} + h(y)\,\delta_C \quad (C\colon y\text{-Achse})$$

$$\frac{\partial h(x,\,y)}{\partial y} = h(x)\,\delta_C = \left\{\frac{\partial h(x,\,y)}{\partial y}\right\} + h(x)\,\delta_C \quad (C\colon x\text{-Achse}).$$

Beide einfachen Belegungen $h(y)\,\delta_C$ bzw. $h(x)\,\delta_C$ sind jeweils nur auf den entsprechenden nichtnegativen Achsen singulär.

Die der Formel (100) entsprechende, aber nicht ganz so leicht zu überblickende Aussage (vgl. [26, S. 85]) lautet z. B. im zweidimensionalen Fall allgemein:

Ein Bereich B in der x,y-Ebene werde durch eine stückweise glatte Kurve C berandet. Die Funktion $f(x)$ [$x = (x,\,y)$] und deren Ableitungen $\left\{\dfrac{\partial f(x)}{\partial x_i}\right\}$ $(x_1 = x,\ x_2 = y)$ seien überall in der x,y-Ebene stetig, außer eventuell auf C. Besitzen jedoch alle diese Funktionen für jeden Punkt $x \in C$ einen endlichen äußeren und inneren Grenzwert bei Annäherung an $x \in C$ von außen und von innen [d. h., es treten höchstens Sprünge auf (Bild 132)], so gilt für den Zusammenhang zwischen Distri-

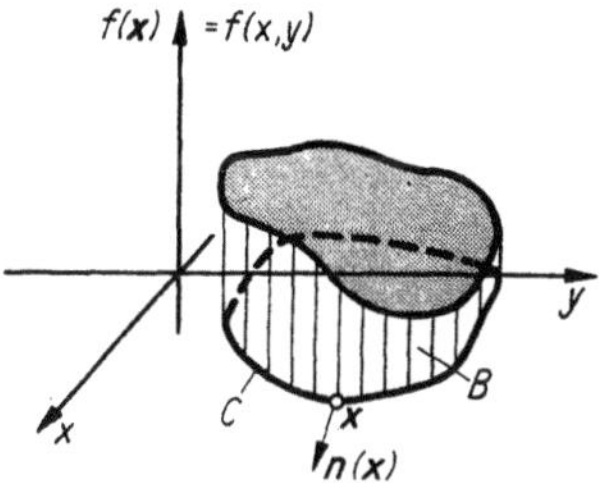

Bild 132. Zur Veranschaulichung der Formel (400)

butionenableitungen und Funktionenableitungen die Beziehung

$$\frac{\partial f}{\partial x_i} = \left\{\frac{\partial f}{\partial x_i}\right\} + \mu(x)\,\delta_C \quad (i = 1,\,2), \tag{400}$$

worin die auf C definierte Funktion $\mu(x)$ durch

$$\mu(x) = f_C(x)\,\cos\big(n(x),\,x_i\big)$$

gegeben ist. $n(x)$ ist dabei der im Punkt x an die Kurve C angelegte Außennormalenvektor, $\big(n(x),\,x_i\big)$ bezeichnet den Winkel zwischen diesem und der jeweiligen Achsenrichtung x_i (x oder y), und $f_C(x)$ ist der Sprung, den die Funktion $f(x)$ beim Überqueren der Kurve C im Punkt x von außen nach innen besitzt.

Bemerkung: Für die in Bild 132 skizzierte Funktion $f(x)$, die außerhalb von B gleich Null und innerhalb von B stets positiv ist, wäre $f_C(x)$ stets negativ, da — unserer

Definition entsprechend — vom äußeren Grenzwert Null der innere positive Grenzwert zu subtrahieren ist.

Für $m \geq 3$ gilt (400) analog.

Beispiel 3. Die Funktion (Bild 133)

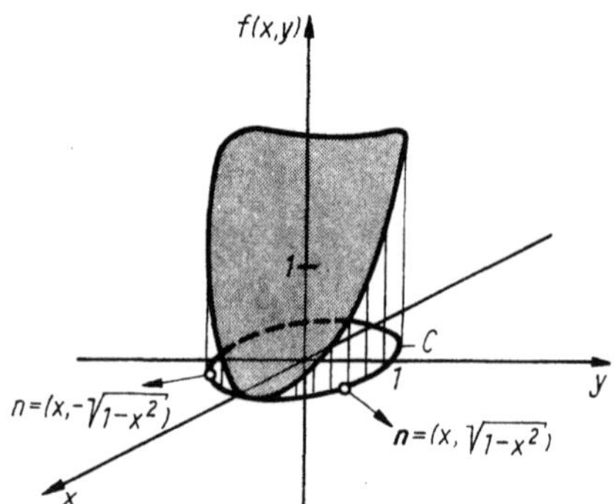

Bild 133. Zur Veranschaulichung der Formel (400)

$$f(\boldsymbol{x}) = f(x, y) = \begin{cases} 0 & \text{für} \quad x^2 + y^2 > 1 \\ 1 - x + y^2 & \text{für} \quad x^2 + y^2 \leqq 1 \end{cases}$$

und deren Funktionenableitungen

$$\left\{\frac{\partial f}{\partial x}\right\} = \begin{cases} 0 & \text{für} \quad x^2 + y^2 > 1 \\ -1 & \text{für} \quad x^2 + y^2 < 1 \end{cases} \quad \text{und} \quad \left\{\frac{\partial f}{\partial y}\right\} = \begin{cases} 0 & \text{für} \quad x^2 + y^2 > 1 \\ 2y & \text{für} \quad x^2 + y^2 < 1 \end{cases}$$

sind innerhalb und außerhalb des Einheitskreises C um den Punkt $(0, 0)$ stetig und besitzen endliche äußere und innere Grenzwerte auf C. Man erkennt sofort, daß jeder Punkt von C Sprungstelle von $f(\boldsymbol{x})$ und deren Ableitungen ist. Die die Sprünge der Funktion $f(\boldsymbol{x})$ (von außen nach innen) repräsentierende Funktion $f_C(\boldsymbol{x})$ lautet hier

$$f_C(\boldsymbol{x}) = f_C(x, y) = -f\left(x, \pm \sqrt{1 - x^2}\right) = x^2 + x - 2,$$

wobei x das Intervall $[-1, 1]$ durchläuft. Der Außennormalenvektor an einen Punkt des oberen Halbkreises C_0 lautet $\boldsymbol{n} = \left(x, \sqrt{1 - x^2}\right)$, in einem Punkt (x, y) des unteren Halbkreises C_u $\boldsymbol{n} = \left(x, -\sqrt{1 - x^2}\right)$. Es gilt

$$\cos(\boldsymbol{n}, x) = x \quad \text{und} \quad \cos(\boldsymbol{n}, y) = y = \pm\sqrt{1 - x^2}.$$

Die einfachen Belegungen in Formel (400) lauten

$$x_i = x:\ \mu(\boldsymbol{x})\,\delta_C = (x^3 + x^2 - 2x)\,\delta_C$$

$$x_i = y:\ \mu(\boldsymbol{x})\,\delta_C = (x^2 + x - 2)\sqrt{1 - x^2}\,\delta_{C_0} - (x^2 + x - 2)\sqrt{1 - x^2}\,\delta_{C_\mathrm{u}}.$$

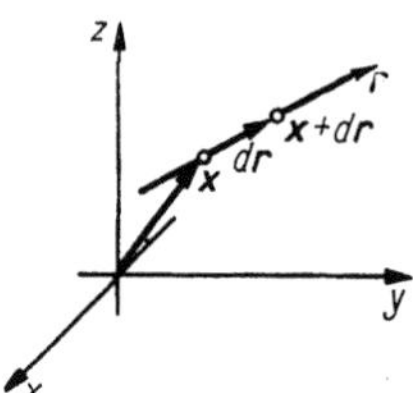

Bild 134. Zur Richtungsableitung

Die Ableitung einer Testfunktion $\varphi(x) \in \mathcal{D}(\mathbb{R}^2)$ in einer vorgegebenen Richtung $r = n$ haben wir schon mit Formel (385) definiert. Für Testfunktionen $\varphi(x) \in \mathcal{D}(\mathbb{R}^3)$ ist die Ableitung in einer fest vorgegebenen Richtung r (Bild 134) analog definiert:

$$\frac{\partial \varphi(x)}{\partial r} := \lim_{|\mathrm{d}r| \to 0} \left(\frac{\varphi(x + \mathrm{d}r) - \varphi(x)}{|\mathrm{d}r|} \right)$$

$$= \cos(r, x) \frac{\partial \varphi(x)}{\partial x} + \cos(r, y) \frac{\partial \varphi(x)}{\partial y} + \cos(r, z) \frac{\partial \varphi(x)}{\partial z}$$

(vgl. [7, III., S. 363]).

Überträgt man die Richtungsableitung auf beliebige Distributionen $f(x) \in \mathcal{D}'(\mathbb{R}^m)$ ($m = 2, 3$), so gelangt man, wenn in obiger Richtungsableitung φ durch f ersetzt wird, über die Definition (397) zur Definition der Richtungsableitung

$$\boxed{\left\langle \frac{\partial f(x)}{\partial r}, \varphi(x) \right\rangle = - \left\langle f(x), \frac{\partial \varphi(x)}{\partial r} \right\rangle, \qquad \varphi \in \mathcal{D}(\mathbb{R}^m).} \tag{401}$$

Beispiel 4. Für $f(x) = \delta(x - \lambda)$ ergibt sich speziell

$$\boxed{\left\langle \frac{\partial \delta(x - \lambda)}{\partial r}, \varphi(x) \right\rangle = - \left. \frac{\partial \varphi(x)}{\partial r} \right|_{x = \lambda}.} \tag{402}$$

Die physikalische Bedeutung der Distribution $-m_{\mathrm{D}} \dfrac{\partial \delta(x - \lambda)}{\partial r} \in \mathcal{D}'(\mathbb{R}^3)$ ($m_{\mathrm{D}} = \text{const.}$) für eine fest vorgegebene Richtung r ergibt sich wie folgt. Im Punkt $x = \lambda \in \mathbb{R}^3$ befinde sich ein elektrischer Dipol, dessen Achse gerade die Richtung r hat und der das endliche Dipolmoment m_{D} besitzt. Zunächst legen wir zwei Ladungen $-Q = -m_{\mathrm{D}}/|\mathrm{d}r|$ und $Q = m_{\mathrm{D}}/|\mathrm{d}r|$ in die Punkte $x = \lambda$ und $x = \lambda + \mathrm{d}r$ (Bild 135). Die Ladungsdichte lautet dann

$$\varrho_{\mathrm{d}r}(x) = \frac{m_{\mathrm{D}}}{|\mathrm{d}r|} \big(\delta(x - [\lambda + \mathrm{d}r]) - \delta(x - \lambda) \big).$$

Um zum Dipol zu gelangen, lassen wir $|\mathrm{d}r|$ gegen Null streben. Es ergibt sich eine Distributionenfolge mit der Eigenschaft, daß für beliebige Testfunktionen $\varphi(x) \in \mathcal{D}(\mathbb{R}^3)$ der Grenzübergang

$$\langle \varrho_{\mathrm{d}r}(x), \varphi(x) \rangle = \frac{m_{\mathrm{D}}}{|\mathrm{d}r|} \big(\varphi(\lambda + \mathrm{d}r) - \varphi(\lambda) \big) \to m_{\mathrm{D}} \left. \frac{\partial \varphi(x)}{\partial r} \right|_{x = \lambda}$$

im Sinne der Zahlenfolgen gilt. Das bedeutet aber, daß wegen Formel (402) für $|\mathrm{d}r| \to 0$ im Sinne der Distributionenkonvergenz

$$\varrho_{\mathrm{d}r}(x) \xrightarrow{\mathcal{D}'(\mathbb{R}^3)} - m_{\mathrm{D}} \frac{\partial \delta(x - \lambda)}{\partial r}$$

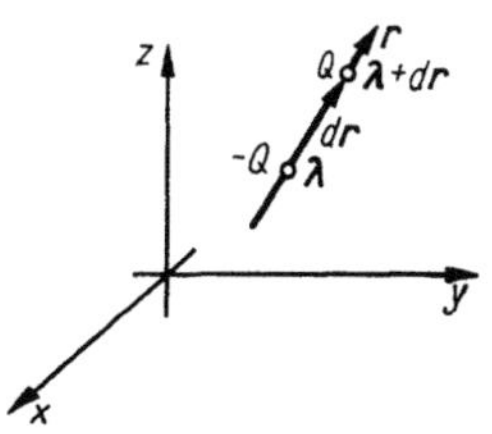

Bild 135. Zum elektrischen Dipol im Raum

folgt. Man kann also die Distribution $-m_{\mathrm{D}} \dfrac{\partial \delta(\boldsymbol{x} - \lambda)}{\partial \boldsymbol{r}}$ als Dichte eines im Punkt $\boldsymbol{x} = \lambda$ befindlichen elektrischen Dipols mit dem Moment m_{D} und der Achsenrichtung $\boldsymbol{r}$ auffassen. Analog läßt sich auch der mechanische Dipol erklären.

Beispiel 5. Eine gewisse Verallgemeinerung der Dichte eines Einzeldipols stellt die schon mit dem Symbol (383) im Abschnitt 14.2. bezeichnete Dipolbelegung (Doppelbelegung) einer stückweise glatten Kurve (oder Fläche) C dar. Wir hatten dort schon bemerkt, daß wir die zugehörige Dichte als eine (singuläre) Distribution definieren müssen, die jeder Testfunktion den Wert des Kurven- (oder Flächen-) Integrals (384) zuordnet. Ist also eine Doppelbelegung der Linien- (oder Flächen-) Dichte $\mu(\boldsymbol{x})$ gegeben, so wird ihre Distributionendichte durch die Beziehung

$$\boxed{\left\langle -\frac{\partial}{\partial \boldsymbol{n}} \left(\mu(\boldsymbol{x})\, \delta_C \right),\, \varphi(\boldsymbol{x}) \right\rangle = \int\limits_C \mu(\boldsymbol{x})\, \frac{\partial \varphi(\boldsymbol{x})}{\partial \boldsymbol{n}}\, ds} \tag{403}$$

für alle Testfunktionen $\varphi(\boldsymbol{x}) \in \mathcal{D}(\mathbb{R}^2)$ [oder $\mathcal{D}(\mathbb{R}^3)$] definiert. Die Normalableitungen der Testfunktionen sind durch (385) [oder wie im Zusammenhang mit (401)] definiert.

Auch die singuläre Distribution $-\dfrac{\partial}{\partial \boldsymbol{n}} \left(\mu(\boldsymbol{x})\, \delta_C \right)$ verschwindet außerhalb von C, d. h., sie fällt dort mit der Funktion $f(\boldsymbol{x}) \equiv 0$ zusammen.

Differenziert man den Ausdruck (400) unter geeigneten Voraussetzungen an die Funktionenableitungen weiter, so werden natürlich auch die Sprünge der Ableitungen eine Rolle spielen.

Beispiel 6. Die Funktion

$$f(x, y) = 1(y)\, h(x)\, [1 + x] = \begin{cases} 0 & \text{für} \quad x < 0,\ y \text{ beliebig} \\ 1 + x & \text{für} \quad x \geqq 0,\ y \text{ beliebig} \end{cases}$$

besitzt die Funktionenableitungen

$$\left\{ \frac{\partial f}{\partial x} \right\} = 1(y)\, h(x) = \begin{cases} 0 & \text{für} \quad x < 0,\ y \text{ beliebig} \\ 1 & \text{für} \quad x \geqq 0,\ y \text{ beliebig} \end{cases}$$

und

$$\left\{ \frac{\partial^2 f}{\partial x^2} \right\} = 0 \qquad \text{(Die Gleichheit ist im Sinne der unstetigen Funktionen zu verstehen.)}$$

Für die Distributionenableitungen folgt

$$\frac{\partial f}{\partial x} = 1(y)\, h(x) + 1(y)\, \delta_C \qquad (C \text{ ist die } y\text{-Achse})$$

und

$$\frac{\partial^2 f}{\partial x^2} = 0 + 1(y)\, \delta_C + \frac{\partial}{\partial x} \left(1(y)\, \delta_C \right).$$

Man erhält die Ableitungen über die Definition (397) oder die Formel (400). Der auf der gesamten y-Achse konstante Sprung der Höhe eins, den $f(x, y)$ besitzt, wird in der ersten Ableitung durch die einfache Belegung $1(y)\, \delta_C$ der y-Achse C ausgedrückt, in der zweiten Ableitung erscheint er als doppelte Belegung $\dfrac{\partial}{\partial x} \left(1(y)\, \delta_C \right)$. Der auf der y-Achse vorhandene Sprung der ersten Funktionenableitung (konstante Höhe eins) erscheint in der zweiten Distributionenableitung als einfache Belegung $1(y)\, \delta_C$ der y-Achse.

15.4. Das direkte Produkt von Distributionen

Neben dem gewöhnlichen Produkt z. B. zweier Funktionen $f(x)$ und $g(x)$, das zur ebenfalls nur von x abhängenden Funktion $p(x) = f(x)\,g(x)$ führt, kann man auch noch ein weiteres Produkt zwischen Funktionen $f(x)$ und $g(x)$, die von verschiedenen Variablen abhängen, definieren. Dieses (direkte) Produkt führt dann allerdings von den beiden — jeweils nur von einer Variablen abhängenden — Funktionen zur Funktion $p(x, y) = f(x)\,g(y)$ der zwei unabhängigen Variablen x und y.

Beispiel 1. Die Funktion (387) $h(x, y) = h(x)\,h(y)$ [Bild 130a)] ist ein solches *direktes Produkt*.
Für $m = 2$ ergibt das direkte Produkt $p(x, y) = f(x)\,g(y)$ für alle $\varphi(x, y) \in \mathscr{D}(\mathbb{R}^2)$

$$\langle f(x)\,g(y), \varphi(x, y)\rangle = \int\limits_{-\infty}^{\infty} \int\limits_{-\infty}^{\infty} f(x)\,g(y)\,\varphi(x, y)\,\mathrm{d}y\,\mathrm{d}x$$

$$= \int\limits_{-\infty}^{\infty} f(x) \int\limits_{-\infty}^{\infty} g(y)\,\varphi(x, y)\,\mathrm{d}y\,\mathrm{d}x = \langle f(x), \langle g(y), \varphi(x, y)\rangle\rangle,$$

wenn man auf die Symbolik des eindimensionalen Falles zurückgreift und die Zah $\langle g(y), \varphi(x, y)\rangle$, die die reguläre Distribution $g(y)$ im auf y bezogenen eindimensionalen Fall der Testfunktion $\varphi(x, y)$ zuordnet, als Funktion des noch freien Parameters x auffaßt. Es läßt sich zeigen (vgl. [26, S. 95]), daß der Ausdruck $\psi(x) = \langle g(y), \varphi(x, y)\rangle$ stets wieder eine Testfunktion im auf x bezogenen eindimensionalen Fall ist, so daß $\langle f(x), \langle g(y), \varphi(x, y)\rangle\rangle$ dort tatsächlich den ursprünglichen Sinn besitzt.
Diese Überlegungen lassen sich auf Funktionen $f(\boldsymbol{x}) = f(x_1, \ldots, x_m)$ und $g(\boldsymbol{y}) = g(y_1, \ldots, y_n)$ ausdehnen, die im $\mathbb{R}^m$ und im $\mathbb{R}^n$ definiert sind. Das direkte Produkt $p(\boldsymbol{x}, \boldsymbol{y}) = p(x_1, \ldots, x_m, y_1, \ldots, y_n) = f(\boldsymbol{x})\,g(\boldsymbol{y})$ ist dann eine im $\mathbb{R}^{m+n}$ definierte Funktion.

Beispiel 2. Das direkte Produkt $h(\boldsymbol{x}) = h(x_1)\,h(x_2)$ und $h(\boldsymbol{y}) = h(x_3)\,h(x_4)$ $[\boldsymbol{x} = (x_1, x_2),$ $\boldsymbol{y} = (x_3, x_4)]$ ergibt im $\mathbb{R}^4$ die Funktion $h(\boldsymbol{x})\,h(\boldsymbol{y}) = h(x_1)\,h(x_2)\,h(x_3)\,h(x_4)$.
Die oben angegebene Formel für die Darstellung des Funktionenproduktes $f(x)\,g(y)$ in der Distributionentheorie wird wieder auf alle Distributionen übertragen.

Definition

> Sind $f(x) \in \mathscr{D}'(\mathbb{R}^m)$ und $g(y) \in \mathscr{D}'(\mathbb{R}^n)$ zwei beliebige Distributionen $(m = 1, 2, \ldots;\ n = 1, 2, \ldots)$, so ist das *direkte Produkt* $f(\boldsymbol{x}) \otimes g(\boldsymbol{y})$ diejenige Distribution im Raum $\mathscr{D}'(\mathbb{R}^{m+n})$, die für alle Testfunktionen $\varphi = \varphi(\boldsymbol{x}, \boldsymbol{y}) \in \mathscr{D}(\mathbb{R}^{m+n})$ durch die Beziehung
>
> $$\langle f(\boldsymbol{x}) \otimes g(\boldsymbol{y}), \varphi(\boldsymbol{x}, \boldsymbol{y})\rangle = \langle f(\boldsymbol{x}), \langle g(\boldsymbol{y}), \varphi(\boldsymbol{x}, \boldsymbol{y})\rangle\rangle, \tag{404}$$
>
> definiert wird.

Beispiel 3. Für $f(x) = \delta(x) \in \mathscr{D}'(\mathbb{R}^1)$ und $g(y) = \delta(y) \in \mathscr{D}'(\mathbb{R}^1)$ gilt

$$\boxed{\delta(x) \otimes \delta(y) = \delta(x, y) \in \mathscr{D}'(\mathbb{R}^2).} \tag{405}$$

15*

Es ist nämlich für alle Testfunktionen $\varphi(x, y) \in \mathscr{D}(\mathbb{R}^2)$ nach Definition (404) sowie den Formeln (74) und (391)

$$\langle \delta(x) \otimes \delta(y), \varphi(x, y) \rangle = \langle \delta(x), \langle \delta(y), \varphi(x, y) \rangle \rangle = \langle \delta(x), \varphi(x, 0) \rangle$$

$$= \varphi(0, 0) = \langle \delta(x, y), \varphi(x, y) \rangle,$$

woraus wegen der Gleichheitsdefinition für Distributionen die Beziehung (405) folgt.

Beispiel 4. Ist $\mu(x)$ eine beschränkte stückweise stetige Funktion auf der x-Achse C, so gilt

$$\boxed{\mu(x) \otimes \delta(y) = \mu(x)\, \delta_C\,.} \qquad (406)$$

Wie man leicht nachrechnet, gilt nämlich für beliebige Testfunktionen

$$\varphi(x, y) \in \mathscr{D}(\mathbb{R}^2) \; \langle \mu(x) \otimes \delta(y), \varphi(x, y) \rangle$$

$$= \langle \mu(x), \langle \delta(y), \varphi(x, y) \rangle \rangle = \langle \mu(x), \varphi(x, 0) \rangle$$

$$= \int\limits_{-\infty}^{\infty} \mu(x)\, \varphi(x, 0)\, \mathrm{d}x = \langle \mu(x)\, \delta_C, \varphi(x, y) \rangle.$$

Das direkte Produkt $\mu(x) \otimes \delta(y)$ ist also eine einfache Belegung der x-Achse C in der x,y-Ebene [Formel (392)].

Beispiel 5. Sind $f(x)$ und $g(y)$ lokal integrierbare Funktionen jeweils einer unabhängigen Variablen, so erhält man

$$\boxed{f(x) \otimes g(y) = f(x)\, g(y)\,,} \qquad (407)$$

da für jede Testfunktion $\varphi(x, y) \in \mathscr{D}(\mathbb{R}^2)$

$$\langle f(x) \otimes g(y), \varphi(x, y) \rangle$$

$$= \langle f(x), \langle g(y), \varphi(x, y) \rangle \rangle = \left\langle f(x), \int\limits_{-\infty}^{\infty} g(y)\, \varphi(x, y)\, \mathrm{d}y \right\rangle$$

$$= \int\limits_{-\infty}^{\infty} \int\limits_{-\infty}^{\infty} f(x)\, g(y)\, \varphi(x, y)\, \mathrm{d}y\, \mathrm{d}x = \int\limits_{\mathbb{R}^2} f(x)\, g(y)\, \varphi(x, y)\, \mathrm{d}x\, \mathrm{d}y$$

$$= \langle f(x)\, g(y), \varphi(x, y) \rangle$$

gilt. Die Beziehung (407) gilt auch in den Fällen $f(\boldsymbol{x})$, $\boldsymbol{x} \in \mathbb{R}^m$, und $g(\boldsymbol{y})$, $\boldsymbol{y} \in \mathbb{R}^n$. Einige Eigenschaften des direkten Produktes sind, falls $f(\boldsymbol{x}) \in \mathscr{D}'(\mathbb{R}^m)$, $g(\boldsymbol{y}) \in \mathscr{D}'(\mathbb{R}^n)$, $g_1(\boldsymbol{z}) \in \mathscr{D}'(\mathbb{R}^k)$ beliebige Distributionen bezeichnen:

$$\boxed{f(\boldsymbol{x}) \otimes g(\boldsymbol{y}) = g(\boldsymbol{y}) \otimes f(\boldsymbol{x}) \qquad \text{(Kommutativgesetz)}} \qquad (408)$$

$$\boxed{f(\boldsymbol{x}) \otimes \big(g(\boldsymbol{y}) \otimes g_1(\boldsymbol{z})\big) = \big(f(\boldsymbol{x}) \otimes g(\boldsymbol{y})\big) \otimes g_1(\boldsymbol{z}) \qquad \text{(Assoziativgesetz)}} \qquad (409)$$

$$\boxed{\left.\begin{aligned} \frac{\partial}{\partial x_i}\big(f(\boldsymbol{x}) \otimes g(\boldsymbol{y})\big) &= \frac{\partial f(\boldsymbol{x})}{\partial x_i} \otimes g(\boldsymbol{y}) \\[2mm] \frac{\partial}{\partial y_j}\big(f(\boldsymbol{x}) \otimes g(\boldsymbol{y})\big) &= f(\boldsymbol{x}) \otimes \frac{\partial g(\boldsymbol{y})}{\partial y_j} \end{aligned}\right\} \; \text{(Ableitungsregeln)}} \qquad (410)$$

Beispiel 6. Für die Funktion (387) $h(x, y) = h(x)\, h(y) = h(x) \otimes h(y)$ gilt $\dfrac{\partial}{\partial y}\big(h(x) \otimes h(y)\big)$
$= h(x) \otimes \dfrac{\partial}{\partial y}\, h(y) = h(x) \otimes \delta(y) = h(x)\, \delta_C$, wenn C die x-Achse bezeichnet [vgl.
Abschnitt 15.3., Beispiel 2, und Formel (406)]. Entsprechend ist

$$\frac{\partial^2}{\partial x\, \partial y}\big(h(x) \otimes h(y)\big) = \frac{\partial h(x)}{\partial x} \otimes \frac{\partial h(y)}{\partial y} = \delta(x) \otimes \delta(y) = \delta(x, y)$$

[vgl. (398) und (405)].

15.5.   Die Distributionenfaltung

Unter Bezugnahme auf das direkte Produkt erklärt man die Distributionenfaltung
wie folgt.

Definition

> Sind $f(x)$ und $g(x)$ zwei Distributionen in $\mathscr{D}'(\mathbb{R}^m)$, so wird die Faltung
> $f * g$ durch die Gleichung
>
> $$\langle f(x) * g(x), \varphi(x)\rangle = \langle f(x) \otimes g(y), \varphi(x + y)\rangle \tag{411}$$
>
> definiert, falls diese Formel für beliebige Testfunktionen $\varphi(x) \in \mathscr{D}(\mathbb{R}^m)$
> einen Sinn hat.

Bemerkungen: Beim Übergang von der linken Seite in (411) zur rechten Seite wird in
$g(x)$ der Punkt $x = (x_1, \ldots, x_m)$ formal durch den Punkt $y = (y_1, \ldots, y_m)$ und das
Faltungssymbol $*$ durch das Symbol $\otimes$ für das direkte Produkt ersetzt. Da aber der
Übergang von der Testfunktion $\varphi(x) \in \mathscr{D}(\mathbb{R}^m)$ zur Funktion $\varphi(x + y)$ nicht wieder
zu einer Testfunktion führt [d. h., $\psi(x, y) := \varphi(x + y) \notin \mathscr{D}(\mathbb{R}^{2m})$], wie es die
Definition des direkten Produktes erfordert, hat die Formel (411) nur formalen
Charakter (d. h., man kann mit ihrer Hilfe leicht eine Faltung berechnen, wenn man
weiß, daß sie existiert), einen Sinn muß sie i. allg. nicht haben.
Für praktische Rechnungen wichtig sind folgende Regeln. Falls die Faltung $f * g$
zweier Distributionen $f(x)$ und $g(x)$ aus $\mathscr{D}'(\mathbb{R}^m)$ existiert, so gelten das Kommutativgesetz

$$\boxed{f * g = g * f} \tag{412}$$

und die Ableitungsregel

$$\boxed{\frac{\partial}{\partial x_i}(f * g) = \frac{\partial f}{\partial x_i} * g = f * \frac{\partial g}{\partial x_i} \qquad (i = 1, \ldots, m)} \tag{413}$$

[vgl. (115) und (116)].
Für die Existenz der Faltung gilt insbesondere:

> Die Faltung $f * g$ existiert und ist wieder eine Distribution in $\mathscr{D}'(\mathbb{R}^m)$,
> wenn wenigstens eine der beiden Distributionen f oder g außerhalb eines
> beschränkten Bereiches $B \subset \mathbb{R}^m$ verschwindet. Verschwinden beide
> Distributionen außerhalb von beschränkten Gebieten, so auch das
> Faltungsprodukt.

Beispiel 1. Die Delta-Distribution $\delta(x - \lambda) \in \mathscr{D}'(\mathbb{R}^m)$ verschwindet für alle $x \neq \lambda$. Folglich existiert ihre Faltung mit jeder beliebigen Distribution $f(x) \in \mathscr{D}'(\mathbb{R}^m)$, und es gilt als Verallgemeinerung von (119)

$$\boxed{\delta(x - \lambda) * f(x) = f(x) * \delta(x - \lambda) = f(x - \lambda).}$$

(414)

Diese Formel läßt sich schnell nachweisen. Für beliebige Testfunktionen $\varphi(x) \in \mathscr{D}(\mathbb{R}^m)$ gilt nach den Definitionen (411) und (404)

$$\langle f(x) * \delta(x - \lambda), \varphi(x)\rangle = \langle f(x), \langle \delta(y - \lambda), \varphi(x + y)\rangle\rangle = \langle f(x), \varphi(x + \lambda)\rangle$$
$$= \langle f(x - \lambda), \varphi(x)\rangle,$$

wenn man die auf die m-dimensionale Theorie übertragene Formel (106) beachtet.

Beispiel 2. Ist r eine vorgegebene Richtung im Raum ($\mathbb{R}^2$ oder $\mathbb{R}^3$), so gilt für die ebenfalls außerhalb des Punktes $x = \lambda$ verschwindende Distribution $\dfrac{\partial\delta(x - \lambda)}{\partial r}$ als Verallgemeinerung von (122) ($k = 1$)

$$\boxed{\frac{\partial\delta(x - \lambda)}{\partial r} * f(x) = \frac{\partial f(x - \lambda)}{\partial r}}$$

(415)

für jede Distribution $f(x) \in \mathscr{D}'(\mathbb{R}^m)$ ($m = 2, 3$). Insbesondere kann r eine der Achsenrichtungen x_i sein. Der Beweis der Formel (415) ergibt sich mit (402) und (401):

$$\left\langle f(x) * \frac{\partial\delta(x - \lambda)}{\partial r}, \varphi(x)\right\rangle = \left\langle f(x), \left\langle \frac{\partial\delta(y - \lambda)}{\partial r}, \varphi(x + y)\right\rangle\right\rangle$$
$$= \left\langle f(x), -\frac{\partial\varphi(x + \lambda)}{\partial r}\right\rangle$$
$$= -\left\langle f(x - \lambda), \frac{\partial\varphi(x)}{\partial r}\right\rangle = \left\langle \frac{\partial f(x - \lambda)}{\partial r}, \varphi(x)\right\rangle.$$

Beispiel 3. Die einfachen und doppelten Belegungen beschränkter stückweise glatter Kurven C in der x,y-Ebene (oder zweiseitiger Flächen im Raum), die durch (392) und (403) definiert sind, verschwinden außerhalb eines jeden die beschränkte Kurve (oder Fläche) C enthaltenden beschränkten Bereiches und können deshalb mit beliebigen Distributionen gefaltet werden. Praktisch interessierende Faltungen dieser Art werden im Abschnitt 15.7.1. angegeben.

Weitere Eigenschaften der Faltung sind — im Falle, daß wenigstens zwei von drei Distributionen f, g, g_1 außerhalb von beschränkten Bereichen $B \subset \mathbb{R}^m$ verschwinden — die Assoziativität

$$\boxed{f * (g * g_1) = (f * g) * g_1}$$

(416)

und die Distributivität

$$\boxed{f * (g + g_1) = f * g + f * g_1.}$$

(417)

Für die gliedweise Faltung konvergenter Distributionenfolgen gilt (vgl. [26, S. 103]):

Aus $f_n \xrightarrow{\mathscr{D}'(\mathbb{R}^m)} f$ folgt $g * f_n \xrightarrow{\mathscr{D}'(\mathbb{R}^m)} g * f$, falls die Distribution $g \in \mathscr{D}'(\mathbb{R}^m)$ außerhalb eines beschränkten Bereiches $B \subset \mathbb{R}^m$ verschwindet.

Die Faltung existiert auch noch in anderen Fällen, ebenso wie dann die letztgenannten Eigenschaften gelten.

Beispiel 4. Im Falle der Distributionen $f(t)$, $g(t) \in \mathscr{D}'(\mathbb{R}^1)$ existiert die Faltung auch dann, wenn beide Distributionen f, g links von gewissen Punkten σ_f und σ_g der t-Achse im Sinne der Distributionen verschwinden. Insbesondere stimmt die Faltung (411) für die Distributionen aus dem Teilraum $\mathscr{D}'_M$ von $\mathscr{D}'(\mathbb{R}^1)$ mit der im Abschnitt 5.7. definierten Faltung überein. Die Gesetze (416) und (417) gelten auch in diesem Fall [vgl. (115)], und die gliedweise Faltung mit einer beliebigen Distribution $g \in \mathscr{D}'_M$ ist auch dann erlaubt, wenn alle Folgenglieder f_n links von ein und demselben Punkt der t-Achse verschwinden.

Beispiel 5. Wir betrachten die Funktionen $f(x, y) = h(x)\, h(y)$ (Bild 130) und $g(x, y) = xy\, \mathrm{e}^{-(x^2 + y^2)}$, die beide in der x,y-Ebene definiert und lokal integrierbar sind. Wir bilden das zweidimensionale Faltungsprodukt

$$
\begin{aligned}
(f * g)(x, y) &= \int_{-\infty}^{\infty} \int_{-\infty}^{\infty} f(x - \xi, y - \eta)\, g(\xi, \eta)\, \mathrm{d}\xi\, \mathrm{d}\eta \\
&= \int_{-\infty}^{\infty} \int_{-\infty}^{\infty} h(x - \xi)\, h(y - \eta)\, \xi\eta\, \mathrm{e}^{-(\xi^2 + \eta^2)}\, \mathrm{d}\xi\, \mathrm{d}\eta \\
&= \int_{-\infty}^{x} \xi\, \mathrm{e}^{-\xi^2}\, \mathrm{d}\xi \int_{-\infty}^{y} \eta\, \mathrm{e}^{-\eta^2}\, \mathrm{d}\eta \\
&= \left(-\frac{1}{2}\, \mathrm{e}^{-\xi^2} \right)\Bigg|_{-\infty}^{x} \left(-\frac{1}{2}\, \mathrm{e}^{-\eta^2} \right)\Bigg|_{-\infty}^{y} = \frac{1}{4}\, \mathrm{e}^{-(x^2 + y^2)}.
\end{aligned}
$$

Das Ergebnis $(f * g)(x, y) = \dfrac{1}{4}\exp\left(-(x^2 + y^2)\right)$ ist also wieder eine im $\mathbb{R}^2$ lokal integrierbare (sogar stetige) Funktion, die — wie im Falle der eindimensionalen Theorie — mit der entsprechenden Distributionenfaltung übereinstimmt.

Allgemeiner kann man feststellen, daß für zwei lokal integrierbare Funktionen $f(x)$ und $g(x)$ ($x \in \mathbb{R}^m$) die Faltung

$$
\boxed{(f * g)(x) = \int_{\mathbb{R}^m} f(x - x_0)\, g(x_0)\, \mathrm{d}v_0} \tag{418}
$$

$[x_0 = (\xi_1, \ldots, \xi_m)$ verkörpert hier die Integrationsvariablen] existiert, falls die Funktion $u(x) = \int_{\mathbb{R}^m} |f(x - x_0)\, g(x_0)|\, \mathrm{d}v_0$ ebenfalls in $\mathbb{R}^m$ lokal integrierbar ist, was beispielsweise für Funktionen, die im gesamten Raum $\mathbb{R}^m$ sogar integrierbar sind, erfüllt ist.

Beispiel 6. Es sei $f(t, x) = \delta(t) \otimes \mu(x) = \mu(x) \otimes \delta(t)$ eine einfache Belegung der x-Achse mit einer außerhalb eines endlichen x-Intervalls verschwindenden beschränkten Funktion $\mu(x)$, deren Faltung mit jeder anderen Distribution $g(t, x)$

$\in \mathscr{D}'(\mathbb{R}^2)$ definiert ist $(g(t, x) = 0$ für $t < 0)$. Für beliebige Testfunktionen $\varphi(t, x)$ aus $\mathscr{D}(\mathbb{R}^2)$ gilt dann mit (411), (409) und (404) formal

$$\langle g(t, x) * \big(\mu(x) \otimes \delta(t)\big), \varphi(t, x)\rangle = \langle g(t, x) \otimes \mu(\xi) \otimes \delta(\tau), \varphi(t + \tau, x + \xi)\rangle$$
$$= \langle g(t, x) \otimes \mu(\xi), \varphi(t, x + \xi)\rangle$$
$$= \langle g(t, x) * \mu(x), \varphi(t, x)\rangle,$$

d. h., es ist

$$g(t, x) * \big(\delta(t) \otimes \mu(x)\big) = g(t, x) * \mu(x). \tag{419}$$

Diese Formel gilt auch für $x \in \mathbb{R}^m$ unter analogen Voraussetzungen und sogar in allgemeineren Fällen (vgl. [26]). Für den Fall, daß auch $g(t, x)$ eine Funktion ist, kann die rechte Seite in (419) bezüglich x (bzw. allgemein bezüglich $x \in \mathbb{R}^m$) als Faltungsintegral (418) berechnet werden, wenn man t als freien Parameter auffaßt.

15.6.   Distributionen, die von einem Parameter abhängen

Analog zum eindimensionalen Fall (Abschnitt 5.9.) kann man auch in $\mathscr{D}'(\mathbb{R}^m)$ $(m = 2, 3, \ldots)$ Distributionen $f_\lambda(x)$ betrachten, die von einem reellen (oder auch komplexen) Parameter λ abhängen. Stetigkeit und Differenzierbarkeit bezüglich λ sind ebenso definiert wie im eindimensionalen Falle. In den Definitionen der Abschnitte 5.9. und 5.10. ist lediglich für $t \in \mathbb{R}^1$ der Punkt $x \in \mathbb{R}^m$ zu schreiben, und für komplexe Parameter λ können die Intervalle $a \leq \lambda \leq b$ durch Gebiete G in der komplexen Ebene ersetzt werden. Auch die Eigenschaften (140) können sinngemäß übertragen werden. (Für Einzelheiten, insbesondere komplexe Parameter λ betreffend, vgl. [8, S. 149 f.].)

15.7.   Stationäre Probleme

15.7.0.   Allgemeines

Analog zu der im Abschnitt 14. gegebenen Definition ist eine lineare partielle Distributionen-Differentialgleichung eine Gleichung, in der eine gesuchte Distribution $u(x) \in \mathscr{D}'(\mathbb{R}^m)$ nebst gewissen partiellen Distributionenableitungen linear vorkommen. Wir beschränken uns auf lineare partielle Differentialgleichungen mit konstanten Koeffizienten. Bezeichnet L_x einen bestimmten linearen partiellen Differentialoperator, so kann man die zugehörige Differentialgleichung symbolisch in der Form

$$L_x u(x) = f(x) \tag{420}$$

schreiben, worin $f(x)$ eine vorgegebene Distribution in $\mathscr{D}'(\mathbb{R}^m)$ ist.

Beispiel 1. In der Potentialtheorie treten Gleichungen der Form

$$\frac{\partial^2 u(x, y)}{\partial x^2} + \frac{\partial^2 u(x, y)}{\partial y^2} = -f(x, y) \quad \text{bzw.}$$

$$\frac{\partial^2 u(x, y, z)}{\partial x^2} + \frac{\partial^2 u(x, y, z)}{\partial y^2} + \frac{\partial^2 u(x, y, z)}{\partial z^2} = -f(x, y, z)$$

auf. Im ersten Falle hat der Operator L_x die konkrete Gestalt

$$L_x = \Delta = \frac{\partial^2}{\partial x^2} + \frac{\partial^2}{\partial y^2}$$

im zweiten Falle ist

$$L_x = \Delta = \frac{\partial^2}{\partial x^2} + \frac{\partial^2}{\partial y^2} + \frac{\partial^2}{\partial z^2}\,.$$

(421)

so daß die beiden Gleichungen entsprechend (420) in der Form

$$\Delta u(x) = -f(x)$$

(422)

geschrieben werden können. Der Operator Δ ist der sogenannte LAPLACEsche Operator. Die Gleichung (422) heißt LAPLACE-*Gleichung*, falls $f(x) \equiv 0$ ist; für $f(x) \not\equiv 0$ wird sie als POISSON-*Gleichung* bezeichnet (POISSON, S. D., 1781 bis 1840, Paris).

Beispiel 2. Für die Gleichung

$$\frac{\partial^4 u(x, y)}{\partial x^4} + 2\,\frac{\partial^4 u(x, y)}{\partial x^2\,\partial y^2} + \frac{\partial^4 u(x, y)}{\partial y^4} = f(x, y)$$

ergibt sich für L_x der konkrete Ausdruck

$$L_x = \frac{\partial^4}{\partial x^4} + 2\,\frac{\partial^4}{\partial x^2\,\partial y^2} + \frac{\partial^4}{\partial y^4} = \Delta\Delta,$$

so daß die Gleichung auch in der Form

$$\Delta\Delta u(x) = f(x), \qquad x = (x, y)$$

(423)

notiert werden kann. Diese Bipotentialgleichung spielt in der Theorie der Platten eine Rolle.

In Abschnitt 10.2. hatten wir gezeigt, daß man die Antwort eines Systems, das sich durch eine gewöhnliche lineare Differentialgleichung mit konstanten Koeffizienten beschreiben läßt, für eine beliebige Erregung $f(t) \in \mathcal{D}'_M$ sofort mit Hilfe der Faltung berechnen läßt, wenn die Einflußfunktion $x_\delta(t) \in \mathcal{D}'_M$ (Impulsantwort) bekannt ist. In analoger Weise kann man auch bei partiellen Differentialgleichungen vorgehen.

Durch Anwendung der Ableitungsregel (413) erhält man nämlich sofort die folgende Aussage.

Ist eine Lösung $u_\delta(x)$ der Differentialgleichung $L_x u(x) = \delta(x)$ bekannt [$u_\delta(x)$ heißt Einflußfunktion oder Grundlösung der Gleichung (420)] und ist die Faltung $u_\delta(x) * f(x)$ mit der in Gleichung (420) vorgegebenen rechten Seite $f(x) \in \mathcal{D}'(\mathbb{R}^m)$ wieder eine Distribution in $\mathcal{D}'(\mathbb{R}^m)$, so stellt

$$u_s(x) = u_\delta(x) * f(x)$$

(424)

eine spezielle Lösung der Gleichung (420) dar.

Bemerkung: Die Einflußfunktion $u_\delta(x)$ einer Differentialgleichung (420) ist nicht eindeutig. Verschiedene Einflußfunktionen unterscheiden sich jeweils um eine additive Lösung der homogenen Gleichung $L_x u(x) = 0$. (424) ist jedoch in der Klasse der Distributionen, für die die Faltung mit $x_\delta(t)$ existiert, eindeutig [26].
Zunächst ist also die Kenntnis einer Grundlösung $u_\delta(x)$ zu einer vorgelegten Differentialgleichung (420) von Interesse. Für die für die Praxis wichtigen Gleichungen sind Grundlösungen bekannt (vgl. [8], [26]). In der Tabelle 3 sind einige Gleichungen mit zugehörigen Grundlösungen enthalten.
Obwohl die Formel (424) sehr wichtig ist, reicht sie für praktische Belange noch nicht aus. Die ein konkretes Problem beschreibende partielle Differentialgleichung wird im Normalfalle mit gewissen Randbedingungen verknüpft sein, und wir wissen bereits aus der eindimensionalen Theorie, daß eine Randwertaufgabe nicht immer lösbar sein muß (Abschnitt 10.6.). Wenn wir also eine Differentialgleichung $L_x u(x) = f(x)$ unter bestimmten Bedingungen für $u(x)$ und deren partielle Ableitungen auf dem Rand C eines Gebietes G, in dessen Innerem die Lösung $u(x)$ interessiert, betrachten, so können wir i. allg. nicht erwarten, daß die mit Hilfe einer Grundlösung $u_\delta(x)$ der Differentialgleichung gefundene Lösung (424) die vorgegebenen Randbedingungen erfüllt. Man kann aber die Randwertaufgabe in zwei Teile zerlegen. Addiert man nämlich zur speziellen Lösung $u_s(x) = u_\delta(x) * f(x)$ der inhomogenen Gleichung $L_x u(x) = f(x)$ eine beliebige Lösung $u_H(x)$ der zugehörigen homogenen Gleichung $L_x u(x) = 0$, so ist $u(x) = u_s(x) + u_H(x)$ sicherlich wieder eine Lösung der inhomogenen Gleichung. Man kann also versuchen, eine solche Lösung $u_H(x)$ der homogenen Gleichung zu finden, die es ermöglicht, die Lösung $u(x) = u_s(x) + u_H(x)$ den vorgegebenen Randbedingungen anzupassen. Analog sind wir ja bei gewöhnlichen Differentialgleichungen vorgegangen (vgl. Abschnitte 10.4. und 10.6.), wo mit den vorgegebenen Anfangs- bzw. Randbedingungen die willkürlichen Konstanten der allgemeinen Lösung der homogenen Gleichung festgelegt wurden.
In der Theorie der partiellen Differentialgleichungen sind die Verhältnisse aber bei weitem komplizierter als bei gewöhnlichen Differentialgleichungen. Während nämlich bei letzteren nur willkürliche Konstanten in der allgemeinen Lösung der homogenen Gleichung auftreten, sind es bei partiellen Differentialgleichungen willkürliche Funktionen, so daß man mit einer allgemeinen Lösung i. allg. wenig anfangen kann.

Beispiel 3. Die gewöhnliche Differentialgleichung $\dfrac{\mathrm{d}^2 u(x)}{\mathrm{d}x^2} = 0$ besitzt die allgemeine Lösung $u(x) = c_1 x + c_2$ mit zwei beliebigen Konstanten. Für die einfache partielle Differentialgleichung $\dfrac{\partial^2 u(x, y)}{\partial x^2} = 0$ ergibt sich

$$\frac{\partial u(x, y)}{\partial x} = \varphi(y), \quad u(x, y) = \varphi(y)\, x + \psi(y)$$

mit zwei willkürlichen Funktionen $\varphi(y)$ und $\psi(y)$.
Man geht deshalb in der Praxis i. allg. so vor, daß man von vornherein versucht, durch geeignete Ansätze und Methoden den Randbedingungen angepaßte Lösungen zu finden. In vielen Fällen helfen nur noch geeignete numerische Methoden. Wir können deshalb hier nur wenige ausgewählte Standardbeispiele angeben.

15.7.1. Berechnung von Newton-Potentialen

Wir betrachten die POISSONsche Differentialgleichung (422) in der gesamten x,y-Ebene oder im ganzen Raum $\mathbb{R}^3$. Der Rand dieser Bereiche befindet sich also im Unendlichen. Grundlösungen der POISSON-Gleichung sind (vgl. auch Tabelle 3, Nr. 4 und 5)

$$u_\delta(\boldsymbol{x}) = -\frac{1}{2\pi} \ln \frac{1}{|\boldsymbol{x}|}, \qquad |\boldsymbol{x}| = \sqrt{x^2 + y^2} \tag{425}$$

(ebener Fall) und

$$u_\delta(\boldsymbol{x}) = -\frac{1}{4\pi |\boldsymbol{x}|}, \qquad |\boldsymbol{x}| = \sqrt{x^2 + y^2 + z^2} \tag{426}$$

(räumlicher Fall).

Die von einer beliebigen rechten Seite $f(\boldsymbol{x})$ in der POISSON-Gleichung (422) erzeugten NEWTON-*Potentiale* lauten — der Formel (424) entsprechend —

$$u_{\mathrm{s}}(\boldsymbol{x}) = \frac{1}{2\pi} \ln \frac{1}{|\boldsymbol{x}|} * f(\boldsymbol{x}) \tag{427}$$

[ebener Fall; $u_{\mathrm{s}}(x)$ heißt logarithmisches Potential]

$$u_{\mathrm{s}}(\boldsymbol{x}) = \frac{1}{4\pi} \frac{1}{|\boldsymbol{x}|} * f(\boldsymbol{x}) \tag{428}$$

(räumlicher Fall). Die Faltungen müssen natürlich existieren, was beispielsweise für Distributionen $f(\boldsymbol{x})$, die außerhalb beschränkter Bereiche verschwinden, der Fall ist (Abschnitt 15.5.). Insbesondere nehmen die Potentiale im Falle der einfachen bzw. doppelten Belegungen

$$f(\boldsymbol{x}) = \mu(\boldsymbol{x})\, \delta_C \quad \text{bzw.} \quad f(\boldsymbol{x}) = -\frac{\partial}{\partial \boldsymbol{n}} \left(\mu(\boldsymbol{x})\, \delta_C \right)$$

beschränkter stückweise glatter Kurven C in der x,y-Ebene oder zweiseitiger Flächen C im Raum mit stückweise stetigen Dichten $\mu(\boldsymbol{x})$ die Gestalt (vgl. [26, S. 108])

$$u_{\mathrm{s}}(\boldsymbol{x}) = -\int\limits_C u_\delta(\boldsymbol{x} - \boldsymbol{x}_0)\, \mu(\boldsymbol{x}_0)\, \mathrm{d}s_0 \tag{429}$$

bzw.

$$u_{\mathrm{s}}(\boldsymbol{x}) = -\int\limits_C \frac{\partial}{\partial \boldsymbol{n}_0} \left[u_\delta(\boldsymbol{x} - \boldsymbol{x}_0) \right] \mu(\boldsymbol{x}_0)\, \mathrm{d}s_0 \tag{430}$$

an. $\boldsymbol{x}_0$ verkörpert auch hier wieder die Integrationsvariablen, die *Normalenableitung* ist auf $\boldsymbol{x}_0$ zu beziehen, für $u_\delta(\boldsymbol{x})$ sind die jeweiligen Grundlösungen (425) bzw. (426) einzusetzen, und die Integrale sind als Kurvenintegrale (im ebenen Falle) bzw. als Flächenintegrale (im räumlichen Falle) aufzufassen.

Für integrierbare Funktionen $f(x)$, die außerhalb eines beschränkten Bereiches B der Ebene oder des Raumes verschwinden, lautet das Potential [26, S. 107]

$$u_\mathrm{s}(x) = - \int_B u_\delta(x - x_0)\, f(x_0)\, dv_0, \qquad (431)$$

worin das Integral ein *Gebiets-* oder *Raumintegral* ist und $u_\delta(x)$ wieder eine der Grundlösungen (425) oder (426) bezeichnet.

Beispiel 1. Gesucht ist das Potential einer im Punkt $x_0 = (x_0, y_0, z_0)$ des Raumes $\mathbb{R}^3$ befindlichen Ladung Q. Die rechte Seite der POISSON-Gleichung lautet hier

$$f(x) = \frac{1}{\varepsilon}\, \varrho(x) = \frac{1}{\varepsilon}\, Q\delta(x - x_0),$$

worin ε die Dielektrizitätskonstante bezeichnet. Mit (428) und (414) ergibt sich das Potential, das im Unendlichen verschwindet und eindeutig ist, zu

$$u_\mathrm{s}(x) = \frac{Q}{4\pi\varepsilon}\, \frac{1}{|x - x_0|}, \qquad (432)$$

worin $|x - x_0| = \sqrt{(x - x_0)^2 + (y - y_0)^2 + (z - z_0)^2}$ der Betrag des Differenzvektors $x - x_0$ ist. Das Potential verläuft also kugelsymmetrisch um den Punkt x_0, die Niveauflächen $u = $ const. sind Kugelflächen um den Mittelpunkt x_0.

Beispiel 2. Das Potential zweier Punktladungen Q_1 und Q_2, die sich in den Punkten $x_1 = (x_1, y_1, z_1)$ und $x_2 = (x_2, y_2, z_2)$ befinden, ergibt sich mit

$$f(x) = \frac{1}{\varepsilon}\, [Q_1\delta(x - x_1) + Q_2\delta(x - x_2)]$$

nach (428) zu

$$u_\mathrm{s}(x) = \frac{1}{4\pi\varepsilon}\left[\frac{Q_1}{|x - x_1|} + \frac{Q_2}{|x - x_2|}\right]. \qquad (433)$$

Das entspricht einer einfachen Addition (Überlagerung) der Einzelpotentiale (432) für die Ladungen $Q = Q_1$ bzw. $Q = Q_2$. Betrachtet man eine beliebige Ebene, die durch die Punkte x_1 und x_2 verläuft, so ergeben sich Schnittkurven der Niveauflächen $u = $ const. mit dieser Ebene. Für den einfachen Fall $Q_1 = Q$ und $Q_2 = -Q$ sind diese Schnittkurven in Bild 136 skizziert. Für $u = 0$ ergibt sich eine Symmetrieebene zwischen den beiden Ladungen (die man beim Spiegelungsprinzip im Zusammenhang mit Randwertaufgaben ausnutzen kann). Auch das Potential (433) verschwindet im Unendlichen und ist, wie aus der Potentialtheorie bekannt ist, eindeutig bestimmt.

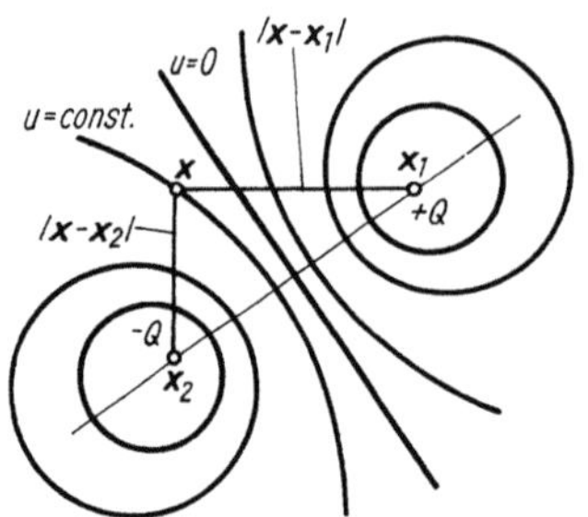

Bild 136. Niveauflächen der Punktladungen $-Q$ und $+Q$ in den Punkten x_1 und x_2

Beispiel 3. Zu ermitteln ist das Potential $u_\mathrm{s}(\boldsymbol{x})$ eines im Punkt $\boldsymbol{x}_0 = (x_0, y_0, z_0)$ befindlichen elektrischen Dipols mit dem Moment $m_\mathrm{D}\boldsymbol{r}$ (Achsenrichtung $\boldsymbol{r}$). Entsprechend Abschnitt 15.3., Beispiel 4, kann die Dichte dieses Dipols durch

$$\varrho(\boldsymbol{x}) = -m_\mathrm{D}\,\frac{\partial\delta(\boldsymbol{x} - \boldsymbol{x}_0)}{\partial\boldsymbol{r}}$$

ausgedrückt werden. Das Potential (428) ergibt sich, wenn man die Formel (415) beachtet, zu

$$u_\mathrm{s}(\boldsymbol{x}) = -\frac{m_\mathrm{D}}{4\pi\varepsilon}\,\frac{\partial}{\partial\boldsymbol{r}}\left(\frac{1}{|\boldsymbol{x} - \boldsymbol{x}_0|}\right) = -\frac{m_\mathrm{D}}{4\pi\varepsilon}\,\boldsymbol{r}\cdot\mathrm{grad}\left(\frac{1}{|\boldsymbol{x} - \boldsymbol{x}_0|}\right), \qquad (434)$$

wenn man die Definition der Richtungsableitung einer Funktion und die Definition $\mathrm{grad}\,v(\boldsymbol{x}) = \left(\dfrac{\partial v}{\partial x}, \dfrac{\partial v}{\partial y}, \dfrac{\partial v}{\partial z}\right)$ des *Gradientenvektors* beachtet. $\boldsymbol{r}$ wird als Einheitsvektor aufgefaßt. Die Schnittlinien der Niveauflächen $u = \mathrm{const.}$ mit einer die Dipolachse enthaltenden Ebene haben die in Bild 137 skizzierte Gestalt. Auch dieses Potential verschwindet im Unendlichen und ist eindeutig bestimmt.

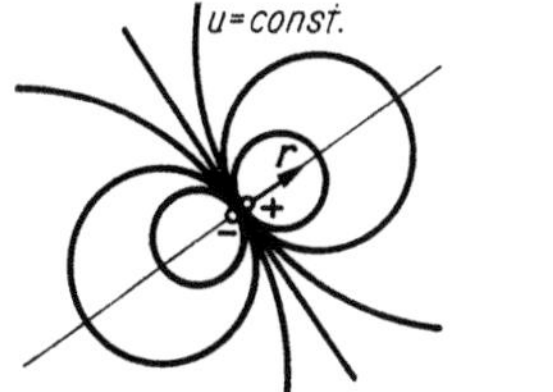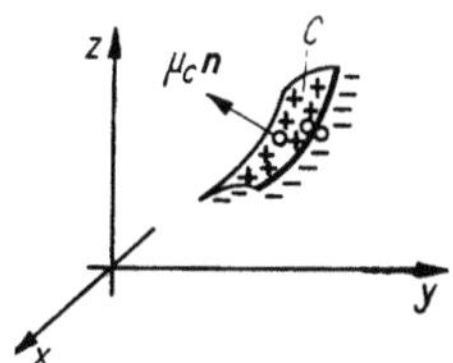

Bild 137. Niveauflächen des Dipolfeldes   Bild 138. Zur Doppelschicht

Beispiel 4. Wir berechnen das Potential $u_\mathrm{s}(\boldsymbol{x})$ einer Doppelschicht. Die Achsen der elektrischen Dipole sollen dabei in Richtung der Normalen $\boldsymbol{n}$ an die Fläche C (Bild 138) weisen, die Flächendichte sei $\mu(\boldsymbol{x}) \geqq 0$. Im Raum ergibt sich jetzt das Potential (428) nach der Formel (430) mit $f(\boldsymbol{x}) = -\dfrac{1}{\varepsilon}\,\dfrac{\partial}{\partial\boldsymbol{n}}\left(\mu(\boldsymbol{x})\,\delta_C\right)$ zu

$$u_\mathrm{s}(\boldsymbol{x}) = \frac{1}{4\pi\varepsilon}\int\limits_C \frac{\partial}{\partial\boldsymbol{n}_0}\left(\frac{1}{|\boldsymbol{x} - \boldsymbol{x}_0|}\right)\mu(\boldsymbol{x}_0)\,\mathrm{d}s_0. \qquad (435)$$

Wir wollen dieses Integral für einen einfachen Fall auswerten. Die Fläche C sei die Kugelfläche mit dem Radius r um den Koordinatenursprung, die mit einer homogenen Doppelbelegung, d. h., $\mu(\boldsymbol{x}) = \mu = \mathrm{const.}$, versehen ist. Wir bilden zunächst die Normalableitung.

$$\frac{\partial}{\partial\boldsymbol{n}_0}\left(\frac{1}{|\boldsymbol{x} - \boldsymbol{x}_0|}\right) = \frac{\partial}{\partial\boldsymbol{n}_0}\left(\frac{1}{\sqrt{(x - \xi)^2 + (y - \eta)^2 + (z - \zeta)^2}}\right)$$

$$= \cos(\boldsymbol{n}_0, \xi)\,\frac{x - \xi}{\sqrt{\ldots}^3} + \cos(\boldsymbol{n}_0, \eta)\,\frac{y - \eta}{\sqrt{\ldots}^3}$$

$$+ \cos(\boldsymbol{n}_0, \zeta)\,\frac{z - \zeta}{\sqrt{\ldots}^3}.$$

In unserem speziellen Falle lautet der im Punkt $\boldsymbol{x}_0 = (\xi, \eta, \zeta)$ auf der Kugelfläche angebrachte Außennormalenvektor $\boldsymbol{n}_0 = \boldsymbol{x}_0/|\boldsymbol{x}_0| = \dfrac{1}{r}\,(\xi, \eta, \zeta)$, da er genau der zum Ortsvektor $\boldsymbol{x}_0$ (mit $|\boldsymbol{x}_0| = r$) gehörende Einheitsvektor ist. Also gilt $\cos(\boldsymbol{n}_0, \xi) = \xi/r$, $\cos(\boldsymbol{n}_0, \eta) = \eta/r$, $\cos(\boldsymbol{n}_0, \zeta) = \zeta/r$ und somit

$$u_\mathrm{s}(\boldsymbol{x}) = \frac{\mu}{4\pi\varepsilon} \int\limits_C \frac{\partial}{\partial \boldsymbol{n}_0}\left(\frac{1}{|\boldsymbol{x} - \boldsymbol{x}_0|}\right) \mathrm{d}s_0$$

$$= \frac{\mu}{4\pi\varepsilon r} \iint\limits_{|\boldsymbol{x}_0| = r} \frac{\xi(x - \xi) + \eta(y - \eta) + \zeta(z - \zeta)}{\sqrt{(x - \xi)^2 + (y - \eta)^2 + (z - \zeta)^2}^{\,3}}\, \mathrm{d}s_0.$$

Da hier offensichtlich ein kugelsymmetrisches Problem vorliegt, genügt es, wenn man zunächst den Punkt $\boldsymbol{x}$ auf der positiven z-Achse wählt, also $\boldsymbol{x} = (0, 0, z)$, $z > 0$, setzt. Dadurch vereinfacht sich die Auswertung des letzten Integrals wesentlich. Mit den Kugelkoordinaten (Bild 139) $\xi = r \sin\alpha \cos\beta$, $\eta = r \sin\alpha \sin\beta$, $\zeta = r \cos\alpha$ ergibt sich für das Flächenelement $\mathrm{d}s = r^2 \sin\alpha\, \mathrm{d}\alpha\, \mathrm{d}\beta$, und das Integral geht (mit $x = 0$, $y = 0$, $z = z$) über in

$$u_\mathrm{s}(\boldsymbol{x}) = \frac{\mu}{4\pi\varepsilon r} \int\limits_{\alpha=0}^{\pi} \int\limits_{\beta=0}^{2\pi} \frac{(zr\cos\alpha - r^2)\, r^2 \sin\alpha}{\sqrt{z^2 + r^2 - 2zr\cos\alpha}^{\,3}}\, \mathrm{d}\alpha\, \mathrm{d}\beta$$

$$= \frac{\mu}{2\varepsilon} \int\limits_{0}^{\pi} \frac{(zr\cos\alpha - r^2)}{\sqrt{z^2 + r^2 - 2zr\cos\alpha}^{\,3}}\, r \sin\alpha\, \mathrm{d}\alpha.$$

Mit der Substitution $\sqrt{z^2 + r^2 - 2zr\cos\alpha} = t$ ergeben sich für die neue untere Integrationsgrenze $|z - r|$, für die obere Grenze $z + r$ und $\dfrac{zr\sin\alpha}{\sqrt{z^2 + r^2 - 2zr\cos\alpha}}\, \mathrm{d}\alpha = \mathrm{d}t$. Es folgt also

$$u_\mathrm{s}(\boldsymbol{x}) = \frac{\mu}{4\varepsilon z} \int\limits_{|z-r|}^{z+r} \frac{z^2 - r^2 - t^2}{t^2}\, \mathrm{d}t$$

$$= \frac{\mu}{4\varepsilon z}\left(\frac{z^2 - r^2}{|z - r|} - \frac{z^2 - r^2}{z + r} + |z - r| - (z + r)\right) = \begin{cases} 0 & \text{für } z > r \\ -\mu/\varepsilon & \text{für } z < r. \end{cases}$$

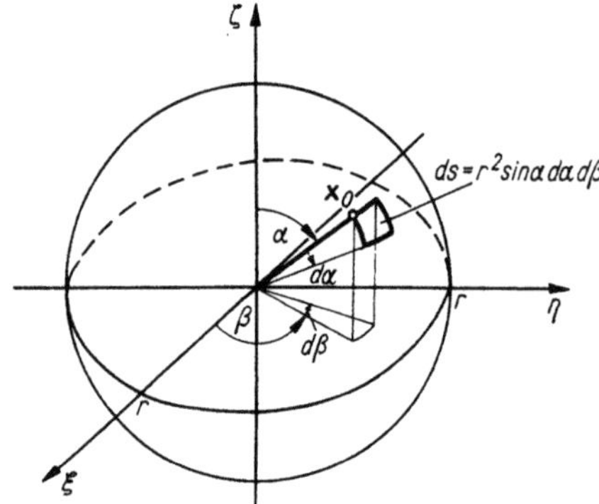

Bild 139. Kugelkoordinaten

Also gilt wegen der Kugelsymmetrie allgemein

$$u_\mathrm{s}(\boldsymbol{x}) = \begin{cases} 0 & \text{für} \quad |\boldsymbol{x}| > r \\ -\mu/\varepsilon & \text{für} \quad |\boldsymbol{x}| < r. \end{cases} \tag{436}$$

Beim Durchgang durch die doppelte Belegung besitzt das Potential $u_\mathrm{s}(\boldsymbol{x})$ offensichtlich einen Sprung vom Betrag μ/ε.

Beispiel 5. Das NEWTONsche Gravitationspotential ist analog zum Potential elektrischer Ladungsverteilungen als Lösung der POISSON-Gleichung (422) mit $f(\boldsymbol{x})$ $= 4\pi f\varrho(\boldsymbol{x})$ zu berechnen, worin f $(f \approx 6{,}67 \cdot 10^{-8}\,\mathrm{cm^3\,g^{-1}\,s^{-2}})$ die NEWTONsche Gravitationskonstante bezeichnet. Für eine im Punkt $\boldsymbol{x}_0 = (x_0, y_0, z_0)$ befindliche Punktmasse m der Dichte $\varrho(x) = m\delta(\boldsymbol{x} - \boldsymbol{x}_0)$ ergibt sich das zugehörige Gravitationspotential mit (428) zu

$$u_\mathrm{s}(\boldsymbol{x}) = fm \, \frac{1}{|\boldsymbol{x}|} * \delta(\boldsymbol{x} - \boldsymbol{x}_0) = \frac{fm}{|\boldsymbol{x} - \boldsymbol{x}_0|}. \tag{437}$$

Beispiel 6. Die Kugelfläche C mit dem Radius r um den Koordinatenursprung sei mit einer einfachen homogenen Massenbelegung der Dichte $\mu(\boldsymbol{x}) = \mu = \text{const.}$ versehen. Das zugehörige Schwerepotential ergibt sich, wenn die Dichte $\varrho(\boldsymbol{x}) = \mu\delta_C$ dieser einfachen Belegung bzw. $f(\boldsymbol{x}) = 4\pi f\mu\delta_C$ und die Grundlösung (426) in die Gleichung (429) eingesetzt werden, zu

$$u_\mathrm{s}(\boldsymbol{x}) = f\mu \int\limits_C \frac{1}{|\boldsymbol{x} - \boldsymbol{x}_0|}\,\mathrm{d}s_0 = f\mu \iint\limits_{|\boldsymbol{x}_0|=r} \frac{1}{|\boldsymbol{x} - \boldsymbol{x}_0|}\,\mathrm{d}s_C. \tag{438}$$

Um dieses Integral auszuwerten, kann man völlig analog zum Beispiel 4 vorgehen [$\boldsymbol{x} = (0, 0, z)$, $z > 0$, setzen; Kugelkoordinaten und die gleiche Substitution t einführen] und erhält schließlich

$$u_\mathrm{s}(\boldsymbol{x}) = \begin{cases} \dfrac{4\pi r^2 f\mu}{|\boldsymbol{x}|} & \text{für} \quad |\boldsymbol{x}| > r \\[2ex] 4\pi r f\mu & \text{für} \quad |\boldsymbol{x}| < r. \end{cases} \tag{439}$$

Hier erfolgt der Übergang vom konstanten inneren Potential zum äußeren Potential, das mit zunehmender Entfernung $|\boldsymbol{x}|$ vom Koordinatenursprung kontinuierlich abnimmt, stetig.

Beispiel 7. Bei der Berechnung der Durchbiegung elastischer dünner Platten geht man von folgenden Vorstellungen aus (vgl. [9, S. 159ff.]). Die Mittelfläche einer Platte liege in der x,y-Ebene. Wird die Platte belastet, so erfährt ein Punkt $(x, y, 0)$ der Mittelebene eine Verschiebung $w(\boldsymbol{x}) = w(x, y)$ in Richtung der nach unten gerichteten positiven z-Achse (Durchbiegung der Platte). Dabei treten — analog zur Balkentheorie (vgl. Abschnitt 10.8.) — gewisse Schnittgrößen auf, die in Bild 140 an einem aus der Platte herausgeschnittenen Volumenelement $\mathrm{d}V$ angedeutet sind. m_x und m_y werden als Biegemomente, m_{xy} und m_{yx} als Drillungsmomente und q_x und q_y als Querkräfte bezeichnet. Die Durchbiegung $w(\boldsymbol{x})$ der Platte läßt sich als Lösung der sogenannten Plattengleichung $\Delta\Delta w(\boldsymbol{x}) = p(\boldsymbol{x})/K$, das ist die Bipotentialgleichung (423) für $u(\boldsymbol{x}) = w(\boldsymbol{x})$ und $f(\boldsymbol{x}) = p(\boldsymbol{x})/K$, berechnen, wobei K die Biegesteifigkeit und $p(x)$ die auf die Platte in z-Richtung wirkende Belastungsdichte be-

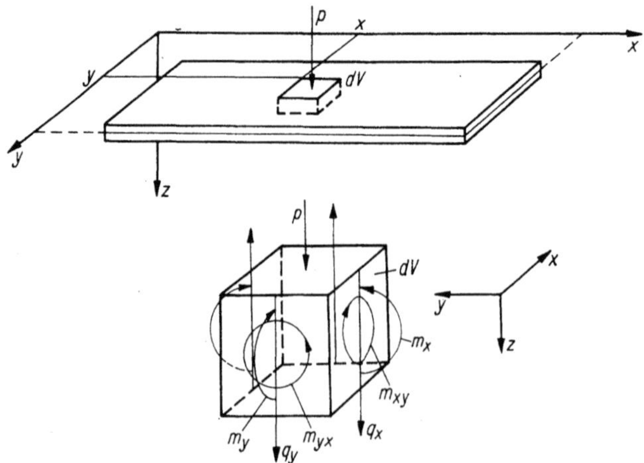

Bild 140. Platte und Plattenelement

zeichnen. Führt man die Momentensumme $M(\boldsymbol{x}) = \dfrac{m_x + m_y}{1 + \mu}$ mit der Querdehnungszahl μ ein, so kann die Plattengleichung auf zwei POISSON-Gleichungen

$$\boxed{\Delta M(\boldsymbol{x}) = -p(\boldsymbol{x})} \tag{440}$$

und

$$\boxed{\Delta w(\boldsymbol{x}) = -M(\boldsymbol{x})/K} \tag{441}$$

zurückgeführt werden. Hat man also $M(\boldsymbol{x})$ aus der ersten Gleichung gewonnen, kann man $w(\boldsymbol{x})$ aus der zweiten Gleichung berechnen, was i. allg. auf numerischem Wege erfolgt. Da die für die Distributionentheorie interessanten Belastungsdichten von Einzelkräften, Linienkräften, mechanischen Dipolen usw. in $p(\boldsymbol{x})$ vorkommen, betrachten wir hier nur die Gleichung (440), also die zweidimensionale POISSON-Gleichung mit dem logarithmischen Potential (427). Für eine im Punkt $\boldsymbol{x}_0$ der x,y-Ebene angreifende Einzelkraft der Dichte $F\delta(\boldsymbol{x} - \boldsymbol{x}_0)$ ergibt sich das logarithmische Potential zu

$$u_{\mathrm{s}}(\boldsymbol{x}) = M_{\mathrm{s}}(\boldsymbol{x}) = \frac{F}{2\pi} \ln \frac{1}{|\boldsymbol{x}|} * \delta(\boldsymbol{x} - \boldsymbol{x}_0) = \frac{F}{2\pi} \ln \frac{1}{|\boldsymbol{x} - \boldsymbol{x}_0|}. \tag{442}$$

Die Niveaulinien $M_{\mathrm{s}}(\boldsymbol{x}) = $ const. sind hier, wie man leicht nachprüft, Kreise um den Mittelpunkt $\boldsymbol{x}_0$. Für zwei Einzelkräfte F_1 in $\boldsymbol{x}_1$ und F_2 in $\boldsymbol{x}_2$ folgt

$$u_{\mathrm{s}}(\boldsymbol{x}) = M_{\mathrm{s}}(\boldsymbol{x}) = \frac{1}{2\pi} \left(F_1 \ln \frac{1}{|\boldsymbol{x} - \boldsymbol{x}_1|} + F_2 \ln \frac{1}{|\boldsymbol{x} - \boldsymbol{x}_2|} \right)$$

oder im Falle $F_2 = F,\ F_1 = -F$

$$M_{\mathrm{s}}(\boldsymbol{x}) = \frac{F}{2\pi} \ln \frac{|\boldsymbol{x} - \boldsymbol{x}_1|}{|\boldsymbol{x} - \boldsymbol{x}_2|}. \tag{443}$$

Das Niveaulinienbild hierzu hat die in Bild 141 skizzierte Gestalt. Offensichtlich ist hier auf der Symmetriegeraden, die den Abstand zwischen $-F$ und F halbiert, die Momentensumme $M_s(x)$ gleich Null. Auch diese Tatsache nutzt man bei Randwertaufgaben im Zusammenhang mit dem Spiegelungsprinzip aus.

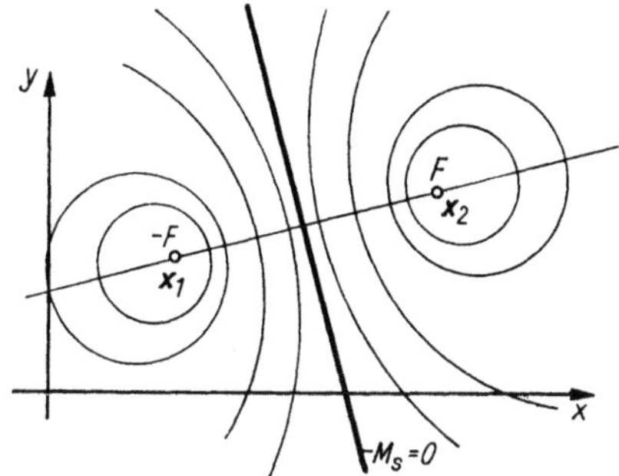

Bild 141. Niveaulinien der Momentensumme

15.7.2. Randwertaufgaben und Greensche Funktion

Für partielle Differentialgleichungen unterscheidet man verschiedene Typen von Randwertaufgaben. Für die Potentialgleichung [und andere sog. elliptische Differentialgleichungen (vgl. [8], [26])] betrachtet man die 1. Randwertaufgabe, bei der die Werte von $u(x)$ auf dem Rand C des Bereiches B, in dessen Innerem die Lösung der Differentialgleichung interessiert, vorgegeben sind. Von einer 2. Randwertaufgabe spricht man, wenn die Werte der Normalenableitung $\dfrac{\partial u(x)}{\partial n}$ der gesuchten Funktion $u(x)$ auf dem Rand C vorgegeben sind. Schließlich kann man auch die Linearkombination der beiden erstgenannten Fälle auf dem Rand, in einer 3. Randwertaufgabe, vorgeben. Ist das Gebiet B nicht beschränkt, so gehört zur Formulierung einer Randwertaufgabe noch eine Bedingung für das Verhalten der gesuchten Funktion $u(x)$ im Unendlichen, wie etwa, daß $u(x)$ im Unendlichen verschwindet oder beschränkt bleibt. In gewissen Fällen gelingt die Darstellung der Lösung $u(x)$ einer Randwertaufgabe mit Hilfe einer sog. GREENschen Funktion. Im allgemeinen verwendet man in der Praxis aber numerische Methoden.
Wir können diese umfangreiche Problematik hier nur an einfachsten Beispielen erläutern.
Wichtig für die Lösung von Randwertaufgaben sind Existenz- und Eindeutigkeitsaussagen. Wenn man von vornherein weiß, daß eine Aufgabe unlösbar ist, wird man die Lösung nicht erst versuchen. Weiß man aber, daß eine Randwertaufgabe lösbar ist und daß die Lösung sogar eindeutig ist, so ist es für das Resultat völlig belanglos, wie man zur Lösung gekommen ist. Es sind Probiermethoden, Ansatzmethoden usw. erlaubt.
Beispielsweise ist eine gefundene Lösung der o. g. 1. Randwertaufgabe für die Potentialgleichung (422), die im Unendlichen verschwindet (bei dreidimensionalen Aufgaben) oder beschränkt bleibt (bei zweidimensionalen Problemen), falls die Bereiche B nicht beschränkt sind, stets eindeutig bestimmt, eine Lösung der 2. Randwertaufgabe der Potentialgleichung ist bis auf eine additive Konstante eindeutig bestimmt. (Man unterscheidet innere und äußere Probleme [26].)

Beispiel 1. Gesucht ist das Potential $u(\boldsymbol{x})$ einer im rechten Halbraum $B = \{\boldsymbol{x} : \boldsymbol{x} = (x, y, z),\ x > 0\}$ im Punkte $\boldsymbol{x}_0 = (x_0, y_0, z_0)$, $x_0 > 0$, befindlichen Punktladung Q (Bild 142), wenn deren Feld durch ein im linken Halbraum befindliches leitendes

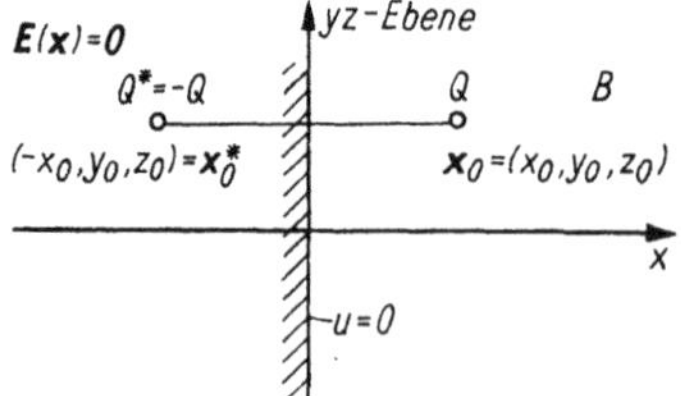

Bild 142. Ladungsspiegelung

Medium (in dessen Innerm bekanntlich kein elektrisches Feld $\boldsymbol{E}$ vorhanden ist) gestört wird. Für die gesamte Oberfläche des Leiters, d. h. hier für die gesamte x,y-Ebene, ist das Potential konstant, etwa gleich Null. Wir suchen also eine im Unendlichen verschwindende Lösung $u(\boldsymbol{x})$ der POISSON-Gleichung $\Delta u(\boldsymbol{x}) = -\dfrac{1}{\varepsilon} Q\delta(\boldsymbol{x} - \boldsymbol{x}_0)$ im rechten Halbraum B, die der Randbedingung $u(0, y, z) = 0$ genügt. Eine spezielle Lösung dieser POISSON-Gleichung haben wir bereits mit (432) ermittelt. Offensichtlich erfüllt diese Lösung

$$u_\mathrm{s}(\boldsymbol{x}) = \frac{Q}{4\pi\varepsilon}\, \frac{1}{|\boldsymbol{x} - \boldsymbol{x}_0|}$$

nicht die Randbedingung, denn es ist

$$u_\mathrm{s}(0, y, z) = \frac{Q}{4\pi\varepsilon}\, \frac{1}{\sqrt{x_0{}^2 + (y - y_0)^2 + (z - z_0)^2}}$$

stets ungleich Null. Wir können aber zu $u_\mathrm{s}(\boldsymbol{x})$ noch eine Lösung $u_\mathrm{H}(\boldsymbol{x})$ der im Bereich B homogenen Gleichung $\Delta u(\boldsymbol{x}) = 0$ hinzufügen und erhalten mit $u(\boldsymbol{x}) = \dfrac{Q}{4\pi\varepsilon}\, \dfrac{1}{|\boldsymbol{x} - \boldsymbol{x}_0|}$ $+ u_\mathrm{H}(\boldsymbol{x})$ wiederum eine Lösung der o. g. POISSON-Gleichung im Halbraum B. Die Lösung $u_\mathrm{H}(\boldsymbol{x})$ ist nun so zu wählen, daß $u(\boldsymbol{x})$ die Randbedingung erfüllt. Im vorliegenden Falle kann $u_\mathrm{H}(\boldsymbol{x})$ sehr leicht mit Hilfe des sog. Spiegelungsprinzips gefunden werden. Denkt man sich nämlich im linken Halbraum in einem geeigneten inneren Punkt $\boldsymbol{x}_0{}^*$ eine geeignete Ladung Q^* angebracht, so ist deren Potential $u_\mathrm{H}(\boldsymbol{x}) = \dfrac{Q^*}{4\pi\varepsilon}\, \dfrac{1}{|\boldsymbol{x} - \boldsymbol{x}_0{}^*|}$ im rechten Halbraum B eine Lösung der homogenen Gleichung $\Delta u(\boldsymbol{x}) = 0$, denn die rechte Seite der zu Q^* gehörenden POISSON-Gleichung $\Delta u(\boldsymbol{x}) = -\dfrac{1}{\varepsilon}\, Q^*\delta(\boldsymbol{x} - \boldsymbol{x}_0{}^*)$ verschwindet sicher im Bereich B, da $\boldsymbol{x}_0{}^*$ sich außerhalb von B befindet und $\delta(\boldsymbol{x} - \boldsymbol{x}_0{}^*)$ für $\boldsymbol{x} \neq \boldsymbol{x}_0{}^*$ verschwindet. Man erkennt aber an Bild 136 sofort, daß eine genau spiegelbildlich (bezogen auf die x,y-Ebene) zu Q angebrachte Ladung $Q^* = -Q$ das in der x,y-Ebene verschwindende Potential

$$u(\boldsymbol{x}) = \frac{Q}{4\pi\varepsilon}\left(\frac{1}{|\boldsymbol{x} - \boldsymbol{x}_0|} - \frac{1}{|\boldsymbol{x} - \boldsymbol{x}_0{}^*|} \right) \tag{444}$$

liefert, worin $\boldsymbol{x}_0{}^* = (-x_0, y_0, z_0)$ das Spiegelbild von $\boldsymbol{x}_0$ ist. Das Potential (444) ist die gesuchte (im Unendlichen verschwindende) Lösung unserer Randwertaufgabe im rechten Halbraum B.

Vernachlässigt man in (444) den Quotienten Q/ε und läßt x_0 im gesamten Innern des Bereiches B variieren, so entsteht eine Funktion

$$G(x, x_0) = \frac{1}{4\pi} \left(\frac{1}{|x - x_0|} - \frac{1}{|x - x_0{}^*|} \right) \tag{445}$$

der beiden Variablen x und x_0, die, auf x bezogen, Lösung der POISSON-Gleichung $\Delta G(x, x_0) = -\delta(x - x_0)$ ist, für alle $x_0 \in B$ die Randbedingung $G(x, x_0)|_{x=(0,y,z)} = 0$ erfüllt und deren zweiter Summand $g(x, x_0) = \dfrac{-1}{4\pi} \dfrac{1}{|x - x_0{}^*|}$ in B Lösung der LAPLACE-Gleichung $\Delta g = 0$ für die Randbedingung $g(x, x_0)|_{x=(0,y,z)}$ $= -\dfrac{1}{4\pi} \dfrac{1}{|x - x_0|}\bigg|_{x=(0,y,z)}$ ist. Eine solche Funktion $G(x, x_0)$ heißt GREENsche Funktion der 1. Randwertaufgabe für den Bereich B.

Allgemeiner erklärt man (vgl. [26])

Definition

> Eine GREENsche Funktion der 1. Randwertaufgabe (für die POISSON-Gleichung) für den (offenen ebenen bzw. räumlichen) Bereich B ist eine Funktion
>
> $$G(x, x_0) = -u_\delta(x - x_0) + g(x, x_0), \tag{446}$$
>
> worin $g(x, x_0)$ für jedes $x_0 \in B$ bezüglich x eine Lösung der LAPLACE-Gleichung (also der homogenen Gleichung $\Delta g = 0$) ist, die sich (bezogen auf x) auf dem Rand C von B fortsetzen läßt und der Randbedingung $g(x, x_0)|_{x \in C} = u_\delta(x - x_0)|_{x \in C}$ genügt. u_δ bezeichnet die Grundlösungen (425) (im ebenen Falle) bzw. (426) (im räumlichen Falle).

Offensichtlich ist $G(x, x_0)$ für jedes feste $x_0 \in B$, bezogen auf x, die Lösung der POISSON-Gleichung $\Delta G(x, x_0) = -\delta(x - x_0)$ für die Randbedingung $G(x, x_0)|_{x \in C} = 0$. Man kann analog dazu die in (432) auftretende Funktion

$$G(x, x_0) = \frac{1}{4\pi} \frac{1}{|x - x_0|}$$

auch als GREENsche Funktion des gesamten Raumes $B = \mathbb{R}^3$ [mit $G(x, x_0) \to 0$ für $x \to \infty$] bezeichnen.

Die praktische Bedeutung der GREENschen Funktion ist folgende. Ist beispielsweise in einem beschränkten Bereich B mit hinreichend glatter Oberfläche C die POISSON-Gleichung

$$\Delta u(x) = -f(x)$$

[mit einer in B stetigen Funktion $f(x)$, für die das Integral $\int\limits_B |f(x)|^2 \, dv$ existiert] für die Randbedingung

$$u(x)_{x \in C} = \mu(x)$$

[$\mu(x)$ sei auf C stetig] zu lösen und ist die GREENsche Funktion $G(x, x_0)$ der 1. Randwertaufgabe für den Bereich B bekannt, so lautet die Lösung der vorgelegten Randwertaufgabe

$$u(x) = \int\limits_B G(x, x_0) \, f(x_0) \, dv_0, \tag{447}$$

16*

falls $\mu(\boldsymbol{x}) = 0$ ist, bzw. allgemeiner

$$u(\boldsymbol{x}) = \int\limits_B G(\boldsymbol{x}, \boldsymbol{x}_0)\, f(\boldsymbol{x}_0)\, \mathrm{d}v_0 - \int\limits_C \frac{\partial G(\boldsymbol{x}, \boldsymbol{x}_0)}{\partial \boldsymbol{n}_0}\, \mu(\boldsymbol{x}_0)\, \mathrm{d}s_0,$$

$$(448)$$

wobei die Integrationen über $\boldsymbol{x}_0$ zu erstrecken sind und $\boldsymbol{n}_0$ den auf dem Rand C von B im Punkt $\boldsymbol{x}_0$ errichteten Außennormalenvektor bezeichnet.

Die Konstruktion von GREENschen Funktionen ist deshalb für viele Aufgaben von Interesse.

Beispiel 2. Analog zum Beispiel 1 erhält man sofort die GREENsche Funktion zur Halbebene $B = \{\boldsymbol{x}: \boldsymbol{x} = (x, y),\, x > 0\}$ (Bild 143) als Lösung der zweidimensionalen

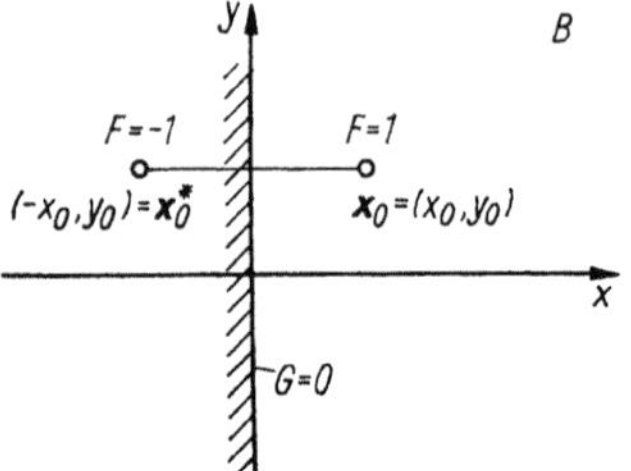

Bild 143. Zur Konstruktion der GREENschen Funktion

Gleichung $\Delta G(\boldsymbol{x}, \boldsymbol{x}_0) = -\delta(\boldsymbol{x} - \boldsymbol{x}_0)$ für die Randbedingung $G(\boldsymbol{x}, \boldsymbol{x}_0)\big|_{x=(0,y)} = 0$. Für diesen zweidimensionalen Fall ist

$$u_\delta(\boldsymbol{x} - \boldsymbol{x}_0) = -\frac{1}{2\pi} \ln \frac{1}{|\boldsymbol{x} - \boldsymbol{x}_0|},$$

d. h.,

$$G(\boldsymbol{x}, \boldsymbol{x}_0) = \frac{1}{2\pi} \ln \frac{1}{|\boldsymbol{x} - \boldsymbol{x}_0|} + g(\boldsymbol{x}, \boldsymbol{x}_0),$$

zu setzen. Auch hier erkennt man an Bild 141 sofort, daß das auf der y-Achse verschwindende Potential $G(\boldsymbol{x}, \boldsymbol{x}_0)$ durch eine symmetrisch zur im Punkt $\boldsymbol{x}_0 = (x_0, y_0)$ konzentrierten Punktladung $Q = \varepsilon$ oder Einzelkraft $F = 1$ angebrachte Punktladung $-Q = -\varepsilon$ oder Einzelkraft $-F = -1$ im Spiegelpunkt $\boldsymbol{x}_0^* = (-x_0, y_0)$ der linken Halbebene erzeugt wird. Die GREENsche Funktion der rechten Halbebene B für die erste Randwertaufgabe der POISSONschen Gleichung lautet also im ebenen Fall

$$G(\boldsymbol{x}, \boldsymbol{x}_0) = \frac{1}{2\pi} \left(\ln \frac{1}{|\boldsymbol{x} - \boldsymbol{x}_0|} - \ln \frac{1}{|\boldsymbol{x} - \boldsymbol{x}_0^*|} \right) = \frac{1}{2\pi} \ln \frac{|\boldsymbol{x} - \boldsymbol{x}_0^*|}{|\boldsymbol{x} - \boldsymbol{x}_0|}.$$

$$(449)$$

Das schon in den letzten beiden Beispielen verwendete Spiegelungsprinzip kann man auch für andere Bereiche anwenden, um die GREENsche Funktion zu berechnen. Insbesondere kann man für Aufgaben der ebenen POISSON-Gleichung durch Übergang zu einem komplexen Potential die Theorie der konformen Abbildungen (s. [22]) nutzen. Auch sind mehrfache Spiegelungen möglich. Wir wollen das an einem letzten (etwas umfangreicheren) Beispiel demonstrieren.

Beispiel 3. Wir betrachten den in Bild 144 skizzierten Plattenstreifen $B = \{x : x = (x, y),$ $-\infty < x < \infty, 0 < y < d\}$, der durch eine Einzelkraft $F = 1$ im Punkt $x_0 = (x_0, y_0) \in B$ belastet wird. Der Plattenstreifen soll an den Rändern $y = 0$ und $y = d$ $(d > 0)$ frei drehbar auf einer unnachgiebigen Unterlage gelagert sein. Dann verschwindet die Momentensumme auf dem Rand (vgl. [9, S. 168]). Wir suchen also (eine im Unendlichen beschränkte) Lösung des zweidimensionalen Problems

$$\Delta M(x) = -\delta(x - x_0),$$
$$M(x, 0) = M(x, d) = 0 \quad \text{für} \quad -\infty < x < \infty. \tag{450}$$

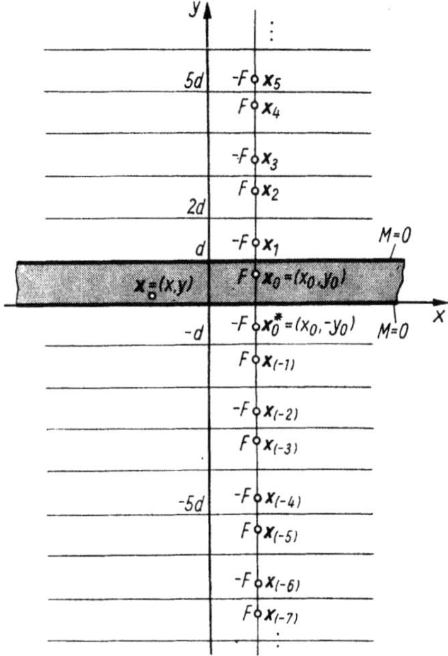

Bild 144. Zur Mehrfachspiegelung

(Offensichtlich ist die gesuchte Lösung — wenn man $x_0 \in B$ beliebig zuläßt, die GREENsche Funktion des Plattenstreifens.) Spiegelt man die im Punkt $x_0 = (x_0, y_0)$ befindliche Kraft $F = 1$ am unteren Plattenrand $y = 0$, so entsteht die Kraft $-F$ im Punkt $x_0^* = (x_0, -y_0)$. Beide Kräfte erzwingen (vgl. Bild 141) am unteren Rand $y = 0$ das Nullpotential $M = 0$, nicht aber am oberen Rand $y = d$. Deshalb wird dieses Kräftepaar noch einmal am oberen Rand $y = d$ gespiegelt, wodurch die Kraft F im Punkt x_0 in die Kraft $-F$ in x_1 und die Kraft $-F$ im Punkt x_0^* in die Kraft F in x_2 übergehen. Diese vier Kräfte erzwingen jetzt das Nullpotential $M = 0$ auf dem oberen Rand $y = d$, stören aber das Potential M auf dem unteren Rand $y = 0$. Also spiegelt man wiederum am unteren Rand usw., bis schließlich eine Folge von Kräften entsteht, die sich sowohl bezüglich $y = 0$ als auch bezüglich $y = d$ spiegelbildlich verhält. Diese Eigenschaft hat aber offensichtlich die in Bild 144 angedeutete unendliche alternierende Folge, die — wenn man die der Formel (443) entsprechenden Potentiale der Kräftepaare überlagert — das Potential

$$M(x) = \frac{1}{2\pi} \left(\ln \frac{|x - x_0^*|}{|x - x_0|} + \sum_{n=1}^{\infty} \left[\ln \frac{|x - x_{(-2n)}|}{|x - x_{2n}|} - \ln \frac{|x - x_{(1-2n)}|}{|x - x_{(2n-1)}|} \right] \right) \tag{451}$$

liefert. (Wir werden uns noch überzeugen, daß die Reihe konvergiert.) Zunächst lassen sich die k-ten Partialsummen $M_k(\boldsymbol{x})$ in der Form

$$M_k(\boldsymbol{x}) = \frac{1}{2\pi} \ln \left(\frac{|\boldsymbol{x} - \boldsymbol{x_0}^*| \prod_{n=1}^{k} (|\boldsymbol{x} - \boldsymbol{x}_{(-2n)}| \, |\boldsymbol{x} - \boldsymbol{x}_{(2n-1)}|)}{|\boldsymbol{x} - \boldsymbol{x_0}| \prod_{n=1}^{k} (|\boldsymbol{x} - \boldsymbol{x}_{2n}| \, |\boldsymbol{x} - \boldsymbol{x}_{(1-2n)}|)} \right)$$

schreiben. Ist $z = x + \mathrm{j}y$ eine komplexe Zahl mit den gleichen Komponenten wie $\boldsymbol{x} = (x, y)$, so gilt bekanntlich $|z| = \sqrt{x^2 + y^2} = |\boldsymbol{x}|$. Also können wir $M_k(\boldsymbol{x})$ mit den Identifikationen (s. Bild 144)

$$\boldsymbol{x} = (x, y) \leftrightarrow z = x + \mathrm{j}y; \quad \boldsymbol{x_0} = (x_0, y_0) \leftrightarrow z_0 = x_0 + \mathrm{j}y_0;$$

$$\boldsymbol{x_0}^* = (x_0, -y_0) \leftrightarrow z_0^* = x_0 - \mathrm{j}y_0; \quad \boldsymbol{x}_{2n} = (x_0, y_0 + 2nd) \leftrightarrow (z_0 + \mathrm{j}2nd);$$

$$\boldsymbol{x}_{(-2n)} = (x_0, -y_0 - 2nd) \leftrightarrow (z_0^* - \mathrm{j}2nd); \quad \boldsymbol{x}_{(2n-1)} = (x_0, -y_0 + 2nd) \leftrightarrow (z_0^* + \mathrm{j}2nd);$$

$$\boldsymbol{x}_{(1-2n)} = (x_0, y_0 - 2nd) \leftrightarrow (z_0 - \mathrm{j}2nd)$$

wegen $|z_1 z_2| = |z_1| \, |z_2|$ auch in der Gestalt

$$M_k(\boldsymbol{x}) = \frac{1}{2\pi} \ln \left(\frac{|(z - z_0^*) \prod_{n=1}^{k} [(z - z_0^* + \mathrm{j}2nd)(z - z_0^* - \mathrm{j}2nd)]|}{|(z - z_0) \prod_{n=1}^{k} [(z - z_0 - \mathrm{j}2nd)(z - z_0 + \mathrm{j}2nd)]|} \right)$$

$$= \frac{1}{2\pi} \ln \left(\frac{|(z - z_0^*) \prod_{n=1}^{k} [(z - z_0^*)^2 + 4n^2d^2]|}{|(z - z_0) \prod_{n=1}^{k} [(z - z_0)^2 + 4n^2d^2]|} \right)$$

$$= \frac{1}{2\pi} \ln \left(\frac{\left|(z - z_0^*) \prod_{n=1}^{k} \left(1 + \frac{(z - z_0^*)^2}{4n^2d^2}\right)\right|}{\left|(z - z_0) \prod_{n=1}^{k} \left(1 + \frac{(z - z_0)^2}{4n^2d^2}\right)\right|} \right)$$

angeben. Die komplexe Sinusfunktion ist durch $\sin(\mathrm{j}z) = \frac{1}{2\mathrm{j}}(\mathrm{e}^{-z} - \mathrm{e}^{z})$, $\mathrm{e}^{\pm z} = \mathrm{e}^{\pm(x+\mathrm{j}y)}$ $= \mathrm{e}^{\pm x}(\cos y \pm \mathrm{j} \sin y)$, definiert, und sie ist in der gleichmäßig konvergenten Produktform (vgl. [22, S. 202])

$$\sin(\mathrm{j}z) = \mathrm{j}z \prod_{n=1}^{\infty} \left(1 + \frac{z^2}{\pi^2 n^2}\right) = \frac{1}{2\mathrm{j}}(\mathrm{e}^{-z} - \mathrm{e}^{z})$$

darstellbar. Also erhalten wir für $k \to \infty$

$$M(\boldsymbol{x}) = \frac{1}{2\pi} \ln \left(\frac{\left|\sin\left(\frac{\pi}{2d} \mathrm{j}[z - z_0^*]\right)\right|}{\left|\sin\left(\frac{\pi}{2d} \mathrm{j}[z - z_0]\right)\right|} \right) = \frac{1}{2\pi} \ln \frac{\left|\mathrm{e}^{-\frac{\pi}{2d}[z-z_0^*]} - \mathrm{e}^{\frac{\pi}{2d}[z-z_0^*]}\right|}{\left|\mathrm{e}^{-\frac{\pi}{2d}[z-z_0]} - \mathrm{e}^{\frac{\pi}{2d}[z-z_0]}\right|}$$

oder, wenn man im Zähler $e^{-\frac{\pi}{2d}[z-z_0{}^*]}$ und im Nenner $e^{-\frac{\pi}{2d}[z-z_0]}$ ausklammert und beachtet, daß

$$\left|\frac{e^{-\frac{\pi}{2d}[z-z_0{}^*]}}{e^{-\frac{\pi}{2d}[z-z_0]}}\right| = \left|e^{\frac{\pi}{2d}[z_0{}^*-z_0]}\right| = \left|e^{-j\frac{\pi}{d}y_0}\right| = 1$$

ist,

$$M(\boldsymbol{x}) = \frac{1}{2\pi}\ln\left(\frac{|1 - e^{[z-z_0{}^*]\pi/d}|}{|1 - e^{[z-z_0]\pi/d}|}\right). \tag{452}$$

Mit der gleichmäßigen Konvergenz des unendlichen Produktes in obigen Formeln ist auch die Konvergenz der Überlagerung von unendlich vielen Einzelpotentialen in (451) gesichert. In dieser Form gibt man bei ebenen Problemen in der Literatur die GREENschen Funktionen an. Will man den Wert $M(\boldsymbol{x}) = M(x, y)$ in x,y-Koordinaten berechnen, hat man lediglich $z = x + jy$, $z_0 = x_0 + jy_0$, $z_0{}^* = x_0 - jy_0$ zu setzen. Im vorliegenden Falle erhält man beispielsweise für $d = \pi$ und den Angriffspunkt $\boldsymbol{x}_0 = (0, \pi/2)$, $z_0 = j\,\pi/2$, $z_0{}^* = -j\,\pi/2$ und folglich

$$M(x, y) = \frac{1}{2\pi}\ln\sqrt{\frac{1 + 2e^x\sin y + e^{2x}}{1 - 2e^x\sin y + e^{2x}}}. \tag{453}$$

Offenbar gilt $M(x, 0) = M(x, \pi) = 0$. Im Punkt $(x, y) = (x_0, y_0) = (0, \pi/2)$ besitzt M eine Singularität. In Bild 145 ist der Verlauf von $M(\boldsymbol{x})$ grob skizziert. Interessiert man sich für die Durchbiegung, so ist noch die Gleichung (441) für die Randbedingungen $w(x, 0) = w(x, d) = 0$ (vgl. [9, S. 168]) zu lösen. Die GREENsche Funktion hierfür ist aber ebenfalls durch (452) (nur M durch w ersetzt) gegeben.

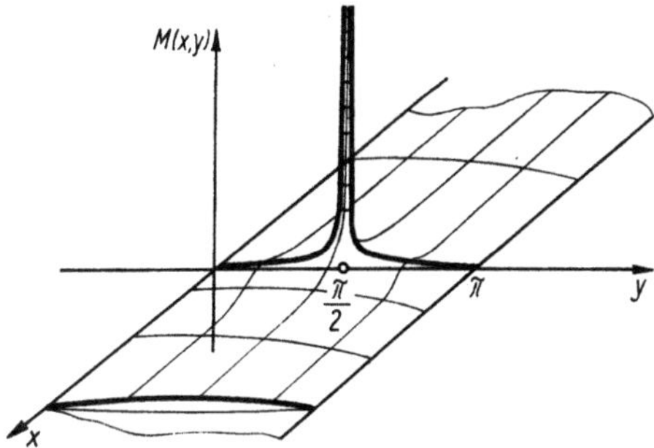

Bild 145. Zum Momentenverlauf

15.8.   Erweiterung um die Zeitvariable

15.8.0.   Allgemeines

Wir erweitern jetzt die Gleichung (420) um die Zeitvariable t und lassen auch partielle Ableitungen nach t zu. Diese sollen aber ebenfalls nur linear vorkommen, und es werden weiterhin nur konstante Koeffizienten betrachtet. Eine solche Gleichung kann symbolisch mit

$$\boxed{L_{t,x}u(t, x) = f(t, x)} \tag{454}$$

bezeichnet werden.

Beispiel 1. Die Wärmeleitungsgleichung (360) kann mit $T(t, x) = u(t, x)$ auch in der Form

$$\frac{\partial u(t, x)}{\partial t} - a^2\, \Delta u(t, x) = 0 \quad \text{mit} \quad L_{t,x} = \frac{\partial}{\partial t} - a^2 \Delta$$

geschrieben werden, wenn Δ wieder den auf die Ortsvariablen bezogenen Laplace-Operator (421) bezeichnet. Dabei ist hier $f(t, x) \equiv 0$, d. h., es sind keine Wärmequellen vorhanden. Allgemeiner beschreibt

$$\boxed{\frac{\partial u(t, x)}{\partial t} - a^2\, \Delta u(t, x) = f(t, x)} \tag{455}$$

Wärmeleitungsprobleme mit Wärmequellen.

Beispiel 2. Für die Gleichung (361) (Spezialfall der Stofftransportgleichung)

$$\frac{\partial u(t, x)}{\partial t} + (1 + A)\, \frac{\partial u(t, x)}{\partial x} = 0 \quad \text{ist} \quad L_{t,x} = \frac{\partial}{\partial t} + (1 + A)\, \frac{\partial}{\partial x}.$$

Beispiel 3. In der Wellengleichung

$$\boxed{\frac{\partial^2 u(t, x)}{\partial t^2} - a^2\, \Delta u(t, x) = f(t, x)} \tag{456}$$

ist der Operator $L_{t,x}$ durch $L_{t,x} = \dfrac{\partial^2}{\partial t^2} - a^2 \Delta$ gegeben.

Auch für die Gleichung (454) kann man Fundamentallösungen $u_\delta(t, x)$ als Lösung der Gleichung $L_{t,x}u(t, x) = \delta(t, x)$ ermitteln und damit eine spezielle Lösung $u_\mathrm{s}(t, x) = u_\delta(t, x) * f(t, x)$ für eine in (454) vorgegebene rechte Seite $f(t, x)$, für die die Faltung mit $u_\delta(t, x)$ im Sinne der Distributionen erklärt ist, analog zu Formel (424) berechnen. Für wichtige Gleichungen sind derartige Fundamentallösungen berechnet worden (vgl. [8], [26]). Einige Gleichungen mit zugehörigen Fundamentallösungen sind in der Tabelle 3 enthalten.

15.8.1. Potentiale

Insbesondere haben sich für die Wärmeleitungsgleichung und die Wellengleichung für die spezielle Lösung $u_s(t, x) = u_\delta(t, x) * f(t, x)$ die folgenden Bezeichnungen eingebürgert.

Verschwindet die Distribution $f(t, x)$ im Sinne der Distributionen für $t < 0$, so heißt $u_s(t, x)$ Wärmepotential mit der Dichte $f(t, x)$, falls $u_\delta(t, x)$ eine der Grundlösungen der Wärmeleitungsgleichung ist (Tabelle 3, Nr. 7 bis 9). Ist $u_\delta(t, x)$ eine der Grundlösungen der Wellengleichung (Tabelle 3, Nr. 10 bis 12), so heißt $u_s(t, x)$ retardiertes Potential mit der Dichte f. Die letzte Bezeichnung kommt daher, daß in den Fundamentallösungen der Wellengleichung die Argumente $at - |x|$, $a^2t^2 - |x|$ nacheilende (retardierte) Zeiten sind.

Diese Potentiale existieren sicher, wenn $f(t, x) \in \mathscr{D}'(\mathbb{R}^{m+1})$ (m bezieht sich auf die Anzahl der Ortsvariablen) außerhalb eines beschränkten Bereiches des Raumes $\mathbb{R}^{m+1}$ verschwindet (vgl. Abschnitt 15.5.).

Beispiel 1. Wir betrachten einen beiderseitig in x-Richtung unbegrenzten (in y- und z-Richtung wärmeisolierten) Stab, der von einer momentan (real von $t = 0$ an eine extrem kurze Zeit) wirkenden im Punkt $x = 0$ (real in einer extrem kleinen Umgebung von $x = 0$) befindlichen Quelle erwärmt wird. Die Dichte der Quelle sei also $f(t, x) = \delta(t, x) = \delta(t) \otimes \delta(x)$. Die eindimensionale Wärmeleitungsgleichung ($m = 1$), die wir zu lösen haben, lautet also

$$\frac{\partial u(t, x)}{\partial t} - a^2 \frac{\partial^2 u(t, x)}{\partial x^2} = \delta(t, x)$$

ihre Lösung ist gerade die Grundlösung (Tabelle 3, Nr. 7)

$$u_\delta(t, x) = \frac{h(t)}{2a\sqrt{\pi t}} \exp\left(-\frac{x^2}{4a^2 t}\right), \tag{457}$$

die das Wärmepotential der Dichte $f = \delta(t, x)$ beschreibt und die Temperatur zur Zeit t an der Stelle x angibt, die von der Wärmequelle herrührt. Für mehrere derartige Punktquellen, die momentan zu den Zeitpunkten t_i in den Punkten x_i wirken und deren Gesamtdichte

$$f(t, x) = \sum_{i=1}^{k} \alpha_i \delta(t - t_i, x - x_i) \qquad (t_i \geqq 0)$$

ist, existiert die Faltung mit der Grundlösung (457) ebenfalls, und es ergibt sich das Wärmepotential

$$u_s(t, x) = \frac{1}{2a\sqrt{\pi}} \sum_{i=1}^{k} \alpha_i \frac{h(t - t_i)}{\sqrt{t - t_i}} \exp\left(-\frac{(x - x_i)^2}{4a^2(t - t_i)}\right). \tag{458}$$

Ebenso einfach erhält man die Wärmepotentiale momentan wirkender Punktquellen in der x,y-Ebene oder im Raum.

Beispiel 2. Die Dichte der Wärmequelle bei dem im Beispiel 1 betrachteten Stab sei jetzt $f(t, x) = \delta(t) \otimes \mu(x)$, worin die Funktion $\mu(x)$ durch $\mu(x) = \mu[h(x + \alpha) - h(x - \alpha)]$
$= \begin{cases} \mu & \text{für} \quad -\alpha \leqq x < \alpha \\ 0 & \text{sonst} \end{cases}$, $\mu, \alpha > 0$ konstant, gegeben ist. Entsprechend Formel

(406) handelt es sich bei dieser Dichte um eine homogene einfache Belegung des Intervalls $-\alpha \leqq x < \alpha$ in der t,x-Ebene, also um eine momentan (zur Zeit $t = 0$) wirkende im Intervall $-\alpha \leqq x < \alpha$ konzentrierte Wärmequelle. Das Wärmepotential wird — der Formel (419) entsprechend — durch

$$u_s(t, x) = u_\delta(t, x) * \mu(x) = \frac{h(t)\,\mu}{2a\,\sqrt{\pi t}} \int\limits_{-\alpha}^{\alpha} \exp\left(-\frac{(x - \xi)^2}{4a^2 t}\right) d\xi \tag{459}$$

(POISSONsches Integral) gegeben, wenn man die Funktionenfaltung (418) auf x bezogen ausführt. Mit der Substitution $\dfrac{x - \xi}{a\,\sqrt{2t}} = \eta$ erhält man

$$u_s(t, x) = h(t)\,\frac{\mu}{\sqrt{2\pi}} \int\limits_{\frac{x-\alpha}{a\sqrt{2t}}}^{\frac{x+\alpha}{a\sqrt{2t}}} e^{-\eta^2/2}\,d\eta.$$

Führt man noch das GAUSSsche Wahrscheinlichkeitsintegral

$$\Phi(\tau) = \frac{2}{\sqrt{2\pi}} \int\limits_{0}^{\tau} e^{-\eta^2/2}\,d\eta, \qquad \Phi(-\tau) = -\Phi(\tau), \qquad \Phi(\infty) = 1 \tag{460}$$

ein, das tabelliert ist (vgl. [15, II., S. 331]), so folgt

$$u_s(t, x) = h(t)\,\frac{\mu}{2}\left[\Phi\left(\frac{x + \alpha}{a\,\sqrt{2t}}\right) - \Phi\left(\frac{x - \alpha}{a\,\sqrt{2t}}\right)\right]. \tag{461}$$

In Bild 146 ist die von der Quelle herrührende Temperaturverteilung $u_s(t, x)$ für zwei jeweils feste Zeitpunkte $t = t_1$ und $t = t_2$, $0 < t_1 < t_2$, grob skizziert. Offensichtlich ist $u_s(t, x) = u_s(t, -x)$ symmetrisch um den Punkt $x = 0$. Es genügt also, die Werte von $u_s(t, x)$ bei festem $t > 0$ für $x > 0$ zu berechnen. Für $t \to +0$ (t als Parameter aufgefaßt) ergibt sich mit $\Phi(\infty) = 1$ $u_s(t, x) \to \mu$ für $-\alpha < x < \alpha$, $u_s(t, x) \to 0$ für $|x| > \alpha$ und $u_s(t, \pm\alpha) \to \mu/2$. Man kann also $\mu(x)$ auch als die zum Zeitpunkt $t = 0$ im Stab vorhandene Anfangstemperatur auffassen und die Quelldichte vernachlässigen. Für $t \to \infty$ ergibt sich $u_s(t, x) \to 0$.
Für weitere Fälle, in denen das Wärmepotential existiert, wird auf [26] verwiesen.

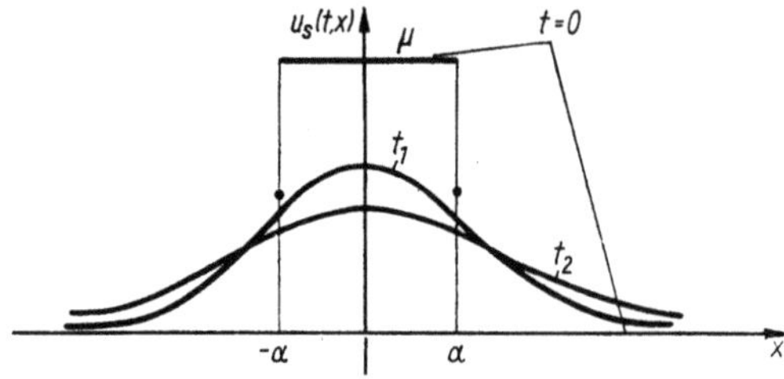

Bild 146. Temperaturverteilung in einem Stab für $t = 0 < t_1 < t_2$

Beispiel 3. Die kleinen Auslenkungen $u(t, x)$ einer beiderseitig bis ins Unendliche reichenden Saite zur Zeit t an der Stelle x mit der x-Achse als Ruhelage werden durch die eindimensionale Wellengleichung

$$\frac{\partial^2 u(t, x)}{\partial t^2} - a^2 \frac{\partial^2 u(t, x)}{\partial x^2} = f(t, x) \tag{462}$$

beschrieben. Die rechte Seite $f(t, x) = p(t, x)/\varrho$ (Dimension einer Beschleunigung) ist der Quotient aus der zur Zeit $t \geq 0$ auf die Saite einwirkenden Linienkraft (Kraftdichte) $p(t, x)$ und der konstanten (linearen) Massendichte ϱ der Saite. Im Falle einer momentan (zur Zeit $t = 0$) wirkenden Einzelkraft der Dichte $\varrho\delta(x)$ folgt $f(t, x) = \dfrac{1}{\varrho}\,\delta(t) \otimes \varrho\delta(x) = \delta(t, x)$. Die zugehörige Auslenkung wird in diesem Falle gerade durch die Fundamentallösung (Tabelle 3, Nr. 10)

$$u_\delta(t, x) = \frac{1}{2a}\,h(at - |x|) \tag{463}$$

beschrieben [Bild 147a)]. Man erkennt, daß zwei vordere Wellenfronten in den Punkten $x = -at$ und $x = at$ existieren, die sich mit der Geschwindigkeit $|\dot{x}| = a$ nach links bzw. rechts bewegen. Zwischen diesen Wellenfronten bleibt die Auslenkung $\dfrac{1}{2a}$ erhalten.

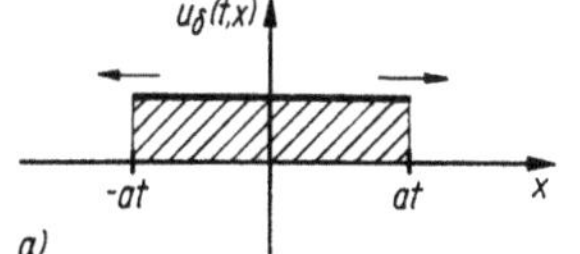

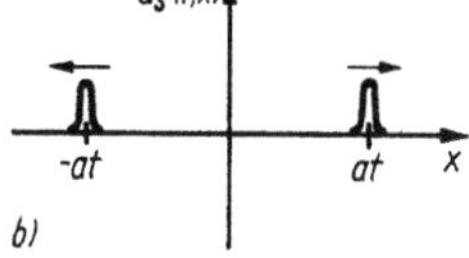

Bild 147. Auslenkung einer Saite

Beispiel 4. Die durch eine zum Zeitpunkt $t = 0$ wirkende Einzelkraft $\varrho\delta(x)$ hervorgerufene Auslenkung der Saite kann durch eine im nächsten Moment im Punkt x wirkende entgegengesetzt gerichtete Einzelkraft $-\varrho\delta(x)$ wieder rückgängig gemacht werden. Idealisiert kann das durch eine Dichte der Form $f(t, x) = \delta'(t) \otimes \delta(x)$ mit einem zeitlichen Doppelimpuls $\delta'(t)$ beschrieben werden. Als retardiertes Potential ergibt sich jetzt mit der Fundamentallösung (463)

$$u_s(t, x) = \frac{1}{2a}\,h(at - |x|) * \big(\delta'(t) \otimes \delta(x)\big).$$

Wir berechnen diese Faltung. Mit (410) und (413) ergibt sich zunächst

$$u_\delta(t, x) * \big(\delta'(t) \otimes \delta(x)\big) = \frac{1}{2a}\,h(at - |x|) * \frac{\partial}{\partial t}\big(\delta(t) \otimes \delta(x)\big)$$

$$= \frac{1}{2a}\,\frac{\partial}{\partial t}\,h(at - |x|) * \big(\delta(t) \otimes \delta(x)\big).$$

Berücksichtigt man noch die Formeln (405) und (414), so erhält man (vgl. [26])

$$u_s(t, x) = \frac{1}{2a}\,\frac{\partial}{\partial t}\,h(at - |x|) = \frac{1}{2}\,\delta(at - |x|). \tag{464}$$

Für einen realen Impuls kann man sich die Wellenfronten entsprechend Bild 147 b) veranschaulichen. Auch hier bewegen diese sich mit der Geschwindigkeit $|\dot{x}| = a$ nach links bzw. rechts. Die Störung ist aber hier nur auf die beiden Punkte $x = \pm at$ zur Zeit t konzentriert.

Bemerkung: Man kann sich die Formel (464) im Sinne der auf der t-Achse definierten Distributionen, die von einem Parameter $\lambda = x$ abhängen, vorstellen. In der zweidimensionalen t,x-Theorie muß aber der Wert dieses Funktionals wie folgt berechnet werden:

Für $\varphi(t, x) \in \mathscr{D}(\mathbb{R}^2)$ gilt

$$\left\langle \frac{1}{2a} \frac{\partial}{\partial t} h(at - |x|), \varphi(t, x) \right\rangle$$

$$= -\frac{1}{2a} \left\langle h(at - |x|), \frac{\partial \varphi(t, x)}{\partial t} \right\rangle = -\frac{1}{2a} \int\limits_{x=-\infty}^{\infty} \int\limits_{t=\frac{|x|}{a}}^{\infty} \frac{\partial \varphi(t, x)}{\partial t} \, \mathrm{d}t \, \mathrm{d}x$$

$$= \frac{1}{2a} \int\limits_{-\infty}^{\infty} \varphi\left(\frac{|x|}{a}, x\right) \mathrm{d}x = \int\limits_{-\infty}^{\infty} \frac{1}{2a} \left\langle \delta\left(t - \frac{|x|}{a}\right), \varphi(t, x) \right\rangle \mathrm{d}x$$

$$= \int\limits_{-\infty}^{\infty} \left\langle \frac{1}{2} \delta(at - |x|), \varphi(t, x) \right\rangle \mathrm{d}x,$$

wenn man beim letzten Schritt noch die Formel (111) berücksichtigt.
Die retardierten Potentiale existieren beispielsweise auch dann, wenn die Dichten in Verallgemeinerung der letzten beiden Beispiele die Form $f(t, x) = \delta(t) \otimes \mu(x)$ oder $f(t, x) = \delta'(t) \otimes \mu(x)$ besitzen. In diesen Fällen handelt es sich um einfache Belegungen [vgl. Formel (406) und (419)] oder doppelte Belegungen, denn im letzten

Falle gilt $\delta'(t) \otimes \mu(x) = -\frac{\partial}{\partial t}\left(\mu(x)\, \delta_C\right)$, wobei es sich im Falle $m = 1$ um eine doppelte

Belegung der x-Achse in der t,x-Theorie handelt, für $m = 2$ ist C die x,y-Ebene usw. Die Funktion $\mu(x)$ ist dabei stückweise stetig. Die retardierten Potentiale sind dann [vgl. (419)]

$$u_{\mathrm{s}}(t, x) = u_\delta(t, x) * \big(\delta(t) \otimes \mu(x)\big) = u_\delta(t, x) * \mu(x) \quad \text{und}$$

$$u_{\mathrm{s}}(t, x) = u_\delta(t, x) * \big(\delta'(t) \otimes \mu(x)\big) = \frac{\partial}{\partial t}\big(u_\delta(t, x)\big) * \mu(x).$$

Leser, die sich für explizite Darstellungen interessieren, können sich in [26] informieren.

15.8.2. Bemerkungen zu Anfangs- und Randwertaufgaben

Für lineare Differentialgleichungen $L_{t,x}u(t, x) = f(t, x)$ werden in der Praxis oft solche Lösungen gesucht, die für $t = 0$ gewisse Anfangsbedingungen

$$u(0, x) = u_0(x), \ldots, \left. \frac{\partial^{k-1}u(t, x)}{\partial t^{k-1}} \right|_{t=0} = u_{k-1}(x)$$

(falls die höchste Ableitung nach t die k-te ist) und für die Ortsvariablen gewisse Randbedingungen — wie bei zeitunabhängigen Systemen — erfüllen.

Beispiel 1. Ein beiderseitig bis ins Unendliche reichender Stab, der in y,z-Richtung wärmeisoliert ist, soll zum Zeitpunkt $t = 0$ die (aus der Vergangenheit stammende) Anfangstemperatur $u_0(x)$ besitzen. Wärmequellen sollen nicht vorhanden sein. Gesucht ist die Temperatur $u(t, x)$ zu einer beliebigen Zeit $t > 0$ an einer beliebigen Stelle x, $-\infty < x < \infty$. Zu lösen ist also die Anfangswertaufgabe

$$\frac{\partial u(t, x)}{\partial t} - a^2 \frac{\partial^2 u(t, x)}{\partial x^2} = 0, \qquad u_0(x) = \mu(x) \tag{465}$$

im Bereich $t > 0$, $-\infty < x < \infty$. Das ist die CAUCHYsche Aufgabe für die Wärmeleitungsgleichung (CAUCHY, A., 1789 bis 1857, Paris). Ist $\mu(x) = \delta(x)$, so heißt die zugehörige Lösung $u_\delta(t, x)$ eine Grundlösung der CAUCHYschen Aufgabe. Stellt man sich zunächst auf den Standpunkt, daß die zu Beginn vorhandene Anfangsverteilung $u_0(x) = \mu(x) = \delta(x)$ durch eine momentan wirkende Punktquelle der Dichte $f(t, x) = \delta(t) \otimes \delta(x)$ verursacht wurde (vgl. Abschnitt 15.8.1., Beispiel 1), so kann man anstelle des Problems (465) für $\mu(x) = \delta(x)$ auch die Gleichung

$$\frac{\partial u(t, x)}{\partial t} - a^2 \frac{\partial^2 u(t, x)}{\partial x^2} = \delta(t, x)$$

betrachten, die die Grundlösung (457) besitzt, welche tatsächlich für $t > 0$ die homogene Gleichung in (465) erfüllt [denn für $t > 0$ verschwindet $\delta(t, x)$] und für $t \to +0$ den Distributionengrenzwert $u_\delta(0, x) = \delta(x)$ besitzt (im Sinne der eindimensionalen x-Theorie) (Tabelle 3, Nr. 7 bis 9). Ist $u_0(x) = \mu(x)$ in (465) eine für alle x beschränkte Funktion, so erzeugt die Quelle der Dichte $f(t, x) = \delta(t) \otimes \mu(x)$ ein Wärmepotential $u(t, x) = u_\delta(t, x) * \big(\delta(t) \otimes \mu(x)\big) = u_\delta(t, x) * \mu(x)$, welches ebenfalls die Gestalt (418)

$$u(t, x) = \frac{h(t)}{2a\sqrt{\pi t}} \int\limits_{-\infty}^{\infty} \mu(\xi) \exp\left(-\frac{(x - \xi)^2}{4a^2 t}\right) \mathrm{d}\xi$$

hat. Verschwindet etwa $\mu(x)$ außerhalb eines beschränkten Intervalls, wie im Beispiel 2 des letzten Abschnittes, so besitzt die Folge $u_\delta(t, x) * \mu(x)$ nach der im Abschnitt 15.5. angegebenen Faltungseigenschaft konvergenter Distributionenfolgen den Grenzwert $\delta(x) * \mu(x) = \mu(x)$ für $t \to +0$. Für $\mu(x) = \mu[h(x + \alpha) - h(x - \alpha)]$ besitzt also die CAUCHYsche Aufgabe (465) ebenfalls die Lösung (461) [Bild 146].

Beispiel 2. Eine die gesamte x-Achse einnehmende Saite besitze zur Zeit $t = 0$ die (aus der Vergangenheit stammende reale) Anfangsauslenkung $u_0(x)$ und die Anfangsgeschwindigkeit $u_1(x)$. Im Bereich $t > 0$ werde die Saite durch keine äußeren Störungen angeregt. Gesucht ist die Auslenkung der Saite zur beliebigen Zeit $t > 0$ an einer beliebigen Stelle x, $-\infty < x < \infty$. Die eindimensionale Wellengleichung ohne Quellen ist also für die beiden Anfangsbedingungen zu lösen:

$$\boxed{\frac{\partial^2 u(t, x)}{\partial t^2} - a^2 \frac{\partial^2 u(t, x)}{\partial x^2} = 0, \qquad u(0, x) = u_0(x), \qquad \left.\frac{\partial u(t, x)}{\partial t}\right|_{t=0} = u_1(x).}$$

$$\tag{466}$$

Die Anfangswerte sind bis zur ersten Ableitung nach t vorgegeben, da die höchste Ableitung nach t die zweite ist.

Auch hier spricht man zunächst von einer Fundamentallösung der CAUCHYschen Aufgabe, wenn $u_0(x) \equiv 0$ und $u_1(x) = \delta(x)$ gesetzt werden. Es läßt sich aber auch hier zeigen, daß diese Fundamentallösung mit der Fundamentallösung (463) der Gleichung (462) übereinstimmt. Dazu braucht man sich nur wieder auf den Standpunkt zu stellen, daß die Anfangs«geschwindigkeit» $\delta(x)$ von einer momentan wirkenden Punktquelle der Beschleunigung $f(t, x) = \delta(t) \otimes \delta(x) = \delta(t, x)$ verursacht wird.

In der Distributionentheorie lassen sich deshalb die CAUCHYschen Anfangswertaufgaben in verallgemeinerter Form formulieren und auf die Bestimmung von Potentialen zurückführen [26, S. 161, 181]: Ist eine Lösung $u(t, x)$ $[u(t, x) = 0$ für $t < 0]$ der Gleichung

$$\boxed{\frac{\partial u(t, \boldsymbol{x})}{\partial t} - a^2 \,\Delta u(t, \boldsymbol{x}) = f(t, \boldsymbol{x}) + \delta(t) \otimes u_0(\boldsymbol{x})} \qquad (467)$$

für vorgegebene Wärmequellen der Dichte $f(t, \boldsymbol{x}) \in \mathscr{D}'(\mathbb{R}^{m+1})$ $[m = 1, 2, 3; f(t, \boldsymbol{x}) = 0$ für $t < 0]$ und vorgegebene Anfangsverteilung $u_0(\boldsymbol{x}) \in \mathscr{D}'(\mathbb{R}^m)$ zum Zeitpunkt $t = 0$ gesucht, so spricht man von einer verallgemeinerten CAUCHYschen Aufgabe für die Wärmeleitungsgleichung. Analog heißt das Problem, eine Lösung $u(t, \boldsymbol{x})$ $(u = 0$ für $t < 0)$ der Gleichung

$$\boxed{\frac{\partial^2 u(t, \boldsymbol{x})}{\partial t^2} - a^2 \,\Delta u(t, \boldsymbol{x}) = f(t, \boldsymbol{x}) + \delta'(t) \otimes u_0(\boldsymbol{x}) + \delta(t) \otimes u_1(\boldsymbol{x})} \quad (468)$$

für vorgegebene Quellen der Dichte $f(t, \boldsymbol{x}) \in \mathscr{D}'(\mathbb{R}^{m+1})$ $[m = 1, 2, 3; f(t, \boldsymbol{x}) = 0$ für $t < 0]$ sowie den vorgegebenen Anfangsbedingungen $u_0(\boldsymbol{x})$, $u_1(\boldsymbol{x}) \in \mathscr{D}'(\mathbb{R}^m)$ zu finden, die verallgemeinerte CAUCHYsche Aufgabe für die Wellengleichurg.

Man erkennt an den Gleichungen (467) und (468) die Analogie zur eindimensionalen Theorie, wenn man die Ableitungen $\partial u(t, \boldsymbol{x})/\partial t$ und $\partial^2 u(t, \boldsymbol{x})/\partial t^2$ und die rechts stehenden Anteile $u_0(\boldsymbol{x}) \otimes \delta(t)$ bzw. $u_0(\boldsymbol{x}) \otimes \delta'(t) + u_1(\boldsymbol{x}) \otimes \delta(t)$ mit den Formeln 12 und 13 der Tabelle 1 vergleicht. Auch die Frage nach der Übereinstimmung der Werte $u(+0, \boldsymbol{x})$, $\left.\dfrac{\partial u}{\partial t}\right|_{t=+0}$ mit den in die Anfangswertaufgabe hineingesteckten Anfangswerten u_0 und u_1 entspricht der Problematik im $\mathbb{R}^1$, wenn $f(t, \boldsymbol{x})$ etwa eine singuläre Distribution ist.

Beispiel 3. $u_0(x) \equiv 0$ und $u_1(x) \equiv 0$ seien die aus der Vergangenheit stammenden Anfangswerte für die Auslenkung und die Auslenkungsgeschwindigkeit einer unendlich langen Saite, d. h., die Saite befindet sich zum Zeitpunkt $t = -0$ in Ruhe (System besitzt keine Vergangenheit). Eine zum Zeitpunkt $t = 0$ einsetzende Erregung $f(t, x) = \delta(t) \otimes \delta(x)$ (die natürlich nicht real ist) liefert aber die Auslenkung (463)

$$u(t, x) = \frac{1}{2a}\, h(at - |x|) \ \text{[Bild 147a)]},$$ die für $t \to +0$ die Werte (s. Tabelle 3)

$$u(t, x) \xrightarrow{\mathscr{D}'(\mathbb{R}^1)} 0 \quad \text{und} \quad \frac{\partial u(t, x)}{\partial t} \xrightarrow{\mathscr{D}'(\mathbb{R}^1)} \delta(x)$$

besitzt. Auch hier werden also die in die Aufgabe hineingesteckten Anfangswerte sofort mit dem Einsetzen der Erregung verändert.

Da unendlich weit ausgedehnte Körper eine Idealisierung darstellen, werden in der Praxis wieder Randbedingungen vorgegeben, wie wir sie schon für spezielle Gleichungen behandelt hatten. Der Einfachheit wegen wollen wir uns auch hier nur mit einseitig begrenzten Körpern befassen.

Beispiel 4. Ein auf der positiven x-Achse liegender in y,z-Richtung wärmeisolierter Stab besitze für alle $x \geqq 0$ die (stetige und beschränkte) Anfangstemperatur $u_0(x) = \mu(x)$. Am linken Ende $x = 0$ sei der Stab ebenfalls wärmeisoliert, d. h., auch dort erfolgt keine Wärmeaufnahme bzw. -abgabe. Wir betrachten also einen reinen Wärmeausgleichsprozeß im Innern des Stabes. Die Randbedingung für $x = 0$ muß

dann (der 3. FOURIERschen Hypothese entsprechend) $\left.\dfrac{\partial u}{\partial n}\right|_{x=0} = \left.\dfrac{\partial u}{\partial x}\right|_{x=0} = 0$ sein (2.

homogene Randbedingung). Die mathematische Formulierung der Aufgabe lautet: Gesucht ist eine zweimal stetig differenzierbare Funktion $u(t, x)$ im Bereich $t > 0$, $x \geqq 0$, die Lösung des Anfangs-Randwertproblems

$$\frac{\partial u(t, x)}{\partial t} - a^2 \frac{\partial^2 u(t, x)}{\partial x^2} = 0, \quad u(0, x) = u_0(x), \quad \left.\frac{\partial u(t, x)}{\partial x}\right|_{x=0} = 0 \qquad (469)$$

ist. Zunächst überprüft man leicht, daß mit $u(t, x)$ auch $\pm u(t, -x)$ eine Lösung der homogenen Gleichung in (469) ist. Spiegeln wir $u(t, x)$ an der u-Achse, d. h., setzen wir $u(t, x)$ durch die Festlegung $u(t, x) = u(t, -x)$ für $x < 0$ als gerade Funktion in den Bereich $x < 0$ fort (Bild 148), so erhält man eine für alle reellen x erklärte Funktion

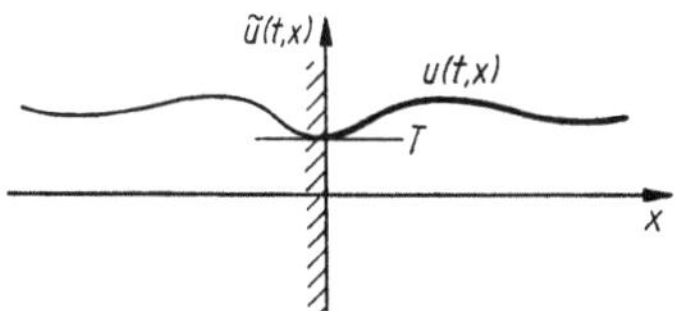

Bild 148. Zum Anfangs-Randwertproblem der Wärmeleitung

$$\bar{u}(t, x) = \begin{cases} u(t, x) & \text{für} \quad x \geqq 0 \\ u(t, -x) & \text{für} \quad x \leqq 0 \end{cases},$$

die ebenfalls Lösung der homogenen Wärmeleitungsgleichung ist, wenn $u(t, x)$ eine solche ist. Die gerade Fortsetzung der Lösung haben wir aus folgendem Grund gewählt. Es ist nämlich

$$\frac{\partial \bar{u}(t, x)}{\partial x} = \begin{cases} \dfrac{\partial u(t, x)}{\partial x} & \text{für} \quad x \geqq 0 \\ \dfrac{-\partial u(t, -x)}{\partial x} & \text{für} \quad x \leqq 0 \end{cases}.$$

Soll $\bar{u}(t, x)$ zweimal stetig differenzierbar sein, so muß für $x = 0$

$$\frac{\partial u(t, 0)}{\partial x} = -\frac{\partial u(t, 0)}{\partial x}$$

gelten, was wiederum nur möglich ist, wenn $\dfrac{\partial \bar{u}(t, 0)}{\partial x} = 0$ gilt. Mit der geraden Fortsetzung (Spiegelung) der gesuchten Lösung erzwingen wir also die Randbedingung in (469) für die Funktion $\bar{u}(t, x)$. Mit der geraden Fortsetzung der gesuchten Lösung in den Bereich $x < 0$ müssen wir auch die Anfangsbedingung durch die

Festlegung

$$\tilde{u}_0(x) = \begin{cases} u_0(x) & \text{für} \quad x \geq 0 \\ u_0(-x) & \text{für} \quad x \leq 0 \end{cases}$$

gerade fortsetzen, d. h. ebenfalls an der u-Achse spiegeln. Wenn nämlich $u(t, x)$ für $t = 0$ gleich $u_0(x)$ sein soll, so muß $u(t, -x)$ für $t = 0$ gleich $u_0(-x)$ gelten. Jetzt lösen wir das Anfangswertproblem

$$\frac{\partial \tilde{u}(t, x)}{\partial t} - a^2 \frac{\partial^2 \tilde{u}(t, x)}{\partial x^2} = \delta(t) \otimes \tilde{u}_0(x),$$

dessen Lösung automatisch die Randbedingung $\dfrac{\partial \tilde{u}(t, x)}{\partial x}\bigg|_{x=0} = 0$ erfüllt. Diese Lösung $\tilde{u}(t, x) = u_\delta(t, x) * \big(\delta(t) \otimes \tilde{u}_0(x)\big) = u_\delta(t, x) * \tilde{u}_0(x)$ ist aber mit (457) und (418) ($m = 1$) durch

$$\tilde{u}(t, x) = \frac{h(t)}{2a\sqrt{\pi t}} \int\limits_{-\infty}^{\infty} \tilde{u}_0(\xi) \exp\left(-\frac{(x - \xi)^2}{4a^2t}\right) d\xi$$

gegeben. Im Bereich $x \geq 0$ ergibt sich daraus mit der Definition von $\tilde{u}_0(x)$ und $\tilde{u} = u$

$$u(t, x) = \frac{h(t)}{2a\sqrt{\pi t}} \left[\int\limits_{-\infty}^{0} u_0(-\xi) \exp\left(-\frac{(x - \xi)^2}{4a^2t}\right) d\xi \right.$$

$$\left. + \int\limits_{0}^{\infty} u_0(\xi) \exp\left(-\frac{(x - \xi)^2}{4a^2t}\right) d\xi \right].$$

Substituiert man im ersten Integral $-\xi = \tau$ und setzt anschließend wieder $\tau = \xi$, so folgt die gesuchte Lösung des Ausgangsproblems

$$u(t, x) = \frac{h(t)}{2a\sqrt{\pi t}} \int\limits_{0}^{\infty} u_0(\xi) \left[\exp\left(-\frac{(x + \xi)^2}{4a^2t}\right) + \exp\left(-\frac{(x - \xi)^2}{4a^2t}\right) \right] d\xi. \tag{470}$$

Für den Fall $u_0(x) = T = \text{const.}$ ergibt sich $u(t, x) = h(t)\, T$, was physikalisch sinnvoll ist, da die Temperatur von Beginn an bereits ausgeglichen war und kein Wärmeaustausch mit dem Außenraum erfolgte.

In analoger Weise kann man auch andere Aufgaben lösen. Manchmal gelingt eine Lösung derartiger Aufgaben mit Hilfe der LAPLACE-Transformation, wie wir im Abschnitt 14.1. gezeigt haben.

Auf die Einführung der FOURIER-Transformation für Distributionen haben wir hier verzichtet, da es uns nur auf die Erläuterung einiger Anwendungsmöglichkeiten der mehrdimensionalen Distributionen-Theorie ankam. Ausführlich kann sich der interessierte Leser darüber in den Büchern [8] und [26] informieren.

15.9.   Aufgaben zur mehrdimensionalen Theorie

Aufgabe 1. Man zeige, daß für $f(x) \equiv 0 \in \mathcal{D}'(\mathbb{R}^m)$ und $g(y) \in \mathcal{D}'(\mathbb{R}^n)$ die Beziehung $f(x) \otimes g(y) = 0 \in \mathcal{D}'(\mathbb{R}^{m+n})$ folgt!

Aufgabe 2. Man berechne die Ableitungen $\dfrac{\partial}{\partial x_i}(1(x) \otimes f(y))$, $i = 1, \ldots, m$, wenn $1(x) \equiv 1$ die im ganzen Raum $\mathbb{R}^m$ konstante Funktion 1 ist!

Aufgabe 3. C sei die x-Achse. Man berechne $\dfrac{\partial}{\partial x}(h(x)\,\delta_C * f(x, y))$ für eine beliebige Distribution f in $\mathcal{D}'(\mathbb{R}^2)$!

Aufgabe 4. Wie lautet das Potential $u_s(\boldsymbol{x})$ eines im Koordinatenursprung $\boldsymbol{x}_0 = (0, 0, 0)$ des Raumes $\mathbb{R}^3$ befindlichen elektrischen Dipols mit dem Moment m_D und der Achsenrichtung

a) $\boldsymbol{r} = (1, 0, 0)$; b) $\boldsymbol{r} = (0, 1, 0)$; c) $\boldsymbol{r} = (0, 0, 1)$; d) $\boldsymbol{r} = \dfrac{1}{\sqrt{3}}\,(1, 1, 1)$?

Aufgabe 5. Man berechne das Gravitationspotential $u_s(\boldsymbol{x})$ für ein System von Punktmassen m_i ($i = 1, \ldots, k$), die sich in den Punkten $\boldsymbol{x}_i \in \mathbb{R}^3$ befinden!

Aufgabe 6. Eine Punktmasse m bewege sich gleichförmig geradlinig entlang der z-Achse mit der Geschwindigkeit v. Wie lautet das zeitabhängige Gravitationspotential dieser Punktmasse, wenn relativistische Effekte vernachlässigt werden können (d. h., $v/c \approx 0$, wenn c die Lichtgeschwindigkeit bezeichnet)?

Aufgabe 7. Wie lautet die GREENsche Funktion $G(\boldsymbol{x}, \boldsymbol{x}_0)$ der (ebenen) POISSON-Gleichung für das Gebiet (1. Randwertaufgabe) $B = \{(x, y)\colon x > 0, y > 0\}$? [Hinweis: Man verwende das Spiegelungsprinzip!) a) Spiegelung der Einzelkraft $F = 1$ an der y-Achse; b) Spiegelung des entstehenden Paares an der x-Achse (Skizze!)].

Aufgabe 8. Eine die gesamte x,y-Ebene einnehmende Platte, die in z-Richtung wärmeisoliert sein soll, wird durch eine momentan wirkende Quelle der Dichte $f(t, x, y) = \delta(t) \otimes \delta(x, y)$ erwärmt. Wie lautet das Wärmepotential dieser Quelle?

Aufgabe 9. Zu lösen ist die CAUCHYsche Aufgabe

$$\frac{\partial u(t, x, y)}{\partial t} - a^2\,\Delta u(t, x, y) = 0, \qquad u_0(x, y) = \mu(x, y)$$

für die Wärmeleitungsgleichung!

a) $\mu(x, y) = \delta(x, y)$

b) $\mu(x, y) = \begin{cases} \mu & \text{in } -\alpha \leqq x < \alpha,\ -\beta \leqq y < \beta \\ 0 & \text{sonst} \end{cases}$

$(\alpha, \beta, \mu > 0)$

16. Lösungen der Aufgaben

Abschnitt 2.1.

1. a) 0; b) $T - \lambda$; c) $2T$; d) $T - \lambda$;
   $h(t - \lambda)$ ist in jedem endlichen Intervall $[-T, T]$ absolut integrierbar.

Abschnitt 2.2.

1. $f(t) = \begin{cases} 1 & \text{für } t \neq 0 \\ 0 & \text{für } t = 0 \end{cases}, \qquad g(t) = \begin{cases} 0 & \text{für } t \neq 0 \\ 1 & \text{für } t = 0 \end{cases}$

2. Zu $\mathcal{K}_f$ gehören: a), b), c), e). Nicht zu $\mathcal{K}_f$ gehören: d)

Abschnitt 2.4.

1. $f(t) * g(t) = h(t) \, [1 + t - e^{-t}]$
2. Hinweis: Man benutze die Regel für die Integration einer Summe von Funktionen!
3. $f(t - \tau) = 0$ für $\tau > t$ und $g(\tau) = 0$ für $\tau < 0$ ergeben die Integrationsgrenzen 0 und t in (38).
4. $f(t) \equiv 1$ und $g(t) \equiv 1 : f * g = \int\limits_{-\infty}^{\infty} \mathrm{d}\tau$ existiert nicht.

Abschnitt 2.5.

1. a) Für $t = 0$ gilt $f_n(0) = 0 \to 0$, für $t > 0$ geht e^{-nt} stärker gegen Null, als $n^2 t^2$ gegen ∞ strebt.
   b) Das Maximum von $f_n(t)$ befindet sich an der Stelle $t_n = 2/n$ und besitzt den Wert $4/e^2$. Dieses für alle n konstante Maximum wandert zwar für $n \to \infty$ gegen $t = 0$, verhindert aber die gleichmäßige Konvergenz in jedem Intervall $[0, b]$.
   d) Für $t < 0$ ist die Folge nicht konvergent!
2. b) und c): Die Folge konvergiert in $-\infty < t < \infty$ gleichmäßig gegen $f(t) \equiv 0$.
3. Hinweis: Man betrachte die Lage und die Größe des Maximums der Funktionen $f_n(t)$!
4. a) Bild 149

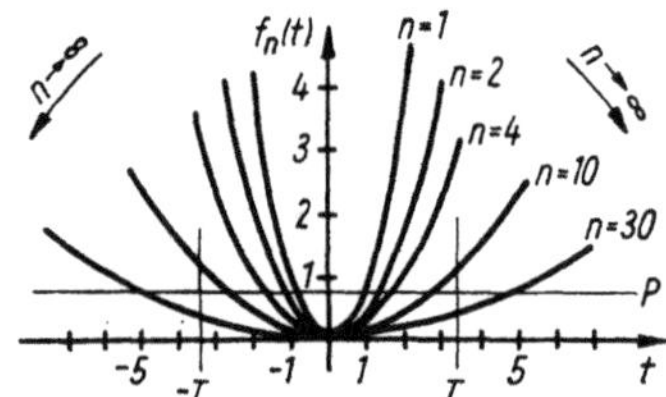

Bild 149. Zur fast gleichmäßigen
Konvergenz

   b) Aus dem Bild 149 kann man ablesen, daß vermutlich $f_n(t) \to 0$ für $n \to \infty$ gilt.

   c) Es gilt für beliebiges $T > 0$ $\max\limits_{-T \leq t \leq T} |f_n(t) - 0| = \dfrac{T^2}{n} \to 0$ für $n \to \infty$. Die Folge konvergiert also sicher fast gleichmäßig in $-\infty < t < \infty$. Das Maximum kann man aus Bild 149 ablesen.

Die Folge konvergiert aber nicht gleichmäßig in ganz $-\infty < t < \infty$, da offensichtlich für jede beliebige Parallele P oberhalb der t-Achse (s. Bild 149) jeweils alle Kurven der Folgenglieder $f_n(t)$ über diese Parallelen hinaustreten, wenn nur $|t|$ groß genug ist.

5. Die Folge $t^n/(1 - t^2)$ konvergiert fast gleichmäßig in $-1 < t < 1$, denn es gilt für ein beliebiges Intervall $-1 < -T \leqq t \leqq T < 1$ (Man kann hier anstelle $[T_1, T_2]$ ein beliebiges symmetrisches Intervall $[-T, T]$, $1 > T > 0$, nehmen.) wegen der Stetigkeit von $f_n(t)$ in $[-T, T]$ $|f_n(t) - 0| = |f_n(t)| \leqq \mu_n = \max\limits_{-T \leqq t \leqq T} |f_n(t)| = T^n/(1 - T^2) \to 0$ für $n \to \infty$, da $0 < T < 1$ ist.

Abschnitt 2.6.

1. $b_k = (-1)^{k+1} \, 2/k$

2. $\displaystyle f(t) = \frac{4a}{\pi} \left(\cos t - \frac{1}{3} \cos (3t) + \frac{1}{5} \cos (5t) - \frac{1}{7} \cos (7t) + \cdots \right)$

$\displaystyle \qquad = \frac{4a}{\pi} \left(\sum_{n=0}^{\infty} \frac{1}{4n + 1} \cos ([4n + 1]\, t) - \sum_{n=0}^{\infty} \frac{1}{4n + 3} \cos ([4n + 3]\, t) \right)$

Abschnitt 3.1.

1. a) Das Integral $\langle f, \varphi \rangle = \int\limits_0^1 t\varphi \, \mathrm{d}t$ existiert für jedes $\varphi \in C(-\infty, \infty)$.

$$\langle f, \alpha\varphi + \beta\psi \rangle = \int\limits_0^1 t(\alpha\varphi + \beta\psi) \, \mathrm{d}t = \alpha \int\limits_0^1 t\varphi \, \mathrm{d}t + \beta \int\limits_0^1 t\psi \, \mathrm{d}t = \alpha\langle f, \varphi \rangle + \beta\langle f, \psi \rangle.$$

b) $\langle f, \mathrm{e}^t \rangle = 1$; $\langle f, t \rangle = 1/3$; $\langle f, t^2 + 1 \rangle = 3/4$

Abschnitt 3.2.

1. Das Funktional ist stetig.

Abschnitt 4.2.

1. Die Funktionen gehören zu $C^{(\infty)}(-\infty, \infty)$ aber nicht zu $\mathcal{D}$, da sie für alle reellen t von Null verschieden sind.

2. Die Funktionen sind keine Testfunktionen, weil sie in den Punkten $t = \pm 1/\alpha$ nicht beliebig oft differenzierbar sind.

3. $\varphi(t) \equiv 0$ ist beliebig oft differenzierbar und verschwindet außerhalb eines jeden endlichen Intervalls.

Abschnitt 5.1.

1. Hinweis: Man gehe analog zu Beispiel 2 der Abschnitte 3.1. und 3.2. sowie der Formel (65) vor!

2. a) f ist keine Distribution; b) f ist eine Distribution; c) f ist keine Distribution.

Abschnitt 5.2.

1. Es gilt $\langle \delta(t), \varphi(t) \rangle = \varphi(0)$ für alle $\varphi \in \mathcal{D}$. Andererseits ist

$$\langle f(t), \varphi(t) \rangle = - \int\limits_0^\infty \dot\varphi(t) \, \mathrm{d}t = -\varphi(t)\big|_0^\infty = -[0 - \varphi(0)] = \varphi(0).$$

Daraus folgt die Behauptung.

2. $g(t) = \delta(t - \lambda)$, da $-\int\limits_\lambda^\infty \dot\varphi(t) \, \mathrm{d}t = -\varphi(t)\big|_\lambda^\infty = \varphi(\lambda) = \langle \delta(t - \lambda), \varphi(t) \rangle$ ist.

3. $f(t) = 0$ in $a < t < b$, $\varphi(t) \neq 0$ höchstens innerhalb von $a < t < b \rightsquigarrow f(t)\, \varphi(t) = 0$ für alle reellen $t \rightsquigarrow \langle f(t), \varphi(t) \rangle = \int\limits_{-\infty}^\infty f(t)\, \varphi(t) \, \mathrm{d}t = 0$.

Abschnitt 5.4.

1. $\langle a(t)\,\delta(t-\lambda),\varphi(t)\rangle = \langle\delta(t-\lambda),a(t)\,\varphi(t)\rangle = a(\lambda)\,\varphi(\lambda) = a(\lambda)\,\langle\delta(t-\lambda),\varphi(t)\rangle$
$$= \langle a(\lambda)\,\delta(t-\lambda),\varphi(t)\rangle.$$

3. a) $(\cos t)\,\delta(t) = \delta(t)$; b) $e^{t-1}\delta(t-1) = \delta(t-1)$; c) $\sin(t^2)\,\delta(t) = 0$;

d) $t\cdot\text{V.p.}\left(\dfrac{1}{t}\right) = g(t)\equiv 1$; e) $t\cdot Pf(h(t)\cdot t^{-\alpha}) = 1/t^{\alpha-1}$; f) $(\sin t)\,\delta(t-\pi) = 0$.

4. regulär sind: c), d), e), f); singulär sind: a), b)

Abschnitt 5.5.

2. a) $\dot f(t,\alpha) = 0$, $\qquad f'(t,\alpha) = \dfrac{\alpha}{2}\left[\delta\left(t+\dfrac{1}{\alpha}\right) - \delta\left(t-\dfrac{1}{\alpha}\right)\right].$

b) $\dot f(t) = h(t) - h(t-\lambda)$, $\qquad f'(t) = h(t) - h(t-\lambda) - \lambda\delta(t-\lambda).$

Abschnitt 5.6.

1. Hinweis: Man verwende die Definition (106) und (108) sowie die Formel (98)!

3. $\langle[f(t-\lambda)]',\varphi(t)\rangle = -\langle f(t-\lambda),\dot\varphi(t)\rangle = -\langle f(t),\dot\varphi(t+\lambda)\rangle$
$$= -\langle f(t),[\varphi(t+\lambda)]'\rangle = \langle f'(t),\varphi(t+\lambda)\rangle$$
$$= \langle f'(t-\lambda),\varphi(t)\rangle$$

Analog wird die zweite Formel bewiesen!

Abschnitt 5.7.

1. Aus Formel (116) folgt sofort $[h(t)*g(t)]' = h'(t)*g(t) = \delta(t)*g(t) = g(t).$

Abschnitt 5.8.

1. a) $\langle\delta(t-n),\varphi(t)\rangle = \varphi(n)\to 0$ für $n\to\infty$, da $\varphi(t)$ außerhalb eines gewissen endlichen Intervalls verschwindet. Andererseits ist aber $\langle 0,\varphi(t)\rangle = 0$.

b) $\langle\delta(t-1/n),\varphi(t)\rangle = \varphi(1/n)\to\varphi(0)$ für $n\to\infty$, und es gilt $\varphi(0) = \langle\delta(t),\varphi(t)\rangle$.

2. Falls $f_n \xrightarrow{\mathscr{D}'} f$, so gilt nach Konvergenzdefinition für jede Testfunktion $\psi(t)$ und $n\to\infty$ $\langle f_n,\psi(t)\rangle\to\langle f,\psi(t)\rangle$, insbesondere also für die Testfunktion $\psi(t) = \varphi(t+\lambda)$, wenn $\varphi(t)$ eine beliebige Testfunktion ist. Daraus folgt mit (106) für jedes $\varphi(t)\in\mathscr{D}$

$$\langle f_n(t-\lambda),\varphi(t)\rangle = \langle f_n(t),\varphi(t+\lambda)\rangle \to \langle f(t),\varphi(t+\lambda)\rangle = \langle f(t-\lambda),\varphi(t)\rangle,$$

woraus die Behauptung folgt.

3. a) Bild 150

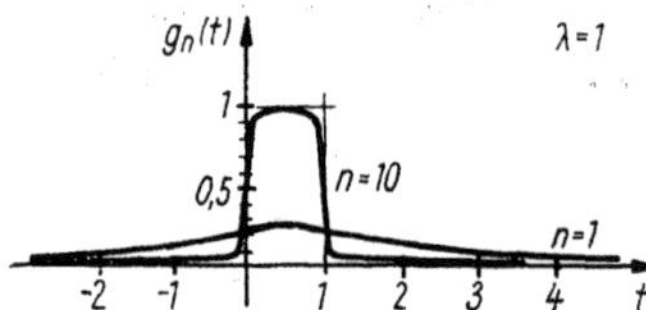

Bild 150. Approximation eines Rechteck impulses

b), c) Es gilt (s. Beispiel 3, Formel (126)) $f_n(t)\xrightarrow{\mathscr{D}'} h(t)$. Nach Aufgabe 2 gilt auch $f_n(t-\lambda) \xrightarrow{\mathscr{D}'} h(t-\lambda)$. Also konvergiert auch die Summe $f_n(t) + (-1)\,f_n(t-\lambda) = g_n(t)$, und es gilt $g_n(t)\xrightarrow{\mathscr{D}'} g(t) = h(t) - h(t-\lambda)$. Der Grenzwert ist also ein Rechteckimpuls, was man auch als Vermutung aus Bild 150 ablesen kann.

4. Angenommen, es gäbe zwei Grenzwerte f und g mit $f_n\xrightarrow{\mathscr{D}'} f$ und $f_n\xrightarrow{\mathscr{D}'} g$. Dann gilt nach Definition der Distributionenkonvergenz für jede Testfunktion φ $\langle f_n,\varphi\rangle\to\langle f,\varphi\rangle$ und $\langle f_n,\varphi\rangle\to\langle g,\varphi\rangle$ im Sinne der Zahlenfolgen. Konvergente Zahlenfolgen besitzen aber eindeutig bestimmte Grenzwerte, d. h., es gilt $\langle f,\varphi\rangle = \langle g,\varphi\rangle$ für alle φ, woraus aber nach der Gleichheitsdefinition für Distributionen $f = g$ folgt.

Abschnitt 5.9.

1. a) $\alpha_\varphi(\lambda) = \int\limits_0^\infty \varphi(t + \lambda)\, dt$;   b) $\alpha_\varphi(\lambda) = -\dot\varphi(\lambda)$;   c) $\alpha_\varphi(\lambda) = (-1)^{(k)} \lambda \varphi^k(0)$;

    d) $\alpha_\varphi(\lambda) = h(\lambda) \int\limits_0^\infty \varphi(t)\, dt$;   e) $\alpha_\varphi(\lambda) = [h(\lambda) - h(\lambda - 1)]\, \varphi(0)$.

2. Stetig sind: a), b), c); unstetig sind: d) e).

Abschnitt 5.10.

1. a) $\alpha_\varphi(\lambda) = \int\limits_0^\infty \varphi(t + \lambda)\, dt \rightsquigarrow \dfrac{d\alpha_\varphi(\lambda)}{d\lambda} = \int\limits_0^\infty \dot\varphi(t + \lambda)\, dt$

      $= \langle h(t), \dot\varphi(t + \lambda)\rangle = \langle -h'(t - \lambda), \varphi(t)\rangle = \langle -\delta(t - \lambda), \varphi(t)\rangle.$

    (b) und c) analog beweisen.)

3. a) $\int\limits_0^1 \delta'(t - \lambda)\, d\lambda = \delta(t) - \delta(t - 1)$;   b) $\int\limits_{-1}^1 e^{\lambda t}\delta(t - \lambda)\, d\lambda = [h(t + 1) - h(t - 1)]\, e^{t^2}$

Abschnitt 6.1.

1. a) $\bar f(p) = \dfrac{1}{p}\, (e^p - e^{-p})$;   b) $\bar f(p) = \dfrac{1}{p + \alpha}\, (e^{p+\alpha} - e^{-p-\alpha})$;   c) $\bar f(p) = \dfrac{1}{p^2}\, (1 - e^{-p} - p\, e^{-p})$

2. a) $\bar f(p) = \dfrac{1}{p - 1} - \dfrac{1}{p}$, $f(t) = h(t)\, (e^t - 1)$;

    b) $\bar f(p) = \dfrac{2}{(p + 1)^2} + \dfrac{1}{p + 1} - \dfrac{1}{p}$, $f(t) = h(t)\, [(2t + 1)\, e^{-t} - 1]$;

    c) $\bar f(p) = \dfrac{1}{p + 1} + \dfrac{1}{p - 1} + \dfrac{p}{p^2 + 1}$, $f(t) = h(t)\, [e^{-t} + e^t + \cos t]$.

Abschnitt 6.2.

2. Zu $\mathscr{D}'_{\mathscr{L}}$ gehören: a) (nur für $c = 0$) $\bar g(p) = 1$;

         b) mit $\bar g(p) = c$;   d) mit $\bar g(p) = \dfrac{1}{p + 1} + 1$;

         e) mit $\bar g(p) = \sum\limits_{k=0}^n \alpha_k p^k$;   f) mit $\bar g(p) = \sum\limits_{k=0}^n \alpha_k\, e^{-\lambda_k p}$.

   Nicht zu $\mathscr{D}'_{\mathscr{L}}$ gehören: a) für $c \neq 0$; c).

3. a) $f(t) = 5\delta(t) + 3\delta'(t) + \delta^{(4)}(t)$;   b) $f(t) = \delta(t) + \delta(t - 1)$;   c) $f(t) = h(t + 2)\, e^{t+2}$;

    d) $f(t) = h(t - 2)\, e^{t-2}$;   e) $f(t) = h(t + 1)$;   f) $f(t) = \delta'(t - 3)$.

4. a) $f(t) = h(t)\, e^{-t} + \delta'(t)$;   b) $f(t) = \delta''(t) + \delta(t) + h(t)\, t\, e^t$;

    c) $f(t) = \delta(t) - h(t) \sin t$;   d) $f(t) = \delta'(t) + h(t) \cosh t$.

5. a) $\mathscr{L}[t^k \delta(t)] = (-1)^k \dfrac{d^k}{dp^k}\, [1] = 0 = \mathscr{L}[0]$;

    b) $\mathscr{L}[t\delta''(t)] = -\dfrac{d}{dp}\, [p^2] = -2p = \mathscr{L}[-2\delta'(t)]$;

    c) $\mathscr{L}[t^2\delta''(t)] = \dfrac{d^2}{dp^2}\, [p^2] = 2 = \mathscr{L}[2\delta(t)]$;

    d) $\mathscr{L}[t^k\delta''(t)] = (-1)^k \dfrac{d^k}{dp^k}\, [p^2] = 0 = \mathscr{L}[0]$ für $k = 3, 4, \ldots$,   d. h., $t^k\delta''(t) = 0$.

Abschnitt 7.2.

1. $\dfrac{1}{s}\{f(t)\} = \{h(t) * f(t)\} = \left\{\displaystyle\int_{-\infty}^{\infty} h(t-\tau)\,f(\tau)\,d\tau\right\}$.   Wegen

$$h(t-\tau) = \begin{cases} 1 & \text{für } t-\tau \geqq 0, \quad \text{d. h., } \tau \leqq t \\ 0 & \text{für } t-\tau < 0, \quad \text{d. h., } \tau > t \end{cases} \quad \text{folgt (185)}.$$

Ist sogar noch $f(\tau) = 0$ für $\tau < 0$, so reduziert sich das Integral in (185) auf die Form in (186).

2. $L(si - i_0) + Ri + \dfrac{1}{Cs}\,i = u$ oder $Ls\{i(t)\} - Li_0 + R\{i(t)\} + \dfrac{1}{Cs}\{i(t)\} = \{u(t)\}$.

3. a) $s\{h(t)\,e^{-\alpha t}\} = \{-\alpha h(t)\,e^{-\alpha t}\} + 1$;

   b) $\{-\alpha h(t)\,e^{-\alpha t}\} = -\alpha\{h(t)\,e^{-\alpha t}\} \rightsquigarrow (s+\alpha)\{h(t)\,e^{-\alpha t}\} = 1 \rightsquigarrow \{h(t)\,e^{-\alpha t}\} = \dfrac{1}{s+\alpha}$.

4. Operatorenform: $m(s^2 x - x_0 s - x_1) + r(sx - x_0) + nx = 0$

5. a) $s\{h(t)\sin(\beta t)\} = \beta\{h(t)\cos(\beta t)\}$; $s^2\{h(t)\sin(\beta t)\} = -\beta^2\{h(t)\sin(\beta t)\} + \beta \rightsquigarrow$ (193);

   b) $s\{h(t)\cos(\beta t)\} = -\beta\{h(t)\sin(\beta t)\} + 1$; $s^2\{h(t)\cos(\beta t)\} = -\beta^2\{h(t)\cos(\beta t)\} + s \rightsquigarrow$ (194).

6. Formeln (193) und (194) sind direkt aus Aufgabe 5 ablesbar!

7. Nach (196) ist $e^{-\lambda s}\,e^{+\lambda s} = e^{-(\lambda-\lambda)s} = e^{0s}$. Mit (195) folgt $e^{0s}\{h(t)\} = \{h(t)\}$, also $e^{0s} = \dfrac{h(t)}{h(t)}$, ist aber gerade die Definition (182) für den Zahlenoperator 1.

8. Man benutze die Tabelle 2 und ersetze p durch s!

9. $\{h(t-\lambda)\} = e^{-\lambda s}\{h(t)\} = \dfrac{1}{s}\,e^{-\lambda s}$ oder $\mathscr{L}[h(t-\lambda)] = \dfrac{1}{p}\,e^{-\lambda p} \rightsquigarrow \dfrac{1}{s}\,e^{-\lambda s}$

13. a) und b): $\{h(t)\,t\sin(\beta t)\} = \dfrac{2\beta s}{(s^2+\beta^2)^2}$;

   $\{h(t)\,t\cos(\beta t)\} = \dfrac{s^2-\beta^2}{(s^2+\beta^2)^2}$.

Abschnitt 8.

1. $u^*(t) = \displaystyle\sum_{k=0}^{10} u(k)\,\delta(t-k)$ oder $\{u^*(t)\} = \displaystyle\sum_{k=0}^{10} u(k)\,e^{-ks}$,

   worin $u(k) = (k+1)\,e^{-k}$ ist.

2. a) $g(t) = \left[h(t) - h\left(t - \dfrac{l}{4}\right)\right] t - F_0\delta(t) + F_{l/2}\delta\left(t - \dfrac{l}{2}\right) - F_l\delta(t-l)$;

   b) $g = \dfrac{1}{s^2}(1 - e^{-ls/4}) - F_0 + F_{l/2}\,e^{-ls/2} - F_l\,e^{-ls}$.

3. $f_\xi(t) = \displaystyle\sum_{k=1}^{6} \dfrac{1}{6}\,\delta(t-k) = \dfrac{1}{6}[\delta(t) + \delta(t-1) + \cdots + \delta(t-6)]$.

4. $I(t) = \displaystyle\sum_{k=1}^{10} \delta(t-k)$ oder $I = \displaystyle\sum_{k=1}^{10} e^{-ks}$ (falls erst zur Zeit $t = 0$ mit der Produktion begonnen wird).

Abschnitt 9.3.

1. a) $x_\delta(t) = \mathscr{L}^{-1}\left[\dfrac{1}{p^2+2p+1}\right] = \mathscr{L}^{-1}\left[\dfrac{1}{(p+1)^2}\right] = h(t)\,t\,e^{-t}$;

   b) $x_\delta(t) = \mathscr{L}^{-1}\left[\dfrac{1}{p^3}\right] = \dfrac{1}{2}\,h(t)\,t^2$;

c) $x_\delta(t) = \mathscr{L}^{-1}\left[\dfrac{1}{p^3 + 3p^2 + 3p + 1}\right] = \mathscr{L}^{-1}\left[\dfrac{1}{(p + 1)^3}\right] = \dfrac{1}{2}\, h(t)\, t^2\, \mathrm{e}^{-t}.$

2. $x(t) = x_\delta(t) = \mathscr{L}^{-1}\left[\dfrac{1}{\mathrm{e}^{-\lambda p}}\right] = \mathscr{L}^{-1}[\mathrm{e}^{\lambda p}] = \delta(t + \lambda).$

Abschnitt 10.2.

1. a) $x(t) = h(t)\,[t + 1] + c$; b) $x(t) = h(t) + 2h(t - 1) + 5h(t - 3) + c$;

c) $x(t) = \delta(t) + h(t + 3) + c.$

Abschnitt 10.4.

1. a) $x'(t) = h(t) + \delta(t - 1) + c_1$; $x(t) = h(t)\,t + h(t - 1) + c_1 t + c_2$

$x(-0) = x_0 = c_2$ und $x'(-0) = x_1 = v_0 = c_1 \rightsquigarrow$

$x(t) = h(t)\,t + h(t - 1) + v_0 t + x_0.$

b) 1. Schritt: $\ddot{x}(t) = 0,\ x(0) = x_0,\ \dot{x}(0) = x_1 = v_0$

$\rightsquigarrow p^2 \overline{x}(p) - x_0 p - v_0 = 0 \rightsquigarrow \overline{x}(p) = \dfrac{x_0}{p} + \dfrac{v_0}{p^2}$

$\rightsquigarrow x(t) = x_\mathrm{H}(t) = x_0 h(t) + v_0 h(t)\,t.$

2. Schritt: $x_\delta(t) = \mathscr{L}^{-1}[1/p^2] = h(t)\,t$

$\rightsquigarrow x_\mathrm{s}(t) = x_\delta(t) * [\delta(t) + \delta'(t - 1)] = h(t)\,t + h(t - 1).$

3. Schritt: $x(t) = x_\mathrm{H}(t) + x_\mathrm{s}(t) = h(t)\,t + h(t - 1) + h(t)\,[v_0 t + x_0].$

c) 1. Schritt: $\ddot{x}(t) = \delta(t) + \delta'(t - 1).$

2. Schritt: $p^2 \overline{x}(p) - x_0 p - v_0 = 1 + p\,\mathrm{e}^{-p}.$

3. Schritt: $\overline{x}(p) = \dfrac{1}{p^2}\,[1 + p\,\mathrm{e}^{-p} + x_0 p + v_0]$

$\rightsquigarrow x(t) = h(t)\,t + h(t - 1) + h(t)\,[v_0 t + x_0].$

Abschnitt 10.8.

1. a) $g(t) = -F_\mathrm{A}\delta(t) + F\delta\left(t - \dfrac{l}{3}\right) - F_\mathrm{B}\delta(t - l) + \mu_0\delta'(t) - Fl\delta'\left(t - \dfrac{2l}{3}\right).$

b) $F_\mathrm{Q}(t) = F_\mathrm{A} h(t) - Fh\left(t - \dfrac{l}{3}\right) + F_\mathrm{B} h(t - l) - \mu_0\delta(t) + Fl\delta\left(t - \dfrac{2l}{3}\right).$

c) $M(t) = F_\mathrm{A} h(t)\,t - Fh\left(t - \dfrac{l}{3}\right)\left[t - \dfrac{l}{3}\right] + F_\mathrm{B} h(t - l)\,[t - l] - \mu_0 h(t) + Flh\left(t - \dfrac{2l}{3}\right).$

d) $x(t) = \dfrac{1}{\alpha}\left[-\dfrac{F_\mathrm{A}}{6}\,h(t)\,t^3 + \dfrac{F}{6}\,h\left(t - \dfrac{l}{3}\right)\left[t - \dfrac{l}{3}\right]^3 - \dfrac{F_\mathrm{B}}{6}\,h(t - l)\,[t - l]^3\right.$

$\left. + \dfrac{\mu_0}{2}\,h(t)\,t^2 - \dfrac{Fl}{2}\,h\left(t - \dfrac{2l}{3}\right)\left[t - \dfrac{2l}{3}\right]^2\right].$

e) $\mu_0 = -\dfrac{4}{27}\,Fl,\qquad F_\mathrm{B} = \dfrac{40}{27}\,F,\qquad F_\mathrm{A} = -\dfrac{13}{27}\,F.$

2. $F_\mathrm{A} = \dfrac{17}{48}\,F,\qquad F_\mathrm{B} = -\dfrac{5}{24}\,F,\qquad F_\mathrm{C} = \dfrac{41}{48}\,F.$

Abschnitt 11.1.

1. $i(t) = \dfrac{u_0}{L}\,h(t)\,\mathrm{e}^{-R[t + \arctan t]/L},\qquad i(+0) = \dfrac{u_0}{L},\qquad i(\infty) = 0.$

Abschnitt 11.2.

1. $x(t) = ch(t)\, t\, e^t - \dfrac{1}{2}\, \delta(t)$.

Abschnitt 13.2.

1. a) $x(t) = \sum\limits_{k=0}^{\infty} (-1)^k\, h(t - 2T[k + 1])$;

   b) $x(t) = \sum\limits_{k=0}^{\infty} (-1)^k\, [h(t - 2Tk) - h(t - 2T[k + 1])]$;

   c) $x(t) = \sum\limits_{k=0}^{\infty} \dbinom{k + 2}{k}\, [\delta'(t - T[3 + k]) + \delta(t - Tk) - 2\delta(t - T[1 + k])]$,

   $-T < \alpha < 0$.

Abschnitt 14.1.

1. Angenommen, alle Schritte sind erlaubt. LAPLACE-Transformation bezüglich t mit den Formeln Nr. 12 der Tabelle 1 und Nr. 23 der Tabelle 2 liefert mit $u_0 = 0$ die gewöhnliche Differentialgleichung $\partial \bar{u}(p, x)/\partial x + p\bar{u}(p, x) = e^{-xp}$. Die zugehörige homogene Gleichung wird mit dem Ansatz $\bar{u}(p, x) = e^{\lambda x}$ oder durch Trennung der Veränderlichen gelöst. Ihre allgemeine Lösung ist $\bar{u}(p, x) = c(p)\, e^{-px}$. Variation der Konstanten [d. h., $c(p) = c(p, x)$ angenommen] liefert

$$\frac{\partial \bar{u}(p, x)}{\partial x} = \frac{\partial c(p, x)}{\partial x}\, e^{-px} - pc(p, x)\, e^{-px}$$

bzw. in die inhomogene Gleichung eingesetzt $\dfrac{\partial c(p, x)}{\partial \partial}\, e^{-px} = e^{-px}$, also folgt die einfache Differentialgleichung $\partial c(p, x)/\partial x = 1$ für $c(p, x)$. Es folgt deren Lösung $c(p, x) = x + c_1(p)$. Die allgemeine Lösung der anfangs betrachteten inhomogenen Gleichung lautet also [wenn $c(p, x)$ in die allgemeine Lösung der zugehörigen homogenen Gleichung eingesetzt wird]

$$\bar{u}(p, x) = x\, e^{-xp} + c_1(p)\, e^{-xp}.$$

LAPLACE-Transformation der Bedingung $u(t, 1) = \delta(t)$ liefert $\bar{u}(p, 1) = 1$, woraus sofort $c_1(p) = e^p - 1$ folgt. Rücktransformation in den t-Bereich liefert

$$u(t, x) = x\delta(t - x) + [\delta(t + 1) - \delta(t)] \underset{(t)}{*} \delta(t - x)$$

oder

$$u(t, x) = (x - 1)\, \delta(t - x) + \delta(t - x + 1).$$

Probe: Ableitung von u nach t im Sinne der Distributionen liefert

$$\partial u/\partial t = u'(t, x) = (x - 1)\, \delta'(t - x) + \delta'(t - x + 1).$$

Ableitung nach x im Sinne der Ableitung nach einem Parameter $\lambda = x$ ergibt mit den Formeln (140) und (137) $\left(k = 1, \alpha = 1, \beta = \begin{Bmatrix} 0 \\ 1 \end{Bmatrix}, \lambda = x\right)$

$$\frac{\partial u}{\partial x} = \frac{\partial(x - 1)}{\partial x}\, \delta(t - x) + (x - 1)\, \frac{\partial}{\partial x}\, \delta(t - x) + \frac{\partial}{\partial x}\, \delta(t - x + 1)$$

$$= \delta(t - x) - (x - 1)\, \delta'(t - x) - \delta'(t - x + 1).$$

Es folgt $\dfrac{\partial u}{\partial x} + \dfrac{\partial u}{\partial t} = \delta(t - x)$. Wir überprüfen die Bedingung $u(-0, x) = 0$. Es sind $\delta(t - x) = 0$ für $t < x$ und $t > x$ sowie $\delta(t - x + 1) = 0$ für $t < x - 1$ und $t > x - 1$, d. h., es ist $u(t, x) = 0$ für $t < x - 1$, $x - 1 < t < x$, $t > x$. Für $x = 0$ ist sicher $u(t, 0) = 0$ in $-1 < t < 0$, d. h., $u(-0, 0) = 0$. Für $x = 1$ ist sicher $u(t, 1) = 0$ in $t < 0$, d. h.,

$u(-0, 1) = 0$. Für $0 < x < 1$ ist $u(t, x) = 0$ sicher in $x - 1 < t < x$, also in einem den Punkt $t = 0$ echt enthaltenden Intervall, d. h., $u(-0, x) = 0$. Die Bedingung $u(t, 1) = \delta(t)$ gilt offensichtlich.

2. LAPLACE-Transformation bezüglich t unter Beachtung der Anfangswerte liefert (wenn alle Schritte wieder statthaft sein sollen) $a^2 p^2 \bar{u}(p, x) - \dfrac{\partial^2 \bar{u}(p, x)}{\partial x^2} = 0$. Der Ansatz $\bar{u}(p, x) = \mathrm{e}^{\lambda x}$ führt über die charakteristische Gleichung $a^2 p^2 - \lambda^2 = 0$, die die Wurzeln $\lambda_1 = ap$ und $\lambda_2 = -ap$ besitzt, zur allgemeinen Lösung $\bar{u}(p, x) = c_1(p)\, \mathrm{e}^{apx} + c_2(p)\, \mathrm{e}^{-apx}$. Transformation der restlichen Bedingungen bezüglich t liefert $\bar{u}(p, 0) = 1$ und $\bar{u}(p, \infty) = 0$. Letztere führt, da für Re $(p) > 0$ (was angenommen werden kann, da sich p in einer hinreichend weit rechts liegenden p-Halbebene befinden soll) $|\mathrm{e}^{apx}| = \mathrm{e}^{a\,\mathrm{Re}(p)x} \to \infty$ für $x \to \infty$ gilt, sofort zu $c_1(p) \equiv 0$, während $\bar{u}(p, 0) = 1$ nur $c_2(p) \equiv 1$ zuläßt. Also gilt $\bar{u}(p, x) = \mathrm{e}^{-apx}$, was nach Rücktransformation in den t-Bereich zur gesuchten Originallösung $u(t, x) = \delta(t - ax)$ führt.

Probe: $\dfrac{\partial^2 u}{\partial t^2} = u''(t, x) = \delta''(t - ax);$

$$\frac{\partial^2 u}{\partial x^2} = \frac{\partial^2 \delta(t - ax)}{\partial x^2} = a^2 \delta''(t - ax) \ [\text{Formel (137)}]; \text{ also gilt die Differentialgleichung.}$$

Offensichtlich sind auch die Bedingungen $u(-0, x) = 0$ $(x \geq 0)$, $\left. \dfrac{\partial u(t, x)}{\partial t} \right|_{t=-0} = 0$ $(x \geq 0)$ und $u(t, 0) = \delta(t)$. Die Bedingung $u(t, \infty) = 0$ gilt wegen des Grenzübergangs in Abschnitt 5.8., Aufgabe 1a).

Abschnitt 15.9.

1. Nach Definition (404) gilt für jede Testfunktion $\varphi(x, y) \in \mathcal{D}(\mathbb{R}^{m+n})$

$$\langle f(x) \otimes g(y), \varphi(x, y) \rangle = \langle f(x), \langle g(y), \varphi(x, y) \rangle \rangle = \langle f(x), \psi(x) \rangle = \langle 0, \psi(x) \rangle = 0 = \langle 0, \varphi(x, y) \rangle.$$

2. Nach (410) gilt $\dfrac{\partial}{\partial x_i} (1(x) \otimes f(y)) = \dfrac{\partial 1(x)}{\partial x_i} \otimes f(y) = 0 \otimes f(y) = 0$, da die Ableitungen von $1(x)$ im Funktionen- und Distributionensinne gleich Null sind.

3. Nach (413) gilt $\dfrac{\partial}{\partial x} (h(x)\, \delta_C * f(x, y)) = \dfrac{\partial}{\partial x} [h(x)\, \delta_C] * f(x, y)$. Andererseits gilt für jede Testfunktion $\varphi(x, y) \in \mathcal{D}(\mathbb{R}^2)$ nach (397) und (392)

$$\left\langle \frac{\partial}{\partial x} [h(x)\, \delta_C], \varphi(x, y) \right\rangle = -\left\langle h(x)\, \delta_C, \frac{\partial \varphi(x, y)}{\partial x} \right\rangle = -\int_C h(x)\, \frac{\partial \varphi(x, y)}{\partial x}\, \mathrm{d}s$$

$$= -\int_0^\infty \frac{\partial \varphi(x, 0)}{\partial x}\, \mathrm{d}x = -(\varphi(\infty, 0) - \varphi(0, 0))$$

$$= \varphi(0, 0) = \langle \delta(x, y), \varphi(x, y) \rangle.$$

Also gilt $\dfrac{\partial}{\partial x} [h(x)\, \delta_C] = \delta(x, y)$, und folglich ist

$$\frac{\partial}{\partial x} (h(x)\, \delta_C * f(x, y)) = \delta(x, y) * f(x, y) = f(x, y).$$

4. a) $u_{\mathrm{s}}(x) = -\dfrac{m_{\mathrm{D}}}{4\pi\varepsilon} \dfrac{\partial}{\partial x} \left(\dfrac{1}{|x|} \right) = -\dfrac{m_{\mathrm{D}}}{4\pi\varepsilon} \dfrac{\partial}{\partial x} \left(\dfrac{1}{\sqrt{x^2 + y^2 + z^2}} \right) = \dfrac{m_{\mathrm{D}}}{4\pi\varepsilon} \dfrac{x}{|x|^3}$

b) $u_{\mathrm{s}}(x) = \dfrac{m_{\mathrm{D}}}{4\pi\varepsilon} \dfrac{y}{|x|^3}$ c) $u_{\mathrm{s}}(x) = \dfrac{m_{\mathrm{D}}}{4\pi\varepsilon} \dfrac{z}{|x|^3}$ d) $u_{\mathrm{s}}(x) = \dfrac{m_{\mathrm{D}}}{4\pi\varepsilon} \dfrac{\boldsymbol{r} \cdot \boldsymbol{x}}{|x|^3}$, $\boldsymbol{r} \cdot \boldsymbol{x} = \dfrac{x + y + z}{\sqrt{3}}$

5. $u_{\mathrm{s}}(\boldsymbol{x}) = \dfrac{1}{4\pi}\,\dfrac{1}{|\boldsymbol{x}|} * \left(4\pi f \sum\limits_{i=1}^{k} m_i\delta(\boldsymbol{x}-\boldsymbol{x}_i)\right) = f\sum\limits_{i=1}^{k} m_i\,\dfrac{1}{|\boldsymbol{x}-\boldsymbol{x}_i|}.$

6. Zum Zeitpunkt $t = 0$ befinde sich m im Punkt z_0 der z-Achse. Dann befindet sich der Massenpunkt zur Zeit t an der Stelle $z_0 + vt$ auf der z-Achse. Die zugehörige Massendichte ist also $m\delta(x, y, z - z_0 - vt)$, d. h., das Gravitationspotential ist $u_t(\boldsymbol{x}) = \dfrac{fm}{\sqrt{x^2 + y^2 + (z - z_0 - vt)^2}}.$

7. Die Lösung der POISSON-Gleichung für eine Einzelkraft der Dichte $p(x,y) = p(\boldsymbol{x}) = \delta(\boldsymbol{x}-\boldsymbol{x}_0)$ im Punkt $\boldsymbol{x}_0 = (x_0, y_0) \in \mathrm{B}$ lautet $u_{\mathrm{s}}(\boldsymbol{x}) = \dfrac{1}{2\pi}\ln\dfrac{1}{|\boldsymbol{x}|} * \delta(\boldsymbol{x}-\boldsymbol{x}_0) = \dfrac{1}{2\pi}\ln\dfrac{1}{|\boldsymbol{x}-\boldsymbol{x}_0|}.$ Spiegelung an der y-Achse (Bild 151) liefert das Potential $u(\boldsymbol{x}) = \dfrac{1}{2\pi}\ln\dfrac{|\boldsymbol{x}-\boldsymbol{x}_0{}^*|}{|\boldsymbol{x}-\boldsymbol{x}_0|}$ $[\boldsymbol{x}_0{}^* = (-x_0, y_0)]$, welches der Randbedingung $u(0, y) = 0$ genügt, aber noch nicht die

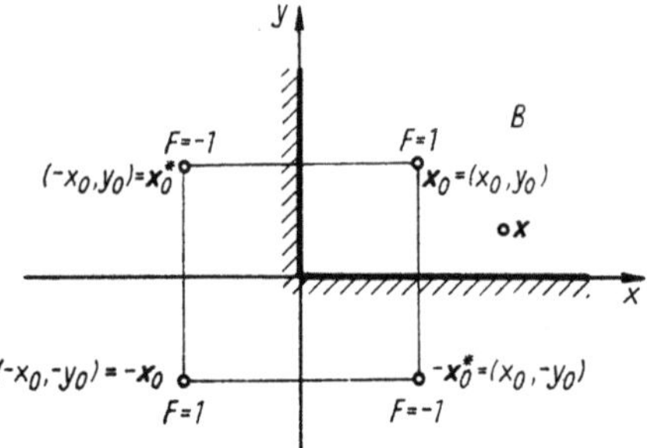

Bild 151. Spiegelungsprinzip zur Ermittlung einer GREENschen Funktion

Randbedingung $u(x, 0) = 0$ erfüllt. Deshalb wird das Kräftepaar noch an der x-Achse gespiegelt. Diese vier Kräfte liefern die GREENsche Funktion

$$G(\boldsymbol{x}, \boldsymbol{x}_0) = \dfrac{1}{2\pi}\left(\ln\dfrac{|\boldsymbol{x}-\boldsymbol{x}_0{}^*|}{|\boldsymbol{x}-\boldsymbol{x}_0|} + \ln\dfrac{|\boldsymbol{x}+\boldsymbol{x}_0{}^*|}{|\boldsymbol{x}+\boldsymbol{x}_0|}\right) = \dfrac{1}{2\pi}\ln\left(\dfrac{|\boldsymbol{x}-\boldsymbol{x}_0{}^*|\,|\boldsymbol{x}+\boldsymbol{x}_0{}^*|}{|\boldsymbol{x}-\boldsymbol{x}_0|\,|\boldsymbol{x}+\boldsymbol{x}_0|}\right)$$

$$= \dfrac{1}{2\pi}\ln\sqrt{\dfrac{[(x+x_0)^2 + (y-y_0)^2]\,[(x-x_0)^2 + (y+y_0)^2]}{[(x-x_0)^2 + (y-y_0)^2]\,[(x+x_0)^2 + (y+y_0)^2]}}.$$

Für $x > 0$, $y = 0$ und $x = 0$, $y > 0$ verschwindet $G(\boldsymbol{x}, \boldsymbol{x}_0)$.

8. In Verallgemeinerung von Formel (405) gilt $f(t, x, y) = \delta(t, x, y)$. Das Wärmepotential wird also durch die Grundlösung der zweidimensionalen Wärmeleitungsgleichung (Tabelle 3, Nr. 8) $u_\delta(t, x, y) = \dfrac{h(t)}{4a^2\,\pi t}\exp\left[-\dfrac{x^2 + y^2}{4a^2 t}\right]$ gegeben.

9. In Distributionenschreibweise lautet die CAUCHYsche Aufgabe

$$\dfrac{\partial^2 u(t, x, y)}{\partial t^2} - a^2\,\Delta u(t, x, y) = \delta(t) \otimes \mu(x, y).$$

Es ergibt sich

a) $u(t, x, y) = u_\delta(t, x, y)$ (s. Aufgabe 9)

b) $u(t, x, y) = u_\delta(t, x, y) * \mu(x, y) = \dfrac{h(t)\,\mu}{4a^2\,\pi t}\displaystyle\int\limits_{\xi=-\alpha}^{\alpha}\int\limits_{\eta=-\beta}^{\beta}\exp\left(-\dfrac{(x-\xi)^2 + (y-\eta)^2}{4a^2 t}\right)\mathrm{d}\xi\,\mathrm{d}\eta$

oder mit dem GAUSSschen Fehlerintegral (460)

$$u(t, x, y) = h(t)\,\dfrac{\mu}{4}\left[\Phi\left(\dfrac{x+\alpha}{a\sqrt{2t}}\right) - \Phi\left(\dfrac{x-\alpha}{a\sqrt{2t}}\right)\right]\left[\Phi\left(\dfrac{y+\beta}{a\sqrt{2t}}\right) - \Phi\left(\dfrac{y-\beta}{a\sqrt{2t}}\right)\right]$$

(vgl. Abschnitt 15.8.1., Beispiel 2).

17. Tabellen

Dieser Abschnitt enthält drei Tabellen. In der ersten Tabelle sind allgemeine Operationen der eindimensionalen Distributionen-Theorie und ihr Zusammenhang mit den Operationen im Bildraum der verallgemeinerten Laplace-Transformierten dargestellt. Die Tabelle 2 enthält eine Zusammenstellung wichtiger Funktionen und Distributionen der eindimensionalen Theorie mit den zugehörigen Laplace-Transformierten. Aus den Bildfunktionen kann man nach der Vorschrift «Ersetze p durch den Differentiationsoperator s» die für die Operatorenrechnung geltenden Regeln bzw. s-Ausdrücke sofort ablesen. In der Tabelle 3 sind einige Differentialgleichungen (gewöhnliche und partielle) mit zugehörigen Grundlösungen zu finden.

In den drei Tabellen werden folgende Bezeichnungen verwendet:

$\left. \begin{array}{l} a_n, b_n, \omega \\ a, \alpha, \beta, \lambda \end{array} \right\}$ reelle Zahlen

n, k, m nichtnegative ganze Zahlen

p komplexe Variable der Bildfunktionen

$\left. \begin{array}{l} t, x_i \\ x, y, z \end{array} \right\}$ reelle Variable im Originalbereich der Funktionen bzw. Distributionen

x $x = (x_1, \ldots, x_m)$ ist ein Punkt im m-dimensionalen Raum $\mathbb{R}^m$

$|x|$ $|x| := \sqrt{x_1^2 + x_2^2 + \cdots + x_m^2}$ Betrag eines Ortsvektors

$h(t)$ Sprungfunktion $h(t) = \begin{cases} 0 & \text{für } t < 0 \\ 1 & \text{für } t \geqq 0 \end{cases}$

$k!$ $k! := 1 \cdot 2 \cdot 3 \ldots k$

$\dbinom{k}{n}$ Binomialkoeffizient $\dbinom{k}{n} := \dfrac{k!}{n!(k-n)!}$

$f(t), g(t)$ Funktion bzw. Distribution der eindimensionalen Theorie

$\bar{f}(p), \bar{g}(p)$ Bildfunktionen bei der Laplace-Transformation

$\delta(t)$ Delta-Distribution der eindimensionalen Theorie

$\dot{f}(t), \dfrac{\mathrm{d}^k f(t)}{\mathrm{d}t^k}$ Symbole für die Funktionenableitungen der eindimensionalen Theorie

$f'(t), f^{(k)}(t)$ Symbole für die Distributionenableitungen der eindimensionalen Theorie

$\left. \begin{array}{l} f(x), u(x) \\ \delta(x) \end{array} \right\}$ Funktionen bzw. Distributionen der mehrdimensionalen Theorie

$\left. \begin{array}{l} \dfrac{\partial f(x)}{\partial x_i} \\[2ex] \dfrac{\partial f(t, x)}{\partial t} \end{array} \right\}$ partielle Ableitungen der mehrdimensionalen Theorie

Δ

LAPLACE-Operator $\Delta := \sum\limits_{i=1}^{m} \dfrac{\partial^2}{\partial x_i{}^2}$

$\Gamma(\alpha + 1)$

Gamma-Funktion $\Gamma(\alpha + 1) := \int\limits_{0}^{\infty} t^\alpha\, e^{-t}\, \mathrm{d}t \quad (\alpha > -1)$

$\mathcal{K}$

Raum der in jedem endlichen Intervall der reellen Achse absolut integrierbaren Funktionen (lokal integrierbare Funktionen), die in jedem endlichen Intervall nur endlich viele Unstetigkeiten besitzen

Tabelle 1. Rechenoperationen

Nr.	Originalbereich	Bildbereich der Laplace-Transformation
1.	$f(t)$	$\bar{f}(p) = \mathscr{L}[f(t)]$
2.	$\alpha f(t) + \beta g(t)$	$\alpha\bar{f}(p) + \beta\bar{g}(p)$
3.	$f(t) * g(t)$	$\bar{f}(p)\,\bar{g}(p)$
4.	$e^{-\alpha t}f(t)$	$\bar{f}(p + \alpha)$
5.	$t^k f(t)$	$(-1)^k \dfrac{d^k \bar{f}(p)}{dp^k}$
6.	$f(t - \lambda)$	$e^{-\lambda p}\bar{f}(p)$
7.	$f(\alpha t), \quad \alpha > 0$	$\dfrac{1}{\alpha}\,\bar{f}(p/\alpha)$
8.	$f^{(k)}(t)$	$p^k\bar{f}(p)$
9.	$t^k f^{(m)}(t)$	$(-1)^k \dfrac{d^k[p^m\bar{f}(p)]}{dp^k}$
10.	$\displaystyle\int_{-\infty}^{t} f(\tau)\,d\tau$	$\dfrac{1}{p}\,\bar{f}(p)$
11.	$\dot{f}(t) = f'(t) - \displaystyle\sum_{k=1}^{n} \alpha_k\delta(t - \lambda_k)$ $[f(t)$ besitzt nur Sprünge der Höhen α_k in $t = \lambda_k$; $\dot{f}(t)$ stückweise stetig]	$\mathscr{L}[\dot{f}(t)] = p\bar{f}(p) - \displaystyle\sum_{k=1}^{n} \alpha_k\,e^{-\lambda_k p}$
12.	$\dot{f}(t) = f'(t) - f_0\delta(t)$ $[f(t)$ stetig für $t \geqq 0$ und gleich Null für $t < 0$; $\dot{f}(t) \in \mathscr{K}]$	$\mathscr{L}[\dot{f}(t)] = p\bar{f}(p) - f_0$
13.	$\dfrac{d^k f(t)}{dt^k} = f^{(k)}(t) - f_0\delta^{(k-1)}(t) - f_1\delta^{(k-2)}(t) - \cdots - f_{k-2}\delta'(t) - f_{k-1}\delta(t)$ $[f(t)$ verschwindet für $t < 0$ und ist nebst allen Ableitungen im Funktionensinne bis zur $(k-1)$-ten für $t \geqq 0$ stetig; die k-te Funktionenableitung gehört zu $\mathscr{K}]$	$\mathscr{L}\left[\dfrac{d^k f(t)}{dt^k}\right] = p^k\bar{f}(p) - f_0 p^{k-1} - f_1 p^{k-2} - \cdots - f_{k-2}p - f_{k-1}$

Tabelle 2. Funktionen, Distributionen und deren LAPLACE-Transformierten

Nr.	$f(t)$	$\bar{f}(p) = \mathscr{L}[f(t)]$
1.	$\delta^{(k)}(t)$	p^k
2.	$\delta(t) = h'(t)$	1
3.	0	0
4.	$h(t)$	$1/p$
5.	$h(t)\, t^k$	$k!/p^{k+1}$
6.	$h(t)\, e^{-\alpha t}$	$1/(p + \alpha)$
7.	$h(t)\, t^k\, e^{-\alpha t}$	$k!/(p + \alpha)^{k+1}$
8.	$h(t)\, \sin(\beta t)$	$\beta/(p^2 + \beta^2)$
9.	$h(t)\, \cos(\beta t)$	$p/(p^2 + \beta^2)$
10.	$h(t)\, e^{-\alpha t}\, \sin(\beta t)$	$\beta/[(p + \alpha)^2 + \beta^2]$
11.	$h(t)\, e^{-\alpha t}\, \cos(\beta t)$	$(p + \alpha)/[(p + \alpha)^2 + \beta^2]$
12.	$h(t)\, t\, \sin(\beta t)$	$2\beta p/(p^2 + \beta^2)^2$
13.	$h(t)\, t\, \cos(\beta t)$	$(p^2 - \beta^2)/(p^2 + \beta^2)^2$
14.	$h(t)\, [e^{\alpha t} - e^{\beta t}]/(\alpha - \beta), \quad \alpha \neq \beta$	$[(p - \alpha)\,(p - \beta)]^{-1}$
15.	$h(t)\, [\alpha\, e^{\alpha t} - \beta\, e^{\beta t}]/(\alpha - \beta), \quad \alpha \neq \beta$	$p[(p - \alpha)\,(p - \beta)]^{-1}$
16.	$h(t)\, \sinh(\beta t)$	$\beta/(p^2 - \beta^2)$
17.	$h(t)\, \cosh(\beta t)$	$p/(p^2 - \beta^2)$
18.	$h(t)\, e^{-\alpha t}\, \sinh(\beta t)$	$\beta/[(p + \alpha)^2 - \beta^2]$
19.	$h(t)\, e^{-\alpha t}\, \cosh(\beta t)$	$(p + \alpha)/[(p + \alpha)^2 - \beta^2]$
20.	$h(t)\, t\, \sinh(\beta t)$	$2\beta p/(p^2 - \beta^2)^2$
21.	$h(t)\, t\, \cosh(\beta t)$	$(p^2 + \beta^2)/(p^2 - \beta^2)^2$
22.	$h(t - \lambda)\, [t - \lambda]^k$	$k!\, e^{-\lambda p}/p^{k+1}$
23.	$\delta(t - \lambda) = h'(t - \lambda)$	$e^{-\lambda p}$
24.	$\delta^{(k)}(t - \lambda)$	$p^k\, e^{-\lambda p}$
25.	$h(t) + 2\sum\limits_{k=1}^{\infty} (-1)^k\, h(t - \lambda k), \quad \lambda > 0$ (Rechteckwelle, Bild 69)	$\dfrac{1 - e^{-\lambda p}}{p(1 + e^{-\lambda p})}$
26.	$\delta(t) + 2\sum\limits_{k=1}^{\infty} (-1)^k\, \delta(t - \lambda k), \quad \lambda > 0$ (Distributionenableitung der Rechteckwelle 25., Bild 70)	$\dfrac{1 - e^{-\lambda p}}{1 + e^{-\lambda p}}$
27.	$[h(t) - h(t - \lambda)]\, t, \quad \lambda > 0$ (Sägezahn, Bild 61)	$\dfrac{1}{p^2}[1 - (1 + \lambda p)\, e^{-\lambda p}]$
28.	$\sum\limits_{k=0}^{\infty} [h(t - \lambda k) - h(t - \lambda[k + 1])]\, (t - \lambda k)$ ($\lambda > 0$, für $t < 0$ verschwindende Sägezahnfunktion, Bild 17)	$\dfrac{1 - (1 + \lambda p)\, e^{-\lambda p}}{p^2(1 - e^{-\lambda p})}$
29.	$h(t) - \lambda\sum\limits_{k=1}^{\infty} \delta(t - \lambda k), \quad \lambda > 0$ (Distributionenableitung von 28.)	$\dfrac{1 - (1 + \lambda p)\, e^{-\lambda p}}{p(1 - e^{-\lambda p})}$

Tabelle 2 (Fortsetzung)

Nr.	$f(t)$	$\bar{f}(p) = \mathscr{L}[f(t)]$
30.	$\sum\limits_{k=0}^{\infty} \alpha^k \delta(t - \lambda k), \quad \lambda > 0$	$\dfrac{1}{1 - \alpha\, e^{-\lambda p}}$
31.	$\sum\limits_{k=0}^{\infty} \binom{k+n}{n} \alpha^k \delta(t - \lambda k), \quad \lambda > 0$	$\dfrac{1}{(1 - \alpha\, e^{-\lambda p})^{n+1}}$
32.	$\delta(t) + 2 \sum\limits_{k=1}^{\infty} \delta(t - \lambda k), \quad \lambda > 0$	$\dfrac{1 + e^{-\lambda p}}{1 - e^{-\lambda p}}$
33.	$h(t)\, t^{\alpha}, \quad \alpha > -1$ (für $\alpha = k$ s. Nr. 5)	$\Gamma(\alpha + 1)/p^{\alpha+1}$
34.	$h(t)\, \sqrt{t}$	$\dfrac{1}{2p} \sqrt{\dfrac{\pi}{p}}$
35.	$h(t)/\sqrt{t}$	$\sqrt{\pi/p}$
36.	$Pf(h(t)\, t^{-3/2})$	$-2\sqrt{\pi p}$
37.	$h(t)\, J_0(t) = \sum\limits_{k=0}^{\infty} (-1)^k \dfrac{h(t)\, t^{2k}}{2^{2k}(k!)^2}$	$\dfrac{1}{\sqrt{p^2 + 1}}$
38.	$h(t)\, J_n(t) = \sum\limits_{k=0}^{\infty} (-1)^k \dfrac{h(t)\, t^{n+2k}}{2^{n+2k} k!(n+k)!}$ $[J_0(t), J_n(t)$ sind die Besselschen Funktionen]	$\dfrac{(\sqrt{p^2 + 1} - p)^n}{\sqrt{p^2 + 1}}$
39.	$h(t)\, J_n(\alpha t)/t, \quad \alpha > 0$	$\dfrac{1}{n\alpha^n} (\sqrt{p^2 + \alpha^2} - p)^n$
40.	$h(t)\, J_0(2\sqrt{\alpha t}), \quad \alpha > 0$	$e^{-\alpha/p}/p$
41.	$h(t)\, \sqrt{t/\alpha}\, J_1(2\sqrt{\alpha t}), \quad \alpha > 0$	$e^{-\alpha/p}/p^2$
42.	$h(t)\, J_1(2\sqrt{\alpha t})/\sqrt{\alpha t}, \quad \alpha > 0$	$(1 - e^{-\alpha/p})/\alpha$
43.	$h(t)\, \cos(2\sqrt{\alpha t})/\sqrt{\alpha t}, \quad \alpha > 0$	$\sqrt{\dfrac{\pi}{\alpha p}}\, e^{-\alpha/p}$
44.	$h(t)\, \cosh(2\sqrt{\alpha t})/\sqrt{\alpha t}, \quad \alpha > 0$	$\sqrt{\dfrac{\pi}{\alpha p}}\, e^{\alpha/p}$
45.	$h(t)\, e^{-\alpha^2/(4t)}/\sqrt{t}, \quad \alpha > 0$	$\sqrt{\dfrac{\pi}{p}}\, e^{-\alpha\sqrt{p}}$
46.	$h(t)\, \alpha\, e^{-\alpha^2/(4t)}/(2t\sqrt{t}), \quad \alpha > 0$	$\sqrt{\pi}\, e^{-\alpha\sqrt{p}}$

Tabelle 3. Grundlösungen von Differentialgleichungen

Nr.	Differentialgleichung	Grundlösung	Einige Eigenschaften
1.	$a_n x^{(n)}(t) + \cdots + a_1 x'(t) + a_0 x(t)$ $= b_m \delta^{(m)}(t) + \cdots + b_1 \delta'(t) + b_0 \delta(t)$ $(n \geqq m,\ a_n \neq 0)$	$x_\delta(t) = \mathcal{L}^{-1}\left[\dfrac{b_m p^m + \cdots + b_1 p + b_0}{a_n p^n + \cdots + a_1 p + a_0}\right]$	$x_\delta(t) = \cdots = x_\delta^{(n)}(t) = 0$ für $t < 0$ $x_\delta(t) \in \mathcal{K}$ für $m < n$ $x_\delta(t)$ ist singuläre Distribution für $m = n$
2.	$a_1 x'(t) + a_0 x(t) = b_1 \delta'(t) + b_0 \delta(t)$ $(a_1 \neq 0,\ b_0 \neq 0)$	$x_\delta(t) = a\delta(t) + bh(t)\,\mathrm{e}^{-ct}$ $a = b_1/a_1,\ c = a_0/a_1$ $b = (a_1 b_0 - a_0 b_1)/a_1^2$	$x_\delta(t) = x_\delta'(t) = 0$ für $t < 0$, $x_\delta(+0) = b_0/a_1$ für $b_1 = 0$
3.	$x''(t) + \omega^2 x(t) = \delta(t)$ $(\omega \neq 0)$	$x_\delta(t) = \omega^{-1} h(t) \sin \omega(t)$	$x_\delta(t) = x_\delta'(t) = 0$ für $t < 0$, $x_\delta(0) = 0$, $x_\delta'(+0) = 1,\ x_\delta(t)$ in $-\infty < t < \infty$ stetig
4.	$\Delta u(x, y) = \delta(x, y)$ (ebene POISSON-Gleichung)	$u_\delta(x, y) = -\dfrac{1}{2\pi} \ln \dfrac{1}{\sqrt{x^2 + y^2}}$ $= -\dfrac{1}{2\pi} \ln \dfrac{1}{\|x\|}$	$u_\delta(x)$ ist lokal, integrierbar in der x,y-Ebene, unstetig für $\|x\| = 0$
5.	$\Delta u(x, y, z) = \delta(x, y, z)$ (räumliche POISSON-Gleichung	$u_\delta(x, y, z) = -\dfrac{1}{4\pi} \cdot \dfrac{1}{\sqrt{x^2 + y^2 + z^2}}$ $= -\dfrac{1}{4\pi} \dfrac{1}{\|x\|}$	$u_\delta(x) \to 0$ für $\|x\| \to \infty$ $u_\delta(x)$ ist lokal integrierbar im Raum $\mathbb{R}^3$ (unstetig für $\|x\| = 0$)
6.	$\Delta u(x, y, z) + \omega^2 u(x, y, z) = \delta(x, y, z)$ $(\omega \neq 0)$ (für $\omega = 0$ s. Nr. 5) (stationäre Wellengleichung)	$u_{\delta_1}(x) = -\dfrac{1}{4\pi\,\|x\|}\,\mathrm{e}^{-\mathrm{j}\omega\|x\|}$ $u_{\delta_2}(x) = -\dfrac{1}{4\pi\,\|x\|}\,\mathrm{e}^{\mathrm{j}\omega\|x\|}$	$u_{\delta_{1/2}}(x) \to 0$ für $\|x\| \to \infty$ $u_{\delta_{1/2}}(x)$ ist unstetig in $\|x\| = 0$

Tabelle 3 (Fortsetzung)

Nr.	Differentialgleichung	Grundlösung	Einige Eigenschaften
7.	$\dfrac{\partial u(t, x)}{\partial t} - a^2\,\dfrac{\partial^2 u(t, x)}{\partial x^2} = \delta(t, x)$	$u_\delta(t, x) = \dfrac{h(t)}{2a\,\sqrt{\pi t}}\,\exp\left(-\dfrac{x^2}{4a^2 t}\right)$	$u_\delta(t, \boldsymbol{x}) = \dfrac{h(t)}{(2a\,\sqrt{\pi t})^m}\,\exp\left(-\dfrac{|\boldsymbol{x}|^2}{4a^2 t}\right)$
8.	$\dfrac{\partial u(t, x, y)}{\partial t} - a^2\,\Delta u(t, x, y) = \delta(t, x, y)$	$u_\delta(t, x, y) = \dfrac{h(t)}{4a^2\,\pi t}\,\exp\left(-\dfrac{x^2 + y^2}{4a^2 t}\right)$	$(m = 1, 2, 3)$ $\int\limits_{\mathbb{R}^m} u_\delta(t, \boldsymbol{x})\,\mathrm{d}v = 1 \quad \text{für } t > 0$
9.	$\dfrac{\partial u(t, x, y, z)}{\partial t} - a^2\,\Delta u(t, x, y, z) = \delta(t, x, y, z)$	$u_\delta(t, x, y, z)$ $= \dfrac{h(t)}{8a^3\,\pi t\,\sqrt{\pi t}}\,\exp\left(-\dfrac{x^2 + y^2 + z^2}{4a^2 t}\right)$	$u_\delta(t, \boldsymbol{x}) \to \delta(\boldsymbol{x}) \quad \text{für } t \to +0$ im Sinne der Distribution (vgl. [26])
	(Nr. 7 bis 9 heißen Diffusions- oder Wärmeleitungsgleichungen, $a > 0$)		
10.	$\dfrac{\partial^2 u(t, x)}{\partial t^2} - a^2\,\dfrac{\partial^2 u(t, x)}{\partial x^2} = \delta(t, x)$	$u_\delta(t, x) = \dfrac{1}{2a}\,h(at - |x|)$	$u_\delta(t, \boldsymbol{x})$ ist in den Fällen Nr. 10 und 11 lokal integrierbar. Für die Grundlösungen Nr. 10 bis 12 gilt
11.	$\dfrac{\partial^2 u(t, x, y)}{\partial t^2} - a^2\,\Delta u(t, x, y) = \delta(t, x, y)$	$u_\delta(t, x, y) = \dfrac{h(at - |\boldsymbol{x}|)}{2\pi a\,\sqrt{a^2 t^2 - |\boldsymbol{x}|^2}}$	$u_\delta(t, \boldsymbol{x}) \to 0, \qquad \dfrac{\partial u_\delta(t, \boldsymbol{x})}{\partial t} \to \delta(\boldsymbol{x}),$
12.	$\dfrac{\partial^2 u(t, x, y, z)}{\partial t^2} - a^2\,\Delta u(t, x, y, z)$ $= \delta(t, x, y, z)$ (Nr. 10 bis 12 heißen Wellengleichungen)	$u_\delta(t, x, y, z) = \dfrac{h(t)}{2\pi a}\,\delta(a^2 t^2 - |\boldsymbol{x}|^2)$	für $t \to +0$ im Sinne der Distributionen (t als Parameter auffassen!) Wegen der Berechnungsvorschriften von $\langle \mu_\delta, \varphi \rangle$ muß auf [26] verwiesen werden.

Übersicht über
oft wiederkehrende Abkürzungen

$h(t)$ $h(t) := \begin{cases} 0 & \text{für } t < 0 \\ 1 & \text{für } t \geq 0 \end{cases}$;   Sprungfunktion

$\mathscr{K}$ Raum aller Funktionen $f(t)$, $-\infty < t < \infty$, die in jedem endlichen Intervall absolut integrierbar sind und dort nur endlich viele Unstetigkeiten besitzen

$\mathscr{K}_{\mathscr{M}}$ Teilraum aller Funktionen $f(t) \in \mathscr{K}$, die links von einem (i. allg. von f abhängenden) Punkt der t-Achse verschwinden

$\mathscr{K}_{\mathscr{L}}$ Teilraum aller Funktionen $f(t) \in \mathscr{K}_{\mathscr{M}}$, die (zweiseitig) LAPLACE-transformierbar sind

$C(-\infty, \infty)$ Raum aller in $-\infty < t < \infty$ stetigen Funktionen $f(t)$

$C[0, \infty)$ Raum aller für $t \geq 0$ stetigen und für $t < 0$ verschwindenden Funktionen $f(t)$

$C^{(\infty)}(-\infty\ \infty)$ Raum aller in $-\infty < t < \infty$ beliebig oft stetig differenzierbaren Funktionen $f(t)$

$\mathscr{D} = \mathscr{D}(\mathbb{R}^1)$ Raum der Testfunktion $\varphi(t)$ der eindimensionalen Theorie, Teilraum aller Funktionen $\varphi(t) \in C^{(\infty)}(-\infty, \infty)$, die außerhalb eines endlichen Intervalls verschwinden

$\mathscr{D}' = \mathscr{D}'(\mathbb{R}^1)$ Raum der Distributionen $f(t)$ der eindimensionalen Theorie

$\langle f, \varphi \rangle$ Zahlenwert, den die Distribution f der Testfunktion φ zuordnet

δ Delta-Distribution

$\mathscr{D}'_{\mathscr{M}}$ Teilraum aller Distributionen der Form $g = f^{(k)}$ mit $f(t) \in \mathscr{K}_{\mathscr{M}}$

$\mathscr{D}'_{\mathscr{L}}$ Teilraum aller Distributionen der Form $g = f^{(k)}$ mit $f(t) \in \mathscr{K}_{\mathscr{L}}$, g ist LAPLACE-transformierbar im verallgemeinerten Sinne

$\mathscr{M}$ Gesamtheit der MIKUSIŃSKISCHEN Operatoren

s Differentiationsoperator

$\mathscr{D}(\mathbb{R}^m)$ Raum der Testfunktionen $\varphi(x) = \varphi(x_1, \ldots, x_m)$ der mehrdimensionalen Theorie

$\mathscr{D}'(\mathbb{R}^m)$ Raum der Distributionen der mehrdimensionalen Theorie

Literatur- und Quellenverzeichnis

[1] Analysis für Ingenieure. — 10. Aufl. — Leipzig: Fachbuchverlag, 1973; 14. Aufl. — Thun; Frankfurt/M.: Deutsch, 1981

[2] Berg, L.: Operatorenrechnung. Bd. I und II. — Berlin: Dt. Verl. d. Wissenschaften, 1972 und 1974

[3] Bleyer, A.; Vajda, T.; Preuß, W.: Mathematisch-physikalische Modelle chemischer Reaktionen in Röhrenreaktoren (noch nicht veröffentlicht)

[4] Bronstein, I. N.; Semendjajew, K. A.: Taschenbuch der Mathematik. — 6. Aufl. — Leipzig: B. G. Teubner Verlagsgesellschaft, 1963

[5] Cristescu, R.; Marinescu, G.: Applications of the theory of distributions. — Bucuresti: Editura Academiei; London; New York; Sydney; Toronto, 1973

[6] Fenyö, I.: Über eine technische Anwendung der Distributionentheorie. — In: Periodica Polytechnica El. IX/1. — S. 61—65

[7] Fichtenholz, G. M.: Differential- und Integralrechnung. Bd. II und III. — 2. Aufl. — Berlin: Dt. Verl. d. Wissenschaften, 1966 und 1967

[8] Gelfand, I. M.; Schilow, G. E.: Verallgemeinerte Funktionen (Distributionen). Bd. I. — 2. Aufl. — Berlin: Dt. Verl. d. Wissenschaften, 1967

[9] Girkmann, K.: Flächentragwerke. — 4. Aufl. — Wien: Springer, 1956

[10] Göldner, K.: Mathematische Grundlagen für Regelungstechniker. — 3. Aufl. — Leipzig: Fachbuchverlag, 1970; 2. Aufl. — Thun; Frankfurt/M.: Deutsch, 1969

[11] Göldner, K.: Mathematische Grundlagen der Systemanalyse. Bd. 1 und 2. — Leipzig: Fachbuchverlag, 1981 und 1982

[12] Kleine Enzyklopädie Mathematik. — Leipzig: Bibliographisches Institut, 1965

[13] Krabbe, G.: Ratios of Laplace transforms. Mikusiński operational calculus. — In: Math. Ann 162. — S. 237—245

[14] Lenk, A.; Rehnitz, J.: Schwingungsprüftechnik. — 2. Aufl. — Berlin: Verlag Technik, 1974

[15] Mathematik für Ingenieur- und Fachschulen. Bd. I und II. — 4. Aufl. — Leipzig: Fachbuchverlag, 1979

[16] Mikusiński, J.: Operatorenrechnung. — Berlin: Dt. Verl. d. Wissenschaften, 1957

[17] Mikusiński, J.; Sikorski, R.: The Elementary Theory of Distributions. Bd. I. — Warschau, 1957

[18] Preuß, W.: Über die Konvergenz für Folgen und Reihen perfekter Operatoren. — In: Beiträge zur Analysis 5, 1973, S. 63—73

[19] Preuß, W.: Verallgemeinerte Laplace-Transformation und Operatorenrechnung. — In: Beiträge zur Analysis 10, 1977, S. 27—39

[20] Preuß, W.; Schubert, H.: Praktische Berechnung der augenblicklichen Intervallverfügbarkeit bei nicht exponentiell verteilten Funktions- und Erneuerungszeiten. — In: messen · steuern · regeln. — Berlin 25 (1982) 4. — S. 190—193

[21] Rüdiger, D.; Kneschke, A.: Technische Mechanik. Bd. I und II. — Leipzig: B. G. Teubner Verlagsgesellschaft, 1964 und 1962

[22] Rühs, F.: Funktionentheorie. — Berlin: Dt. Verl. d. Wissenschaften, 1962

[23] Sauer, W.: Anwendung der Laplace-Transformation auf technologische Netzpläne. Vortragsmanuskript des 22. Intern. Wiss. Kolloquiums. — 1977, Ilmenau, TH

18*

[24] Schmeidler, W.: Integralgleichungen mit Anwendungen in Physik und Technik. — 2. Aufl. — Leipzig: Geest & Portig, 1955

[25] Schwartz, L.: Théorie des distributions. Bd. I und II. — Paris: Hermann, 1950 und 1951

[26] Wladimirow, W. S.: Gleichungen der mathematischen Physik. — Berlin: Dt. Verl. d. Wissenschaften, 1972

[27] Wunsch, G.: Systemanalyse, Bd. I. — 2. Aufl. — Berlin: Verlag Technik, 1969

[28] Zemanian, A. H.: Distribution Theory and Transform Analysis. — New York; St. Louis; San Francisco; Toronto; London; Sydney: McGraw Hill, 1965

Sachwortverzeichnis

 MIX
Papier aus verantwortungsvollen Quellen
Paper from responsible sources
FSC® C105338

If you have any concerns about our products,
you can contact us on
ProductSafety@springernature.com

In case Publisher is established outside the EU,
the EU authorized representative is:
Springer Nature Customer Service Center GmbH
Europaplatz 3, 69115 Heidelberg, Germany

Printed by Libri Plureos GmbH
in Hamburg, Germany